RALPH STIEBER

STORYSELLER

Wie Marken zu Bestsellern werden

TEIL I
STORYBRANDING

Für deine Marke. Dein Unternehmen.
Deine Personal Brand.

Verlag Franz Vahlen München

Für all die, die verrückt genug sind ein Unternehmen zu gründen. Für die Marken und Start-ups, für die Künstler, Texter, Designer, Autoren, Speaker, Musiker, Kreative, Träumer und Visionäre, die etwas verändern wollen.

Für die nächste Generation von

Storysellern

Dieses Buch ist für euch.

Leider war es nicht in allen Fällen möglich, die Inhaber der Bildrechte zu ermitteln. Wir bitten deshalb gegebenenfalls um Mitteilung. Der Verlag ist bereit, berechtigte Ansprüche abzugelten.

ISBN Print: 978 3 8006 6354 5

ISBN E-Book (ePDF): 978 3 8006 6355 2
ISBN E-Book (ePub): 978 3 8006 6356 9

Satz: Fotosatz Buck
Zweikirchener Str. 7, 84036 Kumhausen
Druck und Bindung: Neografia, a.s. ul. Sučianska 39A, 03861 Martiu-Priekopa
Slowakische Republik

Umschlaggestaltung: Ralf Zimmermann – Bureau Parapluie
Bildnachweis: c1n3ma, pixabay: https://pixabay.com/de/photos/schuhe-sneakers-nike-sneaker-3952048

CO_2 neutral
chbeck.de/nachhaltig

Gedruckt auf säurefreiem, alterungsbeständigem Papier
(hergestellt aus chlorfrei gebleichtem Zellstoff)

STORYSELLER

Ein Buch mit:

Nike
Patagonia
Levi's
Casey Neistat
Hornbach
Fritz Kola
Bodyform
Harley-Davidson
Steve Jobs
Everlane
OATLY
Virgin Media
The North Face
Bruce Lee
IKEA
Salesforce
Quentin Tarantino
Apple
Dollar Shave Club
Warby Parker
Brewdog
Ochota Barrels
TOMS
Tesla
Hemingway
Mailchimp
Innocent
u. v. a.

Inhaltsübersicht

„A great brand is a story that is never completely told.“

Scott Bedbury

INTRO

Just **BURN** It

(Hook)

2018. Irgendwo in Amerika. Ein kleiner Garten. Vor uns eine Fläche trockener Rasen, höchstens so groß wie zwei nebeneinander parkende VW Transporter. Ein Arm streckt sich. In der Hand ein Stabfeuerzeug. Zwei Klicks und eine Flamme schießt aus dem langen Hals. Ein kurzes Fauchen. Das Gras fängt Feuer. Die Flamme frisst sich nach vorne auf zwei Sneaker zu. Auf einem ist deutlich in fetten Lettern der ***Nike***-Schriftzug zu erkennen. Auf dem anderen der ikonische *Swoosh.* 1, 2, 3 und die Nike Sneaker stehen in Flammen.

Diese Szene verfolgen wir durch die Kamera eines wackelnden Smartphones. Der Nike-Schriftzug auf dem Sneaker scheint sich in der Flamme zu bewegen. Die Buchstaben dehnen sich, werden größer, dann krümmen sie sich zusammen. Der Swoosh schlängelt sich, als wolle er sich aus den Flammen befreien. Rauch steigt auf.

Zwei brennende Nike-Sneaker in einem Garten irgendwo in Amerika. Was für ein fremdes, merkwürdiges Bild. Als hätten die Sneakers einen langen, raketenschnellen Sprint hinter sich und stehen darum in Flammen. Wie in einem Comic. Und irgendwo taucht der Läufer gerade irgendwo seine Füße zischend in einen Kübel Eiswasser.

Die Handy-Kamera wackelt und wir hören die Stimme eines Mannes aus dem Off: „Sorry, Nike. Ich habe jetzt über 20 Jahre lang eure Produkte gekauft. Jetzt nicht mehr."

Pause.

„Ich verbrenne vielleicht meine Nike-Sneakers, aber ihr verbrennt eure Kunden! Eure Verkäufe!"

Über einen Zeitraum von wenigen Wochen verbrennen tausende Menschen, in ganz Amerika, ihre Nike-Sneaker. Eine Art Hexenverbrennung im Jahre 2018. Nur geht es nicht um eine Hexe. Es geht um Schuhe. Es geht um eine Marke. Und dieser Verbrennungs-Wahn treibt diese Menschen zu außergewöhnlich kreativen Leistungen:

> sie legen ihre Nikes auf den Grill, gießen Spiritus darüber und zünden sie an
> sie werfen sie in einen Kamin
> in einen Feuerkorb
> In einen Ofen und lassen sie in Flammen aufgehen

Aber ein Mann macht etwas völlig anderes. Etwas, das jedes andere YouTube Video von brennenden Nike-Sneakers toppt. Dieser Mann – wir kennen weder seinen Namen, noch den genauen Ort (ebenfalls irgendwo in Amerika) – spaziert in einen Nike Store, grapscht sich einen Nike-Schuhkarton aus dem Regal, setzt sich damit auf einen Hocker für die Anprobe, nimmt die Nikes heraus, probiert sie aber nicht an. Er platziert die Sneaker beinahe liebevoll vor sich auf dem Boden, fischt aus der Innentasche seiner Jacke eine Art Flachmann heraus, schraubt den Deckel hab, besprenkelt die Nike-Sneaker mit dem Inhalt des Flachmanns. Kurz darauf blitzt eine Stichflamme auf.

Der Mann hält mitten in einem Nike-Store einen brennenden Sneaker in der Hand und betrachtet ihn, als wäre es Brennholz in einem Feuerkorb. Das Ganze dauert keine 5 Sekunden. Wäre die Szene nicht so absurd, hätte sie beinahe schon etwas Romantisches an sich.

Ein Mann

ein brennender Nike Sneaker

in seiner Hand

in einem Nike Story

irgendwo in Amerika.

Das Bild ist so überraschend, dass die zwei Verkäufer nur verzögert reagieren: Sie sehen diesen Mann. Sie sehen diesen brennenden Nike-Sneaker in seiner Hand. Ihre Schuhe, die noch nicht bezahlt sind, in Flammen, in ihrem Laden – aber sie können es scheinbar nicht begreifen. Sie starren einen Moment auf diese Szenerie und versuchen, dieses absolut nicht alltägliche Bild irgendwo in den Schubladen ihres Gehirns einzuordnen.

Was passiert hier gerade? Wieso passiert das? Was zur Hölle bedeutet das? Was unternimmt man in einem solchen Fall? Nach 5, 6, 7 Sekunden scheint es zeitgleich bei beiden Verkäufern „klick" zu machen. Und so als löse jemand die Handbremse, stürmen beide Verkäufer los. Direkt auf den Mann zu, der weiter auf dem Hocker sitzt und sein flammendes Werk betrachtet.

Die Verkäufer überwältigen ihn. Begraben den Mann und den brennenden Nike-Sneaker unter sich. Dann taucht der Kopf des Mannes auf. Dann sein Körper. Ein Riese. Sein Rücken so breit und groß wie eine Motorhaube. Der Feuerteufel zwängt sich durch vier grapschende Hände, wühlt sich durch Arme und Körper, die sich an ihn klammern. Kämpft sich wie ein Footballspieler in Richtung Ausgang. Die zwei Verkäufer hängen an ihm herunter, wie zwei über die Schulter geworfene Säcke.

Schritt für Schritt arbeitet sich der kräftige Mann vor in Richtung Ausgang. Die zwei Verkäufer schleift er hinter sich her. Die ganze Zeit hält der Mann den brennenden Nike-Sneaker in der Hand. Streckt seinen Arm vor, als wäre der Schuh ein Football, den er jeden Moment mit voller Wucht über das Feld kickt.

Sie erreichen stolpernd den Eingang des Shops und rempeln gegen die Ladentür. Das Glas der Tür biegt sich gefährlich nach außen, der brennende Nike-Sneaker fällt zu Boden. Vier Füße trampeln und tanzen auf ihm herum. Der Riese stolpert, Beine verkeilen sich. Er wankt und geht zu Boden. Ihre Chance. Die zwei Schuhverkäufer werfen sich auf den Feuerteufel.

Während ich mir immer wieder das YouTube-Video anschaue und auch jetzt, während ich das hier schreibe, denke ich: Diese absurde Szenerie hat etwas von einem Footballspiel. Und Football spielt hier tatsächlich eine wichtige Rolle. Aber dazu kommen wir noch. Zurück in den Nike-Store: einer der Verkäufer brüllt seinem Kollegen zu:

„Halt ihn fest! Halt ihn fest! Nimm seinen Arm! Drück ihn auf den Boden! HALT IHN FEST!!!"

Der Riese scheint besiegt.

Der Nike-Sneaker gelöscht.

Game over.

Aber das ist nur einer von tausenden Nike-Sneakers in den Vereinigten Staaten von Amerika, die jetzt und wie so oft, alles andere als vereinigt wirken.

Wie ist es so weit gekommen?

Was war der Auslöser?

Was hat all diese Menschen dazu gebracht ihre Nike-Sneakers zu verbrennen? Dafür müssen wir *kurz zwei Jahre zurückgehen*.

Der (Knie)-Fall des Colin Kaepernick

Aufbau, Eskalation und der All-is-lost-Moment

August 2016. Wir befinden uns bei einem Vorbereitungsspiel des American Football-Vereins der *San Francisco 49ers.* Als die Nationalhymne erklingt stehen alle auf. Alle Spieler, alle Zuschauer, alle Hot Dog Verkäufer, Trainer, Sponsoren, Manager – alle. Nur einer nicht.

Der Footballspieler Colin Kaepernick, 29.

Er bleibt sitzen.

Nachdem Spiel wird er gefragt, warum er nicht aufgestanden ist, als die Nationalhymne gespielt wurde. Seine Antwort:

„Ich werde nicht aufstehen, um mit Stolz auf eine Flagge für ein Land zu zeigen, das Schwarze und farbige Menschen unterdrückt."

Erst wenige Wochen zuvor waren wieder einmal mehrere Afro-Amerikaner von US-Polizisten im Einsatz erschossen worden. NFL Spieler, Fans und Funktionäre sind von Colin Kaepernicks Aktion entsetzt. Trump tut das was er am besten kann – twittern und stänkern:

„... er soll sich ein neues Land suchen!", twittert Trump.

Zu diesem Zeitpunkt ist er noch nicht der Präsident der Vereinigten Staaten, befindet sich aber mitten in der Präsidentschaftswahl. Er selbst hält sich natürlich schon für den mächtigsten Mann der Welt.

Der amtierende Präsident schaltet sich auch ein. Obama versucht mit ruhiger Stimme den Aufschrei im Land der unbegrenzten Möglichkeiten zu schlichten:

„Colin Kaepernick übt sein verfassungsmäßiges Recht aus, um ein Statement abzugeben. Ihm liegen reale und legitime Fragen am Herzen, über die gesprochen werden müssen."

Klingt einleuchtend. Ist Amerika denn nicht das Land der Meinungs- und Redefreiheit? Das sehen viele nicht so. Das Land wütet.

Zwei Tage später sitzt Kaepernick nicht mehr während des *Star-Spangled Banner.*

Aber er steht auch nicht.

Er kniet.

In den nächsten Wochen wird Kaepernick vom Publikum in gegnerischen Stadien ausgebuht. Football-Fans schauen sich kein Spiel mehr an, bei dem er dabei ist. Er bekommt Morddrohungen von Menschen aus dem ganzen Land.

Aber es passiert auch etwas anderes. Gleichzeitig kaufen immer mehr Menschen sein Trikot und tragen seine Botschaft raus auf die Straße. Zahlreiche Footballspieler – die meisten von ihnen schwarz – schließen sich seinem Protest an und knien ebenfalls während der Nationalhymne.

Das *Time Magazine* platziert Colin Kaepernick auf dem Cover ihrer nächsten Ausgabe.

Colin Kaepernick in Football-Montur. Kniend. Daneben die Schlagzeile:

The Perilous Fight (Der gefährliche Kampf)

Eine Wortkombination eines Zitates der Nationalhymne.

Mittlerweile ist das passiert, was kein Demokrat, nicht mal die Republikaner selbst und niemand aus der restlichen Welt für möglich gehalten hätte: Donald Trump wird tatsächlich der mächtigste Mann der Welt.

Donald Trump.

Ist Präsident.

Der Vereinigten Staaten.

Der Beginn einer neuen Ära und eine der vielleicht absurdesten Zeiten in der Geschichte Amerikas und seiner Präsidenten beginnt. Eine Satire nimmt ihren Lauf, die kein Autor hätte absurder entwerfen können. Trump steht auf seiner neuen Bühne. Die kleinen, rosa-weichen Hände krallen sich in ein Pult, die schmalen Lippen formen sich zu einem seiner vielen Markenzeichen: Eine O-Formation, aus der man sehr gut Rauchkringel in die Luft blasen könnte. Aber Trump nutzt sein „Sprachrohr" lieber, um eine unmissverständliche Botschaft raus in sein Land und in Richtung NFL zu senden:

„... when somebody disrespects our flag ... get that son of a bitch off the field, right now! Out! He's fired. HE'S FIRED!!!" („... wenn jemand unsere Fahne nicht respektiert ... schafft diesen Hurensohn vom Feld, sofort! Runter! Er ist gefeuert. ER IST GEFEUERT!!!")

Mama Kaepernick kontert cool mit einem Tweet: *„Ich schätze mal, das macht mich dann zu einer stolzen Hure."*

Trumps Anhänger jubeln und feiern ihren Entertainer... pardon...Präsidenten. Aber die Kaepernick-Botschaft kommt auch bei anderen an: Die Zahl der NFL-Spieler die daraufhin Kaepernicks' Protest unterstützen geht durch die Decke. Jetzt sind auch zahlreiche weiße Spieler darunter.

Nachrichtensender im ganzen Land berichten über Kaepernick. Twitter News explodieren. Wut, Hass und Solidarität verbreiten sich wie ein Tsunami durch alle Social-Media-Kanäle. Kaepernick kniet auch weiterhin bei NFL-Spielen. Jetzt sogar – als Verweis auf die Black Panther-Bewegung – mit erhobener Faust. Kollegen machen es ihm nach.

Einer der Höhepunkte der Protestaktion: An einem Spiel machen mehr als 200 NFL-Spieler bei dieser Protestbewegung mit, indem sie während der Nationalhymne sitzen,

knien

oder

die geballte Faust in die Luft strecken.

Sie alle tragen Kaepernick's Message weiter.

Kaepernick hofft irgendwann wieder vor einem Spiel während der Nationalhymne stehen zu können. Aber das wird nicht passieren. Die 49ers verlängern ihren Vertrag mit Kaepernick nicht. Kein anderer Verein will ihn unter Vertrag nehmen. Kaepernick, der Quarterback spielt nicht mehr und er wird wahrscheinlich nie wieder spielen können – spielen dürfen.

Colin Kaepernick ist vereinslos, arbeitslos, aber nicht mutlos. Er arbeitet als Aktivist. Spendet 1 Millionen Dollar an Charity-Einrichtungen. Und er zieht gegen die NFL vor Gericht.

3. September 2018. Ein Tag vor dem offiziellen Start der NFL-Saison. Nike feiert das 30-jährige Jubiläum seines Slogans „Just do it". Zu diesem Anlass haben das Dream-Team Nike und ihre Langzeit-Agentur *Wieden & Kennedy* einen Nike-Film entwickelt.

Titel: „Dream Crazy"

Der Film feiert Athleten. Athleten, die Hindernisse überwinden mussten, um dorthin zu kommen, wo sie heute sind. Weltmeister und Profi-Athleten wie LeBron James, Serena Williams, Odell Beckham Jr. und Eliud Kipchoge, zusammen mit aufstrebenden Athleten aus aller Welt. Athleten, die unglaubliches geleistet und die Aufmerksamkeit der Welt auf sich gezogen haben. Alle hatten oder haben mit innerlichen, aber auch äußerlichen Widerständen zu kämpfen.

Die aufstrebenden Athleten des Films sind:

- das 29-jährige Basketball-Phänomen Megan Blunk, die 2016 in Rio Gold holte – im Rollstuhl,
- Isaiah Bird, der mit zehn Jahren eine feste Größe in seinem Ringer-Team geworden ist und ohne Beine geboren wurde,
- der Fußballer Alphonso Davies, der in einem Flüchtlingslager aufwuchs,
- Charlie Jabaley, ein Ironman, der sein Leben gemeistert hat, indem er über 50 Kilo abnahm, Veganer wurde und – mit starker Willenskraft oder durch ein Wunder? – das Wachstum eines Hirntumors rückgängig machte,
- Alicia Woollcott, die gleichzeitig als Linebacker in einer männlichen Footballmannschaft spielt und in ihrer High School-Abschluss-Saison zur Homecoming Queen ernannt wurde,
- die muslimische Boxmeisterin Zeina Nassar aus Berlin und
- die amerikanische Frauenfußball-Nationalmannschaft.

Das sind die Heros im Nike Jubiläums-Film. Der Film soll diejenigen inspirieren, die Träume haben. Träume, die andere Menschen belächeln oder als „verrückt" abtun. Erzähler des Films?

Trommelwirbel ...

kurzer Stepptanz ...

... ein, zwei, drei, vier Dance Moves und ...

... der Erzähler des Nike-Films ist ...

Colin Kaepernick.

Ja, Nike hat den Aussätzigen zum Erzähler ihres Filmes und zum Gesicht ihrer dazugehörigen Kampagne gemacht. Während wir abwechselnd die Athleten im Film begleiten, spricht Colin Kaepernick folgende Worte zu uns:

If people say your dreams are crazy.
If they laugh at what you think you can do.
Good.
Stay that way.

(Wenn die Leute sagen, dass deine Träume verrückt sind.
Wenn sie über dich lachen. Gut. Bleib genau so.)

Because what non-believers fail to understand is that calling a dream crazy is not an insult.
It's a compliment.

(Denn was diese Menschen nicht verstehen: Es ist keine Beleidigung, einen Traum verrückt zu nennen.
Es ist ein Kompliment.)

Don't try to be the fastest runner in your school. Or the fastest in the world. Be the fastest ever.

(Versuche nicht, der schnellste Läufer in deiner Schule zu sein. Oder der Schnellste der Welt. Sei der Schnellste aller Zeiten.)

Don't picture yourself wearing OBJ's jersey. Picture OBJ wearing yours.
Don't settle for homecoming queen or linebacker. Do both.

(Stell dir nicht vor, dass du das Trikot von OBJ trägst. Stell dir vor, dass OBJ deines trägt. Gib dich nicht mit Homecoming Queen oder Linebacker zufrieden. Sei beides.)

Lose 120 pounds and become an Ironman after beating a brain tumor.
Don't believe you have to be like anybody to be somebody.

(Nimm 120 Pfund ab und werde ein Ironman, nachdem du einen Gehirntumor besiegt hast. Glaube nicht, dass du wie jeder andere sein musst, um jemand zu sein.)

If you're born a refugee, don't let that stop you from playing soccer.
For the national team. At age 16.

(Wenn du als Flüchtlingskind geboren wurdest, lass dich nicht davon abhalten, Fußball zu spielen.
Für die Nationalmannschaft. Im Alter von 16 Jahren.)

Don't become the best basketball player on the planet. Be bigger than basketball.
Believe in something, even if it means sacrificing everything.

(Werde nicht der beste Basketballspieler auf dem Planeten. Sei größer als Basketball. Glaube an etwas, auch wenn es bedeutet, alles zu opfern.)

When they talk about the greatest team in the history of the sport, make sure it's your team.

(Wenn sie über das großartigste Team in der Geschichte des Sports sprechen, stelle sicher, dass es dein Team ist.)

If you have only one hand, don't just watch football. Play it.
At the highest level.

(Wenn du nur eine Hand hast, schaue nicht nur Fußball. Spiele ihn.
Auf höchstem Niveau.)

And if you're a girl from Compton, don't just become a tennis player.
Become the greatest athlete ever.

(Und wenn du ein Mädchen aus Compton bist, werde nicht nur eine Tennisspielerin. Werde die größte Sportlerin aller Zeiten.)

Yeah, that's more like it.

(Ja, so ist es schon besser.)

Am Ende des Films kommt Colin Kaepernick ins Bild. Er sieht in die Kamera, spricht uns direkt an:

So don't ask if your dreams are crazy. Ask if they're crazy enough.

(Frag also nicht, ob deine Träume verrückt sind. Frag, ob sie verrückt genug sind.)

Spricht's und spaziert davon.

Wir blicken auf die Skyline der Stadt. Auf den Wolkenkratzern erscheinen die Bilder der verschiedenen Protagonisten aus dem Film. Dazu die Einblendung des Schriftzuges:

It's only crazy until you do it.

(Es ist nur verrückt, bis du es tust)

Just do it.

Am Tag, an dem die Nike-Kampagne on Air geht, setzt Colin Kaepernick diesen Tweet ab:

Und damit sind wir wieder am Anfang unserer Story.

Okay – was geht hier ab? Das denken sich tausende patriotische Amerikaner:innen. Erst sein unamerikanisches Verhalten bei den Spielen und jetzt feiert Nike diesen Verräter auch noch als Hero in ihrer Jubiläumskampagne?

Das ist zu viel für Amerika.

Die Emotionen kochen erneut hoch. Menschen in ganz Amerika rasen, wüten und verbrennen ihre Nike-Schuhe. Sie lassen ihrer Wut freien Lauf und zelebrieren leidenschaftlich die Nike-Verbrennung. Sie zerschneiden vor laufender Smartphone-Kamera ihre Nike-Socken und rufen mit dem Hashtag *#BoycottNike* oder *#JustBurnIt* andere dazu auf, es ihnen gleichzutun:

Boykottiert Nike!

Die Nike-Aktie fällt um 3 Prozent. Trump meldet sich via Twitter zu Wort und fragt sich und seine weiße Anhängerschaft, ob Nike sich eigentlich bewusst ist, was sie da tun?

Dann schießt er noch mal aus dem frisch bezogenen Weißen Haus in Richtung Nike:

> **Donald J. Trump** @realDonaldTrump · Following
>
> Just like the NFL, whose ratings have gone WAY DOWN, Nike is getting absolutely killed with anger and boycotts. I wonder if they had any idea that it would be this way? As far as the NFL is concerned, I just find it hard to watch, and always will, until they stand for the FLAG!

Online-News, Zeitungen und TV-Stationen überschlagen sich mit Berichten über die kontroverse Nike-Kampagne. Schlagzeilen wie diese überschwemmen das World Wide Web:

NIKES COLIN KAEPERNICK KAMPAGNE:

Mutiger Schachzug oder Markenselbstmord?

(Pay-Off, Klimax und überraschendes Ende der Nike-Kaepernick-Story)

Innerhalb von 24 Stunden sehen den Nike-Film über 3 Millionen Menschen. Der Großteil der Internet-Community ist sich einig: Jetzt ist Nike zu weit gegangen:

Das wird Nike ruinieren.

Das ist das Aus für Nike.

Und Nike? Was sagt Nike selbst dazu?

„Wir glauben, Colin ist einer der inspirierendsten Sportler seiner Generation, der die Plattform Sport dazu nutzt, um die Welt zu verbessern."

Das sind die entspannten Worte von Gino Fisanotti, dem nordamerikanischen Nike-Vizepräsident, im Gespräch mit dem Sportsender ESPN. Fisanotti wirkt kein bisschen beunruhigt. Cool, lässig und völlig unbeeindruckt von all dem Hass, den verbrannten Nike-Sneakern und den Schlagzeilen, die den Tod von Nike voraussagen, blättert er der Welt diesen Satz hin.

Die Folgen: Noch mehr Empörung. Noch mehr Wut. Noch mehr brennende Nike-Sneaker. Die Welt und die Internet-Community hat etwas völlig anderes erwartet. Eine Entschuldigung von Nike. Ein Zurückrudern, eine Wiedergutmachung – irgendwas, nur nicht dieses Statement, diese äh ... Haltung und Überzeugung. Aber nope, Nike steht hinter seinem Kampagnen-Protagonisten Kaepernick. Sie stehen hinter ihrer Botschaft.

Die Nike-Kampagne löst mehr aus als jede andere Kampagne in den letzten Jahrzehnten. Menschen hassen sie. Menschen lieben sie. Jeder spricht darüber. YouTube-Clips mit brennenden Nike-Sneaker fluten weiter das Internet.

Sollen die Leute, die sich als ein Möchtegern-Nostradamus aufgespielt haben recht behalten, was das Aus für Nike's Zukunft betrifft? Schauen wir uns doch mal die Zahlen an, weil – Storytelling lebt nicht von seiner Story allein. Es braucht auch harte Fakten, Zahlen und Daten.

Lass uns mal schauen: In den nächsten Tagen wächst der Lagerbestand von Nike um über 6 Prozent, die Online-Verkäufe von Nike-Sneaker steigen um mehr als 30 % und das Engagement für die Marke klettert auf ein Rekordniveau.

Es ist nicht das erste Mal, dass Nike mit einem Statement oder ihrer Botschaft aneckt und ihre halbe Kundschaft gegen sich aufbringt. Und es wird sicher nicht das letzte Mal sein. Genau wie in der Historie von Nike geht es dem Unternehmen auch jetzt nicht um schnelle, kurzfristige Verkäufe, es geht um langfristige Markenbildung, um ihre Bestimmung und ihre Überzeugungen, die tief in der Nike DNA verankert sind.

Nike geht es darum, für die eigenen Werte und Überzeugungen einzustehen und eine konstante Brand Story zu erzählen, über Jahrzehnte hinweg. Sich selbst treu bleiben. Auch wenn es bedeutet, einige Kunden zu verlieren. Die Wahrheit ist: Diese Art von Kunden will Nike gar nicht. Sie passen nicht zur Nike-DNA. Dafür steht Nike nicht. Und das lässt sich auch nicht verhandeln. Ihre Stories sind wie ein Sieb: Wer die gleichen Werte teilt, wird aufgefangen, wer nicht, landet im Abfluss. Goodbye.

Nike sagt mit ihrer Botschaft ganz klar: Wir stehen als Marke für diese Werte und Überzeugungen. Wenn du das auch tust, sind wir die richtige Marke für dich. Wenn nicht, solltest du dir besser eine andere Marke suchen. Diese Message hätten sie nicht klarer, nicht überzeugender und nachdrücklicher kommunizieren können. Nicht ihr Profit bestimmt ihre Handlungen, sondern ihre Bestimmung:

Jedes Wort in diesem Statement hat seine Berechtigung und Bedeutung. Es sind keine Worthülsen. Das, was da steht, meint Nike genau so. Dafür steht Nike. Das lebt Nike.

JEDES.

EINZELNE.

WORT.

Diese Menschen, die Kaepernick ihren Hass entgegenschleudern und ihre Nike-Sneaker verbrennen, stehen für das Gegenteil. Ihre Überzeugungen sind konträr zu den Werten und Überzeugungen von Nike.

„Es ist eine Übung in Zurückhaltung in einer Branche, die allzu oft Innovation über Einsicht stellt", bemerkt Ari Weiss, DDB North America's Chief Creative Officer. *„Sie (die Kampagne) schuf das größte Gespräch über Markenführung des Jahres, indem sie mit einer Stimme sprach, mit der Nike seit über 30 Jahren spricht."*

Marie Rocket, Vizepräsidentin und Group Creative Director bei *Allen & Gerritsen,* ist überzeugt, dass eine großartige Botschaft das Verhalten von Menschen verändern und sie zum Nachdenken anregen kann: *„Es ist die menschlichste Idee des Jahres, vielleicht der letzten 10 Jahre. Das Beste daran ist, einem Großteil des sozialen Universums dabei zuzusehen, wie sie sagen: ‚Das wird Nike ruinieren!'"*

Und dann kommt alles völlig anders.

Noch ein positiver Nebeneffekt für Nike: Das, was andere Marken davon abhält, Risiken einzugehen, verhilft Nike nicht nur Hardcore-Fans zu bestätigen und stolz auf ihre Marke zu machen, es hilft ihnen nicht nur neue Fans zu gewinnen – es hilft ihnen auch dabei, die RICHTIGEN Fans zu gewinnen. Die, die in Zukunft auch Hardcore-Nike-Fans werden. Fans, die diese Überzeugungen und Werte teilen. Und genau diese Fans will Nike. Nicht alle und jeden. Nike versucht es gar nicht allen und jedem recht zu machen. Das will Nike gar nicht.

Nike ist groß. Trotzdem agiert die Marke sogar nach Jahrzehnten wie ein Underdog. Wie eine Challenger-Brand, die ihren Mut und ihrem Kampfgeist nicht verloren hat. Ganz im Gegenteil. Jedes Jahr scheinen sie mutiger und mutiger zu werden. Sie tun das Gegenteil, von dem, was viele andere Marken tun.

Haben sie deshalb loyale und leidenschaftliche Superfans, die ihre Marke lieben, supporten und verteidigen, als wäre es ein guter Freund? Nike hat keine Kunden, wie andere Marken. Nike spaltet.

Seth Godin ruft mir gerade zu:

„People like us do things like this."

Damit bringt Godin dieses Verhalten der Marken mit einer klaren Haltung im Zusammenspiel mit ihren Kunden gut auf den Punkt: Wir glauben an etwas und handeln danach. Nike zieht die Menschen an, die ebenfalls Nike's Werte teilen. Menschen wie wir, tun *diese* Dinge. Wir stehen dafür. Nicht für alles. So denken, ticken und handeln wir.

Und noch einmal Marie Rocket: *„Nike hat uns gezeigt, dass das Richtige tun, das Perfekte für eine Marke sein kann."*

Und dann meldet sich sogar Nike-Gründer Phil Knight zu Wort: „Es spielt keine Rolle, wie viele Menschen deine Marke hassen, solange genügend Menschen sie lieben", sagt Knight in einem Gespräch, mit dem Business Magazin Fast Company. *„Und solange du diese Einstellung hast, darfst du keine Angst davor haben, Menschen zu beleidigen. Einen Mittelweg gibt es nicht. Man* *muss Stellung beziehen, und das ist letztlich auch der Grund, warum die Kaepernick-Kampagne funktioniert hat."*

Während die meisten Marken Risiken aus dem Weg gehen und bei dem Gedanken, eine klare Botschaft zu kommunizieren, die negatives Feedback oder sogar eine Kontroverse auslösen könnte, in blanke Panik verfallen, tut Nike nichts lieber als das. Nike's Überzeugungen dienen ihnen dabei wie ein Kompass, dem die Marke folgt, während viele andere Marken sich von Zahlen leiten lassen.

Es gibt die Ja-Sager und die, die Rückgrat beweisen und auch mal nein sagen.

Das ist im Leben so und das ist in der Unternehmenswelt so – das schließt Marken nicht aus. Darum sollten wir uns fragen: Von welcher Sorte wollen und brauchen wir in Zukunft mehr?

Wertebotschaften statt Werbebotschaften

Nike weiß: Die stärksten Botschaften sind die, vor denen man Angst hat sie zu erzählen. Stories, die nicht einfach nur gut unterhalten. Stories, die etwas verändern, ein Umdenken bewirken, ein Aufrütteln, Botschaften, die vor den Kopf stoßen. Ja, die stärksten Botschaften sind die, die eine Wahrheit beinhaltet, die weh tut. Für die man etwas opfern muss. Denn es sind genau die Stories, die etwas in uns Menschen auslösen, die uns bewegen, die uns emotional aufwühlen und etwas verändern können. Stories, für die wir etwas opfern müssen und dafür am Ende etwas viel Wertvolleres gewinnen.

Nike gibt sich nicht mit seichter Unterhaltung oder plumpen Werbebotschaften zufrieden. Nike zielt mit jeder ihrer Stories auf echte Emotionen ab. Die Folgen? Voller Erfolg für die Nike-Kaepernick-Kampagne:

163 Millionen Dollar in Earned Media erzielt

31 % Umsatzsteigerung

Steigerung des Markenwerts um 6 Millionen Dollar

Ein nächstes, großes und bewegendes Kapitel in ihrer epischen Brand Story

Aber das Wichtigste: Nike zeigt uns einen Weg, welche Kraft Marken mit einer starken Haltung entwickeln können. Dass sie echte Veränderungen bewirken, wenn sie für etwas Wertvolles und Wichtiges stehen und sich für eine Sache stark machen.

Aber warum identifizieren sich so viele mit der Nike Botschaft? Weil es in der Nike Story nicht um Nike geht. Nicht um Colin Kaepernick. Nicht um all die unerreichbaren Profi-Athleten und auch nicht um die aufstrebenden Athleten. Es geht darin um dich, um mich, um jeden einzelnen, der in seinem Leben Hindernisse überwinden muss.

Colin Kaepernick kniete, um für seine Überzeugungen einzustehen. Um etwas zu verändern. Nike hat sich an die Seite von Kaepernick und all den Menschen gestellt, die etwas verändern wollen. Weil Nike ihre Überzeugungen teilt. Nike hat auf Kaepernick gezeigt und gesagt: Das sind wir. Dafür steht Nike. Wir glauben woran er glaubt.

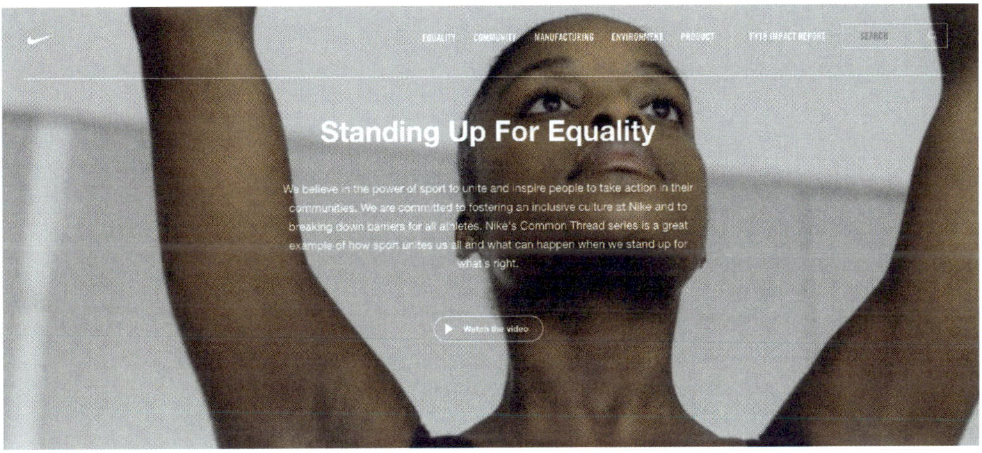

Und genau das ist es, was die meisten Menschen in Zukunft erwarten, wenn sie mit Marken interagieren: Wir wollen es mit einer menschlichen Marke zu tun haben, die Persönlichkeit, Charakter und eine klare Haltung hat. Marken, die sich wirklich für uns und unsere Probleme und Bedürfnisse interessieren. Die uns fragen:

Was denkt ihr? Was wollt ihr erreichen? Was sind eure Träume? Ängste, Sorgen? Woran glaubt ihr? Was sind eure Hindernisse? Eure Ziele? Wie können wir euch dabei helfen, euer Ziel zu erreichen?

Wir sind hier, um für euch zu kämpfen. Wir machen vielleicht Schuhe, aber wir wollen eine viel wichtigere Rolle in eurem Leben spielen. Wir wollen etwas verändern. Gemeinsam mit euch.

Diese Marken sind keine Marken.

Sie sind Storyseller.

Vorwort

> **„Die Zukunft gehört einer anderen Art von Menschen mit einer anderen Art von Verstand: Künstlern, Erfindern, Storytellern – kreativen und ganzheitlichen Mit-der-rechten-Gehirnhälfte-Denkern."**
>
> *Daniel Pink*

Jede Marke will einen Bestseller landen

Unternehmer, Start-ups, Personal Brands und Kreative haben heute alle das gleiche Ziel: Sie wollen etwas erschaffen, das relevant ist und Bestand hat. Eine Marke, die treue Fans gewinnt und dauerhaften Erfolg hat. Genau wie Autoren, Filmemacher, Künstler oder Musiker wollen sie einen Bestseller landen.

Im kreativen Prozess machen wir es uns oft zu einfach. Wir gehen unsere Marke nur oberflächlich an. Stecken wenig Zeit und Energie in unsere Marke. Wenn wir bei dem Aufbau unserer Marke zu kurz denken, müssen wir später

umso schneller rennen,

mehr Marketing machen,

mehr Werbeanzeigen platzieren,

mehr neuen Content produzieren,

mehr Geld ins Marketing stecken.

Ryan Holiday klopft gerade gegen die Fenster meiner Gehirnwindungen. Er will dazu was sagen:

> **„Viele Leute behaupten, etwas tun zu wollen, das von Bedeutung ist, doch sie messen sich an Dingen, die es nicht sind, und verfolgen ihren Fortschritt nicht in Jahren, sondern in Mikrosekunden. Sie wollen etwas Zeitloses schaffen, aber sie konzentrieren sich stattdessen auf schnelle Gewinne und kurzfristige Befriedigung."**
>
> *Ryan Holiday*

Ja, Ryan – du sagst es. Viel zu oft sind wir nur auf den schnellen Erfolg aus. Jagen der Idee eines Viral- Hits hinterher oder freuen uns, wenn wir über Nacht unsere Follower-Rate um 500 % gesteigert haben. Wir vergleichen unsere Marke mit anderen, schielen auf die Konkurrenz und messen uns mit Trends, Modeerscheinungen und allem was gerade irgendwie irgendwo hip und trendy ist.

Das alles glänzt und funkelt. Es ist verführerisch, aber es ist keine gute Strategie. Nicht, wenn es darum geht, eine Marke aufzubauen, die langfristig erfolgreich ist.

Etwas zeitloses erschaffen. Etwas, das Bestand hat. Ist das nicht genau das, was jeder will, der etwas „produziert“? Egal ob es sich dabei um ein Bild, ein Buch, ein Musikalbum, einen Designerstuhl, ein Restaurant, einen Film, eine Sitcom oder eine Marke handelt? Etwas erschaffen, das auch noch in vielen Jahren sein Publikum findet?

Storyseller wollen etwas verändern

Storyseller sind Marken, die mit ihren Stories bei uns ein bestimmtes Gefühl wecken. Wenn wir an diese Marken denken, sehen wir nicht das Produkt, das sie verkaufen oder den Service, den sie anbieten – wir haben ein Gefühl für die Marke. Diese Marken wecken Emotionen in uns. Sie haben eine Persönlichkeit. Charaktereigenschaften. Sie sind menschlich.

Wenn wir mit diesen Marken interagieren, ist es wie eine Konversation mit einem Freund. Storyseller geben uns das Gefühl, verstanden zu werden. Sie scheinen uns zu kennen. Wir wollen Zeit mit ihnen verbringen. Wir identifizieren uns mit ihrer Persönlichkeit.

Storyseller wollen uns wie jede Marke etwas verkaufen. Klar. Sie verkaufen uns aber nicht für dumm. Sie verkaufen uns Emotionen. Eine Story, die wir mitgestalten und weitererzählen können. Wir werden Teil ihrer Story, sie werden Teils unseres Lebens. Es ist ein Austausch. Ein Miteinander, wie mit einem Freund.

Storyseller sind auf eine lange Freundschaft aus. Kein kurzer Flirt. Kaufen. Danke. Tschüss. Nope. Storyseller wollen etwas von Dauer erschaffen. Mit ihrem Produkt, mit ihrer Marke – mit ihrer Beziehung zum Publikum. Aber dabei wollen sie uns nicht einfach nur gut unterhalten. Sie sind eine Marke mit Mission. Sie wollen etwas verändern. Für uns, für die Gesellschaft, für den Planeten. Sie haben eine Bestimmung und wollen einen positiven Einfluss auf die Welt ausüben.

Das heißt nicht, dass sie gleich unseren Planeten retten oder reparieren müssen, wie Patagonia. Das heißt auch nicht, dass sie uns von diesem Planeten weg bringen müssen, wie Elon Musk das mit SpaceX vorhat. Das kann auch nur unsere kleine Welt sein, die sie retten wollen. Die sie ein bisschen besser, angenehmer, erstrebenswerter machen.

Ihre Bestimmung ist kein Marketing-Tool, sie ist eine Geisteshaltung. Eine Einstellung, ihre Sicht auf die Dinge und wie sie sein sollten. Ihr Blick auf die Welt und wie sein könnte. Diese Welt wollen sie uns ermöglichen.

Storyseller setzen mit ihrer Strategie auf langfristigen Erfolg und eine einheitliche, groß angelegte Brand Story. Sie setzen auf ein zeitloses Thema, nicht auf kurzlebige Trends. Sie setzen auf Haltung und feste Überzeugungen. Sie setzen auf die Kunden, die wirklich zu ihren Überzeugungen passen. Sie setzen auf ihre einzigartige Persönlichkeit.

Storyseller müssen nicht jedes Jahr eine völlig neue und andere Kampagnen-Botschaft kommunizieren, um bei ihrem Publikum anzukommen.

Ihre Produkte, ihr Service und ihre Stories werden bei ihrem Publikum zu begehrten Bestsellern. Nicht immer sofort von heute auf morgen, aber dafür beständig und langfristig – und manchmal sogar auf ewig.

Storyseller stecken lieber mehr Zeit und Energie in ihre Marke, als später viel Geld in ihr Marketing pumpen zu müssen. Elon Musk steckt keinen Cent ins Marketing für Tesla – er setzt lieber auf die

Kraft der Story. Und es funktioniert. Die Marke hat begeisterte Fans. Und leidenschaftliche Gegner. So ist es immer: Bestseller spalten.

Storyseller wissen, wofür sie stehen

Wie schafft Nike es, seit über 40 Jahren eine so große und loyale Community von Superfans aufzubauen, wenn sie immer wieder einen großen Teil ihrer Kunden gegen sich aufbringen?

Nike ist nicht allein. Auch Harley-Davidson, Virgin, charity:water, The North Face und Airbnb oder B2B Marken wie Salesforce, GE, Maersk und Mailchimp oder Personal Brands wie Casey Neistat, – sie alle sind Marken mit Ecken und Kanten. Marken mit Attitude. Mit einer authentischen Persönlichkeit, die für mehr stehen, als nur für die Produkte, die sie verkaufen.

Sie alle machen scheinbar alles anders als alle anderen Marken. Es sind keine produkt- oder service-getriebene Marken, es sind Storyseller Brands, die alle eine elementare Sache vereint: Sie stellen ihr Publikum in den Mittelpunkt. In allem, was sie tun und kommunizieren.

Wenn wir verstehen, dass unsere Marke es nicht allen recht machen muss, dann ist der Weg frei, für eine Marke, die wirklich mutig und anders und darum interessant ist. Eine Marke mit einer echten Persönlichkeit, klaren Überzeugungen und einer eigenen Stimme, die auch wenn sie leise spricht, lauter ist, als die tourette-wütigen Werbebotschaften, denen wir täglich ausgesetzt sind.

Jede Marke ist eine Story

Wie können junge Marken wie OATLY, Brewdog, Warby Parker und Dollar Shave Club den großen Playern heute scheinbar mühelos Konkurrenz machen? Wie schaffen Personal Brands wie Casey Neistat und Elon Musk es, eine so große und loyale Fangemeinde um ihre Marke zu scharen?

Was können wir von Storysellern wie Nike, The North Face, Mailchimp oder Salesforce lernen? Was machen Marken wie Innocent, Airbnb und Libresse anders? Was unterscheidet sie von den meisten anderen Marken?

Sie denken nicht in „Produkt“ oder „Service“, sie denken nicht in „Marketing“ oder „Kampagne“. Sie denken in „STORY“. Ihre Marke ist eine groß angelegte Story. Jedes Produkt, jeder Content und alles was sie tun ist ein weiteres Kapitel ihrer großen Story, die ihre Marke erzählt. Sie sind Storyseller. Die Marke ist ein Buch mit vielen Kapiteln und EINEM großen Thema oder eine Serie, mit vielen Staffeln und einzelnen Episoden, die sie immer weiterentwickeln. Aber alles zahlt auf EIN großes Thema ein.

Seth Godin tippt mir auf die Schulter. Er hat wie immer auch dazu etwas Kluges zu sagen:

„Your story is a symphony, not a note.“

Wie recht du hast, Seth. Unsere Marke ist eine epische Story und alles was wir tun und kommunizieren ist Teil dieser Story. Denke nicht in Kampagnen, denke groß. Denke einheitlich und langfristig. Stell dir vor du bist Showrunner deiner Marke und die Story deiner Marke ist eine Netflixserie mit mehreren Staffeln und vielen Folgen.

Unser Ziel sollte es nicht sein, Werbebotschaften zu entwickeln. Wir sollten uns als die Autor:innen unserer Marke sehen und eine interessante Story World und eine glaubwürdige, menschliche Marke erschaffen. Wir sollten unserem Publikum eine großartige Story liefern, in der *es* die Hauptrolle spielt. Mit diesem Buch schaffst du genau dafür das Fundament.

Storyseller gibt es in jeder Branche

Egal ob es sich um ein Produkt oder eine Dienstleistung handelt, Storyseller gibt es in jeder Branche:

- B2B, B2C oder Personal Brand
- Start-up
- Coaching
- Software
- Fitness
- Beauty
- Fashion
- E-Commerce
- Food & Beverages
- Gesundheit
- Personal Branding
- Bildung
- ______________________ (Storyseller gibt es in jedem Bereich)

Du bist kein Marketer? Arbeitest nicht in einer Agentur? Bist keine Marke? Du bist Autor:in, Künstler:in oder Musiker:in? Die Wahrheit ist: Auch du bist eine Marke. Ob's dir gefällt oder nicht. Du produzierst etwas. Du hast ein Produkt. Du willst etwas verkaufen. Du brauchst ein Publikum. Und wenn du schon eine Marke sein musst, dann sei doch lieber ein Storyseller.

Für wen ist dieses Buch?

Du bist Start-up-Gründer:in und willst dich am Markt positionieren? Großartig – dann ist dieses Buch für dich.

Du hast ein kleines oder großes Unternehmen und willst deine Marke von anderen Marken differenzieren? Gut – dann ist dieses Buch für dich.

Du hast eine Marke, die schon länger am Markt ist und stehst mitten im Chaos eines Rebrandings? Here we go – dieses Buch ist für dich.

Du baust gerade eine neue Marke auf und willst eine einzigartige Markenpersönlichkeit entwickeln, deine eigene Stimme für deine Marke finden und das Fundament legen, für eine packende Brand Story? Perfekt – dann ist dieses Buch für dich.

Du bist eine Personal Brand, willst dein Profil schärfen und dein richtiges Publikum erreichen? Go, go, go – dieses Buch ist für dich.

Du bist Kreative:r in einer Werbeagentur? Freelancer:in? War ich auch. Beides. Und darum: Dieses Buch ist für dich.

Du arbeitest in der Marketing-, PR-Abteilung eines Unternehmens und suchst Inspiration, Tools und Strategien, um neue Wege zu beschreiten? Bitte schön – dieses Buch ist für dich.

Ihr seid eine Non-Profit Organisation und wollt eure Marke aufbauen und positionieren, ohne viel Budget zu verbrennen? Bingo – dieses Buch ist für euch.

Du bist Künstler:in, Autor:in, Schauspieler:in, Musiker:in, Journalist:in, Fotograf:in und willst für dich eine unverwechselbare Persona erschaffen, mit einer eigenen Stimme? Boom – dieses Buch ist für dich.

Du willst das Fundament legen für eine wirklich packende und relevante Brand Story? Du willst die Bestimmung deiner Marke finden? Ein zeitloses Thema besetzen? Du willst eine interessante Markenpersönlichkeit erschaffen, mit der sich dein Publikum identifizieren will? Du willst mit deiner Marke eine positive Veränderung bewirken – auf die Welt deiner Kunden, die Gesellschaft, den Planeten?

Du willst eine starke Marke aufbauen, die eine zeitlose und relevante Story erzählt? Leg los – dieses Buch ist für dich.

„Storyseller" ist eine Reise zu den inspirierendsten Marken der Welt

Das Buch soll dir – ob für deine Marke, als Unternehmer:in, Kreativer, CEO oder Personal Brand – die nötigen Strategien und Tools an die Hand geben, um deine Marke zu einem Storyseller zu machen. Eine Marke, die sich mit ihrer Persönlichkeit und ihrer Story von all den anderen Marken abhebt. Eine Marke, die ihr Publikum findet und auch in Zukunft immer wieder neue Fans dazu gewinnt. Eine Marke, die ein langfristiger Bestseller wird.

Aber wie werden Marken zu Bestsellern? Wie werden Marken zu diesen unverwechselbaren Persönlichkeiten? Wie erzeugen Storyseller diese Emotionen bei ihrem Publikum? Wie entwickeln Storyseller eine so tiefe Verbindung zu ihrem Publikum? Welche Strategien wenden sie an? Was ist ihr Geheimnis? Was wissen sie, was andere Marken nicht wissen? Gibt es ein bestimmtes Muster, ein Rezept, einen roten Faden, der all diese Storyseller vereint?

Diese Fragen habe ich mir gestellt, als ich angefangen habe, über dieses zweiteilige Buch nachzudenken. Ich wollte wissen, ob wir die Strategien dieser Storyseller auf unsere eigene Marke übertragen können.

Was wäre, wenn wir von diesen Storysellern lernen könnten? Wenn wir ihre Strategien auch für unsere eigene Marke anwenden könnten? Egal ob wir ein Unternehmen leiten, eine Marke positionieren, ein Start-up gründen oder eine Personal Brand aufbauen wollen.

Was wäre, wenn wir mit einem einfachen und klaren Storybranding-Prozess eine unverwechselbare Persönlichkeit für unsere Marke entwickeln könnten?

Was wäre, wenn wir unsere Marke mit diesen Storyseller-Strategien erfolgreich am Markt positionieren und sie so zu einem langfristigen Besteller machen könnten?

Um Antworten auf diese Fragen zu finden und von den besten Storysellern zu lernen, werden wir uns gemeinsam auf eine Reise begeben. Wir tauchen ein, in die Welt der Storyseller:

Wir werden mit Steve Jobs auf der Bühne stehen, wenn er Apple vor dem Untergang rettet und zur wertvollsten Marke der Welt macht. Wir werden mit Michael Dubin, dem Gründer von Dollar Shave Club, den vielleicht witzigsten Rasierklingen-Spot ever produzieren. Wir werden uns gemeinsam mit Libresse auf die wundersame Reise durch den weiblichen Körper machen. Wir werden von Bruce Lee lernen, wie wir mit Vielfalt zu unserem ganz eigenen Stil finden.

Wir werden mit Casey Neistat auf dem Fahrrad durch die Straßen von New York cruisen und mitten in eine YouTube-Sensation krachen. Wir werden mit OATLY lernen, wie wir so fucking furchtlos werden, dass wir es sogar mit der schwedischen Milchlobby aufnehmen. Wir werden gemeinsam mit Blake Mycoskie von TOMS durch Argentinien reisen und ein Unternehmen gründen, das nicht funktionieren kann und trotzdem funktioniert. So gut, dass er sogar Stars zu Storytellern macht, die die Story der Marke sprichwörtlich (an ihren Füßen) weitertragen.

Wir werden mit den Patagonia-Mitarbeitern surfen gehen und auf einer Harley lernen, was Freiheit heute bedeutet. Wir werden mit Hemingway durch das Paris der 1920er spazieren und mit Elon Musk im Tesla in Richtung Zukunft gleiten. Und wenn wir schon mal in San Francisco sind, werden wir dort vom Salesforce-Founder Marc Benioff lernen, wie es auch ein B2B-Unternehmen schafft, leidenschaftliche Superfans zu erschaffen.

Wir werden mit und in Doc Martens zurück zu den Anfängen der Ikone marschieren, mit Punks Pogo tanzen, mit Kurt Cobain die Grunge-Bewegung lostreten und mit Miley Cyrus in ihrem Musikvideo in roten Doc Martens auf einer Abrissbirne schaukeln. Wir werden mit zwei Freunden, total pleite, aber voller Passion und mit einer leidenschaftlichen Bestimmung, die erfolgreichste Craft Beer Marke in Großbritannien aufbauen – natürlich nicht ohne zu polarisieren. Wir werden von Tarantino lernen, was es bedeutet seine eigene Stimme zu entwickeln und wir werden mit Nike Hürden überwinden und Barrieren durchbrechen.

Wir werden gemeinsam Storyseller Brands untersuchen. Herausfinden, was sie im Kern ausmacht, wie sie ihre Marke aufbauen und positionieren. Wir werden uns anschauen, welchen Regeln sie folgen und welche sie brechen. Was sie antreibt, was sie anders machen und welche Strategien sie nutzen.

Storyseller ist eine Reise zu den inspirierendsten Marken der Welt. Die Reise wird vielleicht mal turbulent, steinig oder aufwühlend. Aber ich bin mir sicher, du bringst das ein oder andere Souvenir für deine Marke mit nach Hause.

Die Zukunft gehört den Storytellern

Du brauchst heute kein großes Budget mehr. Du brauchst eine große Story. Nicht die Marken, mit den fetten Spots gewinnen in Zukunft die Herzen des Publikums, sondern die Marken, mit der interessanten Persönlichkeit, einer guten Bestimmung und der besseren Story.

Storyseller gibt dir nützliche Strategien und klare Tools an die Hand, die du brauchst, um eine außergewöhnliche Storyseller-Marke aufzubauen, die ihr richtiges Publikum findet. Eine Marke, die von Dauer ist.

Eine Marke ist eine Story.

Mach deine zu einem Bestseller.

TEIL 1

DIE STORYSELLER

1

Deine Rasur:

SO EINZIGARTIG WIE DU SELBST

(Dollar Shave Club)

> **„Mach nicht das, was alle anderen tun."**
>
> *Michael (Mike) Dubin*

Großartige Produkte für deinen Körper – großartiger Content für deinen Kopf

Venice Beach, 2012. Michael Dubin wacht auf. Es ist ein schöner Morgen in Kalifornien. Aber welche Morgen sind das nicht, im sonnenverwöhnten California? Wo jeder Tag, ein schöner Tag ist – zumindest was das Wetter betrifft. Das Erste, was Michael Dubin an diesem Morgen tut, ist das, was er letzte Nacht als letztes getan hat: die Website seines jungen, noch völlig unbekannten Start-ups checken. Oder besser: er versucht es.

Aber der Screen seines Computers bleibt schwarz. Michael versucht es immer und immer wieder – refresht die Website, klick, klick, klick, refresh, refresh, refresh – nichts passiert. Es ist, als existiere die Website nicht.

Panik bahnt sich an. Adrenalin schwemmt Michaels Körper. Er springt auf. Geht auf und ab. Denkt nach. Was zur Hölle ist passiert? Bevor er letzte Nacht ins Bett gegangen ist, hat er das neue Imagevideo für sein junges Start-up auf YouTube hochgeladen. Ihr allererster Spot für ihre Marke. Und der geht so:

INNEN – Startup Dollar Shave Club – Tag

MIKE DUBIN, Gründer von Dollar Shave Club, sitzt an seinem Schreibtisch in seinem noch jungen Start-up. Die Hemdsärmel hochgekrempelt. Nicht mal die Krawatte kann ihm seine Lässigkeit nehmen. Er schaut uns direkt an.

Frech, freundlich, offen und einladend.

MIKE

Hi, ich bin Mike. Gründer von dollarshaveclub.com. Was ist dollarshaveclub.com? Ganz einfach: Für einen Dollar im Monat schicken wir dir erstklassige Rasierer direkt an deine Tür.

Mike steht auf, geht um den Schreibtisch herum. Während sich die Kamera von ihm wegbewegt, läuft Mike lässig auf die Kamera – auf uns zu. Er spaziert durch das Warenhaus seines Unternehmens ...

Mike

Yeah, einen Dollar! Sind die Klingen gut? Nein ...

Kurze Pause. Mike lehnt sich gegen einen Türrahmen. Er sieht uns herausfordernd an. Dann deutet er auf ein Poster, das neben ihm an der Wand hängt und uns die Antwort auf die Frage gibt:

OUR

BLADES

ARE

FKING**

GREAT

Mike

Unsere Klingen sind f...(Peeep)großartig!

Das ist der Anfang des aberwitzigen Videos von Dollar Shave Club und der Grund, warum Michael an diesem Morgen die Website seines Unternehmens nicht checken kann: Nachdem er das Video gestern Nacht auf YouTube hochgeladen hat, gab es einen Ansturm auf die Website Dollarshaveclub.com

Das hat zu einem Kollaps geführt. Und das ist erst der Anfang des Dollar Shave Club-Tsunami, der noch über Michael und sein kleines Team hereinbrechen wird. Das Video wird in Kürze noch Folgendes ins Rollen bringen:

1. Die völlig unbekannte Underdog-Marke *Dollar Shave Club* gewinnt in wenigen Tagen Millionen begeisterte Fans.
2. Das Video schlägt ein wie eine Bombe (bis heute hat das Video mehr als 27 Millionen Views).
3. Die völlig unbekannte Marke wird in kürzester Zeit zur absoluten Kultmarke.
4. Michael Dubin gilt von heute auf morgen (zu recht) als neues Marketing-Genie.

Zweifler checken spätestens jetzt, das **Storytelling und Marketing** heute eine absolut wichtige Einheit bilden, ähnlich wie:

Sherlock Holmes & Dr. Watson

Buds Spencer & Terence Hill

Steve Jobs & Steve Wozniak

Paul Simon & Art Garfunkel

John Lennon & Yoko Ono

Die Coen-Brüder

Harold & Maude

Marshall & Lily

Ernie & Bert

Dollar Shave Club ist das, was man bei einem Film- oder Buch-Hit einen Über-Nacht-Erfolg nennt. Aber nicht nur das. *Dollar Shave Club* challenged ganz lässig die gesamte Rasierklingen-Industrie. Da ist plötzlich jemand, der das starre und eingefahrene System völlig ins Wanken bringt. Der Underdog, der sich einen fetten Knochen schnappt, auf dem sich die Rasierklingen-Industrie und ihre Monopolisten ausgeruht haben. Jahrzehntelang haben sie den Markt bestimmt, die unverschämten Preise für Rasierklingen vorgegeben und sich in völliger Sicherheit gewähnt. Und dann kommt dieser kleine, freche Underdog und markiert ihr Revier.

Den größten Monopolisten Gillette ärgert das natürlich so richtig. So viele Jahre ist die Marke schon auf dem Markt. So viele Menschen kennen die Marke, nutzen die Marke und trotzdem hat die Marke NUR Kunden. Dollar Shave Club existiert seit wenigen Monaten und hat jetzt schon Superfans. Was geht hier ab?

Und was macht ein Gigant wie Gillette, wenn er nicht mehr ruhig schlafen kann, weil ihm dieser Underdog an seinem dicken Knochen nagt? Er schaut sich das Ganze durch den Gartenzaun an, knurrt und bellt ins Leere. Solange bis er es nicht mehr erträgt und dann das tut, was er am besten kann: Er kauft den Störenfried fünf Jahre später auf.

Für

eine

Milliarde

Dollar.

1.000.000.000

> **„Unsere Mission im Dollar Shave Club ist es, den Männern zu helfen, sich um ihren Geist und Körper zu kümmern, damit sie ihr bestes Selbst sein können. Wir nähern uns dieser Mission auf zwei Arten: mit großartigen Produkten für ihren Körper und großartigem Content für ihren Geist.“**
>
> *Michael Dubin*

Wie ist es möglich, dass ein kleines Unternehmen, eine völlig unbekannte Marke, die (Hallo?) Rasierklingen anbietet – die sie nicht mal selbst herstellen, (sie beziehen sie aus China) und die auch nicht besser oder schlechter sind, als die ihrer Mitbewerber – in nur wenigen Jahren einen solch gigantischen Erfolg hat?

Dazu machen wir mal kurz einen Zeitsprung zurück und schauen uns die wichtigsten Momente und Stationen im Leben von Michael Dubin an, die letztendlich zu diesem Punkt geführt haben:

Die vielen Interessen des Michael Dubin

New York. Einige Jahre zuvor.

Hab ich einen Fehler gemacht? Hab ich einen total dummen Fehler gemacht? Das fragt sich Dubin. Er steht in seinem containergroßen (winzigen) Apartment und kocht sich ein Abendessen: Bohnen mit Reis. Es ist heiß. Es ist Sommer. Michael hat keine Klimaanlage, keine Hoffnungen und kein Geld, um wie seine Freunde den Sommer unter Palmen, am Pool, mit einer kühlen Piña Colada in der Hand zu verbringen.

Gleich nach dem College stiegen die meisten seiner Freunde ins Bankwesen ein. Einstiegsgehalt: 150.000 Dollar. Und er? Er fand, es wäre eine gute Idee, sich den Medien und dem Marketing zu widmen. Etwas lernen, was er später als Unternehmer vielleicht wirklich mal brauchen könnte. Darum hat er jetzt einen Marketingjob. Einstiegsgehalt: 40.000 Dollar.

Reicht für:

Bohnen

Reis

winziges Apartment

Sommer in New York

Total frustrierend. Vielleicht habe ich den größten Fehler meines Lebens gemacht, sagt er sich wieder und immer wieder. Vor ihm blubbert der Reis in einem kleinen Topf auf dem kleinen Herd in diesem kleinen Schuhkarton, den Leute tatsächlich als Apartment bezeichnen. Seine ganze Welt kommt ihm klein vor. Sein Leben köchelt vor sich hin wie der klebrige Reis im Topf. Hier steht er und schwitzt, rührt lethargisch im Topf herum. Und immer wieder die eine Frage:

Hab ich einen Fehler gemacht? Hab ich ...

Hat er nicht.

Das sieht er jetzt noch nicht. Das weiß er jetzt noch nicht. Aber Michael wird für seine scheinbar dummen Entscheidungen belohnt werden. Nicht jetzt, nicht morgen, aber bald.

Michael möchte Entrepreneur werden. Konkret ist die Idee noch nicht. Er will. Er weiß aber nicht mit was. Aber er weiß, den Weg, den er jetzt einschlägt, der führt ihn dorthin: Er wird ein erfolgreicher Entrepreneur. Und er weiß auch, dass er alles anders machen will. Anders, als es ihm alle anderen raten.

Er will nicht den direkten Weg nehmen, den jeder geht. Der führt früher oder später zur Endstation Frustration. Michael will verschiedene Erfahrungen sammeln auf dem Weg, mit Umwegen und Abwegen, in Jobs und mit Hobbies, die ihn interessieren. Und später alles einfließen lassen in den Job. Und wenn auch mal eine Sackgasse dabei sein sollte – so what!?

In einer Sackgasse kannst du manchmal mehr über das Leben lernen als auf der Schnellstraße.

Das ist kein Weg, den jemand üblicherweise geht, wenn er erfolgreicher Unternehmer werden will. Das ist ihm klar. Aber es ist sein Weg. Später wird er dazu in einem Interview sagen:

„Kümmere dich nicht darum, was alle anderen tun. Auch wenn ihre Entscheidungen noch so großartig erscheinen mögen oder sie sich alle darüber im Klaren zu sein scheinen. Das sind sie nicht".

Er weiß, wenn er ein aufregendes und erfüllendes Leben führen will, muss er aufregende und außergewöhnliche Entscheidungen in seinem Leben treffen und Dinge tun, die ihn bei seiner Strategie unterstützen.

Darum tritt er einer Impro-Theater-Gruppe bei, in der er seine Schauspiel- und Comedy-Skills erlernt. Er macht es, weil es ihm Spaß macht. Und er macht es, weil er weiß: Er wird daraus viel für sich und sein späteres Business ziehen können. Und ja, keine Frage, schauen wir uns nochmal den Dollar Shave Club Spot an, dann erkennen wir schnell, dass sich all das ausgezahlt hat:

Schauspiel, Timing. Comedy, Präsenz, das lockere, echte und glaubwürdige Agieren vor der Kamera. Seine Texter-Skills, die er in seinem Marketingjob erlernt hat, haben ihm geholfen, das Skript für den Spot zu schreiben. Immer und immer wieder hat er es umgeschrieben. Später kommen weitere Skripte für die nächsten witzigen, ungewöhnlichen Dollar Shave Club Spots dazu.

Das Branding, das Neudenken und anders denken, die Geduld und Ausdauer, der Spirit des „einfach selber machen", statt machen lassen. Die kreative Marketing-Strategie. Die Storytelling-Tools und Skills. All das, lernt er auf seinem ungewöhnlichen Weg zum Entrepreneur. Und all das sind die Fähigkeiten, die sich später als unglaublich nützlich herausstellen werden, in seinem Leben als außergewöhnlich erfolgreicher Unternehmer.

Hätte er all die Fähigkeiten nicht erlernt und hätte er die außergewöhnlichen Dinge nicht gemacht, die ihn auf seinem Weg als Unternehmer interessiert haben, wäre Dollar Shave Club heute alles andere als die außergewöhnliche Lifestyle-Marke, die so viele feiern und bewundern.

In einem Gespräch mit der Abschlussklasse der Emory University sagt Dubin:

„Ich rate dir, Zeit damit zu verbringen, dich mit neuen Dingen auseinanderzusetzen. Selbst wenn, vor allem, wenn du keine gerade Linie zwischen diesem und jenem ziehen kannst."

Umwege gehen, andere Dinge sehen, Neues lernen – das alles hat ihm geholfen und diese Strategie hilft auch anderen, davon ist er überzeugt. Michael Dubins Leben hat ihn durch seine ungewöhnlichen Entscheidungen zu einem der interessantesten Unternehmer gemacht. Aber was ist der Wendepunkt, der schließlich zur Idee für sein Start-up führt? Eine Weihnachtsfeier.

Zufall? Schicksal? Auf jeden Fall kommt die Idee für seine spätere Marke an diesem Abend, auf einer Weihnachtsparty eines Freundes ins Rollen:

Dubin unterhält sich mit dem Schwiegervater eines Freundes. Sie halten einen Drink in der Hand, ab und an schieben sich Partygäste mit Rentier-Geweihen an ihnen vorbei und wünschen „Merry Christmas!!" Der Schwiegervater des Freundes erzählt Dubin, dass er eine ganze Lagerhalle voller Rasierklingen hat. 250.000 Stück. Die Überreste einer Geschäftstransaktion, die schief lief.

Jetzt sitzt er also auf einem Haufen Rasierklingen aus China. Viel zu viele, um sie in einem ganzen Leben allein aufzubrauchen oder zu verschenken. Die beiden kommen ins Plaudern und unterhalten sich über die astronomischen und völlig absurden Preise, die Marken für Rasierklingen verlangen. Da kommt dem Schwiegervater des Freundes eine Idee: Wolle er, Dubin, ihm vielleicht helfen, die Rasierklingen an den Mann zu bringen? Hm, Dubin ist der Meinung, dass könne er vielleicht tatsächlich.

Was wäre, wenn ... er die Rasierklingen zu einem vielfach günstigeren Preis anbietet als die großen Marken mit ihren Phantasie-Preisen? Und wenn er DIREKT an Kunden liefern würde, statt sich mit Zwischenhändlern rumzuschlagen? Und wenn er die Transaktion, für seine Kunden so EINFACH wie nur möglich machen würde? Kurz: Wenn er genau das Gegenteil von dem machen würde, was all die Rasierklingen-Kings machen?

Damit würde er für die Leute das Preisproblem lösen. Niemand müsste mehr 20 Dollar für – wie viel? – drei oder vier Rasierklingen hinblättern? Total absurd! Klingt das nach einer guten Geschäftsidee? Es klingt zumindest nach einer logisch unlogischen Weiterentwicklung, auf dem verästelten Pfad, den Dubin vor einigen Jahren eingeschlagen hat.

Warum also nicht?

> „A great shave delivered right to your door."
>
> *Dollar Shave Club*

Die Geburtsstunde einer der ungewöhnlichsten Marken aller Zeiten

Mit den 250.000 Rasierklingen in der Lagerhalle und der Mission, modernen Männern, Rasierklingen zu einem bezahlbaren Preis vor die Haustür zu liefern, registriert Michael Dubin innerhalb einer Woche die Domain:

dollarshaveclub.com

Dubin schmeißt seinen sicheren Marketing-Job hin, beginnt mit dem Planen seines Rasierklingen-Start-ups und arbeitet eine Marketing-Strategie aus. Dank der Kenntnisse aus seinem Job und seiner Erfahrung aus dem Improtheater und Comedy-Bereich weiß er: Wenn er und sein kleines Team Großes erreichen und die Aufmerksamkeit der Leute gewinnen wollen, müssen sie etwas wirklich Außergewöhnliches auf die Beine stellen. Etwas, das völlig anders ist als das, was die Leute jeden Tag von Marken zu sehen bekommen. Und erst recht anders, als die Leute es von Marken gewohnt sind, die Rasierklingen verkaufen.

Schauen wir uns an, wie Dollar Shave Club mit einer mutigen Marketing-Strategie und extrem viel Spaß eine solch große Aufmerksamkeit erregen konnte. Und wie dieser Underdog eine ganze Branche durchschütteln konnte, die am liebsten genauso gemütlich weitergemacht hätte, wie schon die letzten Jahrzehnte.

Und genau hier liegt die Gefahr für große Marken und die Chance kleiner Underdog-Marken, die wissen: Im Marketing geht es heute nicht mehr nur um das Produkt und seine Vorteile. USP? Vergiss es! Den findest du kaum mehr im Produkt. Es geht um den Kunden. Aber wenn Kunden noch nichts von unserer Existenz wissen, müssen wir ihnen klar machen, dass es uns gibt. Wir müssen auffallen. Aber wie fällt man auf, wenn uns kaum jemand kennt?

Zum Beispiel auf **die locker-lässige-humorvolle-Dollar-Shave-Club-Art**:

1. Man dreht den Spot an einem einzigen Tag.
2. Man gibt für den „Werbefilm" ungefähr 100 Mal weniger ($ 4,500) aus als das, was die meisten Werbespots kosten.
3. Man übernimmt als Gründer die Hauptrolle, ohne sich dabei selbst zu ernst zu nehmen, und hat verdammt viel Spaß dabei.
4. Man bricht sämtliche Regeln des Marktes und des traditionellen Marketings.
5. Man hat viel Freude am Branding und an der eigenen Marke.
6. Man hat eine wirklich interessante und relevante Botschaft für sein Publikum.

Das Ergebnis: Dollar Shave Club hat die Wahrnehmung vieler Menschen, was das Rasieren betrifft, völlig verändert. Aus einer täglichen, langweiligen und ähnlich nervigen Routine, wie dem täglichen Zähneputzen, hat die Marke rund um Michael Dubin, ein Ereignis gemacht. Ein Erlebnis, das wieder Spaß macht. Vom Kauf bis zum Gebrauch. DSC unterhält ihre Kunden vor der Bestellung im Social Web, während der Bestellung auf ihrer Website, während des Auspackens ihrer Produkte (auch hier kommunizieren sie ihre Message stilvoll) und auch noch danach, mit ihren absolut unterhaltsamen Newslettern und Artikeln.

So hat die Marke eine große und treue Community geschaffen, die bei DSC das erhält, was sie bei Gillette und Co. nicht bekommt. Warum nicht? Warum bieten diese Marken – die locker alle Mittel dazu hätten – ihren Kunden nicht auch dieses aufregende Markenerlebnis? Das hat viele Gründe, aber sollte ich alle in einen Grund zusammenfassen, würde ich behaupten: Weil sie sich oft viel mehr für ihre Verkäufe, als für ihre Kunden interessieren.

Egal wie gut das Produkt oder der Service ist oder wie clever das Marketing – es ist nur Marketing. Kein Heilmittel, das uns unsterblich macht, Krebs heilt oder den Weltfrieden herbeiführt. Es ist Marketing. Und genau das gehen viele Marken entweder viel zu ernst und trocken an oder machen es lustlos, uninspiriert und fast schon gelangweilt.

Es ist eure Marke. Wollt ihr etwas Bleibendes hinterlassen oder so schnell wie möglich vergessen werden? Spaß und eine gute Story funktionieren einfach überall. Auch im Business ist Platz dafür. Hier gibt es verdammt viel Spielraum und genau diesen Spielraum schnappen sich Storyseller wie Dollar Shave Club, Innocent, BrewDog, OATLY und so weiter. Sie krempeln Branchen um, mit ihrer Energie, Leidenschaft, ihrer Freude am Marketing und ihrer Liebe zur eigenen Marke.

Sie spielen das alte Spiel nicht mit. Sie ändern die Regeln, so wie es ihnen gefällt – und das gefällt auch ihren Kunden. Sie schaffen Neues und kreieren so eine ganz eigene Story, die sich absetzt und auffällt.

Auch wenn ihr Produkt sich vielleicht nicht von dem ihrer Konkurrenz unterscheidet, haben diese Marken etwas, was andere Marken nicht haben: Leidenschaft, Begeisterung und die echte Liebe nicht nur zu ihrem Produkt – sondern zu ihrer Marke und vor allem zu ihrem Publikum. Es macht ihnen Spaß, Regeln zu brechen, mit ihrem Publikum zu interagieren und alles anders zu machen.

Dollar Shave Club hat kein besseres Produkt als Gillette. Wenn, dann eher umgedreht: Gillette kann Millionen in die Forschung und in Innovationen stecken. Das konnte der Underdog Dollar Shave Club nicht, als er angetreten ist, um dem großen Monopolisten ans Bein zu pinkeln. Was er aber kann, ist sein Produkt dem Kunden „völlig anders“ zu präsentieren.

Wenn Menschen bei Dollar Shave Club kaufen, kaufen sie keine Rasierklinge. Sie kaufen ein Erlebnis und ein gutes Gefühl. Das kriegen sie bei Gillette nicht. Jetzt ja, weil Gillette den Underdog zwar nicht gefressen, aber geschluckt hat (zum Glück aber bleibt Dubin CEO).

Die vielleicht wichtigste Zutat im Marketing-Erfolgsrezept

Es gibt viele Erfolgsrezepte, wenn es ums Marketing geht. Aber die wirklich wichtige „Zutat“ wird oft vergessen.

Spaß.

Wenn wir uns die meisten Marken anschauen, wie sie mit ihrem Marketing umgehen, hat man das Gefühl, jemand zwingt sie dazu. Sie machen den Eindruck, als wäre es ihnen lästig mit ihrem Publikum zu interagieren. Der Kunde, das notwendige Übel. Spaß sieht anders aus.

Man möchte den Leuten hinter diesen Marken am liebsten den Arm um die Schulter legen und sagen:

„Hey, wenn ihr keine Lust habt, dann lasst es doch einfach. Das bringt so niemanden was. Weder euch, eurer Marke – noch euren Kunden. Wenn eure Kunden Spaß an eurem Marketing haben sollen, tja – dann müsst IHR auch Spaß haben, an eurer Marke und eurem Marketing."

Der Spaß, den DSC mit seiner Marke hat, zieht sich durch alles was sie tun. Das hat mit ihrem ersten Online-Werbespot angefangen, dann kamen weitere Spots dazu und jeder von ihnen ist absolut sehenswert. Diese Stories sind ungewöhnlich und machen Spaß. Das zieht sich über die Website bis zum Packaging. Egal wo, an welchem Touchpoint. Überall wo der Kunde mit der Marke Dollar Shave Club in Berührung kommt, wird er gut unterhalten:

Website, Newsletter, Packaging, Spots, Social Media Posts, Online-Shop und Bestellvorgang – alles wird von der Marke mit sehr viel Liebe, Spaß und Humor gestaltet. Warum? Weil es ihnen Spaß macht. Sie haben Freude an ihrer Marke und das spüren und erleben ihre Kunden, jedes Mal, wenn sie mit der Marke in Kontakt kommen.

„Ich wusste immer, welche Story ich mit der Marke erzählen will", sagt Dubin in einem Interview mit Richard Branson's Multi-Marke Virgin. *„Ich wusste immer, sie muss ansprechend und einladend sein. Und das funktioniert nur mit wirklich großartiger Werbung, einem außergewöhnlich großartigen Kundenservice und einem ansprechendem Content-Angebot. Wir sind es genauso angegangen. Aber wir gehen auch immer wieder zurück, um Dinge anzupassen, zu verbessern. Du musst damit anfangen, die Story so gut wie möglich mit deiner Werbung zu erzählen. Wenn die Leute dann auf deine Website kommen, musst du dort deine Brand Story weitererzählen."*

Meistens ist mit dem Humor spätestens auf der Website für viele Marken Schluss. Man muss ja irgendwann mal seriös werden. Muss es das wirklich? Glaubwürdig, überzeugend – ja, aber nicht spaßbefreit. Und schon gar nicht so trocken, dass man meint, man hätte es mit einer Maschine zu tun und nicht mit Menschen.

Für Dollar Shave Club hört der Spaß niemals auf. Selbst als Nicht-Kunde macht es Freude sich durch ihre Website zu klicken. Alles sieht stylish aus, die Headlines und die Texte sind einladend. Man liest sie gern. Seriös? Nö. Unterhaltsam? Yeah! Professionell? Überzeugend? Auf jeden Fall.

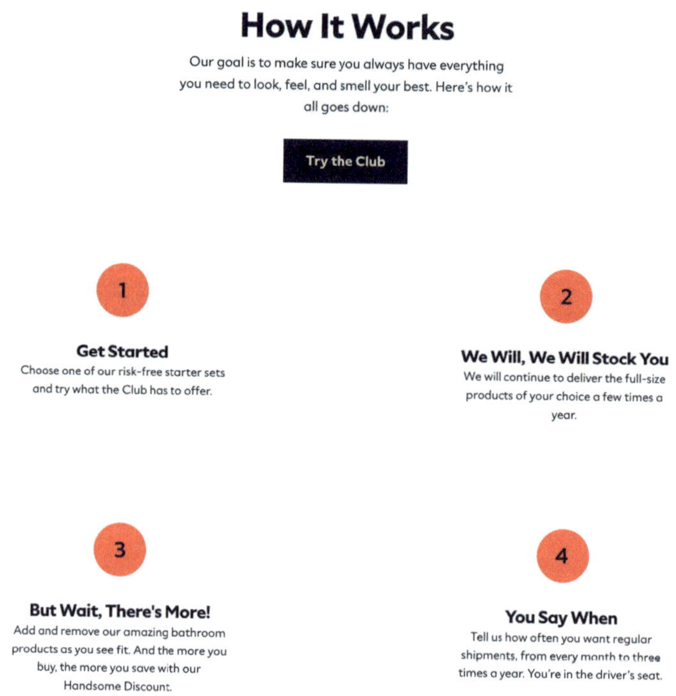

Absoluter Fokus auf die Kunden und ihre Bedürfnisse

Aber Dollar Shave Club legt immer noch einen drauf. Die Marke weiß: Wer anders sein will als alle anderen, der perfektioniert seine Strategie auch im Kundenservice. Wenn Du dich zum ersten Mal als Kunde im Dollar Shave „Club" anmeldest, bekommst du eine Willkommens-Mail, die klingt als hättest du gerade einen neuen besten Freund gefunden. Ein echtes Wir-Gefühl in deinem Posteingang.

Die Mail versorgt dich kurz und locker mit allen nötigen Informationen, dient aber zum großen Teil einfach dazu, dir zu sagen: „Hey Buddy, willkommen in der Community. Du bist jetzt einer von uns. Schön, dich dabei zu haben. Das wird ein großer Spaß!"

Wenn du dann etwas bestellst, bekommst du nicht einfach nur dein bestelltes Produkt. Du bekommst:

1. Eine wunderschön gebrandete Box
2. Eine humorvolle Message in Briefform
3. Ein paar kostenlose Testversionen anderer DSC-Produkte
4. The Bathroom Minutes (der monatliche Lifestyle Newsletter Dollar Shave Club, inklusive einer Message des Chairmans, Zitate, Wissenswertes, Club News etc.)
5. Ein Gefühl der Zugehörigkeit (und die Bestätigung, dass es Marken gibt, die sich wirklich für ihre Kunden interessieren)

Eine Steigerung des Wortes „brillant“ gibt es nicht, darum kann ich hier nur schreiben: Das was Dollar Shave Club mit ihrem Kundenservice abliefern ist f**king brillant. Alles was sie kommunizieren und tun, fokussiert sich 100 %ig auf ihre Kunden und ihre Bedürfnisse. Man hat wirklich das Gefühl, hier ist ein guter Freund, der dich mit guten Dingen und guten Tipps versorgt, um aus dir das Beste herauszuholen.

Und ihr Modell ist absolut zeitgemäß: Ähnlich wie Netflix hast du auch hier ein Abo für deinen Rasur- und Pflege-Bedarf. Absolut risikofrei, jederzeit kündbar und flexibel. Als sie damit auf den Markt kamen, war das absolut einzigartig und sehr smart gedacht. Das gab es so vorher nicht in der Rasierklingen-Industrie. Niemand hat sich darüber Gedanken gemacht, wie man es den Kunden noch einfacher und unterhaltsamer machen konnte, wenn sie sich ihren Rasierbedarf kaufen müssen. Dann kommt DSC und macht es. Mit sehr viel Witz und Stil.

Das alles macht ihre Marke erfrischend anders. Sie löst an allen Touchpoints ihr Versprechen ein und erzählt ihre Story immer und überall weiter. Aber es ist nicht so, dass andere Marken es nicht auch könnten, nur tun es die meisten nicht. Das ist die typische „Extrameile“ von der Unternehmen oft sprechen. DSC geht sie und hat Spaß dabei.

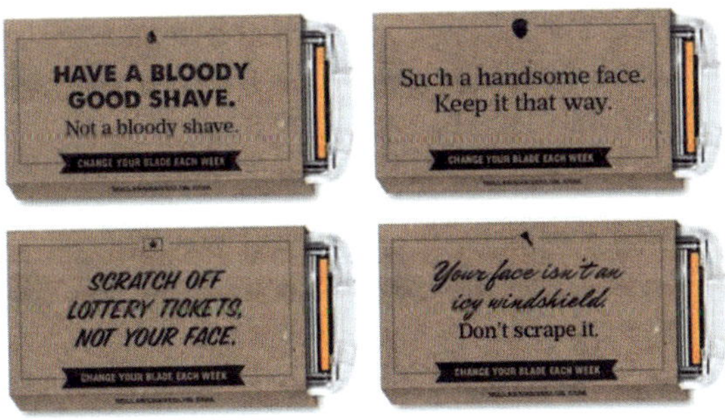

Klar, so viel Energie ins Marketing zu stecken, wie es DSC tut, ist anstrengend. Es macht Arbeit. Aber es geht ja auch darum, langfristig eine erfolgreiche Marke und eine Community aufzubauen. Die einen haben dabei viel Spaß und die anderen tun nur das Nötigste und sogar das nur gelangweilt, uninspiriert und lustlos. Kein Wunder, dass ihnen die Kunden wegrennen, sobald eine andere Marke ihren Kunden mit einer Fahne zuwedelt, auf der steht:

Spaß, Leidenschaft, Inspiration

Was meinst du, wie viele dieser Dudes diesen „Club" ihren Freunden weiterempfehlen? Der Kontrast dazu: Wer empfiehlt seinen Freunden, in den Drogeriemarkt zu spazieren, um eine Packung von diesen seelenlosen, irrsinnig teuren Rasierklingen zu kaufen? Um in Dollar Shave Clubs Sprache zu antworten: ***No one, ever***.

DSC nutzten jeden Platz um ihr stilvolles Storybranding zu beweisen und um ihre Brand Story an „den Mann" zu bringen – und mittlerweile auch an die Frau.

Die Marke spricht seit Kurzem auch Frauen an und auch das macht DSC großartig:

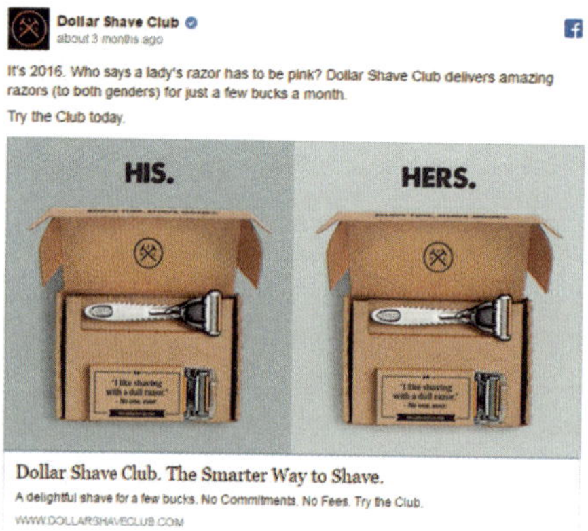

Gendergerecht & cool: Rosa für die Frau? No way! So präsentiert DSC seinen Rasierer beiden Geschlechtern: Bold, smart, zeitgemäß.

Auf ihrer Website haben Dollar Shave Club klare Worte für eine glasklare Positionierung gefunden:

*Wir haben die Rasierindustrie 2011 revolutioniert, indem wir „F*cking Great Blades" zu einem fantastischen Preis direkt zu dir nach Hause geliefert haben. Seitdem hören wir auf die Bedürfnisse unserer Mitglieder und bieten dir nun eine wachsende Liste an erstklassigen Pflegeprodukten an. Wir verbringen unsere Tage damit, dir dabei zu helfen, dass du gut aussiehst, dich gut fühlst und gut riechst (und manchmal sitzt dabei der Bürohund auf unserem Schoß).*

Ihren Kunden das Gefühl geben, dass sie einzigartig sind und genau so behandelt sie Dollar Shave Club auch. Das ist das Geheimnis ihrer Positionierung. Und darum kommen sie mit ihrer Strategie auch gegen die ganz großen im Markt an – egal, ob die ein größeres Budget haben. Du bist klein? Egal. Du bist schnell, wendig, flexibel. Das sind große Marken nicht. Die sind behäbig, laaaaaang-sam, unsicher, mutlos.

Ein Crashkurs in Storybranding

Wie wäre es mit einem völlig kostenlosen, wirklich brauchbaren und exzellenten Crashkurs in Storybranding, Storytelling und Kundenservice? Kein Problem. Du brauchst nur www.dollarshaveclub.com einen Besuch abstatten. Ich wette mit dir, du wirst dich dort länger aufhalten, als du vorhattest.

Der Spot, mit dem alles anfing: Gib ***„Dollar Shave Club – Our Blades Are F***ing Great"*** bei YouTube ein oder falls du gerade die Storyseller eBook-Version liest: einfach hier klicken.

Michael Dubin hat sich gefragt: Gegen was kämpfen wir? Und hat damit seine Marke klar und einzigartig positioniert. Dollar Shave Club hat als kleiner Underdog das übergroße Monster – die Rasier-Industrie – herausgefordert und umgekrempelt. Er hat die triste Welt des Rasierens in eine aufregende, unterhaltsame und Sitcom reife Story World verwandelt. Er hat als Autor seiner Marke die Regeln verändert und so eine erstrebenswerte Welt erschaffen. Eine Welt, in der seine Kunden im Mittelpunkt stehen.

Die DSC-Kunden spielen die Hauptrolle und alles dreht sich nur um sie. Denn genau das ist es, worum es bei Marken und ihren Produkten gehen sollte: uns zu dienen. Unser Leben und unsere Welt besser machen. Marken, die sich für uns ins Zeug legen. Für uns kämpfen, damit wir weiterkommen, in unserem Alltag, in unserem Job, in unserem Leben.

Wer sich mit seiner Marke klar positioniert braucht Mut heißt es oft. Aber ich denke, Mut braucht es eher, sich *nicht* von anderen klar abzugrenzen und darauf zu hoffen, dass man trotzdem in dieser gigantischen Masse der Marken auffällt. Das braucht Mut. Verdammt viel Mut.

Wie man auch als sanfte Rebellin für sein Publikum erfolgreich kämpfen kann, zeigt uns Dove im nächsten Kapitel.

2

Kampf den SCHÖNHEITS-KLISCHEES

(Dove)

> „Wenn ich an etwas glaube, kämpfe ich wie wild dafür."
>
> *Steve McQueen*

Du bist schöner als Du denkst

2013. Ogilvy & Mather stoßen gemeinsam mit ihrem Kunden Dove auf einen interessanten, aber auch erschütternden Insight. Sie stellen fest: Die Art und Weise, wie Frauen ihre eigene Schönheit einschätzen, steht oft in extremen Kontrast zur Wahrnehmung Außenstehender. Viele Frauen empfinden sich als viel weniger schön, als sie in Wirklichkeit sind.

54 % aller Frauen empfinden so. Laut der Aussage von Dove sind also etwa 672 Millionen Frauen weltweit selbst ihr schärfster Kritiker, wenn es um ihr Aussehen geht. Nur 4 % der Frauen weltweit empfinden sich als wirklich schön.

Die Botschaft von Dove auf ihrer Website sagt dazu:

Das Problem ist, dass wir so sehr mit unerreichbaren Schönheitsstandards bombardiert werden – in Magazinen, im Fernsehen, in der Werbung und in den sozialen Medien –, dass wir die wahre Schönheit in uns selbst unterbewerten. Mehr als die Hälfte aller Frauen weltweit sind sich einig, dass sie sich selbst am meisten kritisieren, wenn es um ihr Aussehen geht. Unsere Wahrnehmung von uns selbst ist weit weniger positiv, als sie sein sollte. Und da wir wissen, dass sich schön zu fühlen der erste Schritt zu einem glücklicheren, selbstbewussteren Leben ist, haben wir beschlossen, etwas dagegen zu tun.

Was die Kreativen und die Marke Dove mit dem Insight gemacht haben, war keine plakative Werbekampagne, mit Fremdschäm-Faktor, die werbe-schmalzig über die wahre innere Schönheit spricht. Es war ein soziales Experiment. Titel:

Real Beauty Sketches

Ein vom FBI trainierter Phantombildzeichner zeichnet nur anhand der Selbstbeschreibung von sieben Frauen ihre Portraits. Ein Vorhang trennt die Frauen und den Phantombildzeichner. Er zeichnet die Porträts der Frauen, ohne sie zu sehen.

Bevor die Frauen gezeichnet wurden, haben die Frauen in einem anderen Raum mit einer ihr völlig fremden Person Zeit verbracht. Zuerst skizziert der Phantombildzeichner die Frauen nach ihrer eigenen Beschreibung. Danach soll die fremde Person, die gemeinsam mit der Frau in einem Raum saß, die Frau beschreiben. Der Phantombildzeichner fertigt eine zweite Skizze an.

Am Ende die Gegenüberstellung: Beide Skizzen werden aufgehängt, nebeneinander. Die Frauen stehen mitten in einem lichtdurchfluteten Loft und blicken auf zwei Skizzen:

1. Eine Skizze der Frau, die ihrer eigenen Beschreibung entspricht.
2. Eine Skizze der Frau, die der Beschreibung der fremden Person entspricht.

Das Ergebnis: Die Skizzen, die nach der Beschreibung der fremden Personen angefertigt wurden, zeigen die Frauen genauer, echter und schöner als die kritische Selbstbeschreibung der Frauen.

In dem Clip, der im Doku-Stil gefilmt wurde, ist der Höhepunkt die Gegenüberdarstellung. Ein rührender Moment, bei dem echte emotionale Reaktionen in den Frauen hochkommen: Einige der Frauen weinen, als sie ihre eigene Schönheit in dieser Skizze erkennen. Sie verstehen, dass sie von anderen Menschen, ganz anders wahrgenommen werden: Sie sind schöner, als sie denken. Sie sind viel zu kritisch mit sich selbst. Darum auch die motivierende Botschaft am Ende des Films an alle Frauen:

You are more beautiful than you think.

„Wir haben dieses Experiment durchgeführt und einen Film produziert, um unser Engagement, Frauen in ihrem Selbstwertgefühl zu stärken, erneut zu bekräftigen. Wir hoffen, dass der Film Frauen dazu inspiriert, ihr eigenes Schönheitsempfinden zu überdenken und zu verstehen, wie andere Menschen sie wahrnehmen.“ (Karin Klamer, Brand Managerin von Dove)

Wenn du den Dove-Film noch nicht kennst, schau ihn dir auf YouTube an:

Dove Real Beauty Sketches

Die Kampagne hat unzählige Awards, Preise und die höchsten Auszeichnungen bekommen. Absolut verdient. Eine der wenigen Arbeiten, die wirklich einen langfristigen Einfluss auf die Gesellschaft und die Menschen haben. Keine irrelevante Werbekampagne, die nur von Werbern für andere Werber entwickelt worden ist, um sich gegenseitig die Awards in den Culo zu schieben.

Mehr als 35 Millionen YouTube Views in nur zwei Wochen. Eine Zeit lang, war der Film der größte virale Hit aller Zeiten. Ein gutes Zeichen dafür, dass sich Menschen auch noch für mehr als für Katzenvideos und Trash-Unterhaltung interessieren.

Es ist tragisch, dass der große David Ogilvy diese Kampagne seines Agentur-Netzwerks nicht mehr mitbekommen darf. Er wäre sicher sehr stolz auf diese Arbeit.

Dove und das neue Selbstvertrauen

Die Marke Dove steht für Reinheit. Ihre Botschaft an ihre Kundinnen:

Sei du selbst.

Du bist schön, so wie du bist.

Das ist eine starke Botschaft und das ist so in etwa genau das Gegenteil von dem, was die meisten anderen Beauty-Marken kommunizieren, die dir erzählen wollen: Mit noch mehr Schminke, wirst du noch schöner. Optimiere dich, pimpe und tune dich. Du bist nicht perfekt, kannst es aber sein. Viel Schminke ist viel Selbstvertrauen. Und hey, dein Leben findet zum größten Teil im Social Web statt? Super, lege Filter über Filter, bis dein wahres Ich hinter einer Beauty-Maske verschwunden ist.

Die Story, die die Marke seit der Real Beauty-Kampagne erzählt, ist einfach und dafür umso stärker: Wahre Schönheit beruht nicht auf dem, was uns die Beauty-Industrie mit ihren Anzeigen, in ihren Spots oder auf den Catwalks präsentiert: Junge, model-dürre schlaksige Körper, perfekte gepimpte Gesichter, die sich hinter einer dicken Fassade aus Make-up verstecken, und Haare, die schon nach dem Aufstehen perfekt und aufwendig gestylt sind. Das alles ist Fake. Es entspricht nicht der Wahrheit und gibt Frauen auf der ganzen Welt nur das Gefühl, nicht zu genügen, nicht schön zu sein. Dove aber sagt: Das alles hat nichts mit wahrer, reiner Schönheit zu tun. Schönheit, wie sie alle Frauen auf der ganzen Welt besitzen.

Mit ihrer Brand Story verändert Dove grundlegend, wie wir Frauen wahrnehmen. Und vor allem stärkt sie das Selbstwertgefühl von Frauen auf der ganzen Welt.

Solch einen starken und positiven Einfluss können Marken wirklich haben. Das ist keine Werbung, das ist Storytelling vom Feinsten. Es ist der Kampf einer Marke für das Gute. Eine Story, die die Kraft hat, das festgefahrene Denken in unseren Köpfen aufzubrechen. Unser Bild von Schönheit und unsere Selbstwahrnehmung einfach mal um 180 Grad auf den Kopf zu stellen.

Jahrzehntelang hat uns die Werbung das Bild von einer „schönen Frau" als völligen „photo-geshoppten" Fake verkauft. Was sie damit erreicht haben: mehr Unsicherheiten bei Frauen in allen Altersschichten, weniger Selbstvertrauen, sich in der eigenen Haut wohlzufühlen.

„Wenn man sich die Zeit nimmt, einem Mädchen zuzuhören und ihr hilft, eine positive Beziehung zur Schönheit zu entwickeln, kann man wirklich etwas bewirken." Jess Weiner, Dove Global Self-Esteem Ambassador

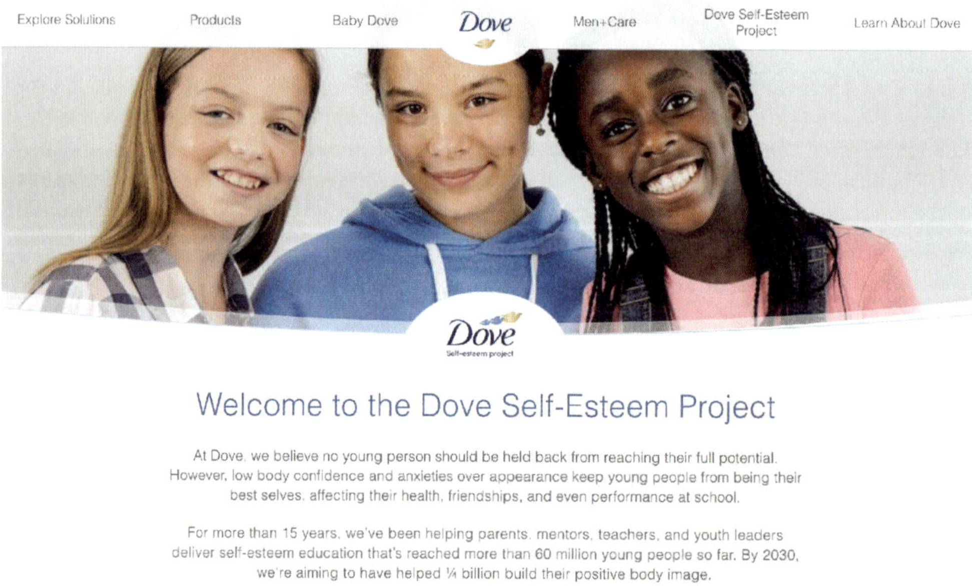

Welcome to the Dove Self-Esteem Project

Wir bei Dove glauben, dass kein junger Mensch davon abgehalten werden sollte, sein volles Potenzial auszuschöpfen. Ein geringes Körpervertrauen und Ängste über das Aussehen hindern junge Menschen jedoch daran, ihr bestes Selbst zu sein, was sich auf ihre Gesundheit, Freundschaften und sogar ihre schulischen Leistungen auswirkt.

2. Kampf den Schönheitsklischees

Seit mehr als 10 Jahren helfen wir Eltern, Mentoren, Lehrern und Jugendleitern bei der Vermittlung von Selbstwertgefühl, das bisher mehr als 20 Millionen junge Menschen erreicht hat. Schließen Sie sich uns an, um noch mehr zu erreichen.

Seit 2004 unterstützen sie Eltern, Mentoren, Lehrer und Jugendgruppenleiter dabei, jungen Menschen ein positives Selbstwertgefühl zu vermitteln. So hat sich die Marke in den letzten Jahren trotz ihrer langen Vergangenheit zeitgemäß positioniert. Was Dove macht ist mehr als Marketing.

Dove bekämpft die Schönheits-Klischees

Die Marke kämpft gegen die Beauty-Industrie und für Frauen auf der ganzen Welt.

Dove versucht dieses von der Beauty-Industrie geschaffenen Schönheitsideal, seit vielen Jahren wieder zurechtzubiegen. Und von Jahr zu Jahr tut sich mehr. Sie wollen das „Bild von einer schönen Frau" in unser aller Köpfen wieder zurechtrücken. Das machen sie sehr gut. Sehr einfühlsam und überzeugend. Und auch sehr erfolgreich.

Dove steht mit seinen Pflegeprodukten, wie kaum eine andere Marke, für das **Selbstwertgefühl** moderner Frauen. Dove steckt mit ihrer klaren Positionierung den Finger ganz tief in die Wunde der Beauty-Branche und landeten damit Volltreffer bei ihrem weiblichen (und auch männlichen) Publikum.

Das spricht Frauen auf der ganzen Welt an. Dove wurde zur authentischen Stimme und das Sprachrohr für ein zeitgemäßes und erstrebenswertes Selbstwertgefühl moderner Frauen.

Aber das war nicht immer so. Dove war schon immer Dove, aber die Marke hat sich mit der Zeit gewandelt. Früher ging es in ihren Botschaften immer nur um eins – um ihr Produkt Seife. Aber auch schon damals hat die Marke es verstanden, sich von vergleichbaren Produkten abzusetzen und klar zu positionieren. Der damalige Slogan:

It's not a soap.

Da ging es um Produktmerkmale und Benefits. Emotionalität, Bestärkung und Befähigung ihres Publikums lag noch in weiter Ferne.

Storytelling im Marketing: So alt wie Dove selbst

Storytelling wird oft als Hype betrachtet. Als etwas Neues, was Marken für ihr Marketing entdeckt haben. Storytelling im Marketing ist aber nicht neu. Ich würde sogar sagen: Früher war mehr Storytelling im Marketing – und oft auch viel besser.

Bereits in den 50ern und 60ern waren die besten Anzeigen von Dove großartiges Storytelling. Da hat der Meister und echte Mad Man David Ogilvy noch viele Arbeiten seiner Kunden selbst getextet. Viele seiner Anzeigen lesen sich so angenehm, unterhaltsam und inspirierend wie eine gute Story. Oder so klug, wie ein Artikel, bei dem man noch was lernen kann. Diese Arbeit von David Ogilvy zählt zu einer der berühmteren klassischen Dove-Anzeigen:

Darling, I'm having the most extraordinary experience...
I'm head over heels in DOVE!
No, darling—DOVE. D—like in delicious.
I told you, sweet. I'm in the tub. Taking a bath. A DOVE bath—my very first. And what a positively gorgeous time I'm having! It's just as if I'd never really bathed before!
No, dear, it isn't a soap. Soap was never like this. So wickedly creamy.
That man on television said that DOVE is one-quarter cleansing cream—that it actually creams my skin while I bathe—and now I really believe him.
Why, DOVE even smells creamy. Such a lovely, lush, expensive smell!
Remember "The Great Ziegfeld," dear? How Anna Held bathed in milk? And Cleopatra—one hundred mares or something milked every day for her bath?
Well, darling, I'm all over cream. Just imagine, cream tip to toe. Arms. Legs. All of me!
And clean! Just the cleanest girl I've ever been. Smothered in suds. Why honey, DOVE makes suds as quick as bubble bath. Oodles of suds. Oceans of. I don't know what I ever did to deserve DOVE!
Did I tell you that DOVE is sort of me-shaped? That it's curved to fit my hand, so it doesn't keep slithering away in the tub?
And you know how soap leaves your skin so dry? That nasty stretched feeling? Well, DOVE makes me feel all velvet and silk, all soft and smooth. Just the most pampered, the most spoiled, girliest girl in the world. Darling, I'm purring.
And I won't even have to scrub out the tub when I'm through. DOVE leaves no bathtub ring. It says so right here on the package. Such an enchanting package, too—all pale blue and gold.
Sweet, I can't imagine why I used to save DOVE only for my face. Soap is soap, but a bath with DOVE is heaven!
And just think, darling—tomorrow night, I can do it again.
Dove
BATH AND TOILET BAR
NOTE TO EAVESDROPPERS
You can buy the remarkable new bath and toilet bar called DOVE today, at your favorite store. DOVE is a completely new formula. DOVE makes rich lather in hard-
bathe, DOVE is good for your skin. Lever Brothers, makers of DOVE, guarantee that DOVE is better for your face, your hands, all of you, than regular toilet soap. If you don't agree, you'll get back what you paid.
DOVE creams your skin while you bathe

Dove weiß, GEGEN WAS sie kämpfen. Und sie wissen, FÜR WEN sie kämpfen.

Dove setzt voll auf eine klare Positionierung gegen die Beauty-Industrie und kämpft für das Selbstwertgefühl ihrer Kundinnen. Sie stellen ihr Publikum über ihr Produkt. Ihr Produkt ist nur das Tool. Zahlt es sich für die Marke aus? Die Menschen, die bei Dove arbeiten gehen sicher mit einem guten Gewissen schlafen. Wachen auf mit dem Auftrag, wieder ein paar Frauen zu bestärken. Aber zahlt sich diese Strategie auch für die Marke aus? Langfristig?

Lassen wir die Zahlen antworten: Dove's Umsatz stieg innerhalb von 10 Jahren, in denen sie sich ihrer Bestimmung verschrieben haben, von 2,5 Milliarden Dollar auf 4 Milliarden Dollar.

Das ist ein Beweis und ein starkes Beispiel für die Kraft einer glaubwürdigen Story einer Marke, die sich klar positioniert. Die etwas verändern will. Aber es ist auch eine wichtige Entwicklung und Lektion für der Welt der Marken und Unternehmen. Durch ihre Aufklärungsarbeit verbessert Dove das Bild der modernen Frau in unserer Gesellschaft. Die Marke bringt Menschen überall auf der Welt zum Umdenken oder zumindest zum Nachdenken.

Es klingt vielleicht cheesy oder in diesem Fall soapy – aber: Dove macht unsere Welt wirklich ein klein wenig besser. Und die oft fake Beauty-Werbewelt ein wenig erträglicher.

Das ist für eine Marke, die früher nichts anderes war, als ein Stück Seife, das nicht als Seife bezeichnet werden wollte, ziemlich beeindruckend. Heute hält Dove der Fake-Welt in der Beauty-Industrie den Spiegel vor und bestärkt Frauen weltweit, ihre natürliche Schönheit zu erkennen. Dove hilft Frauen, ihr Aussehen positiv zu bewerten, ihr Selbstbewusstsein zu stärken und ihr Potenzial voll auszuschöpfen.

Das Ergebnis:

eine Marke mit Sinn

eine Marke, die den Menschen etwas bedeutet

eine langfristige und starke Kunden-Marken-Beziehung

Menschen verbinden sich auf einer tieferen, emotionaleren Ebene mit der Marke

eine dringliche und relevante Brand Story

Nummer 1 der vertrauenswürdigsten Marken bei Millennials

Während andere Skincare Marken von schöner Haut und innovativen Beauty-Formeln sprechen, erzählt Dove eine Story von Selbstwertgefühl und Empowerment.

Dove hat als Marke ihre Position am Markt gefunden. Die Marke führt einen Kampf, an den sie wirklich glaubt. Dafür steht sie ein. Indem Dove ihren Kampf gegen die Schönheits-Klischees artikulierte, hat sie ihren Weg als Marke entdeckt und kann sich so emotional mit Ihrem Publikum verbinden.

Dove hat sich klar positioniert, indem sie identifizierte GEGEN WAS sie kämpft und FÜR WEN sie kämpft. Das bietet Drama, Dringlichkeit und guten Stoff für eine groß angelegte Story. Dove hat das erkannt. Und darum erzählt sie diese Story jetzt bereits seit vielen Jahren, ohne dass sie langweilig wird. Ihr Thema ist zeitlos.

Der Kampf, den Dove auf so sanfte und smarte Weise führt, lohnt sich.

Für Frauen auf der ganzen Welt.

Und für Dove.

3

Das SCHWARZE SCHAF unter Schafen

(Levis)

> **„The things that make me different are the things that make me ME."**
>
> *Winnie The Pooh*

Was setzt uns von der Herde ab?

Die 80er. Die Agentur BBH London sollte eine Kampagne für Levis entwerfen. Es ging darum, die erste schwarze Levis zu etablieren. Bis dahin hat jeder immer eine Blue Jeans getragen.

Eine Blue Jeans war alles. Und jeder hat eine Blue Jeans getragen. Denim war blau. Ohne Ausnahme.

Levis und ihre Agentur wollten den rebellischen Geist von Levis einfangen. Die Black Levis sollte für die Kunden sein, die sich in der Levis-Familie für das schwarze Schaf entscheiden wollen. Levis war cool, aber die Black Levis sollte die rebellische Ader der Marke unterstreichen. Eine Jeans für die, die ebenfalls ihren rebellischen Geist auf der Straße zum Ausdruck bringen wollten.

Also haben die Kreativen eine Anzeige entworfen. Darauf: Eine Herde von weißen Schafen, die alle in die gleiche Richtung schauen. Mittendrin ein einzelnes schwarzes Schaf. Es schaut in die andere Richtung.

Die Headline:

„WHEN THE WORLD ZIGS, ZAG."

Die Levis Kampagne wurde ein Klassiker. Danach hat die Agentur BBH die Headline zu ihrem eigenen Agentur-Motto gemacht. Klar, besser kann man kaum auf den Punkt bringen, warum es besser ist, anders zu sein.

Positionierung heißt klar Position zu beziehen. Für etwas bekannt sein, für das sonst niemand steht. Für etwas zu stehen – und zwar dort, wo kein anderer steht.

Nicht mitten in der Herde.

> **„You have to be daring and make something that doesn't look like anybody else."**
>
> *Lee Clow*

Besser ist nicht immer besser.
Oft ist anders besser als besser.

Im Marketing gibt es den fancy Begriff „Positionierung" und das bedeutet nichts anderes als: Was macht deine Marke anders als die Masse? Wir sind besser als die anderen. Das sagt jeder. Anders ist besser als besser. Aber was macht uns anders? Genau diese und ähnliche Fragen haben sich die Kreativen von BBH und das Team von Levis gestellt.

Was setzt uns von der Herde ab?

Für was wollen wir bekannt sein?

Was soll unser Markenzeichen sein?

Was können wir tun, um auf weiter See
der gleichförmigen Marken
nicht
unter
zu
gehen?

Als Marke anders zu sein, hat Levis über einen großen Zeitraum ungeahnte Kräfte verliehen und eine Strahlkraft, die Menschen verblüttt, verzaubert und beeindruckt hat. Wer hat seine Beine noch NIE in eine Levis 501 gesteckt? Bitte aufstehen!

Levis war klar: Wer anders ist, fällt auf und bleibt in Erinnerung. Unverwechselbarkeit ist der direkte Weg zur Einprägsamkeit. Es ist schwer immer besser, größer oder erfahrener als andere zu sein, es ist viel leichter „anders" zu sein. Es macht auch viel mehr Spaß.

Levis hat erkannt, sie können nicht die bessere Jeans sein, aber sie können die „andere" Jeans sein. Auch wenn das bedeutet, das schwarze Schaf zu sein. Aber es ist eben das schwarze Schaf in der Herde von weißen Schafen, das sofort unseren Blick einfängt.

Denn ...

Wenn sich alles gleicht,
ist der Unterschied ALLES.

Darum hat Levis in den 80ern die erste Black Levis auf den Markt gebracht. Besser konnten sie den Rebel-Spirit ihrer Marke kaum kommunizieren. Sie haben es besser gemacht, indem sie es anders gemacht haben.

Alles anders als alle anderen zu machen, verlangt Mut und Mut ist nicht unbedingt das, womit die meisten Marken glänzen. Oft sprechen zu viele Menschen mit. Menschen die Angst haben. Angst Risiken einzugehen, Angst ihren Job oder ihre Reputation aufs Spiel zu setzen.

Was aber Erstaunliches passieren kann, wenn man als Marke Mut beweist und sogar „f*cking furchtlos“ ist, erzählt uns die Oatly Story im nächsten Kapitel.

4

Die F*cking-FURCHTLOS-STRATEGIE

(OATLY)

> **„Niemand interessiert sich für Marken.“**
>
> *John Schoolcraft*

Rache und Revolution:

Killen wir die Marketingabteilung

„Das ist die kindischste Verpackung, die ich je gesehen habe, und warum willst du unsere Firma ruinieren?“

Das ist der Kommentar eines Mitarbeiters, als das neue Konzept für das OATLY Re-Branding vorgestellt wird. So beginnt keine Erfolgsstory – oder? Doch, eigentlich beginnen Erfolgsstories immer so oder so ähnlich. Mit Widerstand, Unverständnis, Unsicherheit und Angst.

Wer etwas Neues tut, wird oft missverstanden und manchmal sogar angegriffen. Und genauso ergeht es auch John Schoolcraft, als er von seinem Freund Toni Petersson – dem neuen CEO von OATLY – ins beschauliche Malmö geholt wird, um deren Marketingstrategie einen kleinen Twist zu verpassen. Ja, OATLY ist zu diesem Zeitpunkt alles andere als ein hippes Start-Up aus Schweden.

Aber genau hier, wird in Kürze einer der beliebtesten Lifestyle-Marken geboren, die eine Marketing-Sensation auslöst. Nicht nur in Schweden. Nicht nur in Skandinavien. Weltweit.

Gemeinsam wollen Toni Petersson und John Schoolcraft den Laden, der seit 1994 Hafermilch in Schweden produziert, völlig umkrempeln. Und das tun sie dann auch. Aber nicht nur das Unternehmen werden sie auf links drehen – sie mischen in kürzester Zeit, mal eben die Foodbranche auf und bringen die schwedische Milchindustrie gegen sich auf.

Haben sie deswegen Angst? Nope – dank ihrer „f*cking fearless"-Strategie und ihrer Mission als Challenger Brand, sind sie auf alles was kommen wird vorbereitet. Dabei wäre aus der phänomenalen Erfolgsstory von OATLY beinahe nichts geworden.

Zurück auf Anfang.

2012 sucht OATLY einen neuen CEO und bietet Toni Petersson den Posten an. Der ist erst wenig überzeugt. OATLY? Was ist das? Hafermilch? Hm, strange. Und langweilig, denkt er. Das denkt auch sein Freund John Schoolcraft, ein Creative Director und Copywriter, als Toni ihn überreden will: Hey, wie wär's, wir können doch gemeinsam an einem Re-Branding für OATLY arbeiten?

Mit seinem Freund hat er in den letzten Jahren schon öfter gemeinsam für Marken gearbeitet. Warum also nicht auch jetzt, für äh ... OATLY?

John Schoolcraft denkt: WTF is ... OATLY? Toni erklärt ihm am Telefon: Milch aus Hafer. (Bitte was?) Was das Produkt braucht ist eine neue Vision und eine neue Markenidentität.

Okay, aber eine Vision für ... Hafermilch? Für eine Hafermilch von New York nach Malmö ziehen? John Schoolcraft ist alles andere als begeistert. Creative Director für eine Hafermilch? Äh, ja ne cool, mach du mal. Ich glaub, das ist nicht so mein Ding.

Aber Toni überredet John. Er verspricht ihm, er darf alles machen. Alles. Er hat absolut freie Hand. Hauptsache, die Ergebnisse sind „Weltklasse".

John denkt sich: Okay, wenn Toni da zugesagt hat und er der CEO ist, dann ist das schon was Besonderes. Toni ist ein cooler Dude. Wenn er den Laden leitet, dann wird das mehr als nur ein normaler Marketing-Job. John lässt seine Jahre als Copywriter kurz Revue passieren: All die frustrierenden Kämpfe mit Kunden, Agenturen, Creative Directors und CEO's – all die Momente, in denen seine Ideen kastriert, zensiert oder gekillt wurden.

„Warte mal – kann ich die Marketingabteilung killen?", fragt John den frischgebackenen OATLY CEO Toni.

„Äh, ja, sicher. Mir egal."

Und John denkt sich: Wenn ich die Marketingabteilung killen kann, wird das vielleicht doch ganz spaßig. Ich kann Rache nehmen, an all den Marketing-Direktoren, die meine Arbeit ruiniert haben. Das könnte mein persönlicher Rachefeldzug werden. Meine Revolution. Was kann dabei schon schiefgehen? Es geht nur um Hafermilch.

Und John Schoolcraft packt seine Koffer und reist nach Malmö.

Schnell wird klar: Die Marke OATLY ist so gut wie unsichtbar, die Verpackung so ungefähr das Unattraktivste, was John je gesehen hat:

ABER das Produkt in dieser Verpackung ist FANTASTISCH. Geschmacklich und qualitativ erstklassig. Jetzt müssen sie daraus nur noch eine Weltklasse-Marke machen.

Was die Expertise und Erfahrung betrifft ist OATLY ein absoluter Pionier in Sachen Hafermilch. Hier hat man Hafermilch schon gemacht, als Hafermilch noch nicht angesagt war – oder Soja-, Reis-, oder Mandelmilch. Seit den 90ern produziert OATLY Hafermilch für Menschen mit einer Laktoseintoleranz und für die – damals eher rar gesäten – Veganer.

Das erste, was John Schoolcraft in seiner neuen Position als Creative Director von OATLY tut, ist ein Buch zu kreieren. Auf dem Cover steht in großen Lettern ein einziges Wort:

CHANGE.

John entwickelt dieses Buch als eine Art Leitfaden. Es soll dazu dienen, den Mitarbeitern die bevorstehenden Veränderungen zu erleichtern. Und es soll intern die neue Strategie vorstellen. Eine Art Brandbook mit neuer Markenvision.

Darin soll sich alles um die Wiederbelebung einer coolen Unternehmenskultur drehen. Es geht darum, den Kern, der in OATLY steckt zu schärfen und nach vorne zu bringen. Weg vom reinen Produkt, hin zur Lifestyle-Marke. Mit Werten und Überzeugungen und einer erstrebenswerten Mission, die Mitarbeiter und Kunden inspiriert.

John Schoolcraft will den verloren gegangen Spirit von OATLY wiederbeleben: Das Unternehmen war in seinen Anfängen in den 90ern ein kleines, junges und innovatives Unternehmen. Heute würden wir Start-up dazu sagen. Ihr Produkt: revolutionär. Man hat sich hier bereits vor ungefähr 25 Jahren gefragt: Können wir Kuhmilch mit einem Produkt ersetzen, das besser ist für die Umwelt, die Kühe verschont und gut verträglich und gesund ist für uns Menschen?

Aber mit den Jahren wurde aus dem kleinen Unternehmen OATLY ein „Mini-Unilever" – so beschreibt es John Schoolcraft in seiner sehenswerten Keynote **„My F*cking Revolution"** für die Plattform *Creative Mornings* in Malmö.

In seiner Keynote beschreibt er es so: Als der CEO Toni und er, als der Creative Director zu OATLY kamen, sah die Marketing-Strategie von OATLY etwa so aus:

Lasst uns auf die Statistiken schauen.

Lasst uns hier nach Antworten auf Probleme suchen.

Lasst uns dann entscheiden, was zu tun ist.

Und was machen Toni und John? Sie öffnen die Fenster, lassen frischen Wind durch das Unternehmen wehen und werfen erstmal alle Statistiken und Studien aus dem Fenster. Sie wissen, zu wem sie sprechen müssen.

Es ist ihnen egal, wer ihr Produkt kennt, weil es – mal ganz ehrlich – sowieso kein Schwein kennt. Sie wissen, wenn sie ihr Produkt bekannt machen wollen, müssen sie die Leute dazu bringen, es zu *probieren* – in Kopenhagen, in Stockholm, Amsterdam, London, Berlin, New York ... *and if we make it there, you know – we gonna make it just about everywhere.*

Aber zurück zum CHANGE-Buch, das die große Veränderung herbeiführen soll: Das Unternehmen hat dieses kleine Buch mit großer Vision ausdrucken lassen und zwischen zwei ästhetische Holzdeckel gepackt. Dann verteilt man es an alle Mitarbeiter. Es soll ihnen die Veränderung leichter machen, weil – wie wir alle wissen: niemand will Veränderung. Veränderung ist immer schwierig. Sie ist fremd, kompliziert, ungewohnt. Es soll am besten immer alles so bleiben, wie es war.

Wie schwierig es tatsächlich für viele Mitarbeiter sein wird, diese Veränderung zu akzeptieren werden Toni und John, nach der Präsentation der neuen Strategie zu spüren bekommen. So viel kann ich schon mal verraten: Es läuft nicht ganz so, wie sie erwartet haben.

Am großen Tag der internen Präsentation stellen sie also den Mitarbeitern motiviert ihre neue Strategie vor, die sie in etwa so zusammengefasst haben:

Von einer milchfreien Alternative zu einem nachhaltigen Unternehmen für gesunde Ernährung.

Dafür muss OATLY sich weiterentwickeln, und zwar so:

Von einem Lebensmittelhersteller zu einer Lifestyle-Marke.

John ist der Meinung, als reiner Lebensmittelhersteller kümmern wir uns nur darum, unser Produkt herzustellen und es zu verkaufen. Aber als Lifestyle-Marke werden wir zu einem wichtigen Teil im Leben der Menschen, für die wir dieses Produkt machen. Das ist das Ziel.

Um das zu schaffen, müssten sie sich so positionieren und so kommunizieren, dass ihre Kommunikation sich ganz natürlich und authentisch in das Leben ihrer Kunden einfügt. Aber wie machen wir das? Wie verändern wir uns von uncool zu cool?

Von industriell zu unternehmungslustig.

Von langweilig zu aufregend.

Von rational zu emotional.

Von unsichtbar zu unverwechselbar oder kurz:

von

zu

Guter Plan. Aber wie genau machen wir das? Na ja, mit einer ganz einfachen und klaren Strategie, denken sich Toni und John. Also setzen sie sich hin und arbeiten folgende Strategie aus – eine Art Schlachtplan oder Roadmap, an die sie sich bei allem was sie in Zukunft tun und kommunizieren würden, halten wollen:

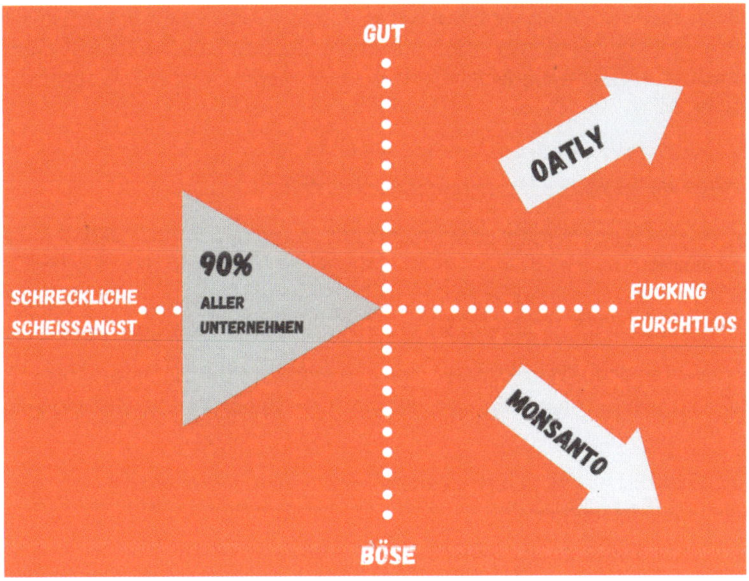

Sie sind der Meinung, es gibt gute Unternehmen und es gibt skrupellose, profitgierige Unternehmen, die Böses tun. Es gibt Unternehmen, die haben eine Scheißangst davor etwas anders zu machen als alle anderen. Und es gibt Unternehmen, die tun genau das, sie machen alles anders. Weil sie *f*cking furchtlos* sind. Und genauso setzen sie sich von allen anderen Marken ab.

Zu dieser Kategorie soll ab sofort OATLY gehören.

90 % aller Unternehmen wissen, dass diese *Scheißangst* ihr Problem ist. Dass diese Angst sie davon abhält, etwas Mutiges zu tun, etwas wirklich Kreatives und Ungewöhnliches – etwas, das ausbricht, aus dem gigantischen Meer der Marken, die sich alle ähnlich sehen, ähnlich klingen und Ähnliches tun.

Aber die meisten Marken haben einfach zu viel Respekt, weil – da gibt es ja das Logo, die Guidelines, die Regeln, den CEO, dem die Hände gebunden sind, das Board, das am liebsten das tut, was es schon immer getan hat: Zu allem Neuen *NEIN!* sagen.

Angst! Die Fesseln der Kreativität. Es gibt Menschen, die Angst haben um ihren Job. Es gibt Menschen, die Angst haben um ihre Beförderung. Es gibt Menschen, die Angst haben, ihre Stakeholder und Shareholder zu verlieren. Es gibt Menschen, die Angst haben, ihr Gesicht zu verlieren und all das andere, was ein Unternehmen davon abhält, menschlich und mutig zu sein.

Einige von diesen Unternehmen sind ein *wenig* gut und einige von ihnen sind ein *wenig* böse – aber keiner von ihnen hat die kreative Freiheit, etwas wirklich Neues und Großartiges zu machen.

Was diese Angst und Zweifel mit Menschen machen kann, sehen wir gleich an einem Beispiel: Nicht nach der internen Präsentation, nicht in einer Diskussionsrunde, nein – mitten in der Präsentation, als Toni und John die neue OATLY Strategie vorstellen, steht ein OATLY Mitarbeiter auf und ruft dem frischgebackenen CEO – den man schließlich für alles verantwortlich macht, weil er... na ja, schließlich für alles verantwortlich ist – entgegen:

„DAS IST DAS KINDISCHSTE DESIGN, DAS ICH JE GESEHEN HABE. WARUM WILLST DU UNSERE FIRMA RUINIEREN!?“

Eine gute F*cking-Furchtlos-Strategie erkennt man daran, dass sie einem erstmal eine Heidenangst einjagt. Eine mutige, neue Strategie oder eine starke Idee muss erstmal Angst machen, wehtun und ungemütlich sein. Es braucht Mut. Wenn sie nicht wehtut, uns keine Angst macht, wird sie nichts verändern.

Kurz: Eine F*cking-Furchtlos-Strategie MUSS uns erstmal Angst machen. Erst wenn wir diese Angst besiegen, können wir als Marke f*cking furchtlos werden.

Der Plan von Toni und John sieht folgendermaßen aus: Wenn OATLY eine Zukunft haben soll, muss die Marke in Zukunft gut und f*cking furchtlos sein – bei allem was das Unternehmen tut. Das Gegenteil zu OATLY wäre zum Beispiel Monsanto – sie sind auch f*cking furchtlos. Aber auch total böse. Das will und soll OATLY nicht sein. Sie wollen gut sein und furchtlos.

Trotz einiger Zweifler und Gegenstimmen machen sich Toni und John ans Werk. Sie sind sich sicher: Die Zweifler werden später die sein, die die neue Message voller Überzeugung raus in die Welt tragen.

Sie stellen eine Checklist auf, mit Eigenschaften, für die sie mit ihrer Marke stehen wollen – kurz: ihre Kernwerte und Überzeugungen.

Sei ehrlich.

Sei furchtlos.

Sei menschlich und kein Logo.

Sei konsequent inkonsequent.

Sei interessant.

Sei weltklasse.

Sei nicht böse.

Auch was das Kreativ-Team betrifft, sind sich Toni und John einig:

Wir haben unser eigenes Creative Department.

Keine externe Agentur.

Keine ermüdenden Abstimmungsrunden.

Wir entwickeln die Ideen selbst.

Was uns gefällt, setzen wir sofort um.

Ideen, die uns nicht gefallen, werden gekillt.

OATLY's „F*cking fearless"-Strategie ist geboren.

Mit dieser Strategie wird die unsichtbare Marke zu einer echten Challenger Brand. Sie wird es nicht nur mit der mächtigen Milchlobby aufnehmen, sie wird auch Menschen auf der ganzen Welt überzeugen, dass Milch auf pflanzlicher Basis besser ist für Mensch, Tier und Umwelt.

Ihre Mission ist klar. Was allerdings nicht klar ist: Können wir das alles wirklich allein stemmen? Ne, können wir nicht, also nicht ganz allein. Bisschen Unterstützung wäre doch ganz gut, denken Toni und John. Also geht man zur besten Kreativagentur Schwedens Forsman & Bodenfors in

Göteborg und bietet den Leuten dort, die vielleicht ungewöhnlichste Agentur-Kundenbeziehung in der Geschichte der Werbung an.

Und die sieht so aus:

John würde mit den Ideen in die Agentur kommen und sie dort mit den Kreativen ausarbeiten. Der Creative Director der Agentur würde die Ideen seines Kunden bewerten. Der Copywriter der Agentur würde seine Texte feedbacken. Verkehrte Welt? Ja, aber ... hey, warum nicht? Keine Pitches, keine Präsentationen, keine Ideen verkaufen müssen – einfach eine gleichberechtigte Zusammenarbeit. Ein ständiger kreativer Austausch, um die mutigsten und besten Ideen zu finden und zum Leben erwecken.

So soll es sein. Kunde und Agentur sind sich einig: So wie es üblicherweise in einer Agentur-Kundenbeziehung läuft funktioniert es heute nicht mehr. Es gibt kleine Ausnahmen, aber das traditionelle Agentur-Kunde-System ist kaputt. Sie wollen jetzt alles anders machen. Und das ist der Grund, warum das, was OATLY kurz darauf der Welt präsentiert, so frisch, so ungewöhnlich ist und unglaublich gut funktioniert.

Wie Milch, aber für Menschen gemacht

OATLY will mit seiner Hafermilch den Menschen helfen, kleine Veränderungen in ihrem Leben vorzunehmen, die eine größere Auswirkung auf das große Ganzen haben: Das Klima, das Tierwohl – unseren Planeten.

Aber um sich mit ihrer Hafermilch klar und aufmerksamkeitsstark zu positionieren, brauchen sie eine deutliche und klare Message. Eine Botschaft, die alles enthält, was OATLY ausmacht. Um wirklich etwas zu verändern – für die Menschen, den Planeten und die eigene Marke, muss OATLY bei seinem potenziellen Publikum und in der Gesellschaft einen echten „Wow-Effekt" auslösen – auf dem Original OATLY Way. Und wie schaffen wir das?

Mit ehrlichen, provokanten und mutigen Gedanken, die man auch ausspricht. So viel zur neuen F*cking-Furchtlos-Strategie. Also haut John ein paar punchy Headlines raus, die gleichzeitig 5 Dinge tun:

Sie machen OATLY's Positionierung sowas von klar,

sie sprechen in OATLY's neuer, unverkennbarer Stimme,

sie vermitteln die Mission der Marke,

sie regen zum Nachdenken an,

sie pinkeln der Milchlobby ans Kuh-Bein.

Zum Beispiel:

**It's like milk,
but made for humans**

Oder den hier:

Wow, no Cow!

Und die hier:

Die Message kommt bei den Menschen an. Sie verbreitet sich. Die Menschen tragen sie weiter. Und das weckt natürlich auch die Aufmerksamkeit derer, die ganz und gar nicht gut finden, was OATLY da macht.

Wir sollten uns kurz eins klarmachen: Milch ist in Schweden (ähnlich wie bei uns in Deutschland, aber auch in Österreich und der Schweiz) HEILIG. Milch ist gut und tut gut! Punkt. Aber ist sie das wirklich? Die Milchindustrie hat den Leuten jahrzehntelang unglaublich erfolgreich das Märchen von der gesunden Milch eingetrichtert. Milch ist gut für unsere Knochen und unsere Zähne. Milch ist wichtig für Kinder und ihr Wachstum. Milch, Milch, Milch.

Milch hilft Kindern groß, gesund und stark zu werden. Alles was sie tun müssen, ist jeden Tag ihr Glas Milch zu trinken. Milch enthält so viel wertvolles Calcium und das ist UNVERZICHTBAR für starke Knochen und gesunde Zähne. Aber diese Milch-Wahrheit ist eine Lüge: Das Calcium in der Milch kommt nicht von der Kuh, es kommt vom Futter, das die Kühe fressen. Wie auch immer: Die Milch ist unantastbar. Und die arrogante und riesige Milchindustrie unangreifbar. Oder?

Und weil die Milchlobby in Schweden ähnlich mächtig und humorlos ist wie die Waffenlobby in den USA, fackeln sie nicht lange. Diese OATLY-Typen müssen wir aufhalten, denkt man sich. Und wie macht man das am besten? Man klagt sie in Grund und Boden.

Guter Plan. Das funktioniert immer. Und schon kurz nach dem Relaunch von OATLY flattert eine 170-seitige Klage auf den Tisch von OATLY CEO Toni Petersson.

Boom.

Wenn man jemanden verklagen will, wäre es gut, im Recht zu sein und einen triftigen Grund zu haben. Aber wegen was genau verklagt die Milch-Lobby OATLY eigentlich?

In den Augen der Milchlobby gibt es natürlich tausendundeinen guten Grund, um diese Hafer-Heinis zu vernichten, aber den Anfang macht eine Illustration, die sie als sehr verstörend empfinden:

Für die schwedische Milchindustrie ist diese Illustration völlig irreführend. Was soll das denn bitte??? Die Milch kommt aus dem Hintern der Kuh?! Und nicht aus den Eutern? Das geht gar nicht – darum: Falschaussage – verklagen!

Und wenn wir schon dabei sind, dann auch noch wegen diesem Satz *„It's like milk, but made for humans."* verklagen, weil... OATLY mit dieser Aussage, MILCH als etwas Altmodisches und Unzeitgemäßes dastehen lässt (ja, ganz genau, weil es so ist).

In seiner Keynote *How to Crack Consumer Marketing Without a Marketing Team* für die Plattform *Slush* stellt John Schoolcraft klar: Wenn du 100 Biologen fragst, ob der Satz: *„It's like milk, but made for humans."* der Wahrheit entspricht, würden 99 sagen: Ja, Milch ist grundsätzlich für Baby-Kühe. Der eine Biologe, der etwas anders behauptet ist von der Milchlobby bezahlt. Aber Milch ist grundsätzlich für Baby-Kühe, also für Kälber und nicht für Menschen gedacht. OATLYs Milch ist für Menschen gemacht.

Kurz: Die Milchlobby verklagt OATLY also dafür, dass sie die Wahrheit sagen. Haben Toni und John und ihre Mitarbeiter bei OATLY Angst? Wer weiß, aber zumindest zeigen sie es nicht. Sie folgen weiter mutig ihrer F*cking-Furchtlos-Strategie und sagen: Danke! Sie nehmen die top Vorlage der schwedischen Milchlobby auf und posten die komplette Anklageschrift online, damit die ganze Welt daran teilhaben kann. Diese sympathischen Zeitgenossen von der Milchlobby will man der Welt nicht vorenthalten. Soll ruhig jeder sehen, was diese Herrschaften zu sagen haben.

Der Fall verbreitet sich rasend schnell in den sozialen Medien und was als cleverer Gegenschlag der verärgerten Milchlobby geplant war, kommt wie ein Boomerang zurück: Viele Menschen sehen die Milchindustrie plötzlich in einem völlig anderen Licht. Bei vielen Menschen macht es „klick".

Da ist dieses kleine, coole, sympathische Unternehmen, das Gutes tun will, für Mensch, Tier und unseren Planeten und auf der anderen Seite – auf der Dark Side, da steht diese riesige seelenlose Lobby. Dieser Tyrann, der schuld ist an Tierleid und der Klimakrise, und *dieser Tyrann* schikaniert jetzt OATLY. Er will das Unternehmen mundtot machen, damit sie ungehindert ihren Machenschaften weiter nachgehen können.

Wenn das nicht bester Stoff ist, für eine großartige David-gegen-Goliath-Story?

Ein gefundenes Fressen für eine echte Challenger Brand. OATLY schaltet ganzseitige Werbeanzeigen in allen bekannten schwedischen Zeitungen, in denen sie ebenfalls über die Anklage der Milchlobby berichten. Sie machen es absolut transparent: Hier schaut her. Wir sind OATLY und wir stehen für diese Werte und Überzeugungen. Wir kommunizieren das ganz offen, weil es die Wahrheit ist. Das passt der Milchlobby nicht. Sie fühlt sich von uns bedroht und darum verklagt sie uns jetzt, um uns mundtot zu machen. Wie seht ihr das?

Und weil Musik bekanntermaßen Menschen verbindet und sich schon immer als erfolgreiche Waffe in Protesten erwiesen hat, schreibt Toni, der CEO von OATLY einen Song. Der Song bekommt ebenfalls den Titel „Wow, no Cow".

Toni setzt sich also an ein Keyboard, das mitten in einem Haferfeld in Malmö steht und singt:

„It's like milk, but made for humans.

It's like milk, but made for humans.

Wow – wow – no cow!"

Auf dem Keyboard steht ein Glas, gefüllt mit OATLY Hafermilch, daneben eine Packung OATLY Hafermilch *Classic.* Tony klimpert. Vor ihm, neben ihm, hinter ihm Hafer soweit das Auge reicht. Einzelne Bäume sind im Feld zu erkennen, bauschige Wolken, wie gemalt, hängen fett über Toni am Horizont.

„No – No – No!

Wow – wow – wow...

no cow!"

Kann man einen CEO sympathischer inszenieren? Wenn ja, habe ich das noch nicht gesehen. Und das ist erst der Anfang von dem was John, der Creative Director mit dem CEO geplant hat und noch anstellen wird. Randnotiz: Das ungewöhnliche Musikvideo hat bis heute 2,3 Millionen Klicks auf YouTube.

Update: 2021 wird OATLY ihr Video als Spot bei den Super Bowls einem Millionen-Publikum vorstellen. Es wird zu einem der am meisten besprochenen Spots des Events. Und ganz ähnlich wie beim Nike-Kaepernick Spot: Einige Leute hassen ihn, andere lieben ihn.

Die F*cking-Furchtlos-Strategie zahlt sich aus: Die OATLY *Wow-No-Cow-Message* kommt beim Publikum an und OATLY wird über Nacht, wie man so schön sagt, zu einer wahnsinnig erfolgreichen Challenger Brand und zu einer der berühmtesten und beliebtesten Marken in Schweden. Ja, auch dank der aggressiven Milchlobby. So macht man einen Gegner zum Supporter. Und schon bald sind die Regale in den Supermärkten leer. Nur Kuhmilch steht noch in den Regalen. Aber die Leute wollen Hafermilch. Sie wollen OATLY.

OATLYs Umsatz geht durch die Decke. Plötzlich wird aus dem 20 Millionen Dollar-Unternehmen ein 200 Millionen Dollar-Unternehmen. Kurz darauf klettert der Umsatz auf 400 Millionen und so weiter ...

Dieser unglaubliche Erfolgs-Boost kommt für OATLY zu schnell. So schnell, dass sie mit ihrer Hafermilchproduktion nicht mehr nachkommen. Und was noch überraschender ist: Wir sprechen hier nicht von einem Technologie-Unternehmen, nicht von Apple oder Microsoft, nicht von einem iPhone oder einem Nike-Sneaker. Wir sprechen von Hafermilch.

Nochmal: Es geht um Hafermilch.

„Niemand interessiert sich für Marken."

Das sind die Worte des Creative Directors von OATLY John Schoolcraft in einem Interview mit der Kreativagentur eatbigfish.

„Und schon gar nicht für eine Hafermilch-Marke.

Es sei denn, du startest eine Konversation, einen Dialog.

Viele Dinge die wir tun, dienen dazu, eine Konversation zu starten, die Leute für das zu interessieren, was wir tun, sie für einen Moment aus ihrem Alltagsleben herauszuholen – wo auch immer sie mit unserer Marke in Kontakt kommen."

Ein kleines Unternehmen, das seit vielen Jahren Hafermilch produziert und als Marke so gut wie unsichtbar war für die Welt, wird einer der berühmtesten und beliebtesten Marken in Schweden, London, Berlin, New York und sogar in China. Dank ihrer F*cking-Furchtlos-Strategie, einem absolut menschlichem Branding und einem ehrlichen und außergewöhnlichem Storytelling.

5

Wie du CASEY NEISTAT wirst

(Casey Neistat)

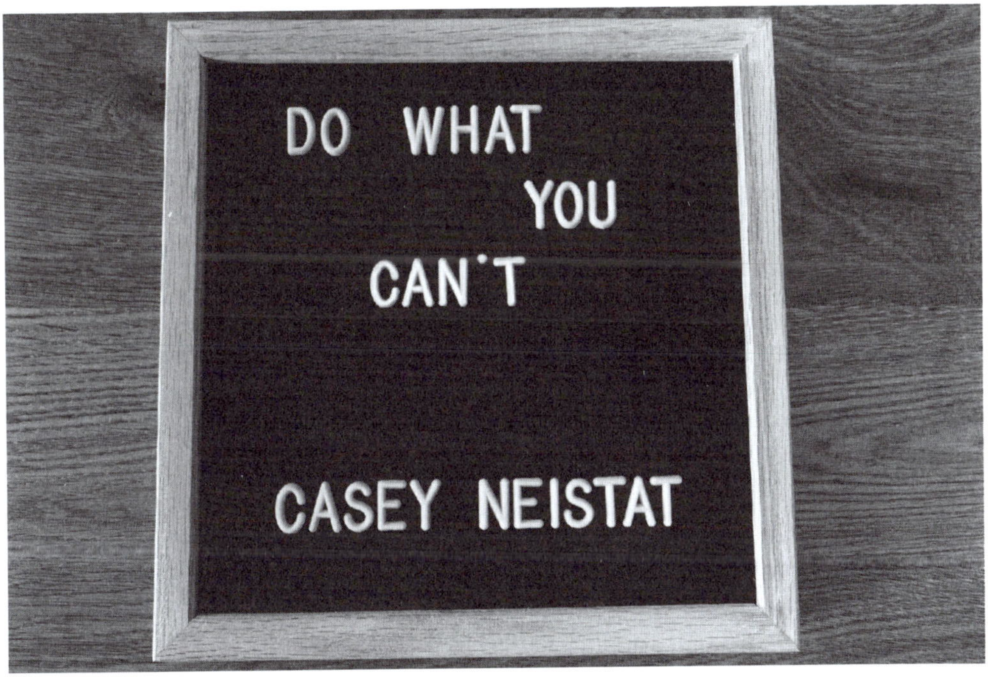

Wie du eine der glaubwürdigsten Personal Brands, eine gefeierte YouTube-Persönlichkeit mit fanatischen Superfans wirst und Marken und Menschen dazu bringst, dich zu lieben – oder:

WIE DU CASEY NEISTAT WIRST

Das ist gar nicht so schwer. Es braucht nur ein paar Unfälle und Zufälle. Du musst ein paar Regeln brechen und am besten immer das tun, was du eigentlich gar nicht kannst. Mach es so, wie Casey-Neistat es gemacht hat.

Du haust mit 15 von zu Hause ab und stolperst in deinen ersten Unfall: Deine Freundin wird schwanger von dir. Du wirst Vater mit 16. Mit 17 lebst du mit deiner Freundin und deinem Baby in einem Trailerpark. Der Staat versorgt dich mit Windeln und Milch für das Baby. Du bekommst Sozialhilfe.

Schlechte Voraussetzungen, um später mal eine der erfolgreichsten und bekanntesten Personal Brands zu werden, oder? Ja, und darum ein perfektes Beispiel dafür, dass es letztendlich nur darauf ankommt, was DU daraus machst.

Du lebst nur wenige Dollar von der Obdachlosigkeit entfernt. Du fühlst dich klein. Ja, noch nie hast du dich kleiner gefühlt als hier in diesem Trailerpark.

Darum flüchtest du dich ins Geschichtenerzählen. Jeden einzelnen Tag filmst du mit deiner Kamera deinen Sohn, dieses neue, winzige Wesen. Du machst kurze Videos daraus.

Das Filmen, das Schneiden, das Exportieren der Filme, das Vorführen deiner Filme – du zeigst einfach jedem deine Stories, der dich nicht schnell genug abwimmeln kann. Das alles wird plötzlich wichtiger als alles andere. Du liebst diese Routine, diesen Prozess.

Etwas aus einer eigenen Perspektive zu erzählen, deinen ganz eigenen Blick auf die Welt einfangen – und wenn deine Welt noch so klein ist – so what? Diese Erfahrung verpackt in einer Story mit anderen Menschen teilen. Storytelling nennt man das, oder? Ja, es hat dich voll erwischt: Du hast dich ins Geschichtenerzählen verknallt.

Aber du musst Geld zusammenbekommen, damit deine kleine, junge Familie nicht auf der Straße landet. Darum musst du Teller waschen. Stapel von Tellern, Pfannen und Töpfen. Das Filmen, das musst du nicht tun, das willst du. Du weißt zu diesem Zeitpunkt noch nichts von einem Why, aber hier ist es. Du ahnst es. Du hast deine Leidenschaft gefunden.

Jede.

Einzelne.

Minute.

Investierst.

Du.

In.

Deine.

Neue.

Leidenschaft.

Aber dafür bezahlt dich niemand.

Dann bricht der nächste Unfall über dich ein: Deine Freundin macht Schluss mit dir. Boom. Freeze. Deine kleine Welt bleibt stehen. Deine Welt bricht zusammen. Crash. Klein war sie, deine Welt, aber immer so stabil. Dachtest du. Aber jetzt fällt sie in sich zusammen wie ein Kartenhaus. Leise. Aber schmerzhaft. Du verstehst nichts mehr. Du grübelst, du verzweifelst und fliehst nach New York. Warum New York? Sinatra wusste es, Leonard Cohen und Lou Reed wussten es. Und du? Du weißt es nicht. Du weißt nur, dass du schon immer mal nach New York gehen wolltest. Also steigst du in den Zug nach New York.

Dein erster Auftrag: ein Geburtstagsfilm – für 5000 Dollar

Dein Gepäck besteht aus einer Tasche, in der dein ganzes Leben steckt: Deine Kamera, dein iMac, ein paar Klamotten und 800 Dollar, für die ungefähr 8.000.000 Teller, die du gespült hast. Dein Plan ist eigentlich kein richtiger Plan – eher eine Vision: In New York willst du herausfinden, wie du ein echter Filmemacher werden kannst. Und wenn du es herausgefunden hast, willst du dir einen Plan zurechtlegen, wie du diese Vision in die Realität umsetzen kannst.

„Ich hatte kein Geld, keine Rücklagen, keine Hoffnungen. Ich war der glücklichste Mensch der Welt."
So beschreibt Henry Miller seine Zeit im Paris der dreißiger Jahre. Und irgendwie trifft es auch auf dich zu. Nur ist es in deinem Fall New York und etwa siebzig Jahre später:

Du hast keine Ausbildung, keinen Job, keine Aussichten – du hast keinen Freund, bei dem du auf der Couch schlafen könntest. Aber du hast eine Vision. Und du findest etwas, das man mit viel Fantasie ein Zimmer nennen könnte – eine winzige Absteige, in der du vorerst für drei Monate bleiben kannst.

Du findest auch endlich einen Job. Du wirst der Assistent eines Künstlers. Der Künstler bezahlt dich schwarz. 10 Dollar die Stunde, damit du ihm assistierst. Du tust alles was anfällt. Dein Arbeitsplatz ist ein Warenhaus, in dem all die Skulpturen und Bilder des Künstlers stehen. Und auch hier findest du Stories. Du fängst sie ein, schneidest sie, führst sie aber niemanden vor, außer dir selbst.

Jedes Mal nach deiner Schicht, bleibst du noch und machst kleine Filme über diese Kunstwerke und Skulpturen. Du machst das heimlich. Der Künstler, dein Boss, weiß nichts davon. Dann erwischt er dich. Wird ja Zeit für den nächsten Unfall, oder?

Du hörst ihn nicht reinkommen. Aber da steht er jetzt, hinter dir und fragt dich was du da tust. Du könntest jetzt Vieles sagen. Aber du sagst es ihm, so wie es ist. Pause. Du sollst sie ihm zeigen. Er will sie sehen, die Filme. Also zeigst du sie ihm. Er steht dicht hinter dir, schaut dir über die Schulter. Nach ein paar Filmen und einer kleinen Pause, sagt er, dass du nicht mehr sein Assistent bist. Pause.

Du sollst jetzt nichts anderes mehr machen als diese Filme für ihn. Und das machst du dann auch. Du drehst und schneidest ein Video nach dem anderen für diesen Künstler. Und statt 10 Dollar die Stunde, bezahlt er dir jetzt 12 Dollar. Du lernst, aber du liebst es nicht. Es sind nicht mehr die Geschichten, die du erzählen willst, es sind Geschichten, die du erzählen sollst. Es ist ein reines Abarbeiten. Fließbandarbeit. Film das, dann das, dann das.

Aber eines Tages kommt dieser reiche Kunsthändler rein, der öfter vorbeikommt, um Bilder zu kaufen. Er fragt den Künstler, ob du – ja, du – nicht einen Job für ihn erledigen könntest. Sein Freund feiert 50. Geburtstag. Er möchte ein Film über ihn machen und ihm diesen Film zum Geburtstags schenken. Ein besonderes Geburtstagsgeschenk. Dein Boss, der Künstler ist einverstanden. Du bist einverstanden. Der Kunsthändler sagt, du sollst dir überlegen, wie viel du dafür haben möchtest.

Du denkst tagelang darüber nach, wie viel Geld du für den Geburtstagsfilm nehmen sollst. Du denkst: Der Typ ist reich. Er ist total reich. Also entscheidest du dich, hochzupokern. Du sagst, du willst 5000 Dollar. Der Kunsthändler nickt, okay.

Du würdest das Video auch für 100 Dollar machen. Das ist das erste Mal in deinem Leben, dass dich jemand damit beauftragt, einen richtigen Film zu machen. Das erste Mal, dass dich jemand dafür bezahlt – sehr gut bezahlt. Du bist verdammt aufgeregt.

Dein Film wird auf dem Geburtstag gezeigt. Die Leute mögen ihn. Sie kommen auf dich zu, um dir das zu sagen. Sie interessieren sich für deine Arbeit. Und du hast 5000 Dollar mehr in deiner Tasche. Dein Job als Assistent hat dich hierhergeführt, zu diesen Leuten hier. Reiche, erfolgreiche Menschen, die alle deinen Film mögen. Du weißt, du willst nichts anderes mehr machen als deine Filme.

Wie du Steve Jobs auf dich aufmerksam machst

Du verbringst jede Minute damit deine kleinen Stories zu erzählen. Du spazierst durch New York – jagst eine Straße nach der anderen entlang. Immer auf der Suche nach einer neuen Möglichkeit, einen neuen Film zu drehen. Das tust du so lange, – bis du deinen ersten wirklich größeren Erfolg haben wirst. Auch der bricht über dich herein wie ein Crash – wie ein Unfall.

Es ist mittlerweile 2003. Du hast einen der ersten iPods – ein Geschenk – und du trägst ihn jeden Tag bei dir. *1000 Songs in deiner Tasche.* Genau das was du brauchst, wenn du jeden Tag unterwegs in der Stadt bist und deine kleinen Filme machst. Darum ist der Akku deines iPods auch schon nach 18 Monaten tot. Okay, denkst du, muss ich austauschen. Du findest aber einfach nicht heraus, wie du diesen Akku auswechseln kannst. Also rufst du Apple an.

Der Mann des Apple-Kundenservice erklärt dir, dass sie laut ihren Garantie-Richtlinien keine Akkus austauschen. What? Du legst auf. Du bist angepisst. Echt angepisst. Also rufst du nochmal an. Aber dieses Mal zeichnest du das Gespräch mit dem Apple Kundenservice auf. Du stellst das Gespräch auf Lautsprecher.

Du sagst: „Nur damit ich das richtig verstehe, Sie wechseln die Akkus nicht aus?“ Nein, tun sie nicht. Der Apple Mitarbeiter empfiehlt dir einen neuen iPod zu kaufen. Einen neuen iPod kaufen, weil der Akku durch ist?

Du schnappst dir deine Kamera und spazierst durch New York. Überall hängen diese wunderbaren, frischen, farbenfrohen Apple-Plakate, die den iPod feiern. Diese Silhouetten-Werbekampagne mit diesen jungen Menschen und alle tragen diese weißen Apple-Kopfhörer in den Ohren, halten stolz ihren Apple iPod in den Händen und grooven zu ihren Lieblingssongs. Shiny happy people, aber du bist gar nicht happy. Du bist stinksauer. Also nimmst du dir jedes einzelne Plakat vor.

Ähnlich wie bei Zigaretten-Werbeplakaten, auf denen eine Warnung angebracht werden muss, die davor warnt, dass Rauchen Krebs verursachen kann, sprayst du eine Warnung auf jedes Apple-Plakat:

Der nicht austauschbare Akku des iPod hält nur 18 Monate lang.

Und natürlich filmst du auch deine Aktion. Du gehst nach Hause, schneidest es zusammen und nennst es:

iPods schmutziges Geheimnis

Dann stellst du es online. Was in den nächsten Stunden passiert, überrumpelt dich völlig: Das Video geht durch die Decke und bahnt sich seinen Weg durch die Tiefen des World Wide Webs.

Die Washington Post schreibt einen Artikel über dein Video. Mehrmals wird das Wort „Viral Video“ in dem Artikel benutzt. Viral Video? Was ist ein Viral Video? Dein Video sehen Millionen Menschen. Nicht nur in New York. In ganz Amerika. Und dann greifen es auch andere Medien auf und du bist plötzlich auf:

Fox News

BBC

NBC

CNN

und

Al Jazeera

Du gegen Apple. Du bist plötzlich mitten in einer echten David gegen Goliath-Story. Aber die höchste Auszeichnung für dich: Steve Jobs persönlich ist total angepisst von dir und das ist die größte Ehre – das Beste, was dir in deinem ganzen Leben passiert ist. Steve Jobs hat deinen Film gesehen. Steve Jobs hat meinen Film gesehen? Steve Jobs hat MEINEN Film gesehen.

Wow.

Wow.

Wow.

Du weißt: Jetzt ist nichts mehr wie vorher. Das alles wird etwas verändern. Nicht mit dir. Aber für dich. Du erkennst die Kraft der Story – das ist Marketing, wie es heute gemacht werden sollte. Du hast deine eigene Idee, deine ganz eigene Sicht auf die Dinge zu einer Story gemacht, auf deine Weise vermarktet und Millionen Menschen haben es gesehen. Und einer davon ist Steve Jobs himself.

Wie du mit einer 200 $ Dollar-Kamera eine HBO Show drehst

Und dann arbeitest du mit deinem Bruder zusammen. Ihr macht jetzt gemeinsame Sache, wollt euer Ding machen. Eure Filme drehen. Du triffst einen Typen, der zusammen mit dir und deinem Bruder an einem Projekt arbeiten will. Er hat einen eurer kleinen Filme gesehen.

Er möchte, dass ihr einen Feature-Film dreht. Aber ihr wisst nicht, wie man einen Feature-Film dreht. Alles was ihr könnt und die ganze Zeit macht, ist einfach freestyle diese kleinen Filme zu drehen. Genau das sollt ihr auch weiter tun. Der Unterschied: Jetzt bezahlt euch jemand dafür. Okay! Also gibt er euch genug Geld, damit ihr ein Jahr lang weiter diese kleinen Filme drehen und schneiden könnt.

Alle sechs Wochen trefft ihr euch mit dem Typen und zeigt ihm das Material, das ihr in den Wochen zuvor gedreht habt. Dann holt dieser Typ eine sehr berühmte TV-Produzentin dazu. Sie schaut sich eure Filme an und sagt: „Wisst ihr, was ihr da habt? Das ist eine TV-Show."

Eine TV-Show? Also setzt ihr all die kleinen Filmchen wie ein Puzzle zusammen, Folge für Folge. Jede Folge ist 25 Minuten lang. Und als ihr fertig seid, fühlt sich das alles tatsächlich an, wie ein großes Ganzes – wie eine TV-Show. Okay, wir haben eine TV-Show. Und was machen wir jetzt damit? Ihr müsst sie verkaufen, sagt die Produzentin.

Also geht ihr los und versucht eure frischgebackene TV-Show zu verkaufen. Aber diese Leute schauen sich eure Show an, schneiden sich ein kurzes, schmerzhaftes Grinsen ins Gesicht und führen euch wieder nach draußen.

Einer nach dem anderen: Grinsen, Kopfschütteln, Straße – danke ...

Und dann sagt eine TV-Station doch noch ja. HBO kauft euch die Show für ein paar Millionen Dollar ab.

HBO.

Will eure TV-Show.

Für ein paar Millionen Dollar.

HBO will eure TV Show. Die Show, die ihr mit eurem billigen 200 Dollar Camcorder gedreht habt. Die Show, die ihr auf einem iMac mit iMovie 1.0 geschnitten habt. Die Show, die nichts weiter ist, als das Ergebnis eurer Neugier, Naivität und viel Nonsens. Ein simples selbstgemachtes Produkt und HBO kauft es, bringt es auf Sendung und schickt es raus in Millionen amerikanischer Wohnzimmer.

Und eure Show wird ein ... Rohrkrepierer. Sie bekommt gute Kritiken, aber niemand schaut sie sich an. Vielleicht liegt es an der Uhrzeit? Sie bringen sie um Mitternacht. Freitagnacht – wenn die meisten Leute ausgehen und der Rest schlafen geht. Und weil es YouTube noch nicht gibt, hat eure Show keine Chance. Du bist frustriert. Da ist sie, diese große Chance zum Greifen nah und verpufft in der amerikanischen Freitagnacht.

Das 40 Dollar-Video, das dich in die New York Times bringt

Endlich – etwa zwei Jahre später wird YouTube geboren. Du bist wie jeden Tag unterwegs in New York City. Du fährst mit deinem Rad herum, weichst Autos aus, die in zweiter Reihe parken, umfährst Baustellen und weichst haltenden Transportern aus, die ihre Waren ausladen. New York ist eine Crazy Slalom-Fahrt für Radfahrer. Also fährst du immer öfter auf der Straße, statt auf dem Radweg.

Aber dann hält dich ein Polizist an und verpasst dir einen Strafzettel, weil du mit deinem Rad auf der Straße und nicht auf dem Radweg fährst. Weil du wie immer einfach alles filmst, filmst du auch die Diskussion zwischen dir und dem Polizisten.

Und während er in seinem Polizeiwagen sitzt und deinen Strafzettel ausstellt, verteidigst du dich. Du erklärst ihm, dass der Radweg für Radfahrer nicht unbedingt immer die sicherste Option ist. Ständig wird der Radweg blockiert von Autos und Transportern. Überall gibt es Baustellen oder tauchen plötzlich Dinge auf dem Radweg auf. Für Radfahrer stellen die Radwege eine echte Gefahr da.

Keine Chance. Der Polizist ist nett, bleibt aber hart: Als Radfahrer musst du mit deinem Fahrrad IMMER auf dem Radweg bleiben. Er drückt dir den Strafzettel in die Hand. 50 verdammte Dollar will die Stadt New York von dir dafür, dass du nicht den Radweg benutzt hast.

Du fühlst dich hilflos. Und du hasst es, wenn du dich hilflos fühlst. Die Stadt New York bestraft die Leute, die nicht ungestört auf dem Radweg fahren können, statt die Leute, die die Radwege blockieren? Ist das fair? Du kannst nichts dagegen tun, um die Sache rückgängig zu machen. Aber du kannst wieder mal deine Story erzählen und den Leuten deine Sicht auf die Dinge vermitteln. Und du hast auch schon eine Idee, wie du deine ganz eigene Story in einem Video erzählen wirst.

Also fragst du einen Freund, ob er dir bei dem Film hilft. Wenn die Polizei vorschreibt, dass du mit deinem Rad IMMER auf dem Radweg fahren MUSST – ja, dann wirst du genau das tun. Und gemeinsam ziehen du und dein Freund los. Und du trägst zum ersten Mal deine Sonnenbrille, die später dein unverwechselbares Markenzeichen wird. Dein Freund filmt abwechselnd aus einem Auto heraus oder er postiert sich mit der Kamera an einer Straßenecke und filmt dich dabei, wie du mit deinem Fahrrad:

- auf dem Radweg fährst und erzählst, wofür du einen Strafzettel bekommen hast,
- schnurgerade auf dem Radweg in eine Baustelle krachst,
- in eine Mülltonne donnerst, die auf dem Radweg steht,
- ungebremst in ein Schild bretterst, dass jemand auf den Radweg gestellt hat,

- in einen Haufen Kartons krachst, die jemand gerade – mitten auf dem Radweg – aus einem LKW lädt,
- auf die Ladefläche eines parkenden LKWs fliegst, der auf dem Radweg parkt,
- auf dem Heck eines parkenden Taxis landest, das quer über dem Radweg parkt.

Zuhause schneidest du deinen actionreichen Radweg-Stunt-Film zusammen. Im Anschluss an deine Unfall-Sequenzen schneidest du eine kurze Szene rein, in der du dein altes, kleines Radio gefilmt hast, in dem gerade die Sendung von einem Interview mit dir läuft. Der Sender hat dich eingeladen, damit du über den Strafzettel sprichst, den du bekommen hast, weil du mit deinem Rad nicht auf dem Radweg gefahren bist. Der Moderator macht dir klar, dass das eigentlich gar nicht strafbar ist. Deinen Strafzettel hast du *nicht* verdient.

Der Abschluss deines Film bildet ein ultimativer Höhepunkt: Du krachst mit deinem Rad in ein ... Polizeiauto. Ein Polizeiauto, das ... auf dem Radweg parkt.

Der Film kostet dich 40 $. Wäre der Vorderreifen deines Fahrrads nicht bei einem Aufprall während des Drehs kaputt gegangen, wären es nur 30 $. Du gibst deinem Video den Titel *Bike Lanes* und postest es auf deinem noch sehr kleinen YouTube Kanal.

Noch am ersten Tag hat dein Video 5 Millionen Views. Am nächsten Tag weitere 5 Millionen. Am dritten Tag muss sich der Bürgermeister von New York in einer Pressekonferenz der Frage eines Journalisten stellen, der ihn auf dein Video und die katastrophale Radweg-Situation in New York anspricht. Aber dein Film bewirkt noch mehr – viel mehr.

Du bekommst Aufmerksamkeit wie nie zur. Millionen Menschen und die Medien schauen plötzlich auf das was du tust. Dann ruft dich die New York Times an. Sie fragen dich, ob du nicht Lust hättest ein paar Videos für sie zu machen. Und du fragst: Echt? Seid ihr sicher?

Sie finden deine Videos smart. Du nimmst komplizierte Probleme und vereinfachst sie. Du machst sie klar und so interessant, dass 10 Millionen Menschen sich die Filme anschauen. Das gefällt ihnen. Ja, sie sind sich sicher.

Okay. Und das ist der Beginn einer langjährigen Beziehung zwischen dir und der New York Times. Das verschafft dir ein völlig neues Publikum. Ein Publikum, dass dich so über YouTube nicht findet. Es verleiht dir Integrität und die kannst du wirklich gut gebrauchen.

Wie du ohne Idee den berühmtesten Nike-Film aller Zeiten machst

In den nächsten Jahren hast du die Möglichkeit mit großen Marken zusammenzuarbeiten. Aber du bist nicht du, wenn du es Ihnen recht machen musst. Sie wollen dich und deine Art Stories zu erzählen. Aber du sollst tun, was sie wollen. Meistens läuft es so: du bekommst ein Konzept für einen Werbefilm. Aus dem Konzept machst du ein Treatment. Sie akzeptieren das Treatment. Du lieferst die Storyboards. Du kommst zum Set. Du übernimmst die Regie.

Du setzt genau das um, was du mit deinem Storyboard versprochen hast. Da gibt es nicht mehr viel Platz für spontane Ideen oder Kreativität. Das wollen sie dann doch nicht. Spontan gern, aber so spontan dann doch nicht. Mach doch einfach das, was wir ausgemacht haben. Das, was auf dem Storyboard steht, das alle abgenickt haben.

Und genau darum, gehst du nicht darin auf. Das was dir vorher Spaß gemacht hat, die Sache, die dich erfüllt hat – die dich glücklich gemacht hat, langweilt dich jetzt. Es ist Arbeit, die du für jemand anderen tust. Das hat nichts mehr mit dir zu tun.

Du fragst dich: Wie wäre es, wenn ich Filme für Marken mache, wie ich sie auch für mich machen würde? Also schlägst du das im nächsten Meeting mit einer Produzentin vor. Aber sie erklärt dir, dass das so nicht funktioniert. Sie lacht. Das macht man so einfach nicht. Das geht nicht. Das kannst du nicht machen. Also beschließt du, dass es auch für dich so nicht funktioniert und beendest die Zusammenarbeit. Das war's.

Du machst weiter deine kleinen Filme. Dein YouTube Kanal ist noch nicht riesig, aber nach und nach baust du dir eine treue, stetig wachsende YouTube Community auf. Und dann kommt das erste Unternehmen auf dich zu, das mit deiner Herangehensweise einverstanden ist. Nicht wegen deiner Reichweite – die hast du zu diesem Zeitpunkt noch nicht. Sie finden deine Videos kreativ. Sie sagen, sie lieben deine Videos und sie wollen was mit dir machen. Das Unternehmen ist:

Nike.

Sie sind gerade dabei, ein neues Produkt zu launchen. Keine Sneakers. Für sie etwas völlig Neues. Ob du dir vorstellen kannst, für den Launch, um dieses neue Produkt herum, ein paar Videos für sie zu machen? Nike? HELL YES! Also erarbeitest du für sie Konzepte für drei Filme. Du nennst ihnen das Budget, dass du dafür brauchst, und sie sind einverstanden.

Du machst die Videos. Sie lassen dich einfach machen, und sie sind happy mit dem Ergebnis. Sie posten sie online, und bewerben sie wo sie nur können. Du bist stolz auf deine Arbeit, aber du weißt auch: Sie sind kein *iPod's Schmutziges Geheimnis*-Video und ganz sicher auch keine *Bike-Lane-Story*. Sie sind okay, aber mehr nicht. Stories mit angezogener Handbremse, die laufen, aber eben nicht fliegen. Aber okay: Das waren zwei von drei Videos, die du für Nike machen sollst – bleibt also noch eins ... und wie heißt es so schön? Alle guten Dinge sind drei ...

Nike gibt dir das komplette Budget für den Film im Voraus und du hast eine Idee. Eigentlich ist es keine Idee, es ist Wahnsinn. Also rufst du deinen Cutter und guten Freund Max an. Warum den Werbespot machen, den wir Nike versprochen haben? Wir können doch etwas ganz anderes machen. Du erzählst deinem Freund von einer besseren Idee und die geht ungefähr so:

Du wolltest schon immer einfach in einen Flughafen spazieren, ein Ticket für einen nächsten Flug kaufen und Abflug. Egal wohin. Dort angekommen den Ort abchecken und wenn du genug davon hast, wieder zum Flughafen, das nächste Ticket kaufen und weiter geht's zum nächsten Flughafen und zum nächsten Ort. Immer weiter, rund um die Welt.

Das könntet ihr so lange tun, bis euch das Geld ausgeht. Dein Freund meint: Hm, klingt cool. Aber was ist mit dem Nike Spot? Du sagst: Machen wir unterwegs. Das klappt schon – irgendwie.

Du haust also das komplette Nike-Budget auf den Kopf, um mit deinem Freund Max um die Welt zu reisen. So lange, bis das Budget aufgebraucht ist. Dein Freund Max dokumentiert eure Reise mit seiner Kamera. Du ziehst dir deine Nike-Laufschuhe an und läufst in Ländern auf der ganzen Welt, du springst über Hindernisse und von einer verdammt hohen Klippe ins Meer.

Ihr habt keine Idee, was ihr da eigentlich genau tut, aber genau das macht ihr einfach weiter. Immer in einem anderen Land. Ihr filmt 45 Stunden Material. Was ihr Nike liefern sollt, ist ein 3-Minuten-Film. Eine Story, die na ja – auch eine Story erzählt. Nach 10 Tagen ist das Budget aufgebraucht.

Zurück zu Hause sichtet ihr das Material und habt immer noch keine Ahnung, was ihr damit anfangen sollt. Nike will ihr neues Produkt zusammen mit eurem Video launchen. Tja, daraus wird leider nichts. Ihr werdet nicht rechtzeitig fertig, weil: ihr habt noch nicht mal richtig angefangen. Weil ihr immer noch keine verdammte Ahnung habt, was ihr aus dem Material machen sollt. Welche Story sollt ihr damit erzählen? Ihr habt sowas von keine Ahnung. Darum crasht ihr die Deadline. Aber Nike ist cool, und Nike gibt euch noch eine Chance.

Nächste Deadline ist der Kick-off für die Kooperation von Nike mit South by Southwest, einem jährlich stattfindenden Festival für Musik, Film und Medien. Diese Deadline verpasst ihr auch. Und dann geht's ganz schnell – ungefähr so schnell, wie bei einem Jump Cut in einem Guy Ritchie-Film:

Ein Nike-Manager steigt ins Flugzeug.

Das Flugzeug landet in New York.

Der Nike-Manager steht in eurem Office.

3000 Meilen später steht dieser nette, lässige Nike-Manager hinter euch, blickt euch über die Schulter, während ihr versucht, dieses 45 Stunden-Filmmaterial zu bewältigen. Er ist euch nicht böse. Er ist einfach nur ... enttäuscht. Echt enttäuscht. Also schlägt er vor, das Ganze unter „versucht und nicht funktioniert" zu verbuchen.

Aber ihr schneidet weiter. Ihr macht jetzt das Video, das ihr wirklich machen wollt. Eine Story, die ihr erzählen wollt, so wie sie euch gefällt. Und plötzlich macht es wieder Spaß. Es ist aufregend. Die Story nimmt Gestalt an, wird lebendig und klar und dann ist sie fertig. Das Ergebnis begeistert euch. Es ist echt. Pur. Kreativ. Es ist eine Art Videotagebuch das dem Publikum vermittelt, was dir der Slogan „Make it count" bedeutet.

Der Film beginnt damit, dass du das Nike Fuelband aus der Verpackung nimmst. Darauf steht: *Life is a sport. Make it count.*

Du streifst es über dein Handgelenk, verlässt dein Office in New York und läufst los. Eine Texteinblendung leitet den Film ein:

Nike hat mich gebeten einen Film zu machen, über die Bedeutung von #makeitcount

Anstatt ihren Film zu machen, habe ich das komplette Budget auf den Kopf gehauen, um mit meinem Freund Max um die Welt zu reisen.

Das haben wir so lange gemacht, bis uns das Geld ausging.

Es dauerte 10 Tage.

Ihr schickt das Video dem enttäuschten Nike-Typen. Er weiß zwar nicht was das ist. Aber...es gefällt ihm. Auch wenn im ganzen Film kein einziges Mal Nike vorkommt, bis auf den Anfang mit dem Nike Fuelband. Aber Nike ist Nike und akzeptiert das Video. Es geht online und „Was auch immer das ist“ wird der Knaller.

Es wird das meistgesehene Video, das Nike je veröffentlicht hat. Es wird vier Jahre dauern, bis es „entthront“ wird. Man lädt euch zu Gesprächen in Sendungen ein. Man interviewt euch zu diesem Film. Erzählt doch mal: Wie kam es dazu? Wie seid ihr auf die Idee für diesen ungewöhnlichen Film für Nike gekommen? Ihr sollt eure Story mit der Welt teilen.

Make it count hat bis heute über 30 Millionen Views. Nach diesem Knaller-Video für Nike musst du niemanden mehr erklären, wie du arbeitest. Was es bedeutet, deine Ambitionen als Kreativer und die Ambitionen der Marke zusammenzubringen und daraus etwas zu machen, was sich organisch anfühlt. Das steckt alles in deinem Film für Nike. Die Marken rennen dir die Bude ein.

Endlich kannst du das machen, was du immer wolltest. Dein Publikum liebt deine Stories, die Marken wollen dich. *Make it count* ist kein Nike Film, es ist deine Story. Und die von Millionen anderer Menschen. Alle wollen sie für ihre Marke ein Nike-Video von dir haben.

Zu einer Zeit, in der alle Marken ihre Seele für einen Viral Hit verkaufen würden und einfach jeder den nächsten großen Viral Hit landen will, sagt Casey Neistat:

> **„Ich weiß nicht, wie man ein Viral Video macht. Ich mach einfach immer den besten Film, den ich machen kann und vielleicht reagieren die Leute darauf … Ich denke, wenn das immer dein Ziel ist, dann findest du auch dein Publikum."**
>
> *Casey Neistat*

Die Casey Neistat Storytelling Masterclass

Was machen die Casey Neistat's Stories so einzigartig, so gut und erfolgreich? Schauen wir uns das **„Make it Count"-Video für Nike** einmal näher an:

1. **Ein großartiger Hook:** Jede gute Story hat eine Frage, die die Story voranbringt: Wird sie den lang erhofften Job bekommen? Wird Rocky den großen Boxkampf und das Herz von Adrian gewinnen? Wird Walter White es schaffen vor seinem Tod, seine Familie abzusichern? In diesem Fall ist es: Um die Welt reisen, bis das Budget aufgebraucht ist: Wie weit werden Casey und sein Freund Max damit kommen? Diese Frage ist der Motor, der die Story antreibt.

2. **Ein abenteuerlicher Plot:** Eine Weltreise a la Jules Verne's „In 80 Tagen um die Welt" im modernen Gewand. Ähnliches Thema, veränderter Plot.
3. **Die Kulisse:** Die vielen interessanten Länder, die sie bereisen und die beeindruckenden Landschaften. Das weckt Sehnsüchte. Wer will nicht die Welt erkunden?
4. **Der Protagonist:** Mit dem wir uns alle identifizieren können. Energiegeladen und voller Tatendrang zieht er los in die Welt, um Abenteuer zu erleben – ganz nach dem Motto: Lebe jeden Tag so, als wäre es dein letzter.
5. **Die ticking Time-Bomb:** Wie weit werden sie kommen mit ihrem Budget? Wann wird es ihnen ausgehen? Eine tickende Zeitbombe verleiht einer Story Dringlichkeit, Tempo und Spannung.
6. **Der Soundtrack:** Treibende Musik zu den temporeichen Szenen, in denen Casey Neistat ständig läuft, springt oder die Freunde von einem Flughafen zum anderen eilen und von einem Land zum nächsten Land fliegen.
7. **Inspirierende Zitate:** Die stilvoll, in großer Typo auf den passenden Bildern platzierten Zitate verleihen der Story zusätzlich Tiefe und ihr eigentliches Thema. Die Message dieser Zitate ist zeitlos. Auch wenn einige von ihnen rasierklingen-scharf am Kalenderspruch vorbeischrammen, unterfüttern sie die Story und verstärken die Message. Worum geht es in der Story wirklich? Es geht nicht nur einfach darum, möglichst viele Länder zu erkunden. Es geht um viel mehr: Es geht darum, dein Leben zu leben. Es nicht zu verschwenden. Warte nicht. Du lebst jetzt. Existiere nicht nur – lebe. Also geh raus. Ein starkes und zeitloses Thema. Es ist die eigentliche Story: Die Story unter der Story (über das Thema einer Story werden wir hier in dem Buch noch sehr viel sprechen).
8. **Die Stimme + der Style:** Alles in der unverwechselbaren Stimme und im roughen, ehrlichen, nicht perfekten Stil von Casey Neistat.
9. **Die Story Struktur:** Als Storyteller weiß Casey, wie eine starke Story aufgebaut werden muss: Problem-Lösung-Resultat. Die drei Akt-Struktur, aus der du fast alles packend machen kannst. Oder warum fasziniert sie uns Menschen schon seit tausenden Jahren?
10. **Die Storyteller-Fusion:** Nike + Neistat: Zwei große Storyteller treffen aufeinander. Da muss einfach was Großartiges dabei rauskommen. Das ist so als würden J.K. Rowling und Stephen King gemeinsam ein Buch schreiben, Banksy und Eminem ein Album aufnehmen oder Tarantino und Shakespeare einen Film zusammen machen.

Aber das Wichtigste: *Make it count* ist nicht Neistat's Story und auch nicht Nike's Story – es ist die Story ihres Publikums. Es ist deine Story und es ist meine Story. Millionen Zuschauer projizieren ihre eigenen Gedanken, Überzeugungen, Bedürfnisse, Erfahrungen und Träume in diese Story – und werden so selbst zum Protagonisten. Sie erleben, was Neistat in der Story erlebt. Sie teilen das Erlebnis mit dem Protagonisten und danach teilen sie ihre Erfahrung mit Freunden: Sie schicken das Video an andere und erzählen die Story damit weiter. Casey liefert seinem Publikum echte und erlebbare Stories, statt ihnen irgendeinen laschen Branded Content vor den Latz zu knallen, indem sich die Marke selbst feiert.

Casey Content: Kuratiert von mir, für dich. Geeignet als Inspiration auch für Marken und Unternehmen, nicht nur für Personal Brands.

Casey vs Apple

iPod's Dirty Secret klicken oder Titel auf YouTube eingeben.

Casey vs New Yorker Polizei

Bike Lanes klicken oder einfach auf YouTube „Bike Lanes + Casey Neistat eingeben.

Casey's „Make it count" für Nike

Make it count klicken oder auf YouTube „Make it count – Casey Neistat" eingeben.

Casey's Do what you can't-Manifesto

Do what you can't klicken oder auf YouTube eingeben: „Do what you can't + Casey Neistat".

Casey's sehr persönliches und wunderbar kreativ erzählte „Draw my life"

Draw my life klicken oder auf YouTube eingeben: *Draw my life + Casey Neistat*

Casey's Spot für Mercedes Benz CLA

Mercedes Spot klicken oder *„Mercedes-Benz CLA (a car commercial) + Casey Neistat"* auf YouTube eingeben

Casey's Spot für Samsung mit Botschaft an alle Content Creators

Samsung Spot klicken oder auf YouTube eingeben: *„Casey Neistat Samsung Commercial"*

Um deinen eigenen Weg als Marke oder Personal Brand zu gehen, musst du manchmal Regeln brechen. Du wirst polarisieren, weil du es nicht jedem recht machst. Es wird Menschen geben, die dich dafür kritisieren und es wird Menschen geben, die dich genau dafür lieben.

Hauptsache ist, du polarisierst leidenschaftlich und bist von deiner Bestimmung als Marke völlig überzeugt. Wie man so vom Underdog zum Überflieger werden kann und dabei eine große, treue Community aufbaut, lernen wir im nächsten Kapitel von Brewdog.

6

Vom Underdog zum ÜBERFLIEGER

(BrewDog)

„If no one
hates it,
no one really
loves
it.“

Jessica Walsh

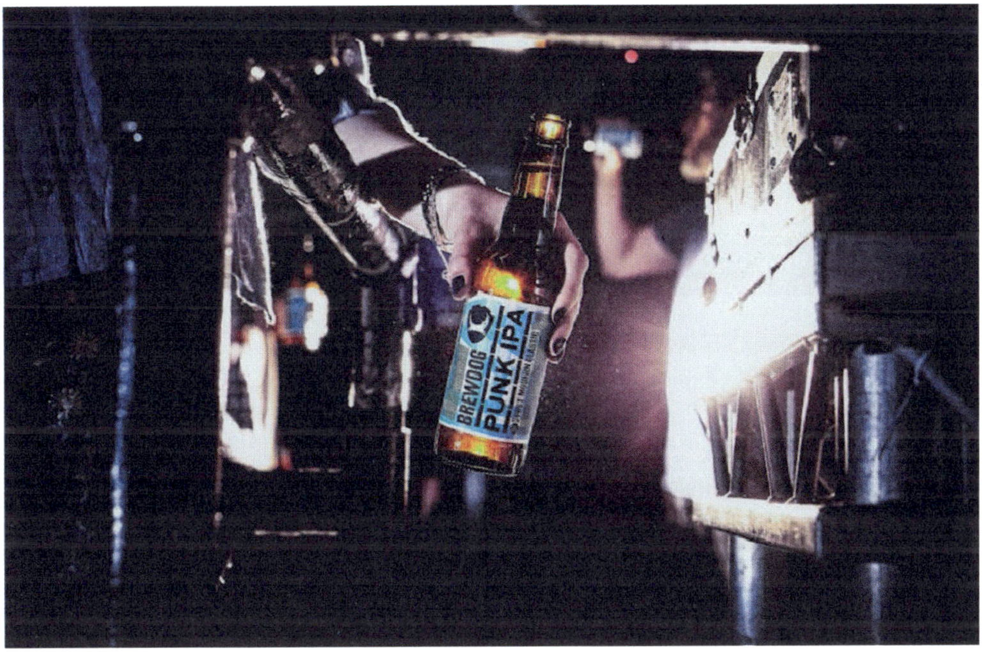

Die Post-Punk,
apokalyptischen Motherfucker einer
Craft Beer Brauerei

Die BrewDog Story

Warum Guy Ritchie die Brewdog Story verfilmen sollte

Auf dem Meeresboden Craft Beer brauen, mit einem Panzer durch die Stadt rollen und sich nackt auf das Parlament projizieren …

Das ist die Story von Brewdog. Und es ist keine gewöhnliche Story aus der Welt des Marketings. Sie stellt diese Welt völlig auf den Kopf. Hält ihr den Spiegel vor. Sie zeigt den Konventionen den blanken Hintern. Sie mischt eine oft spießige Branche ordentlich auf.

Es geht um Punk. Es geht um Leidenschaft. Es geht darum, auf Missstände aufmerksam zu machen. Es geht um Attitude und das Brechen von Regeln. Um Neider und Nein-Sager und es geht darum, sein eigenes Ding zu machen. Unbeirrt, fokussiert. Es geht darum, es nicht allen recht machen zu wollen. Das kannst du nicht, das sollst du nicht, das willst du auch gar nicht.

Aber vor allem geht es darum, etwas zu tun, dass du liebst. Wie du mit deiner Mission und deiner Leidenschaft Menschen begeisterst, für das, was du tust. Wie du sie mitreißt. Wie du sie dazu bringst deine Mission zu unterstützen. Wie du eine große, loyale Community aufbaust, die deine Marke liebt und verteidigt und für sie kämpft.

Das ist die Sorte von Story, die man erst rückblickend voller Stolz erzählen kann. Dann, wenn alle schon wissen, dass sie gut ausgegangen ist. Eine Craft Beer-Brauerei, die von ihren Fans leidenschaftlich verehrt und von der Bierbranche leidenschaftlich gehasst wird. Würde man jemanden empfehlen, diesen Weg einzuschlagen, alles genau so zu machen. „Keine Sorge, macht das, das wird ganz groß!" Niemand, wirklich niemand würde einem das abkaufen. Ich denke, nicht mal die zwei Brewdog-Gründer selbst, wenn sie heute wieder ganz am Anfang wären. Zum Glück haben wir diese unglaubliche Story.

Falls du dich fragen solltest: Wie fing diese ganze Craft Beer-Bewegung eigentlich an? Hier. In Schottland. Zwei Kerle sind maßgeblich dafür verantwortlich. Diese Typen hier, haben die Craft Beer-Bewegung losgetreten.

Ihre Namen sind James Watt und Martin Dickie.

Die zwei Freunde haben noch nie in ihrem Leben ein eigenes Business auf die Beine gestellt. Noch nie eine Marke aufgebaut. Aber in nur wenigen Jahren, machen sie ihre Underdog-Craft-Beer Brauerei zu einer der erfolgreichsten Brauereien in ganz Großbritannien und Brewdog, zu einer der ungewöhnlichsten, frischesten und bemerkenswertesten Marken der letzten Jahrzehnte.

Und wie so oft, beginnt die Revolution nicht im großen Stil. Sie beginnt klein, winzig – aus der Garage heraus. Aus der Garage von Martins Mum heraus, um genau zu sein. Hier versucht das zukünftige Punk-Bier-Duo mit einem 50 Liter Brau-Dir-Dein-Eigenes-Bier-Kit ihr zukünftiges Lieblings-Craft-Beer zu brauen. Noch bevor es in die Gläser fließt, nennen sie es Sierra Nevada Pale Ale. Endlich ein Bier, das ihnen richtig gut schmeckt – nicht die Industrie-Plörre dieser einfallslosen Biergiganten.

Noch im gleichen Jahr treffen sie auf eine echte Legende: Michael Jackson, nein – nicht den Michael Jackson. Nicht den King of Pop, sondern den King of Beer. Ein großer, britischer Experte im Bereich der Bier- und Whiskyverkostung.

1977 hat er mit seinem Buch *The World Guide To Beer* neue Standards gesetzt. Eine lebende Legende.

In der Bierszene nennt man ihn liebevoll den „Beerhunter“ – ein Wortspiel, das sich auf Deerhunter bezieht.

James und Martin haben es geschafft, ihn zu überzeugen, ihr Garagen-Craft-Beer zu verkosten. Da sitzen die drei also in der Garage von Martins Mum zu einer Verkostung.

Die Jungs überreichen stolz und leicht nervös dieser Bier-Legende ihr selbstgebrautes Stout. Dieses Bier haben sie liebevoll und geduldig, in Whisky Fässern reifen lassen.

Michael Jackson, der Bier-Experte nimmt das Stout entgegen.

Schwenkt das Nosingglas.

Steckt seine Nase ins Glas.

Probiert.

Stellt das Glas ab.

Langsam.

Sieht den Jungs in die Augen.

Und kommt zu einem Fazit: Sie sollen ihre Jobs aufgeben und Vollzeit Bier machen.

Wenn Michael Jackson, die lebende Bier-Legende einem sagt, dass man seinen Job aufgeben soll, um sein eigenes Bier zu brauen. Was tut man da? Man tut am besten, was er sagt.

Wir begeistern andere Menschen mit großartigem Craft Beer.
Wir revolutionieren die Bierbranche des Vereinigten Königreichs.
Und wir krempeln die britische Bierkultur komplett um!

Das ist die übergroße Mission, der sich die Freunde Martin, James und ihr Hund *Bracken* verschreiben, als sie 2007 einen kleinen Schuppen in einem abgelegenen Industriegebiet im Norden Schottlands beziehen. Hier soll ihre Brauerei sein. Und schon kurze Zeit darauf brauen sie in ihrer winzigen selbstgebauten Brauerei ihr erstes echtes Brewdog.

Vom Underdog zum Überflieger? No f*cking way!

Kurzer Blick in die nahe Zukunft? Here we go: Jahre später werden sie ihr Brewdog Craft Beer in über 50 Ländern ausliefern. Sie gewinnen Fans auf der ganzen Welt und scharen eine große und loyale Community um sich. Sie eröffnen Brewdog Bars in London, Dublin, Berlin, Hamburg, Barcelona, Amsterdam, Frankreich, Italien, Australien, Schweden, Island, Shanghai ... aber das alles liegt 2007 noch in weiter Ferne und NIEMAND glaubt, dass ihr Buddy-Business und ihr Bier ein solcher Überflieger wird. Niemand außer den Buddies James, Martin und Bracken selbst. Sie glauben von Anfang an, an ihre Mission und ihren Erfolg.

Die Welt nicht. Sagen wir es mal so: Die Voraussetzungen waren bescheiden.

Die Freunde sind gerade mal 24 Jahre alt. Bracken, der schokoladenbraune Labrador, ist umgerechnet in Menschenjahre vermutlich der Älteste der drei. Aber was den Aufbau eines Business angeht auch nicht viel erfahrener. Um ihren Traum vom großartigen Craft Beer ins Rollen – und in die Gläser vieler Menschen zu bringen, nehmen James und Martin einige furchterregende Kredite auf. Solche, die einen nachts nicht einschlafen lassen und morgens von Panik erfüllt aus dem Bett katapultieren, die Art von Krediten.

Dieses, von der Bank geliehene Geld investieren sie in viel Edelstahl. Damit basteln sie ihre kleine – nein, winzige Craft Beer Brauerei zusammen und machen sich ans Werk. Sie fangen an ... tja Craft Beer zu brauen. Was sie antreibt ist die Suche nach dem perfekten Craft Beer, das besser schmeckt und sich abhebt aus dem Meer der massenkonformen Biersorten. Die finden sie geschmacklos, unpersönlich, langweilig.

Ihr Bier, ihr Craft Beer, ihr Brewdog soll eine knallharte Revolution sein, gegen all die langweiligen Marken, die alle ähnlich schmecken, ähnlich aussehen und sie alle zu Tode langweilen. Die Brewdog-Punks sind überzeugt: Bier ist mehr als das, was die Biergiganten den Leuten so lieblos verkaufen.

Bier ist nicht gleich Bier. Bier ist mehr. Bier kann mehr. Sie selbst sind begeisterte Craft-Bier-Fans und sie wollen andere Menschen mit ihrer Leidenschaft für Craft Beer anstecken. Sie wollen die Geschmacksvielfalt und die Handwerkskunst zurück ins Bierglas bringen. Sie wollen die Menschen für echtes Craft Beer begeistern.

Beim Brauen ihres Brewdog Bieres manifestiert sich ihr Plan und ihre Mission. Worte schälen sich heraus und werden immer klarer. Die Bier-Punks tun das, was Punks tun: Sie reißen das Bullshit-Business-Regelwerk in Fetzen. Sie sind keine langweiligen, uninspirierten Bierbrauer, sie sind leidenschaftliche, überzeugte Bier-Punks. Wir machen unser eigenes Ding. Auf eine unorthodoxe, punkige Do-it-Yourself-Weise. Auf die Brewdog-Punk-Strategie – cheers!

Was sie da brauen, gefällt und schmeckt ihnen. Sie füllen die ersten winzigen Mengen in kleine Flaschen ab. Verkaufen und verkosten ihr Brewdog auf Märkten. Und als wäre es eine Szene in einem Guy Ritchie-Film, verkaufen sie ihr Craft-Bier aus dem Kofferraum ihrer alten Karre heraus.

Aber die Menschen reagieren – wie so oft – skeptisch auf dieses NEUE Bier. Was soll das sein? Ein Craft-Bier? Ein Bier ist ein Bier ist ein Bier. Und dann kommen diese rotzigen Bier-Punks daher und erzählen uns was von Craft-Bier und Handwerkskunst? Ja, ihr Bier wirkt befremdlich auf die Menschen in Schottland. Und das ist noch die harmloseste Reaktion auf ihr Bier. Die Menschen im Nordosten von Schottland hassen ihr Bier. Sie hassen nicht nur den Geschmack. Sie hassen das Packaging. Sie hassen das Design. Sie hassen das Marketing. Sie hassen einfach ALLES an Brewdog.

In den ersten sechs Monaten verkaufen die Freunde ... so gut wie nichts von ihrem Bier. Diese Tatsache würde die meisten Jungunternehmer in tiefe Verzweiflung treiben. Sie würden panisch das Ruder herumreißen. Sie würden das Problem bei ihnen selbst suchen, bei ihrem Produkt, ihrer Strategie. Aber nicht die Brewdog-Punks. Sie machen genau so weiter. Sie glauben an ihre Mission. Also brauen sie einfach weiter die Biere, die sie selbst gerne trinken wollen. Ohne Kompromisse. Ohne Zweifel. Aber mit ganz viel Passion.

Sie sind überzeugt: sie werden ihr Publikum schon finden und ihr Publikum wird sie finden. Ein Publikum, das ihr Bier zu schätzen weiß. Menschen, die ihre Überzeugungen und ihren Geschmack teilen. Daran glauben sie fest. Und daran halten sie fest.

Auch wenn das bedeutet auf den Malzsäcken in der Brauerei zu schlafen, weil sie sich die Miete für ihre Wohnung nicht leisten können. Um sich auch noch das Geld, für mindestens eine warme Mahlzeit am Tag zu sparen, ziehen sie wieder bei ihren Eltern ein. Hi Mum, hi Dad – your son is back! Sie verkaufen täglich 10 Kästen Bier. Um alle laufenden Kosten zu decken, müssten es 70 Kästen sein. Was die Jungs aber erst so richtig schön unter Druck setzt, sind die Drohungen ihrer Bank, die bald täglich in die Brauerei flattern. Ständig hinken die Jungs mit ihren Zinszahlungen hinterher. Von Tag zu Tag klingen diese Mahnungen bedrohlicher.

In den nächsten Tagen wird ihre winzige Brauerei geflutet von bösartigen Räumungsaufforderungen ihrer Bank (das wäre der All-Is-Lost-Moment in unserem Guy Ritchie-Film). Okay, spätestens jetzt würden die meisten Jungunternehmer, das Handtuch werfen und in die watteweiche Geborgenheit einer Festanstellung flüchten. Der Traum von einem eigenen Business wäre bald nur noch eine flüchtige Erinnerung. Und was machen unsere Brewdog-Punks?

Nicht einmal in der dunkelsten Stunde ihrer Existenzgründung, denken die Jungs ans Aufgeben. Sie zweifeln auch jetzt nicht. Ganz im Gegenteil. James und Martin sind immer noch absolut überzeugt, dass Brewdog ein riesengroßer Erfolg werden wird. Wann? Bald, bald. Fokus auf unser Bier und unsere Mission ... the rest will follow.

Sie arbeiten noch härter. Verfolgen ihre Mission noch verbissener. Die Ticking-Time-Bomb: Die Mahnungen und Räumungsaufforderungen ihrer Bank. Kaum zu glauben, sie überleben – ein wenig zerknittert und zerrissen, als hätten sie in einem Wolfsrudel gelebt – das erste Jahr. Ohne ihre Überzeugungen, ohne den Glauben an ihre Mission, hätten sie das erste Jahr nicht überlebt. Und genau das hier ist der wichtigste Punkt unserer Story: Brewdog wäre nie das geworden, was sie heute sind, ohne ihren festen Glauben an ihre Mission. Brewdog gäbe es nicht. Dieses Kapitel würde es nicht geben. Die Hoffnung auf eine Guy-Ritchie-Verfilmung gäbe es nicht und die komplette Craft-Beer-Szene hätte sich vermutlich völlig anders entwickelt. Um ein Zitat von Nietzsche zu missbrauchen: Ohne Brewdog wäre die Bier-Welt ein Irrtum.

„Jahrelang geht es um nichts anderes als Überzeugung, Selbstdisziplin und Fokus."

James Watt, Brewdog Co-Founder

OHNE UNS SIND WIR NICHTS

Es geht immer um Menschen. Alles, was wir tun, ist für unser Team und die Craft Beer-Fans

Diese Worte stehen auf der Brewdog-Website. Sie sind Teil ihrer Werte-Statements. Das ist die Überzeugung von Brewdog und Kern der Wahrheit, die es braucht, um eine große und vor allem loyale Community aufzubauen. Viele Marken haben das immer noch nicht verstanden und wundern sich, dass ihre Marke nicht in der Lage ist, eine große und loyale Community aufzubauen.

Obwohl es sie schon so lange am Markt gibt und obwohl sie zwei bis dreimal die Woche einen Post absetzen in ihren Social Media Kanälen, der immer mit einer Frage endet, um auch schön ihre „Community" mit „einzubeziehen". Sie fragen sich: Was will die Community denn noch? Warum lieben sie unser Produkt nicht? Warum erzählen sie nicht ihren Freunden und Kollegen von unserem Produkt? Ja, oberflächlich betrachtet, spielen sie nach den neuen Marketing-Regeln, die sie aus einem Lehrbuch entnommen oder in einem 1-Tages-Intensiv-Workshop gelernt haben. Aber im Kern haben sie nichts verstanden.

Brewdog versteht ihr Publikum und den Community-Gedanken sehr gut. Sie binden mit einer erstaunlichen Leichtigkeit ihre Community in allem mit ein. Wieso gelingt es ihnen so gut? Weil sie es so meinen. Weil sie leidenschaftlich an ihre Mission und ihre Fans glauben:

Alles was sie tun, zahlt darauf ein. Alles was sie tun und kommunizieren, geht von dieser Mission aus. Jedes Stück Content, jede Aktion ist ein weiteres Stück, ihre Brand Story zu erzählen und ihre Mission raus in die Welt zu tragen. Diese Mission beeinflusst all ihre Entscheidungen. Brewdogs Mission endet nicht bei ihrem Produkt, so wie es viele Marken handhaben. Ihre Mission zielt auf ihr Publikum ab.

> **„Heutzutage lässt sich eine Marke nur aufbauen, indem man die Marke lebt. Die Menschen wollen das Gefühl haben, dass sie an etwas teilhaben, das größer ist als sie selbst. Deine Marke muss ihnen die Gelegenheit dazu geben."**
>
> *James Watt*

Ja, sie wollen das beste Produkt herstellen, das beste Craft Beer brauen, das sie machen können. Aber sie haben sich auch gefragt: WARUM? Wozu wollen wir das? Um sagen zu können, wir sind besser als die Konkurrenz? Dass wir das beste Bier machen? Was zur Hölle ist denn das beste Bier? Wer entscheidet das? Und erzählt nicht genau das, jede Biermarke?

Brewdog braut Craft Beer so gut wie sie nur können, um andere Menschen von Craft Beer zu begeistern. Mit dieser Mission ist sofort viel mehr möglich auf dem Spielfeld einer Marke. Du fragst dich: Wie kann ich Menschen für Craft Beer begeistern? Das macht aus einer Marke mit einem reinen Produkt, eine Marke mit Mission. Eine Marke, die sich für ihr Publikum interessiert. Eine Marke, die den Menschen mehr gibt als „das beste Produkt". Dazu braucht es drei Puzzleteile, die vielen Marken leider oft fehlen:

Leidenschaft, Interesse für die Menschen und Spaß.

Die Jungs verfolgen ihre Mission mit großer Leidenschaft. Sie tun das echt – und damit meine ich authentisch – und voller Überzeugung. Das kommt bei den Brewdog-Fans an. Die kleine Underdog-Brauerei wächst. Die Nachfrage wächst. Aber ihre Tanks halten nicht mehr mit. Die Nachfrage wird zu groß, um diese Menge an Bier in ihren kleinen Tanks zu brauen.

Also spazieren die zwei Freunde Martin und James wieder einmal zu ihrer Bank und fragen nach mehr Geld. Überraschenderweise gibt ihnen die Bank mehr Geld. Die zwei Freunde kaufen noch mehr Tanks und eine nagelneue Abfüllmaschine.

Wenn die Bierbranche deine Biere verbietet, zeig ihr den Mittelfinger

Die Brewdog-Punks beweisen, dass auch etwas so traditionelles wie Bier mit einem Twist innovativ sein kann und brauen das stärkste britische Bier aller Zeiten. Sie nennen es Tokyo. Und die Leute rasten aus. Wenn du das stärkste britische Bier aller Zeit braust, interessieren sich auch plötzlich die Medien, für das was du tust. Das Ergebnis: Eine krasse Medienaufmerksamkeit. Natürlich sind auch viele negative Stimmen darunter. Die Bier-Traditionalisten sind schockiert. Was fällt den zwei rotzfrechen jungen Punks ein? Das können die doch mit unserem Kulturgut Bier nicht machen! Einige Stimmen sind so empört, dass sie sogar vom „Untergang der westlichen Zivilisation" sprechen.

Das ruft Gesetzeshüter auf den Plan – nein, nicht die Polizei. Schlimmer. Die Herren, die sich höchstpersönlich für den Erhalt der spaßbefreiten Bierbranche einsetzt. Veränderung, frische Ideen? Unerwünscht! Es gilt das zu bewahren, was die letzten Jahrzehnte schon funktioniert hat: Dem Volk Industrieware in ihre Kehlen kippen. Sie mit Massenware abfertigen. Dafür werden sie schließlich von den Getränke-Giganten bezahlt.

Die bierbäuchigen Herren von der Portman Group verbieten praktisch alle Brewdog-Biere. Was machen die Brewdog-Freunde? Sie glauben weiter fest an ihr Bier. Die Punks tun das, was niemand so gut kann, wie echte Punks. Sie zeigen der Portman Group den Mittelfinger. Sie machen sich an die Arbeit und exportieren ihr Brewdog nach:

Schweden.

Japan.

Amerika.

Die Leute wollen ihr Bier. Die Leute lieben ihr Bier. Support kommt dann aber auch aus Großbritannien. Die zwei Bier- und Weinexperten Oz Clark und James May machen sich für die Brewdog-Punks stark. Sie finden es so gut was sie machen, dass sie die Jungs in ihre Fernsehshow einladen. Gemeinsam trinkt man ein kühles Brewdog und empört sich über die spießige und spaßbefreite Bierbranche. Der Moderator James May ist so wütend, dass er eine leere Flasche Brewdog Punk Ipa in die Ecke feuert. Die Flasche landet scheppernd in der Ecke – davor wurde sie ein wenig vom Kameramann gebremst.

In der Bierbranche braut sich was zusammen: Neid, Konkurrenzangst und Ignoranz sind ein starker Antrieb, den die Biergiganten lieber in das Brauen ihres Bieres und ihre Marke stecken sollten. Aber sie nutzen ihn, um die Brewdog-Punks abgrundtief und voller Leidenschaft zu hassen. Mit allen Mitteln versuchen sie diese Jungs zu stoppen. Wie weit sie dafür gehen, werden wir noch sehen.

Aber die Fans werden immer mehr und lieben Brewdog. Und schon in ihrem zweiten Jahr, sind Brewdog die größte (aka beliebteste) unabhängige Brauerei Schottlands. Wow. Liebe Portman Group, nimm das.

Oder das: Brewdog wird im folgenden Jahr die am schnellsten wachsende Bier-Alternative im ganzen God-Save-The-Queen-Königreich Großbritannien. Johnny Rotton wäre stolz auf die Brewdog-Punks und ihr Movement, das sich verbreitet wie damals die Punkbewegung. Ihr Flaggschiff *Punk IPA* kommt in Skandinavien so gut an, dass es dort schnell zum meistverkauften IPA wird.

Brewdog kommt kaum nach mit dem Brauen. Aus den großen Tanks werden riesige Tanks. Aber für ein gesundes Wachstum braucht es auch Geld. Schnelles Geld, frisches Geld, das die Jungs in die Produktion investieren, ausbauen, erweitern können.

Darum starten die Jungs ein bahnbrechendes Geschäftsmodell und nennen es *Equity for Punks*.

Sie bieten ihren Fans an, mehr zu sein als nur treue Fans und gute Kunden. Sie können echte Supporter von Brewdog werden. Sie können online Anteile am Unternehmen kaufen. Die Hardcore-Fans lassen sich nicht lange bitten: 1.300 Fans investieren in Brewdog und werden so zu stolzen Teilhabern – cheers!

Die Jungs führen mit ihrer Marke Brewdog in der Zwischenzeit den Kampf gegen die Geschmacklosigkeit der Bierbranche weiter. Sie brauen das stärkste (32 %) Bier der Welt. Nennen es *Tactical Nuclear Penguin* und schütteln damit wieder einmal die Vorstellungen der Menschen von einem Bier ordentlich durch. Die Jungs gehen das Thema Bier an wie Hamlet und fragen sich: Was darf ein Bier sein oder nicht sein? Was ist Bier? Was KANN ein Bier sein?

Und weil jeder Kampf auch ein wenig Action braucht, zerschlagen sie vor laufender Kamera massenweise Industriebier mit Golfschlägern. Ihre Fangemeinde auf YouTube fühlt sich bestens unterhalten und jubelt. Aber man zeigt auch seine abenteuerliche Seite und findet eine wirklich spannende Antwort auf die Hamlet'sche Frage, was ein Bier sein kann und lassen ein Bier an Deck eines Fischerbootes reifen.

Klingt nach jeder Menge Spaß und Abenteuer, aber kann eine solche Spaß-Strategie auch für ein gesundes Wachstum sorgen? Kann es. Tut es: Ihr Unternehmen wächst schnell mal um 200 % – mitten in der größten Rezension 2009. Während die meisten Unternehmen einsparen oder einpacken müssen, fährt die kleine Craft-Beer Brauerei einen Erfolg nach dem anderen ein.

Die Brewdog very special edition: verpackt in einem Eichhörnchen

Dann wird ein weiterer Traum der Bier-Punks wahr, nein – sie machen ihn sich selbst wahr und eröffnen ihre erste Brewdog Craft Beer Bar in ihrer Heimatstadt Aberdeen. Die Community feiert sie auch dafür. Jetzt hat sie einen physischen Ort, um gemeinsam mit den Machern ihr Craft-Bierchen zu genießen.

Was macht man, wenn alles schon irgendwie krass läuft? Tritt man ein wenig auf die Bremse? Hält man einen Moment inne, lässt es auf sich wirken? Vielleicht, oder man legt noch eine Schippe drauf auf den „Wir-sind-jetzt-mal-ein-ganz-schön-krasser-Haufen" und braut ein Starkbier mit einem Alkoholgehalt von ... 55 % – okay, Hamlet würde spätestens jetzt durchdrehen. Das Bier kannst du nicht einfach runterkippen. Das ist das erste Bier, das dir ordentlich eine verpasst, wenn du zu gierig bist. Du musst es sippen, Schluck für Schluck – wie einen guten Scotch.

KANN das überhaupt noch BIER sein? Ein Bier das stärker ist als Wodka, Whisky, whatever? But wait...there's more: Unsere zwei Bier-Punks verpacken ihr Starkbier in Tierpräparate. Ja, du hast richtig gelesen. Sie stecken ihr Bier in Eichhörnchen und Hermeline.

Die Jungs benutzen dafür überfahrene Tiere – Roadkill. Und lassen sie präparieren. So, wie manche Leute ihren Hund oder ihre Katze ausstopfen lassen und sich auf die Couch legen, um nicht ganz so allein zu sein. Ungewöhnlich, war aber früher schon ziemlich angesagt. So eine ähnliche Szene könnte dir als Romanfigur in einem Buch von T.C. Boyle passieren:

Du betrittst ein stilvoll eingerichtetes Wohnzimmer. Alles im klassischen Stil gehalten. Die Wände sind gesäumt von Büchern, im Kamin faucht und flackert ein Feuer, dein Schatten tanzt an der Wand und der Gastgeber steht an einer Bar – die sich unter einem Globus versteckt – und gießt dir gerade einen Johnnie Walker Blue Label aus dem weit geöffneten Maul eines Eichhörnchens ins Glas.

Dann erkennst du: Das Eichhörnchen trägt Frack und einen Zylinder. Du blinzelst und willst nochmal sichergehen, dass das, was du gerade gesehen hast, auch das ist, was dort auf dieser Bar steht. Aber du hast richtig gesehen. Aus dem Maul des Eichhörnchens ragt der Flaschenhals, auf dem Kopf trägt es einen Zylinder, der kleine Körper in einem winzigen Frack gehüllt, als hätte es vor, heute noch auf eine Gala-Veranstaltung zu gehen. Der Gastgeber reicht dir lächelnd dein Glas. Du nimmst es zögerlich entgegen. Die Eiswürfel im Glas knacken und du denkst: WTF!?

In einem Interview, mit dem Food Blog „Munchies“ von VICE, antwortet der Gründer von Brewdog James Watt auf die Frage „Warum die Eichhörnchen?“:

„Wir wollten etwas machen, das gleichzeitig schön und beunruhigend ist, etwas, das eine Botschaft sendet und versucht, die Leute dazu zu bringen, innezuhalten und über all die Möglichkeiten nachzudenken, die Bier eigentlich hat.“

Von dieser Brewdog Special Edition stellt Brewdog nur 12 Stück her. Inzwischen ist sie für 500 und 700 Pfund (etwa 570 bis 800 Euro) an seeeeehr begeisterte Brewdog Aficionados verkauft worden. Damit bricht Brewdog nicht nur mit der Vorstellung von der Handwerkskunst des Bierbrauens, sie brechen auch den Rekord für das teuerste Bier aller Zeiten.

Zum Big Bang mit dem Brewdog-Panzer

Ihre Craft Beer Bar in Aberdeen kommt bei den Leuten so gut an, das schnell Rufe nach weiteren Brewdog Bars in anderen Städten aufkommen. Die Leute können schließlich schlecht jedes Mal einen Ausflug von London nach Aberdeen machen, wenn sie in gemütlichem Ambiente mit Gleichgesinnten ihr Brewdog Bier genießen wollen. Also macht die Brewdog Crew weitere Craft Beer Bars auf in:

Camden/London

Edinburgh

Glasgow

Die Eröffnung einer Bar in Camden zelebrieren sie richtig groß. Diese Bar soll das Flaggschiff in der Hauptstadt sein. Das braucht ein wenig PR. Darum wollen sie ihre Ankunft in der Hauptstadt mit einem gebürtigen Big Bang ankündigen: Also rollen sie mit ihrem Brewdog-Panzer gemütlich durch die Camden High Street und halten vor den Toren ihrer neuen Craft Beer Bar. Die Presse springt auf, die Fans jubeln – cheers!

Sie gehen weiter ihrer existenziellen Bier-Frage nach und beleuchten sie aus jeder denkbaren Perspektive. Auch auf dem Meeresboden: Brewdog braut sein erstes Bier auf dem Grund des Meeres. Sie können immer noch nicht ganz von Tierpräparaten lassen und schenken in ihrer Bar ein Special Craft Beer mit einem Alkoholgehalt von 28 % aus einem modifizierten Rehkopf aus.

Das Resultat ihrer ungewöhnlichen PR-Stunts: Ein weiterer Wachstumsschub – schon wieder um ganze 200 %. Die Nachfrage nach ihrem Craft Beer, das vor vier Jahren noch keiner wollte, erreicht Dimensionen, die selbst die Gründer in Angst und Schrecken versetzt. Die Konkurrenz kann nur neidisch auf die Bier-Punks schielen und sich fragen: Wie zur Hölle machen die das?

Indem sie alles anders machen als sie. Alte Welt – neue Welt. Das, woran diese Biermarken festhalten, zerbröckelt unter ihren Händen, während Brewdog weiter ihre Flagge schwenkt und leidenschaftlich ihr Bier braut, als wäre es eine große Feier des Lebens. Und irgendwie ist es genau das. Die Jungs haben verdammt viel Spaß mit ihrer Marke und ihrer Mission.

Aber was ihnen genauso wichtig ist wie Spaß, ist ihr Equity for Punks-Business-Model. Darum starten sie 2011 Equity for Punks II. Begrüßen 5000 neue Anteilsnehmer, sammeln 2.2 Millionen Pfund von ihren Fans und Supportern ein, die sie bei ihrem unaufhaltsamen Aufstieg unterstützen.

Das Brewdog-Team zieht aus ihrer zusammen gebastelten Brauerei aus und bezieht eine topmoderne Brauerei in Ellon. Immer schön an den eigenen Wurzeln festhalten, aber eine große Mission braucht eben auch eine Brauerei, die Platz dafür hat.

Splitternackt mit Sixpack

Ihr Punk-Ethos ist ungebrochen und das wollen James und Martin auch gern dem ganzen Königreich klarmachen. Es geht hier schließlich immer noch um die Craft Beer Revolution. Darum projizieren sich die Jungs selbst, nackt auf das Parlament, um ihre Craft Beer Revolution buchstäblich – nein, bildhaft zu highlighten. Völlig nackt, präsentiert Martin dem Volk seinen blanken Hintern und James posiert im Adams-Kostüm, mit einer Box Brewdog Punk IPA vor seinem Dödel.

Splitternackt mit Sixpack: Die Brewdog-Gründer gigantisch groß auf einem der berühmtesten Gebäude des Vereinigten Königreichs projiziert. James Watt's Kommentar zu ihrer Aktion: „Damit wollen wir die Craft Beer-Revolution auf das nächste Level bringen."

Warum tut man so etwas? Das ist vielleicht die falsche Frage. Oder die Frage aus einer falschen Perspektive gestellt: Die Brewdog-Punks fragen sich nicht: Warum tun wir das? Sie fragen: Warum nicht?

Mit ihrer neuen Craft-Beer Brauerei können sie ihre Produktion optimieren und noch mehr großartiges Craft Beer machen, mit dem sie noch mehr großartige Craft Beer Fans, von ihrer Mission überzeugen können. Der Umsatz geht weiter durch die Decke: 95 % Umsatzsteigerung. Brewdog kommt an. Das lässt sich nicht mehr leugnen. Auch wenn es ihre Konkurrenz – die Industrie-Brauereien – nicht wahrhaben wollen: Brewdog wird zu Schottlands schnellstwachsenden Unternehmen ernannt. Not bad, für ein paar Craft-Beer-Punks, oder?

Sie preschen voran, auf ihrem Kreuzzug gegen den langweiligen Biergeschmack und eröffnen sechs weitere Brewdog-Bars in Großbritannien. Shoreditch in London bekommt die Ehre eines Flagship-Lokals. Was kann jetzt noch kommen, für die Brewdog-Punks? Wie wäre es mit einem Award?

Die Erpressung des Bier-Tyrannen

Martin und James kommt zu Ohren, dass sie bei der diesjährigen Preisverleihung der BII Scotland Annual Awards recht gut abschneiden würden. Der Preis ist ihnen so gut wie sicher.

Wow, man ist bei Brewdog schon ein wenig aufgeregt. Ihre harte Arbeit zahlt sich endlich aus. Sie wird von einem prestigeträchtigen Gremium anerkannt. Es geht um die Kategorie „Bar Operator of the Year" und hey – Hallo? Wer kann auf diesem Gebiet Brewdog das Wasser reichen? Come on! Die Aussicht auf diesen wichtigen und großen Award schmeichelt natürlich das Ego. Und endlich ist es soweit:

Der große Tag:

Die Preisverleihung.

Ort: Grand Hotel in Glasgow.

Alle Gewinner werden bekannt gegeben. Der Name Brewdog ist nicht gefallen. Enttäuschung macht sich breit, gemischt mit ein wenig Verwirrung und ja, Irritation. Schon mal erlebt, wenn du glaubst, gleich wird dein Name aufgerufen und dann... doch nicht? Ist ein bisschen wie der Moment, in dem die Kamera bei der Oscar-Verleihung, auf den Nominierten verharrt, der als absoluter Oscar-Kandidat gehandelt wird und dann trifft es doch den anderen ...ah, peinlich.

Einer der Juroren sitzt während der Preisverleihung mit am Tisch der Brewdog-Crew. Er stutzt, sieht die Brewdog-Jungs an und sagt: „Das kann einfach nicht sein. Die unabhängige Jury hat für Brewdog als klaren Gewinner des Preises gestimmt." Es kommt noch besser:

Die Gewinner des Preises, der eigentlich an Brewdog hätte gehen sollen, stehen auf. Sie spazieren freudig nach vorne, um ihren Preis entgegenzunehmen, aber als der Preisverleiher ihnen den Award überreichen möchte, verweigern die „Gewinner" den Preis anzunehmen. Da auf dem Award sind sieben Buchstaben eingraviert, die den Namen des eigentlichen Gewinners bilden: BREWDOG.

Zwei Tage später bekommt James Watt in seinem Büro bei Brewdog einen Anruf. Am anderen Ende der Leitung ist Kenny Mitchell. Der Vorsitzende der BII Awards in Schottland, der auch der Vorsitzende des Preis-Komitees ist. Und er ist untröstlich. Versucht sich zu erklären: „Wir sind alle beschämt und peinlich berührt über das, was passiert ist. Die Awards müssen ein unabhängiger Prozess sein und Brewdog war der klare Gewinner."

Was ist also passiert? Was – oder besser gefragt: Wer hat verhindert, dass die Brewdog-Crew an diesem Abend den verdienten Preis nicht bekommen haben? Und das, obwohl die Jury sich einig war und Brewdog bereits als klaren Gewinner bestimmt hatte? Spulen wir zurück zur Preisverleihung im Grand Hotel in Glasgow ...

Die Gäste sitzen bei ihrem Essen. Man plaudert, die Stimmung ist ausgelassen. Nach dem Essen würde die Preisverleihung über die Bühne gehen. Zwischen Hauptgang und Dessert treten ein paar Gentlemen an den Tisch der Herren der BII Awards heran. Hierbei handelt es sich um einige Herrschaften von Diageo, dem Hauptsponsor der Veranstaltung.

Sie machen der Jury so was von unmissverständlich klar: Der Preis kann unter keinen Umständen an Brewdog vergeben werden. Wenn das passiert, ziehen sie ihr Sponsoring zurück – von allen zukünftigen BII-Veranstaltungen. Aber das ist noch nicht alles: Ihre Repräsentanten werden auch an diesem Abend keine der Auszeichnungen überreichen, sollte man nicht kooperieren. Verstehen wir uns, meine Herren?

Ja, der Neid des Bier-Establishment auf die stetig wachsende Craft-Beer-Bewegung treibt alte Herren zu mafiösen Maßnahmen. Das erinnert ein wenig an die berühmte Zeile aus dem *Paten*:

„Mach ihnen ein Angebot, das sie nicht ablehnen können."

Die Herren der BI-Awards sind so überrumpelt, so vor den Kopf gestoßen, dass sie dieses dreiste Angebot, tatsächlich nicht ausschlagen. Also treffen sie die absolut falsche Entscheidung, wie Kenny Mitchell James Watt gegenüber am Telefon zugibt. Ja, sie haben die falsche Entscheidung unter extremen Druck getroffen. Das bereuen sie jetzt. „Wir hätten bei unserem Standpunkt bleiben und den Preis an Brewdog vergeben sollen", sagt Mitchell am Telefon.

Nachdem Telefonat tut James das, was er immer tut, wenn er ein Ventil für seinen Ärger braucht: Er schreibt einen Blog-Artikel auf ihrer Brewdog-Website und erzählt der Welt, was wirklich passiert ist. Sein Blogeintrag endet mit den Worten:

„Wir möchten Kenny Mitchell und dem BI für ihre erfrischende Ehrlichkeit an dieser Stelle danken und dafür, dass sie den Preis zunächst an Brewdog vergeben haben, bevor ihr überheblicher und erpresserischer Sponsor den unabhängigen Jury-Prozess komplett untergraben hat, indem er sie in letzter Minute eingeschüchtert hat, um Brewdog eine Auszeichnung zu verweigern, die sie zu recht gewonnen haben."

Die Brewdog-Community ist begeistert. Tausende Fans supporten und stärken ihre Lieblings-Biermarke. Die Story geht durch die Presse. Der Druck auf Diageo wächst. Sie müssen sich entschuldigen. Das tun sie zähneknirschend. Aber wie echt ist die Entschuldigung? Das hat ein wenig was von einem Kind, das von seinen Eltern gezwungen wird, sich bei dem anderen Kind zu entschuldigen, es aber gar nicht wirklich will. Nur der Druck treibt sie zu einer Entschuldigung. Bereuen sie, was sie gemacht haben? Brewdog sieht das anders: James Watt's Antwort auf Diageo's „Entschuldigung":

„Das sind nur Worte, was zählt ist, was ein Unternehmen tut."

Der Erpressungs-Skandal geht durch die Presse. Die Schlagzeilen dominieren die Zeitungen in ganz Großbritannien. Auf Twitter kommt es zu einem echten Twitter-Gewitter: Der Skandal wird global zum „4th most trending topic".

Hello, my name is Vladimir: Brewdog braut gegen Homophobie an

Brewdogs are back for brewing: Die Crew führt ihre Revolution im Namen des guten Geschmacks unbeirrt fort. Mit ihrer nächsten Crowdfunding-Kampagne „Equity for Punks III" sammeln sie 4,25 Millionen Pfund ein, stellen neue Crowdfunding-Rekorde auf und begrüßen 10.000 neue Investoren aus 22 verschiedenen Ländern – BOOM.

Martin und James verarbeiten ihre Mission in einer eigenen TV-Show, mit dem Namen – wie könnte es anders sein – „Brew Dogs“. In der ersten Staffel ehren und feiern sie die interessantesten amerikanischen Craft-Bier-Brauer. Sie eröffnen eine weitere Brewdog-Bar: In Stockholm und zelebrieren die Eröffnung, indem sie eine „Beerdigung für das industrielle Bier“ abhalten. In China wird eine Fake-Brewdog-Bar eröffnet. Martin und James sind gleichzeitig geschmeichelt, amüsiert und irritiert.

Mit ihrem nächsten Marketing-Coup landen sie erneut in den Schlagzeilen: Mit einer Brewdog Special Edition schicken sie freundliche Grüße an Wladimir Putin und setzen ein Zeichen gegen die homophobe Politik des Kremls. Mit dem Slogan *Hello, my name is Vladimir* launchen sie das Bier. Dafür inszeniert sich James als Präsident Putin: Er posiert wie das russische Original mit nacktem Oberkörper auf einem Pferd.

Eine Box ihrer Brewdog Special Edition schickt die Crew nach Moscow. Sie warten bis heute auf ein Dankeschön von Vladimir.

Auf einem anderen Bild posieren beide Gründer – James Watts salutiert mit nacktem Oberkörper, Martin schwenkt eine Flagge, auf der groß Putins Kopf vor einem rosa Hintergrund zu sehen ist: Hübsch geschminkt in den farbenfrohen Tönen der LGBTQI-Bewegung.

Elvis ist ein Punk. Oder zwei

Zeit für ein weiteres legendäres neues Brewdog-Bierchen, das eine große Legende werden soll. Warum also nicht eine lebende ... äh tote Legende zum Vorbild nehmen? Für ihre neues Craft-Beer-Gebräu lässt sich die Brewdog-Crew vom King höchstpersönlich inspirieren.

Ein Craft Beer wie Rock n' Roll: Spritzig, intensiv, der Spot auf Grapefruit gerichtet und die Bühne bildet kräftiges Karamellmalz. Ihr Brewdog *Elvis Juice* kommt bei der Community an – aber nicht beim *Elvis Presley Trust* in den USA. Der verklagt Brewdog dafür, dass sie den Namen Elvis für ihr Bier missbrauchen. Aber sie kommen ihnen freundlicherweise entgegen und haben auch schon einen Vorschlag, mit dem sie sich zufriedengeben würden: Wie wäre es mit einer nicht zu kleinen Lizenzgebühr? Für jede verkaufte Dose fließt euer Bier in die Kehlen eurer Kunden und Cash in unsere Taschen? Alright?

Martin und James denken nicht lange nach. Sie spazieren gemeinsam aufs Amt und ändern ihre Namen ganz legal und offiziell in Elvis. That's Rock n' Roll! Sie setzen ein Schreiben auf, bestehend aus Elvis Hits.

In dem Schreiben bitten sie nun um eine Lizenzgebühr dafür, dass der Elvis Presley Trust ihre Namen in ihrer Musik verwendet. Beigelegt haben sie dem Schreiben die Urkunde ihrer Namensänderung und ein Foto:

Dear big boss man,

We are sorry that you have Suspicious Minds, and are All Shook Up over our new beer. We are not Easy Come Easy Go and feel that now is the time for A Little Less Conversation. We are kind of caught in a trap, so in an effort to patch it up and highlight our Burning Love, we have both changed our names to Elvis. Could you please now pay us a license fee for using our name in all of your music?

Love, Elvis

Natürlich geht die Story auch an ihre Community raus. Die feiert die Crew wieder mal für ihren smarten Konter. Leg dich mit dem King an, aber niemals mit den Brew Dogs. Und tust du's doch, nehmen die Jungs das Angebot dankend an und sagen: Cheers!

DIY DOG für alle

Gute Ideen sollte man nicht horten, sondern teilen. James und Martin sehen das ganz genauso. Für sie gilt das für alles. Auch für ihre Rezepte. Also teilen sie die detaillierten Rezepte sämtlicher jemals gebrauten Brewdog Biere mit der ganzen Welt.

Sie packen sie zwischen zwei blaue Buchdeckel, nennen das Ganze:

Und genau das, kannst du jetzt überall kaufen, wo du Bücher kaufen kannst. Sie lassen die ganze Welt tief in ihren Braukessel blicken und sind absolut cool damit. Versuchen wir uns diese Szenerie nur ganz kurz mit einer großen Industrie-Brauerei vorzustellen ...

Unmöglich.

Das würde keine von ihnen tun.

Brewdog kann es.

Tut es.

Vertrauen durch Transparenz. Statt des eisernen Vorhangs, den so viele andere Unternehmen vor allem, was sie tun, ziehen. Es soll ja niemand bei ihnen abgucken.

Überteuerter Mist, f*cking grässlich, was für ein Betrieb, komplettes Hipster-Paradies

Wer so leidenschaftlich geliebt und gefeiert wird, der wird immer auch gehasst – und nicht immer nur von der Konkurrenz. Natürlich gibt es auch viele Stimmen von Menschen, die Brewdog als überteuertes Hipster-Bier abtun. Ob sie es probiert haben oder nicht. Nicht jeder liebt das Bier und das ist auch gut so.

Das muss so sein. Das ist das Gesetz der guten Dinge. Die Dinge, die aus der Masse herausstechen, Dinge, die tanzen, statt stillzustehen. Dinge, die auffallen, statt sich anzupassen. Das schwarze Schaf in einer Herde von weißen Schafen, die alle nach links schauen – nur das Schwarze, das blickt rechts und sieht das, was die Herde nicht sieht.

Brewdog weiß auch hier sehr cool zu kontern und wandeln sogar Hass und Häme in kreatives Marketing um. Sie sammeln all die „netten" Dinge, die Leute über Brewdog in den sozialen Medien sagen, suchen die besten Zitate aus und lassen sie auf Crew-T-Shirts drucken. Starker Konter für die Hater, großartiges Futter für die Fans: Die T-Shirts gehen viral. Ihre Hardcore-Fans wollen das T-Shirt tragen. Und schon bald spazieren im ganzen Land Brewdog Fans mit diesen T-Shirts herum.

Wirf einen Blick auf die Rezensionen von Harry Potter, auch hier findest du Stimmen, die behaupten Harry Potter ist das schlechteste Buch aller Zeiten. Es gibt kritische Stimmen, die finden Pulp Fiction ist der größte Mist der Filmgeschichte und Seinfeld hat man damals bescheinigt, die Serie wäre so schlecht und langweilig, dass sie sehr wahrscheinlich die Sitcom wird, die die kürzeste Überlebensdauer aller Zeiten haben wird.

Tatsächlich sollte die Serie schon nach der zweiten oder dritten Folge gekillt werden. Der Cutter hat sich dafür eingesetzt, dass noch ein paar Folgen ausgestrahlt werden. Und heute ist Seinfeld DIE Sitcom überhaupt. Kritiker und Fans lieben die Show. Seinfeld gilt als beste Sitcom aller Zeiten. Ein Meisterwerk. Aber frag mal eine Kollegin, einen Freund, einen Kontakt auf Facebook, Instagram oder Linkedin – du wirst nicht lange suchen müssen, bis du jemanden findest, der behauptet: Seinfeld ist der größte Mist.

Und genau darum geht es: Etwas wirklich Großes ist Mist und es ist ein Meisterwerk. Die einen hassen es und die anderen lieben es. Es geht darum Emotionen auszulösen, alles andere ist irrelevant. Alles andere geht unter, berührt nicht und interessiert niemanden.

Bleib bei deinen Überzeugungen, sei kompromisslos, löse mit deiner Marke Emotionen bei den Menschen aus. Einige werden deine Marke hassen und andere werden deine Marke lieben.

It's all about emotion. Ob im Film, in einem guten Buch, in einer Serie, in einem Song oder im Marketing. Löse Emotionen aus.

Dann machst du alles richtig.

Make Earth Great Again

James und Martin stehen in einer ihrer Brewdog Bars. Beide tragen eine blonde Perücke. In ihrer Mitte haben sie einen besonderen Gast, der sie um fast zwei Köpfe überragt. Er sieht aus als würde locker 400 Kilo auf die Waage bringen.

Es ist ein lebensgroßer Eisbär. Auf seinem Kopf sitzt ein Cappy. Darauf stehen die Worte:

Make Earth Great Again

Sieht man genauer hin, erkennt man, dass eine Art Schlauch aus dem Maul des Eisbären hängt. Und der Bär wiegt vermutlich wirklich um die 400 Kilo. In seinem riesigen Bauch schwappen viele Liter belgisches Ale mit einem Alkoholgehalt von 7,5 %. Das Ale hat die Brewdog-Crew mit Wasser aus geschmolzenen Polkappen gebraut.

Warum? Weil sie damit ein Zeichen setzen wollen. Der Gruß geht raus an Donald Trump und das Weiße Haus. Dafür, dass sie aus dem Pariser Klimaschutzabkommen ausgestiegen sind.

Der Eisbär versorgt die Gäste der Brewdog Bar mit frischem Ale. Den gesamten Erlös spendet Brewdog an 10:10, eine Charity, die sich für den Kampf gegen die globale Erwärmung einsetzt.

Wir wollen zeigen, dass Business eine treibende Kraft für das Gute sein kann.

Wir glauben daran, Dinge anders zu machen, und wir glauben daran, etwas zurückzugeben.

(Aus dem Brewdog-Buch „The Field Guide On How To Be. More. Brewdog")

7

Eine Bank, die spricht wie du

(HypoVereinsbank)

„Du musst dein Publikum respektieren. Ohne es stehst du im Grunde alleine da und singst für dich selbst."

K.D. Lang

Finanzangelegenheiten? Ach was! Lebe, wir kümmern uns um die Details.

Deutschland, Mitte der 1990er-Jahre. Zwei Banken fusionieren und daraus entsteht die heutige HypoVereinsbank. Jetzt braucht es einen starken Markenauftritt für eine neue, junge Bank und eine Botschaft, die bei ihren potenziellen Kunden ankommt.

Die angesagtesten Agenturen des Landes tanzen an, um diesen Mega-Etat an Land zu ziehen. Ich denke mal, da war alles dabei, was zu diesem Zeitpunkt einen Namen hatte: Springer & Jacoby, Jung von Matt, Scholz & Friends und sicher ein paar Network Agenturen wie DDB, BBDO oder Y&R. Wie auch immer. Aber es wird auch eine Agentur aus Amsterdam zum Pitch geladen. Die Agentur, die Phil Knight geholfen hat, aus Nike die Marke zu machen, die sie heute ist:

Wieden & Kennedy.

Und während alle anderen Agenturen groß und breit erklären, was die neue HypoVereinsbank alles ist und kann und in Zukunft tun sollte, um Kunden zu gewinnen, kommen die Kreativen von Wieden & Kennedy mit einer klugen Beobachtung, die sie in eine ehrliche und darum umso stärkeren Story verpackt haben. Und die Story geht so:

„Geld. Warum haben wir's erfunden? Um das Leben einfacher zu machen, oder? Münzen tragen sich nun mal leichter als Ziegen oder Hühner. Das Geld tauschten wir für Dinge, die wir brauchten: Essen, Brennholz, Ehefrauen und so weiter. Wir prägten mehr und mehr Münzen. Bis wir an einen Punkt kamen, wo unsere Geldbeutel zu platzen drohten und wir nachts nicht schlafen konnten – wegen all des Geldes, das wir unter unsere Matratze gestopft hatten.

Also erfanden wir die Bank.

Einen sicheren Ort, an dem man auf unser Geld aufpasste, bis wir es brauchten. Jetzt frag ich mich: Wann genau in den letzten 50000 oder 6000 Jahren, seit es Geld gibt, ist es so verdammt kompliziert geworden? Denn das ist es. Glauben Sie mir, es ist ein echter Krampf mit dem Geld.

Die eine Hälfte unseres Lebens verbringen wir mit Verdienen, die andere Hälfte grübeln wir darüber, was wir damit machen sollen. Der eine, weil sein Geld nicht über den Monat reicht, der andere, weil er sich ein größeres Haus kaufen will. Man grübelt, ob es noch für ein Kind langt. Oder ob man es sich leisten kann, in Rente zu gehen.

Wir sitzen alle in diesem verrückten Geld-Karussell. Jagen ihm nach. Werden gejagt. Sind neidisch auf das, was andere haben. Beschützen das, was wir haben. Manchmal glaube ich, wir sollten das Ganze vergessen und es nochmal mit den Hühnern und Ziegen versuchen. Und dann denke ich: Warte mal. Was ist eigentlich mit den Banken? Was tun die eigentlich, um uns zu helfen?

Ich kenne ja die Werbung: Kommen Sie zu uns und all Ihre Träume werden wahr. Irgendwie so. Das klingt gut. Doch irgendwie sieht die Realität doch anders aus, oder? Keine Bank der Welt kann mich reich machen. Nur ich kann mich reich machen. Also zeigt mir keine Bilder von Häusern und Jachten und Sportwagen.

Erzählt mir lieber, wie ihr mir ein paar meiner Sorgen abnehmen könnt. Es ist 1998 und der Euro steht vor der Tür. Neue Probleme. Neue Möglichkeiten. Brauchen wir da nicht auch eine neue Art von Bank?"

Logo + Claim (aka Call to Action) erscheinen: ***HypoVereinsbank.***

Leben Sie. Wir kümmern uns um die Details.

Anstatt für diesen Mega-Pitch (Hallo – für eine Bank?!) alles richtig zu machen, stellen die Kreativen von *Wieden + Kennedy*, das ideale Publikum dieser neuen, modernen Bank ins Zentrum ihrer Story und knallen den deutschen Damen und Herren von der *HypoVereinsbank* einen starken Insight und die schmerzhafte Wahrheit auf den Tisch: Die Leute mögen keine Bankangelegenheiten und sie hassen es, sich mit Finanzfragen zu beschäftigen. Tun wir also nicht so, als wäre es nicht so. Reden wir lieber ehrlich, wie echte Menschen, über diesen fetten, grauen Elefanten im Raum und sprechen das an, was die Menschen dort draußen wirklich beschäftigt:

Wir wissen, Du hast keine Lust dich mit diesem komplizierten, langweiligen und trockenen Kram zu beschäftigen. Warum auch? Du hast Besseres zu tun: dein eigenes Leben leben zum Beispiel. Mach das. Leb dein Leben und wir kümmern uns um all den komplizierten Finanzkram. Das ist unser Ding. Wir lieben das. Du hasst es. Du machst dein Ding. Wir unser Ding. Wir verstehen dich. Wir hören dir zu. Wir kennen dein Problem. Und wir wollen es für dich lösen. Darum sind wir schließlich hier.

Mehr hatten die Kreativen nicht dabei, bei diesem Pitch. Nur die ultimative Wahrheit, verpackt in einer absolut unaufgeregten, echten und ehrlichen Story, die ihren idealen Kunden sieht und versteht und in den Mittelpunkt dieser Story stellt. Denn nur darum geht's: Dem Kunden helfen, Hindernisse zu überwinden und seine Herausforderungen zu meistern. Das gilt für die Marke Nike und ihr Publikum und das gilt auch für eine Bank und ihr Publikum.

Zurück zum Pitch und in die 90er. Wie geht der Pitch aus? Genau: Alle anderen Werbeagenturen – mit ihren Checklisten, die man korrekt abhaken konnte – check, check, check und ihren „kreativen" Markenkampagnen und ihrem – „Guckt-mal-wie smart-und-funny-unsere-Headline-Kampagne-ist Konzept haben alles richtig und smart gemacht. Sie können aber trotzdem einpacken.

Die junge HypoVereinsbank entscheidet mit dem Bauch, nicht mit dem Kopf und macht das einzig Richtige: Sie vergibt den Etat den Leuten, die ihnen gesagt haben, wie ihr ideales Publikum wirklich tickt, was es denkt, welche Bedürfnisse, Sorgen und Wünsche es hat. Und sie haben der Bank gezeigt, wie sie die ideale Marke für dieses Publikum sein kann: Indem es über genau diese Menschen spricht und keine selbstverliebten Monologe über sich selbst hält.

Mutig für eine Bank. Und das vor fast 25 Jahren. Die junge HypoVereinsbank war ihrer Zeit voraus. Sie haben ihre Story zur Story ihrer Kunden gemacht. Mit wunderbar einfacher, klarer Sprache, die echte Menschen verstehen und sprechen. Das macht es umso stärker. Keine Werbefloskeln, kein Phrasendreschen und kein: wir, wir, wir. Sie machen ihren Kunden zum Helden ihrer Story und positionieren sich als Mentor. Was kommt bei den Menschen an? Wir sehen dich. Wir verstehen dich. Wir denken wie du.

Aus dieser Story, die die Kreativen von W+K gepitcht haben, entsteht später der 3-Minuten Spot, den du oben gelesen hast. Ein noch super junger Jürgen Vogel ist der Erzähler, während sein Voice Over untermalt wird mit den entspannten Klängen von Massive Attacks „Tear Drop".

Der Film bildet das Herzstück der Kampagne. Der große Big Bang, um zu sagen: Here we are now – eine völlig neue Bank, die spricht wie du, nicht wie eine Bank.

Die Kampagne wird flankiert von Printanzeigen und die setzen nochmal eins drauf: Diese Anzeigen sehen nicht aus, wie „Werbeanzeigen" normalerweise aussehen. Genau darum sind sie so erfrischend anders. Keine perfekt fotografierte Hochlganzwerbung einer Scheinwelt, die so sowieso nicht existiert (nur in den Köpfen vieler Werbeexperten und Marketingmanager), keine perfekten Models, kitschig und unsagbar glücklich in Szene gesetzt.

Nein, es sind eher Schnappschüsse. Schnappschüsse aus dem Leben, aus dem echten Leben, normaler Menschen. Ihre Kunden:

Die Printanzeigen wirken echt, authentisch – interessant. So interessant, dass man gern hinguckt, hängen bleibt und denkt: Moment mal, das schau ich mir genauer an. Zwei junge Frauen, Freundinnen, nicht perfekt beleuchtet, Schnappschuss-Look. Alles eher rough. Sieht aus, als unterhalten sie sich gerade in einer ... Bar?

Und wenn man sich die angenehm authentische Szenerie auf den Plakaten angeschaut hat, gleiten die Augen automatisch weiter zur Copy und dann liest man zum Beispiel folgendes:

„Mein Finanzwissen beschränkt sich auf Folgendes: In Banken gibt es Maschinen. Da bekomme ich Geld. Das gebe ich aus. War da sonst noch was?“

Man denkt: Aha, ja genau. Das denke ich auch immer. Und die Augen gleiten weiter zum Logo und zum Claim (aka Call to Action): *„Leben Sie. Wir kümmern uns um die Details.“*

Oder dieses Motiv: Ein Mann liegt auf einer Bank. Hinter einer Glas-Kachelwand. Er ist nur schwer zu erkennen. Eigentlich sehen wir nur Füße und ein bisschen Bein. Copy: „Mein ganzes Leben lang habe ich hart gearbeitet, um Geld zu verdienen. Jetzt ist es an der Zeit, dass jemand anderes hart arbeitet, um mein Geld gut anzulegen. Die Stelle ist noch frei. Interessiert?“

Ja, ich glaube – nein, ich bin mir sicher, die Damen und Herren von der HypoVereinsbank dachten: Das ist anders als alles andere, was wir je von einer Bank gesehen haben. Das macht uns ein wenig Angst, aber auch euphorisch, weil es so echt, so ehrlich, so frisch wirkt. Sie wussten: Wenn wir das nicht machen, machen wir einen verdammt dummen Fehler. Es ist mutig, ungewöhnlich, anders als wir Werbung und erst recht, Werbung von Banken kennen. Wenn wir den Mut haben, das zu machen, haben wir etwas, das niemand sonst hat.

Genau so kommt es: Die Kampagne wird Kult. Bis heute ist sie legendär und sie hat die deutsche Werbelandschaft für sehr, sehr lange Zeit geprägt und inspiriert. Es passierte, was in der Werbung so oft passiert: Werbeagenturen und Kunden sagten sich: Wir machen jetzt auch mal sowas Mutiges, Echtes und so richtig „Authentisches", sprach es und raus kam etwas, als hätten sich Banksy und Helene Fischer zusammengetan, um gemeinsam eine Kampagne für Ferrero zu entwickeln.

Und nach der nächsten Kopie einer Kopie einer Kopie – konnte man diese Frankenstein-Werbekampagnen kaum mehr ertragen. Künstliche Authentizität von Marken und Werbern, die dachten, sie wüssten, wie ihr Publikum denkt und spricht. Leider klang es meistens eher wie die Zitate aus Telenovelas a la *Verbotene Liebe* und *Rote Rosen.*

Warum? Sie waren eben *nicht* echt, nicht authentisch. Sie waren nur „werbeauthentisch". Nur Oberfläche, Schablone, ohne Substanz.

ES GEHT UM DEIN PUBLIKUM.

PUBLIKUM.

PUBLIKUM.

NICHT UM DICH.

8

Deine Kunden: die besten STORYTELLER

(TOMS)

> **„Wenn du dein Leben um deine Leidenschaft herum organisierst, kannst du deine Leidenschaft zu deiner Story und dann deine Story zu etwas Größerem machen – etwas, das von Bedeutung ist."**
>
> *Blake Mycoskie*

Ein gutes Produkt macht gute Kunden. Eine Story macht aus Kunden Supporter.

Und aus Supportern werden die besten Storyteller, die sich eine Marke wünschen kann. Das weiß der Gründer von TOMS Shoes noch nicht. Aber gleich wird er zufällig auf eine Person treffen, die seine zukünftige Business-Strategie für immer beeinflussen wird.

Aber jetzt, hier im Flughafen hat er keine Ahnung. Noch ist er schlecht gelaunt. Sein Meeting mit einem New Yorker Fashion Retailer lief eher ... na ja, bescheiden. Der Typ verstand die TOMS Mission einfach nicht.

Blake Mycoskie will gerade im JFK für seinen Flug von New York zurück nach Los Angeles einchecken. Da sieht er das erste Mal jemanden, der sein Schuhe trägt. Seine TOMS Schuhe.

Er hat keinen einzigen Deal an diesem Wochenende abschließen können, für sein junges Unternehmen. Frustrierend. Aber, dass er diese unbekannte Frau jetzt hier in New York in roten TOMS Schuhen sieht, verändert alles. Er lächelt.

Er sieht die junge Frau an, als wäre sie eine Sehenswürdigkeit. Er mustert sie von oben bis unten. Aha, so sieht also eine TOMS Kundin aus. Sein Blick bleibt auf ihren Füßen – den roten TOMS Schuhe hängen. Wahnsinn. Was für ein Moment. Ein großer, ein magischer Moment. Sonst hat er nur Kollegen, Freunde oder seine Familie gesehen, die mit TOMS an den Füßen herumlaufen. Aber nie einen echten, leibhaften Kunden. Und da steht sie, diese Frau, getragen von seinen TOMS Schuhen, spaziert sie durch den New Yorker Flughafen. Unglaublich.

Was Blake als nächstes tut, ist beinahe ein Reflex. Zum Glück trägt er jetzt gerade nicht selbst TOMS Schuhe. Sonst trägt er sie immer. Aber er ist gerade aus dem Fitnessstudio hierher zum Flughafen gehetzt, um seinen Flug nach Hause zu kriegen. Darum trägt er gerade Sneaker. Seine TOMS Schuhe sind in seiner Tasche.

Ein paar Schritte und er steht hinter der jungen Frau. Sein Finger tippt auf die Schulter. Die junge Frau dreht sich um, sieht ihn fragend an. Blake sagt: „Ich mag deine roten Schuhe. Was sind das für welche?"

Die Augen der Frau leuchten, sie sagt: „TOMS!" Blake lächelt. Er nickt. Versucht cool zu bleiben. Will sich gerade bedanken und weitergehen, aber die Frau packt ihn am Ärmel. Sie will noch etwas loswerden.

„Als ich dieses Paar Schuhe gekauft habe, haben sie dafür ein Paar an ein Kind in Argentinien verschenkt. Da ist dieser Typ, der in Los Angeles lebt. Der ging nach Argentinien, um Urlaub zu machen und hatte diese Idee. Sie haben schon tausende von diesen Schuhen an bedürftige Menschen verschenkt!"

Oh wow! Da steht er. Im JFK. Tausende Meilen entfernt von seinem sonnigen Venice Beach und eine unbekannte Frau erzählt ihm die TOMS Story. Unglaublich.

Auf dem Rückflug nach Los Angeles denkt der junge Gründer über die Begegnung mit dieser Frau nach. Voller Begeisterung hat diese Frau einem völlig Unbekannten die TOMS Story erzählt. Mit wie vielen anderen Menschen hat sie schon über ihre TOMS Schuhe gesprochen?

Wenn sie mit mir die TOMS Story so voller Überzeugung teilt, wie hat sie dann wohl mit ihren Freunden, Kollegen oder ihrer Familie darüber gesprochen? Wahrscheinlich hat sie nach ihrem Kauf ein Foto ihrer neuen TOMS auf Facebook hochgeladen und die TOMS Story mit ihrer Community geteilt. Wie vielen Menschen hat sie die TOMS Story erzählt? Wie viele Menschen hat sie wohl als Influencer beeinflusst?

Blake sieht aus dem kleinen Fenster des Flugzeugs. Immer wieder taucht das Flugzeug in die fluffigen, watteweißen Wolken ein und Blake fragt sich: Was passiert, wenn wir tausende oder zehntausende Kunden haben, die TOMS Schuhe tragen? Wenn sie alle die TOMS Story nur drei oder vier anderen weitererzählen? Storyteller sind die wahren Influencer.

In diesem Moment erkennt er zum ersten Mal das volle Potenzial, das in ihrer Story steckt. Ein großer Aha-Moment. Ab diesem Moment fokussiert sich Blake und sein komplettes Team voll und ganz auf die TOMS Story.

„Ich denke, das ist der Grund, warum TOMS einen so schnellen Aufstieg und Erfolg hatte – wir haben eine wirklich starke Story, und die Leute wollen das Gefühl haben, dass sie ein Teil einer Marke sind, die sie unterstützen, nicht nur ein Kunde. Unternehmen, die sich wirklich darauf konzentrieren, eine echte, authentische Story zu haben und diese mit anderen zu teilen, haben wirklich einen Vorsprung vor der Konkurrenz." *Blake Mycoskie*

Die 5 Prinzipien erfolgreicher Storyseller

1. Verkaufe nicht nur ein Produkt oder Service, verkaufe Emotionen – lass dein Publikum deine Marke „erleben".
2. Verändere mit deinem Produkt oder deinem Service etwas und lass deine Kunden Teil dieser Veränderung sein.
3. Hilf deinen Kunden, Großartiges zu leisten oder großartig zu sein.
4. Schaffe dir dein ideales Publikum und fördere langfristige Beziehungen.
5. Mach die Story deiner Marke zur Story deiner Kunden.

Blake und sein Team haben verstanden: Die Leute, die die TOMS Story weitererzählen, sind mehr als nur ihre Kunden. Es sind ihre Supporter. Sie erzählen anderen Leuten lieber, dass sie mit ihrem Kauf die Mission von TOMS unterstützen, als zu erzählen, dass sie nette Schuhe, in einem gewöhnlichen Schuhladen gekauft haben. Mit ihrem Kauf werden sie Teil der TOMS Story und unterstützen die Mission.

Sie supporten das Produkt und die Story, besser als es Kunden von Unternehmen mit normalen Produkten, ohne eine gute Story je tun würden. Sie werden zu glaubhaften und großartigen Storytellern, für die Marke TOMS. Kann sich eine Marke mehr wünschen?

> **„You can have a great product, but a compelling story puts the company into motion. If you don't have a great story it's hard to get people motivated to join you. The story is the strategy."**
>
> *Ben Horowitz*

Eine Story ist alles. Alles ist eine Story.

2006 gründet Blake Mycoskie sein Start-up TOMS Shoes in seinem Apartment in Venice Beach, California. 2012 ist aus dem Wohnzimmer-Start-Up ein global agierendes Unternehmen geworden, das einen Umsatz von 300 Millionen Dollar macht. Und es löste immer noch sein großes Versprechen ein: Mit jedem verkauften Paar TOMS Schuhe, spendet das Unternehmen ein Paar an einen Menschen, der kein Geld hat, aber Schuhe braucht.

One for One – ein Konzept, das viele Anfangs belächelt haben. Andere waren der Meinung: so ein Geschäftsmodell ist nicht nachhaltig. Das kann gar nicht funktionieren.

In den ersten sechs Jahren hat das Unternehmen über 10.000.000 TOMS Schuhe an bedürftige Menschen gespendet. An dieser Zahl verschlucken sich auch die letzten Zweifler und verstummen.

2011 hat TOMS eine Wachstumsrate von 300 %. So gut wie jedes wichtige Blatt und Magazin hat über TOMS berichtet. Ihr One-for One-Konzept begeistert. Menschen wie Tobey Maguire, Scarlett Johansson und Keira Knightley wurden in TOMS Schuhen gesichtet und fotografiert. Sie alle tragen die TOMS Story weiter – und das in diesem Fall nicht nur im übertragenen Sinn.

TOMS läuft also mehr als gut. Blake ist der erfolgreiche Jungunternehmer, der er immer sein wollte. 2012 heiratet Blake seine langjährige Freundin Heather. Das Schicksal meint es nicht nur gut mit ihm, es kümmert sich persönlich um ihn. Das Leben ist schön.

Kann man sich als guter und geschäftstüchtiger Mensch mehr wünschen? Nein, eigentlich nicht. Man hat nichts mehr zu verlieren, wenn man nicht plötzlich alles falsch macht. Man hat ausgesorgt. Man kann sich entweder mit der ganzen Kohle zur Ruhe setzen. Den Laden einfach so weiterlaufen lassen und schauen, wie lange das Konzept noch erfolgreich ist oder man verkauft es und zieht ein neues Geschäft auf. Oder man tut etwas völlig anderes.

Man zweifelt an sich selbst. Fragt sich: Macht das alles überhaupt noch einen Sinn? Und dann nimmt man sich ein Sabbatjahr, um diese Fragen zu beantworten.

Genauso hat es Blake Mycoskie, der TOMS Gründer gemacht. Aber warum? Was war der Auslöser? Warum diese Selbstzweifel? Diese Sinnfragen, wenn man jeden Tag so viel Gutes tun kann für Menschen auf der ganzen Welt und gleichzeitig ein mega erfolgreiches Business führt? Macht das wirklich Sinn, sich in einer solchen Situation die große Sinnfrage zu stellen? Und was hat die TOMS Story damit zu tun?

Fangen wir weiter vorne an. Schauen wir uns den Moment an, der alles ins Rollen bringt. Das auslösende Ereignis – wie es Storyteller nennen. Das Ereignis, das das Leben des Protagonisten für immer verändern wird ...

Nach sechs Jahren Erfolgsgeschichte mit TOMS fühlt sich Blake Mycoskie desillusioniert. Seine Tage sind monoton. Er hat die Verbindungen zu den Mitarbeitern verloren, die die tägliche Arbeit draußen auf der ganzen Welt tun und die Story von TOMS verbreiten. Was vor einiger Zeit, der Grund seiner Existenz, sein Traum, seine große Mission war, fühlt sich jetzt nur noch an, wie ein Job. Er hat auch vorher schon Start-ups gegründet und verkauft, aber TOMS ist anders. TOMs ist mehr als ein Business. Es ist sein Leben.

Und Blake fragt sich, was das genau ist, was er da fühlt – oder eben nicht mehr fühlt. Du denkst, du hast deinen Seelenverwandten gefunden, aber du bist nicht mehr verliebt. Ihm ist klar, so geht es nicht. Er muss schnell herausfinden, welchen Kurs er nach sechs Jahren mit seinem Business fahren soll und was seine Rolle dabei ist. Also nimmt er sich eine Auszeit, hängt es aber nicht an die große Glocke. Er sagt seinem Team, er wolle die Flitterwochen mit seiner Frau ausdehnen, etwas nachdenken, auftanken – den Kopf frei kriegen, für neue Ideen.

Also denkt er. Lässt seine Gedanken hierhin und dorthin fliegen. Und dann fliegt er selbst. Steigt in Flugzeuge ein und aus. Reist von Konferenz zu Konferenz, quer durchs Land, um von anderen Menschen zu lernen. Er tut wieder das, was er liebt, immer geliebt hat. Er liest. Liest viel. Ein Buch nach dem anderen. Und genau in dieser Zeit, fällt ihm Simon Sineks Buch *Start with why* in die Hände. Die einfache, aber einleuchtende These von Sinek:

„Man kann Bewegungen nur aufbauen und aufrechterhalten, wenn man mit dem ‚Warum' führt. Menschen folgen dir, kaufen von dir, wenn sie glauben, was du glaubst."

Das Buch trifft Blake voll in den Bauch. Und je mehr er über diese Idee nachdenkt, desto mehr realisiert er, dass sein Unternehmen zwar nach außen hin sein Why umsetzt (10.000.000 gespendete Schuhe – eins für jedes verkauftes Paar, hey – welches Unternehmen verfolgt schon einen solches WHY), ABER im Inneren hat sich TOMS von seinem Why immer weiter entfernt. Das Spenden von Schuhen ist zum reinen Business geworden. Es geht nur noch darum, um gesetzte Ziele und Zahlen zu erreichen. Keine Menschen.

In seinen früheren Tagen hat das Team um TOMS sich immer von seiner Story führen lassen: Wir verkaufen keine Schuhe. Wir verkaufen das Versprechen, dass jeder Kauf eines Paars TOMS-Schuhe direkt und spürbar einem Kind zugutekommt, das Schuhe braucht.

Aber der Wunsch, das unglaublich erfolgreiche Hyperwachstum des Unternehmens aufrechtzuerhalten, hat TOMS von seiner Mission entfernt. Stattdessen fand sich das Team mittendrin, im Wettbewerb, um das „Was“ und das „Wie“ – genau wie jede andere Schuhfirma. Wie die meisten anderen Unternehmen. Das WARUM war dabei nur noch existent, aber niemand hat es mehr gelebt.

Warum ist das passiert? Wie ist das passiert? Was ist passiert? Blake grübelt und erkennt: Aus TOMS ist ein mega erfolgreiches Business geworden, das denkt und sich verhält wie ein erfolgreiches Business. Sein Herz schlägt nicht mehr für die Mission, es schlägt für den Mega-Erfolg. Das eine führte zum anderen, aber es ist nicht dasselbe. Es fühlt sich nicht mehr an, wie das Unternehmen, das er gegründet hat. Das Unternehmen, das er immer führen wollte.

In dem Bestreben, ehrgeizige und aggressive Verkaufsziele zu erreichen, hatten sie angefangen, Angebote und Rabatte auf ihrer Website zu bewerben. Das war etwas, das sie vorher nie getan hatten. Darum ging es früher nicht: Rabatte, Sonderangebote, Promotions. TOMS hat seine Seele zu Dumpingpreisen an den Teufel des Kommerzes verkauft.

Ihr Marketing fühlte sich immer mehr produktorientiert und nicht mehr zweckorientiert an. Blake wurde klar, als Leader von TOMS ist er für diese Fehler verantwortlich. Egal wie er es dreht und wendet. Er ist daran schuld. Und er muss jetzt wieder nach dem Nordstern des Unternehmens suchen. Das Schiff wieder auf Kurs bringen.

Einen weiteren gedanklichen Durchbruch hat Blake bei einem Spiel der Dallas Cowboys. Dort lernt er Joe Ford kennen. Sie unterhalten sich. Joe erzählt Blake von seinem Sohn, der sein Unternehmen auch dafür nutzt, um das Leben anderer Menschen zu verbessern. Aber in seinem Fall, mit dem Kaffeehandel in Ruanda. Dort ist sauberes Trinkwasser sehr wichtig, in der Kaffee-Versorgungskette, aber kaum vorhanden.

Mit seinem Unternehmen hilft er dort neue Wasserstationen zu errichten, die den Menschen sauberes Trinkwasser liefern. Das Projekt finanzieren sie durch den Verkauf ihres Kaffees. So wurde aus einem gewöhnlichen Produkt, ein besonderes Produkt, hinter dem eine Mission steht. Ein Kaffee, der Gutes tut und den Menschen sauberes Trinkwasser liefert.

Das Resultat: sie konnten den Verkaufspreis ihres Kaffees dramatisch erhöhen und immer mehr Trinkwasserstationen für die Menschen erreichten, die dringend sauberes Trinkwasser brauchten. Menschen, die diesen Kaffee kaufen, werden Teil der Mission. Sie arbeiten gemeinsam mit der Marke daran, etwas zu verändern. Ähnlich wie bei TOMS und den Schuhen. Die Menschen zahlen gern mehr für den Kaffee, weil sie wissen, wo ihr Geld hinfließt. Das Unternehmen kann so die Krankheiten eindämmen, die sich wegen des schmutzigen Trinkwassers dramatisch verbreitet hatten. Und weil sie ihre Kaffeebohnen direkt vom Erzeuger kaufen, können sie die unfaire Preiskontrolle der Industrie aufbrechen und den Bauern dort vor Ort eine Alternative bieten. Sie besser bezahlen, statt sie auszubeuten.

Nach dem Treffen realisiert Blake, dass TOMS nicht nur mit Schuhen einen positiven Einfluss auf das Leben von Menschen haben könnte. Warum nur Schuhe? Die TOMS Idee ist doch eigentlich viel größer. Die TOMS Story ist nicht: Wir spenden Schuhe für jedes verkaufte Paar. Die TOMS Story ist das One for One-Konzept. Was, wenn es bei TOMS nicht nur um Schuhe ginge?

Blake nimmt die Kaffee-Idee auf und stellt sich bereits vor, wie es wäre eigene TOMS Cafés zu eröffnen. Orte, an denen sich Leute treffen, TOMS Kaffee trinken, Ideen austauschen, sich gegenseitig inspirieren, vernetzen – eine kreative Community, die wächst. Eine Community, die Kaffee trinkend die TOMS Mission unterstützt. Blake sieht es schon vor sich.

Aber wie würde es sein Team sehen? Seine Partner? Alle anderen bei TOMS? Ihre Partner? Seine engen Vertrauten? Würden sie ihn jetzt für verrückt halten? Größenwahnsinnig? Niemand zweifelt mehr daran, dass ihre Schuh-Mission erfolgreich ist, aber jetzt auch noch mit Kaffee das Leben der Menschen besser machen? Was kommt als nächstes? Brillen? Ja, ganz genau so wird es kommen. Aber erst der Kaffee ...

Die Vision und die neue Herausforderung machen Blake keine Angst. Ganz im Gegenteil: Sie pumpen neues Leben durch seine Venen. Er fühlt sich wieder lebendig. Weg vom WIE und WAS und wieder hin zum WHY.

Ähnlich wie TOMS Shoes sollte die Sub-Brand TOMS Roasting auf einem One-for-One Model basieren. Für jede verkaufte Packung Kaffee, stellen wir eine Woche lang sauberes Wasser für eine bedürftige Person zur Verfügung.

Kaffee für dich. Wasser für alle.

Mit dem neuen Konzept im Kopf und der Mission vor Augen beendet Blake sein Sabbatjahr. Kehrt zurück in sein Unternehmen, stellt die passenden Leute aus seinem TOMS Team zusammen und findet wieder in seine alte Rolle zurück. Die Vision vorgeben, durchs Land reisen und den Menschen davon erzählen. Die TOMS Story verbreiten.

TOMS schafft es mit dem neuen Produkt und der neuen Mission massenhaft PR zu generieren. Sie eröffnen die TOMS Cafés, die Blake im Kopf hatte und sie bringen die Menschen wieder dazu, sich für die Marke TOMS zu begeistern.

Bis heute hat TOMS mehr als 722.000 Wochen sauberes Wasser für bedürftige Menschen zur Verfügung gestellt. Das alles könnte sehr schnell nach verzweifelter Charity aussehen und bei ihren Kunden so ankommen.

Aber TOMS macht das mit so viel Stil und Eleganz und Empathie, dass ihre Schuhe, der Kaffee und ihre Cafés, die sie eröffnen mit anderen Schuhen, Kaffeehäusern und Cafés nicht nur mithalten können, sondern viele auch in Qualität, Design, Branding und Stil weit übertreffen.

„Die Story ist das, was die Leute begeistern wird."

Blake Mycoskie

Aber es bleibt nicht bei Schuhen und Kaffee. TOMS hat es sich auf die Fahne geschrieben, ihre Story fortzuschreiben und darin geht es, mit ihrem Business das Leben anderer Menschen zu beeinflussen.

Ob das mit Schuhen, Kaffee, Wasser, Brillen und Augenbehandlungen ist oder indem sie für jedes verkaufte Produkt einen Euro spenden, ist egal. Alles was zählt ist die groß angelegte TOMS Story.

Darum konnte TOMS bis heute mit ihrem Business das Augenlicht von über 780.000 Menschen wieder herstellen, 95.000.000 Schuhe spenden, 6,5 Millionen Dollar an Förderbeiträge möglich machen, große Geldsummen in 85 Länder spenden und 205 Spenden-Partner mit ihrer Mission gewinnen. Das ist schwer zusammenzufassen, aber ich versuche es mal: Wow! Ich glaube, es gibt bis heute keine andere Marke, die vergleichbar so erfolgreich den kommerziellen Gedanken und den Charity-Spirit miteinander verbindet.

Das wichtigste für Blake ist dabei vor allem: Das neue Projekt, hat seinem Team die Erlaubnis gegeben, größer zu denken. Auch in Zukunft. Am Status quo zu rütteln und das Unternehmen wieder mit seiner eigentlichen Mission – seiner Story zu verbinden. Blakes ultimatives Ziel war es von Anfang an, das Unternehmen mit dem größten positiven Einfluss zu gründen. Nicht ihre Produkte sind die TOMS Story, ihr Thema bestimmt die STORY.

Der Kaffee, die Brillen, die Schuhe – das sind nur einzelne, kleine Kapitel in der großen TOMS Story und Blake hat noch lange nicht vor das letzte Kapitel zu schreiben.

Egal was Storyseller tun oder kommunizieren – alles ist Teil ihrer Story, ein weiteres Kapitel in ihrer episch angelegten Brandstory. Ein großes Buch mit vielen Kapiteln, eine Serie mit vielen Episoden. Der Plot variiert, die Charaktere ändern sich, die Herausforderungen sind andere, aber das Thema und die Story bleiben gleich.

Storyseller denken nicht in Produkt, Service oder Kampagne – sie denken in Story.

9

Die faszinierende Reise durch den weiblichen KÖRPER

(Bodyform/Libresse)

„Wann immer ein Tabu gebrochen wird, passiert etwas Gutes, etwas Belebendes. Tabus sind doch nur das Produkt von ängstlichen Menschen, die nicht den Mut hatten zu leben und die uns unter dem Deckmantel der Moral und der Religion diese Dinge auferlegt haben."

Henry Miller

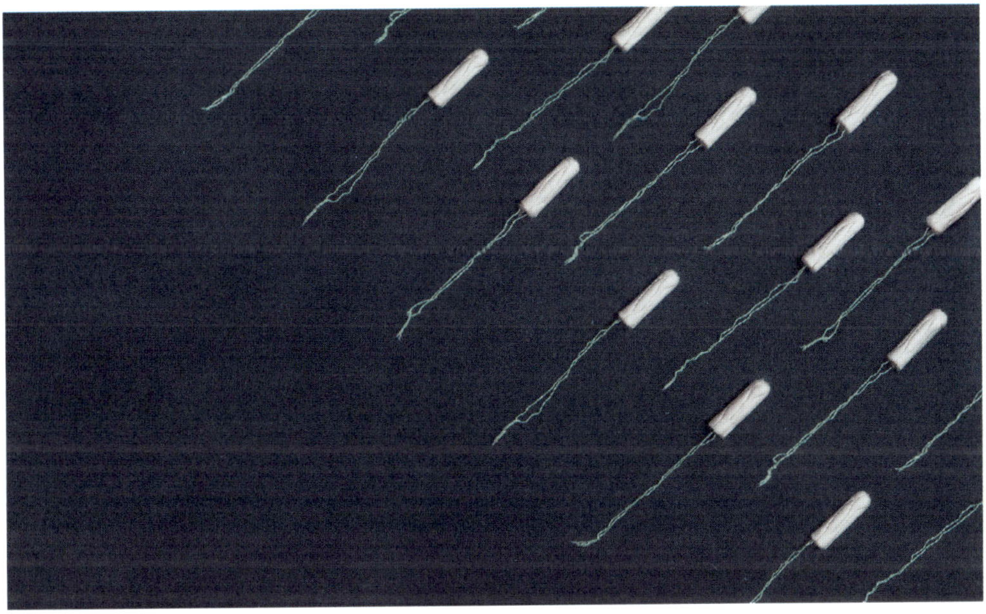

Blut in der Binde, sprechende Vulvas und die faszinierende Reise durch den weiblichen Körper.

Breaking taboos that hold women back.

Purpose Statement von Libresse (Bodyform)

Wir blicken auf ein Handy Display. Ein Posting – vermutlich von einem jungen Mann:

Schnitt.

Wir sehen eine junge Frau, die einen Mann mit nach Hause bringt. Studentenbude oder erste eigene, kleine Wohnung. Sie küssen sich. Sie landen auf dem Bett.

Schnitt.

Woanders in einem Bett, liegt eine junge Frau und liest.

Schnitt.

Eine junge Frau sitzt in der Bibliothek und studiert. Sie hält inne. Sieht sich unsicher um. Steht auf, geht los und sieht sich immer wieder um.

Schnitt.

Ein junger Mann kauft in einem Kiosk Binden.

Schnitt.

Freunde beim Dinner. Eine der Frauen steht auf, kramt in ihrer Handtasche und fragt dann in die Runde:

„Hat jemand eine Binde dabei?“

Schnitt.

Wir sehen eine Binde auf blauem Hintergrund. Eine Hand lässt aus einer Ampulle rote Flüssigkeit – Blut? – auf die Bände fließen.

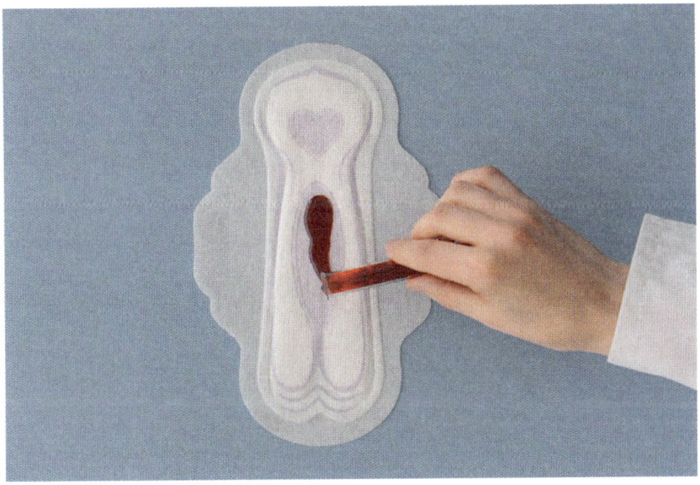

Schnitt.

Unter der Dusche. Wasser prasselt. Blut fließt an nackten Frauenbeinen entlang.

Schnitt.

Die junge Frau aus der Bibliothek geht an Regalen vorbei, bahnt sich ihren Weg in Richtung Ausgang.

Schnitt.

Jemand schreibt eine Mail: *Danke für deine Nachricht. Ich habe total stark meine Tage, darum arbeite ich von zu Hause aus.*

In schnellen Jump-Cuts sehen wir: Wechselnde schmerzverzerrte Gesichter von Frauen, die zu Hause sitzen versuchen ihre Periode zu überstehen.

Musik. Frauen lachen, tanzen, feiern.

Schnitt.

Die junge Frau aus der Bibliothek betritt eine Toilette und geht in eine Kabine. Sie zieht ihren Schlüpfer, in dem sich eine Binde befindet, nach unten. Das Bild verpixelt und folgender Text wird eingeblendet:

Sie zieht die blutige Binde ab. Auf roten Hintergrund erscheinen folgende Worte:

PERIODS ARE NORMAL.

SHOWING THEM SHOULD BE TOO.

Libresse – live fearless.

#bloodnormal

Bodyform (Libresse) gibt es bereits seit den 80ern. Noch heute kommunizieren sie wie eine junge Challenger Brand. Mutig, frech, echt. Schon damals haben sie Frauen anders gezeigt, als uns die Heile-Werbewelt immer vormachen will: Frauen, die boxen, klettern oder aus Flugzeugen springen. Echte Frauen, keine stereotypischen Werbefrauen, die in dieser erfundenen Plastik-Werbewelt leben.

In ihrer *#bloodnormal*-Kampagne gehen sie gemeinsam mit ihrer großartigen Agentur AMV BBDO einen Schritt weiter und feiern und brechen das Tabu, Periodenblut im Film/Fernsehen zu zeigen. Das hat noch keiner gemacht. Das machen höchstens Arthouse-Filme, aber keine Marken. Libresse macht es.

Jede ihrer Kampagnen, jede Anzeige und jeder Film von Libresse verkörpert das, wofür die Marke steht und schon immer stand: Die Tabus brechen, die Frauen zurückhalten. Das unterstreichen sie mit der starken Line: We bleed blood. Period. Die Line, mit ihrer doppelten Bedeutung in Verbindung mit ihrem Thema und der Story ist absolut großartig. Hemingway wäre begeistert.

Libresse retten mit ihrem Purpose vielleicht nicht unseren Planeten, aber sie helfen und bestärken mit ihrer Botschaft Frauen auf der ganzen Welt – und auch Männer: Damit auch sie endlich ein anderes, realistisches Bild von der Periode der Frauen bekommen. Periode – der blaue Elefant im Raum bekennt endlich Farbe und die ist rot.

Die Message von Bodyform lautet in etwa so: Im Leben sollte dich nichts jemals aufhalten. Aus diesem Grund setzen wir uns dafür ein, Frauen zu helfen, ihr bestes Selbst sein zu können. Mit Produkten, die dir das Selbstvertrauen geben, deine Grenzen zu überwinden.

Eine starke Kernbotschaft, ein wichtiger Purpose. Findet auch die Jury in Cannes und hat den Spot mit dem höchsten Preis ausgezeichnet: dem Grand-Prix Award. Vergleichen wir das mit der seichten Always-Werbung, die nichts mit der Realität zu tun hat. Steht die Marke Always für etwas, das mehr ist, als so viele Binden wie möglich zu verkaufen? Nope.

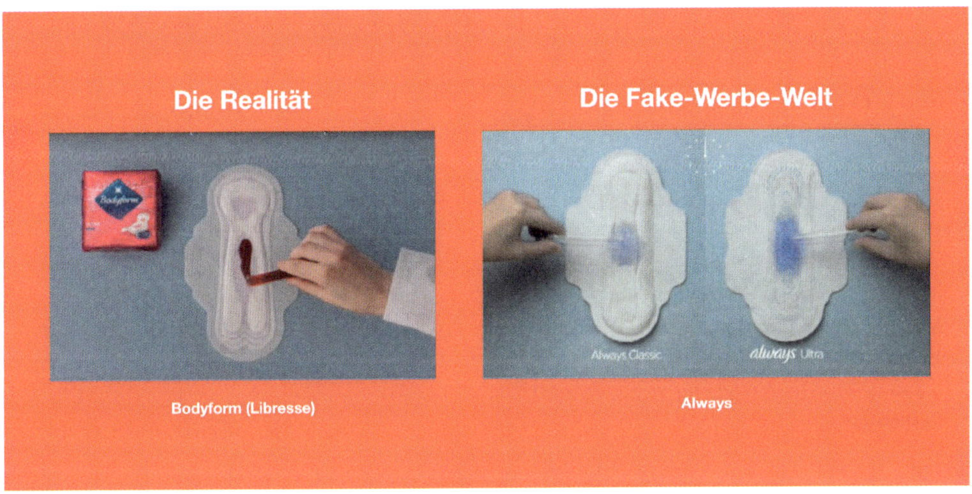

Bodyform will für mehr als nur für ihr Produkt stehen und kommuniziert das überall. Auf ihrer Website machen sie eine ganze Story World auf *(Our World)* mit realistischen Stories aus dem Leben ihres Publikums:

Unter der Rubrik **Myths and Facts** klären sie Teenager auf und liefern jungen Frauen (und ihren Eltern) alles Wichtige und Wissenswerte rund um das Thema Periode. Und das machen sie hier natürlich genauso realistisch, unterhaltsam und glaubwürdig, wie in ihren Filmen:

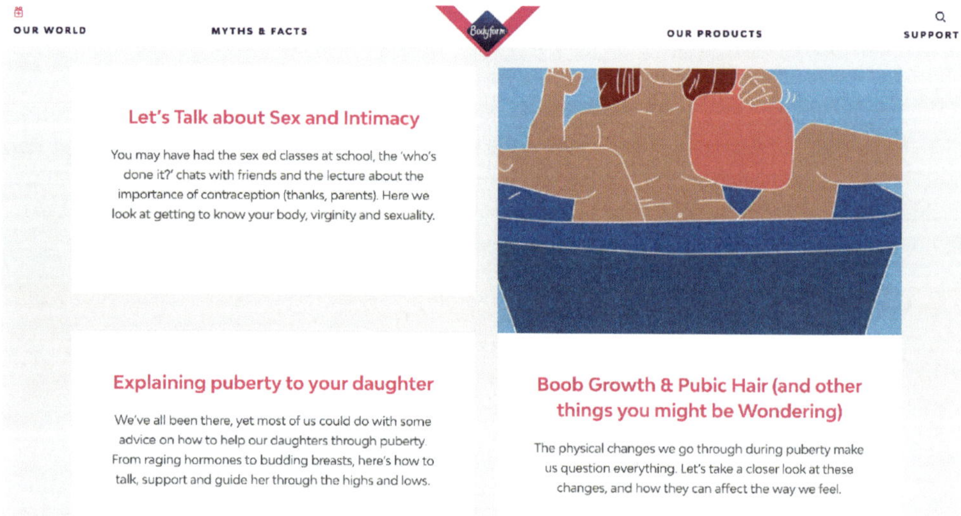

Haltung und Überzeugung: Mit ihre Message *#bloodnormal* nimmt Bodyform (Libresse) der Menstruation die Stigmatisierung und macht sie zu dem, was sie ist: absolut natürlich und normal. Eine starke Kernbotschaft und ein wichtiger Purpose – kommuniziert auch überall im Social Web:

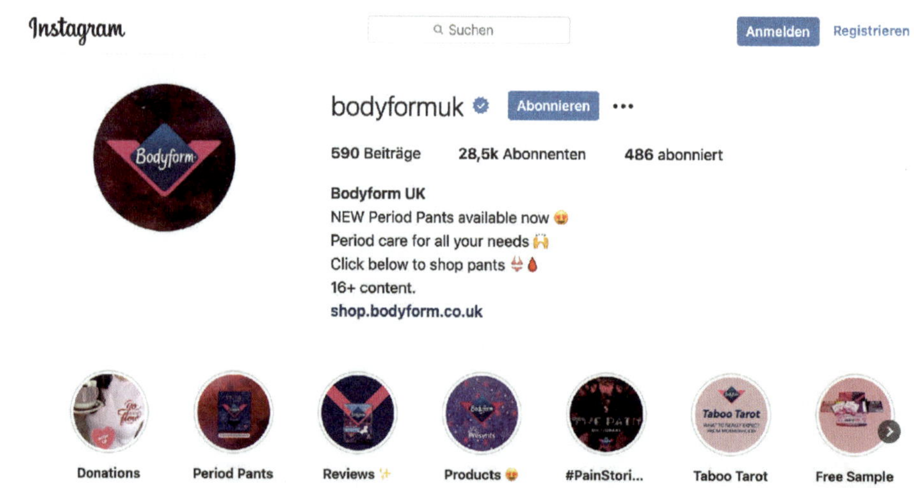

bodyformuk
Abonnieren
PERIOD WHEEL OF FORTUNE
horny
rage
crying
It's going to be okay
PERIODS ARE NOTHING TO BE ASHAMED OF
VIRTUAL HUGS
VIRTUAL HUGS
Sarah
Guys, I'm about to cut my own fringe. Wish me luck.
Emma
Don't do it!!
Becky
I can't watch this...
Allison
As your friends, it is our duty to stop you from making mistakes.
Magda
Chen
Which chapter were we supposed to read this week?
Sophie
Omg, I forgot. Oops
Flo
I gave up after reading the first page. It was hard work...
Radina
Wait, we're doing a Book Club? Since when?!
Charlotte
We are the worst Book Club ever
SHARE YOUR SONG
Emma
What's everyone making for lunch these days?
Magda
Instant noodles all the way
Sarah
I need some inspo BIG time. Getting so bored of cereal
Allison
I think I'm late to the party...but I've just made banana bread.
Becky
Literally all I'm seeing on
SNAP & SHARE
How's everyone's lady garden coming along?
Radina
I've been doing a lot of gardening. And by that I mean...zero trimming, only growing
Sophie
I can't remember what it feels like to have smooth skin
Flo
I'm gonna pluck out a piece of art down there. I'll call it the Vulva Lisa
In Kind Direct is open

VIVA LA VULVA

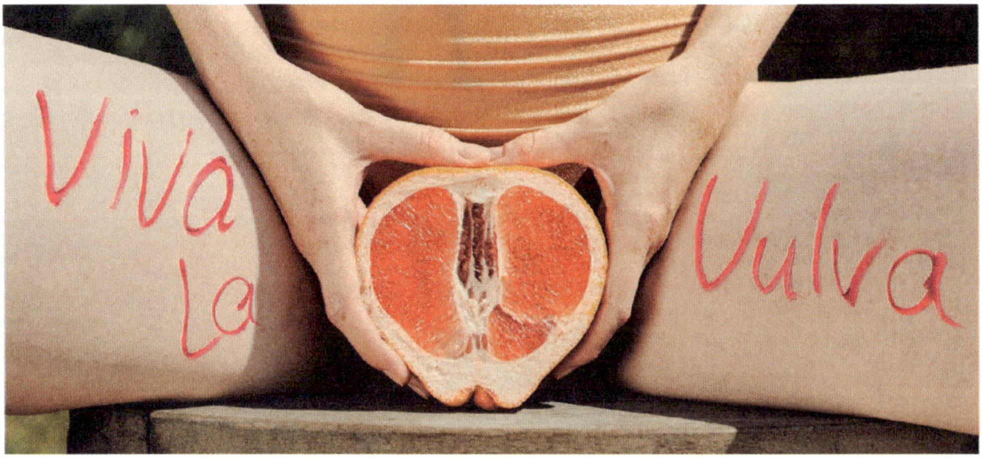

Nicht realistisch, aber vielleicht doch magischer Realismus: Mit *Viva La Vulva* lässt Libresse Vulvas tanzen und singen:

Mit ihrer außergewöhnlichen Story *#WombStories* nimmt Libresse sein Publikum mit auf eine wundersame Reise durch den weiblichen Körper:

In starken Bildern erzählt Libresse von Liebe, Lust und Sex. Von Schmerz und Schwangerschaft. Von Geburt und Fehlgeburt. Von der Fruchtbarkeit der Frau und den Hitzewallungen in den Wechseljahren. Alles meisterhaft kommuniziert in einem turbulenten und mitreißenden Mix aus Realbild und animierten Szenen. Das ist kein braver, glossy Werbespot – das ist ein kleiner Film und richtig großes Drama: das echte Leben eben.

Eine außergewöhnliche Reise durch den weiblichen Körper, um die Weiblichkeit in all ihren wunderbaren und schmerzvollen Facetten zu erkunden. In allem was sie kommunizieren – von ihrer Website, über das Social Web, bis zu ihren Kampagnen, dreht sich alles um ihr großes Thema. An jedem Touchpoint triggert die Marke mit ihrer Brand Story glaubwürdig und leidenschaftlich die starke Bestimmung, für die Bodyform (Libresse) steht:

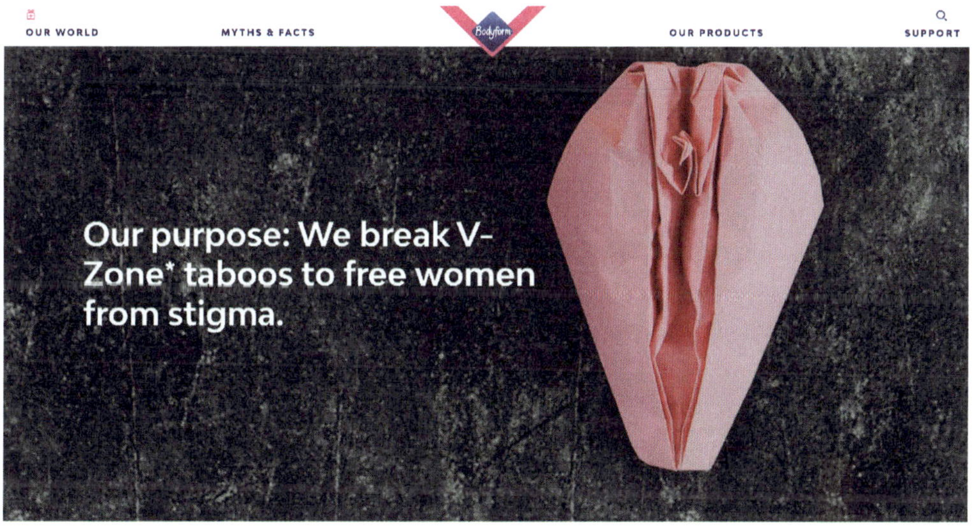

Mit ihrer Bestimmung als Marke und ihrer starken Message, verändert Bodyform (Libresse) für immer, wie Frauen UND Männer über die Periode denken und sprechen. Sie machen aus einem der größten Tabuthemen aller Zeiten ein Thema über das man jetzt mit Freunden beim Dinner spricht.

Dafür wird die Marke gefeiert – von Kreativen und von der Community.

10

Mit Vielfalt zum einzigartigen STIL

(Bruce Lee)

> **„Folge keinem starren, festen System und du wirst dich immer leicht anpassen können."**
>
> *Bruce Lee*

Be a brand, my friend

Warum Marken ein bisschen wie Bruce Lee sein sollten

Klatsch, klatsch, klatsch! Er stößt seine Hand immer wieder und wieder ins Wasser. Erst die offene Hand, dann boxt er mit der geballten Faust. Der junge Bruce Lee sitzt in einem kleinen Holzboot mitten auf einem See und verprügelt das Wasser. Bruce Lee legt seine ganze Wut und Frust in die Schläge.

Kurz davor war er bei seinem Kung-Fu Trainer. Es war ein schlechtes Training. Nichts machte er richtig. Dabei war er so... voller Energie und hatte Biss. Seine Punches hatten Power. Seine Kicks hatten Kraft. Er wollte seinem Trainer beweisen, dass er endlich ein großer Kung-Fu-Kämpfer war.

Und genau das ist das Problem, meinte sein Meister: „Du bist zu verbissen, zu aggressiv, zu verkopft. Du bist zu sehr auf das Ergebnis fokussiert. Du willst unbedingt gewinnen. Du willst es erzwingen. Du lässt dich von deinen Emotionen bestimmen. Mach dich frei. Öffne deinen Geist. Lockere deine Bewegungen. Deine Bewegungen müssen geschmeidig sein. *Du* musst durchlässig sein, dich voll und ganz anpassen."

Durchlässig sein? Was meint der Meister damit?

Immer wieder muss er an seine Worte denken. Sein Blick, der sagt, wie unzufrieden er mit ihm ist. Seine Worte, die keinen Sinn ergeben. Nicht für ihn. Was soll das heißen: Mach dich frei? Geschmeidige Bewegungen? Durchlässig sein. Anpassen? Zu aggressiv? Er ist Kämpfer! Ja, ich will gewinnen. Ich will der Beste sein. Darum geht es doch!

Klatsch, klatsch, klatsch – seine Faust bricht durch die Wasseroberfläche. Stößt hinein. Wasser spritzt. Tropfen perlen von seinem Gesicht. Die Sonne glitzert auf dem Wasser, blendet ihn. Vögel fliegen über seinen Kopf hinweg. Schrille Schreie. Flügel flattern. Das Boot wackelt. Immer schneller – stakkatoartig – kracht seine Faust wie der Kolben eines Presslufthammers auf die Wasseroberfläche. Ich zeig's dir, du verdammtes Wasser!

Aber das Wasser ist völlig unbeeindruckt von ihm und seinen Schlägen. Bruce Lee versucht zu verstehen, was hier passiert: Jedes Mal, wenn ich meine Faust ins Wasser stoße – egal wie schnell – weicht das Wasser aus. Das Wasser geht meiner Faust aus dem Weg. Ich versuche es zu schlagen, aber das Wasser gibt nach. Ich versuche das Wasser zu greifen, aber es rinnt mir durch die Finger.

Sobald er seine Faust wieder herauszieht, schließt sich die Wasseroberfläche und wird wieder völlig ruhig. Jedes Mal. Er stoppt seine Schläge. Seine Faust, wie vor dem nächsten Schlag eingefroren – in der Luft. Wasser tropft von ihr, plätschert zurück in den See. Bruce Lee keucht. Sein Herz pumpt, rast, klopft gegen seine Brust. Das Wasser aber ist völlig lässig, cool, entspannt. Für ihn war es ein Kampf, für das Wasser ein Tanz.

Er stützt sich mit beiden Händen an dem Bootsrand ab und blickt aufs Wasser. Versucht durch's Wasser hindurchzublicken, seinen Blick unter die Wasseroberfläche zu bohren, die Struktur des Wassers zu erkennen. Das Wasser gibt nach, denkt er... wie...Wasser...wie Wasser...und dann wird es ihm klar: Durchlässig! Wie Wasser! Deine Bewegungen müssen so geschmeidig und durchlässig sein wie Wasser! So fließend wie Wasser. Das ist es! Jetzt weiß er, was sein Meister gemeint hat.

Bruce Lee setzt sich auf das Sitzbrett im Boot, kramt sein kleines Notizbuch aus der Tasche und einen Bleistift-Stumpen. Dann fängt er an zu schreiben:

Leere deinen Geist. Sei ohne feste Gestalt und Form. So wie Wasser. Wenn man Wasser in eine Tasse füllt, wird es zur Tasse. Füllt man Wasser in eine Flasche, wird es zur Flasche. Füllt man Wasser in einen Teekessel, wird es zum Teekessel. Wasser kann fließen oder es kann zerstören: Sei durchlässig wie Wasser. Sei Wasser.

Der junge Bruce Lee sieht von seinem Notizbuch hoch. Blickt über die glitzernde Wasseroberfläche und lässt seine Gedanken über das glitzernde Wasser gleiten. Er nickt, lächelt. Ich muss mich mit meiner Umgebung bewegen, mich ihr anpassen, ihren Rhythmus übernehmen. Keine Einschränkungen. Lass den Dingen ihren Lauf. Pass dich an. Sei geschmeidig. Wie Wasser.

Du musst eine hohen Anpassungsfähigkeit entwickeln. Das Wasser findet seinen Weg. Immer. Es ist durchlässig, weich, sanft – und hat doch so viel Kraft. Die Kunst zu kämpfen, ohne zu kämpfen. Du darfst keine feste Form anstreben, sondern den Fluss – ja, sei Wasser.

Der beste Stil ist der, der sich anpassen kann

In den nächsten Jahren trainiert Bruce Lee Körper und Geist. Er studiert verschiedenen Kampfstile, Philosophie und auch was es heißt ein Mensch zu sein. Seine Be-Water-Philosophie wird das Mantra dafür, wie man dem Leben begegnen sollte. Das Wasser findet seinen Weg. Immer.

Schließlich kommt er zu der Überzeugung, dass es nicht den EINEN Stil gibt. Der beste Stil ist der, der sich anpassen kann. Beherrscht du viele Stile, bist du für jede Situation gewappnet. Du kannst dich deiner Umgebung und deinem Gegner anpassen.

Später kommt es öfter zu Schlägereien in der Schule und auch nach der Schule treffen sich die jungen Männer auf den Dächern über Hong Kong, um gegeneinander zu kämpfen. Meistens wird Bruce Lee herausgefordert, weil er in ihren Augen traditionelle Stile „runtermacht“ oder mit anderen mixt. Was glaubt er, wer er ist? Also kämpft Bruce Lee. Er gewinnt jeden Kampf. Außer den gegen den Rektor der Schule.

Der warnt ihn einmal, zweimal, dreimal. Er redet auf ihn ein. Er spricht mit seinen Eltern. Aber Bruce Lee wird immer wieder herausgefordert, also kämpft er weiter. Bruce Lee kann zu vielen Dingen nein sagen, aber nicht, wenn er herausgefordert wird. Die Eltern sehen keine Zukunft für ihren Sohn mehr in Hong Kong. Sie haben Angst, dass er kriminell wird. Also drücken sie ihm 100 Dollar in die Hand und schicken ihn zum Leben und Arbeiten in das Land der unbegrenzten Möglichkeiten. Die Vereinigten Staaten von Amerika.

In den USA hält Bruce Lee sich mit Tanzstunden über Wasser, die er Frauen und Geschäftsmännern gibt. Bruce Lee ist nicht nur ein sehr guter Kämpfer, er ist auch ein verdammt guter Cha-Cha-Cha Tänzer. Eigentlich hat ihm das Tanzen geholfen, ein besserer Kämpfer zu werden.

Gemeinsam mit einem guten Freund eröffnet er sein eigenes *Kwoon* (eine Trainingshalle für chinesische Kampfkünste) in San Francisco/Chinatown. Der Ärger lässt auch hier nicht lange auf sich warten.

Wenige Monate später steht ein Kung Fu-Experte in der Tür. Auch er ist vor kurzem aus Hong Kong in die USA gekommen, um sich eine Existenz aufzubauen. Er trainiert nur Chinesen. Bruce Lee nicht. Lee trainiert Weiße, Schwarze, Latinos – er würde auch Hunde trainieren, wenn er könnte. Und genau das passt diesem Kung-Fu-Experte nicht. Kung Fu sollte nur VON Chinesen FÜR Chinesen gelehrt werden.

Der Kung-Fu-Experte betritt Bruce Lees Trainingshalle, als wäre er der chinesische Kaiser. Gefolgt von drei seiner chinesischen Schüler. (Das erinnert an die Filmszene in *Karate Tiger*, oder? Ist aber tatsächlich so passiert.)

Wortkarg und mürrisch überreicht der Kung-Fu-Experte Lee eine chinesische Schriftrolle. Bruce Lee rollt sie aus und liest. Die Schriftrolle ist nichts weniger als eine Kampfansage. Eine Herausforderung. Sie kommt direkt von der Gemeinschaft der chinesischen Kampfkünstler in San Francisco. Sie stellen ihm ein Ultimatum: Sollte Bruce Lee den Kampf gegen den Kung-Fu-Experten (der vor ihm steht und ihn herausfordert) annehmen und verlieren, schließt er entweder sein Institut oder er hört auf damit, Weiße, Schwarze und Latinos zu unterrichten.

Bruce Lee blickt auf, sieht den Kung-Fu-Experten an und fragt: „Wollen Sie das wirklich?" Der Kung-Fu-Experte hebt leicht beide Schultern und sagt: „Nun, ich will es nicht, aber ich vertrete die Interessen der Gemeinschaft."

Bruce Lee nickt. „Also dann, okay." Er gibt dem Mann die Schriftrolle zurück. Zögernd nimmt er sie wieder an sich und blickt unsicher zu seinen drei Begleitern. Damit hat er, haben sie nicht gerechnet. Womit haben sie gerechnet?

Nun ja, sie haben damit gerechnet, dass Bruce Lee bei dem Anblick der Schriftrolle der Gemeinschaft so etwas wie Ehrfurcht und Respekt empfindet. Sie haben damit gerechnet, dass er sich entschuldigt. Ja, sie haben ohne den kleinsten Zweifel damit gerechnet, dass Bruce Lee ohne zu zögern klein beigibt und aufhört, Nicht-Chinesen zu trainieren. Damit wäre die Sache aus der Welt geschafft.

Aber Bruce Lee möchte dieses Problem gern auf seine Weise aus der Welt schaffen. Er steht da, sieht seinen Herausforderer ruhig an. Er ist bereit. Seine Besucher werden immer unsicherer. Der Kung-Fu-Experte hebt kurz entschuldigend seine Hand und verkriecht sich mit seinen Leuten zu einer Lagebesprechung in die hintere Ecke des Raumes. Ihr aufgeregtes Tuscheln hört man in der ganzen Halle. Wie nervöses Hühnergegacker hallt es durch den Raum. Dann verstummen sie. Formatiert zu einem Pfeil watscheln sie zu Bruce Lee zurück. Er steht unverändert da, beobachtet sie ruhig. Ist völlig entspannt und wartet geduldig auf seinen Herausforderer.

„Gut", fängt der Kung Fu-Experte an, „machen wir einen Übungskampf. Keinen richtigen Kampf. Ein kleiner Austausch, um unsere Techniken zu vergleichen. Die bessere Technik gewinnt."

Bruce Lee schüttelt den Kopf. Er sieht die Männer, einem nach dem anderen an und sagt: „Nein, ihr habt mich herausgefordert, also kämpfen wir."

Kurzes Stocken. Die Männer bilden erneut einen Kreis. Tuscheln, Kopfnicken, dann löst sich der Kung-Fu-Experte aus dem kleinen Kreis und kommt auf Bruce Lee zu.

„Gut, gut, gut, dann ein Kampf. Also schön. Aber es gibt zwei Regeln: Regel Nummer eins: Keine Schläge ins Gesicht. Regel Nummer 2: Keine Tritte in den Leib."

„Das kann ich nicht akzeptieren", sagt Bruce Lee. „Ihr seid hierhergekommen, stellt mir ein Ultimatum, fordert mich heraus, in der Hoffnung, mich einzuschüchtern. Von euch kommt die Herausforderung, also kommen die Regeln von mir."

Pause.

Bruce Lee: „Und soweit es mich betrifft, gibt es keine Regeln."

Stille. Schlucken.

Bruce Lee betritt den Ring.

Der Kung-Fu-Experte wirft seinen Schülern einen Blick zu und folgt dann Lee in den Ring. Die Männer verneigen sich voreinander. Der Kung-Fu-Experte wechselt von einer traditionellen Kung-Fu-Haltung zur anderen, als würde er für ein Kung-Fu-Magazin posieren und eine Kung-Fu-Figur nach der anderen abhandeln wollen. Und was macht Bruce Lee in der Zeit? Er steht ruhig da in seiner gewohnt lässigen Kampfhaltung und beobachtet entspannt, aber konzentriert, seinen Herausforderer. Dann geht alles ganz schnell.

Bruce Lee startet mit blitzschnellen, direkten Punches – BAM, BAM, BAM. Der Kung-Fu-Experte taumelt. Er weicht zurück. Es dauert nur eine Minute und die Schüler des Kung-Fu-Experten wollen den Kampf abbrechen, aber Bruce Lee's Schüler halten sie davon ab.

Bruce Lee legt jetzt so richtig los. Es hagelt Punches und es fliegen blitzschnelle Kicks durch die Luft. So schnell, dass der Kung-Fu-Experte sie gar nicht kommen sieht. Schnell flieht er in seine Ecke. Bruce Lee kommt entspannt auf ihn zu. Für einen Moment treffen sich ihre Blicke, dann dreht sich der Kung-Fu-Experte um und rennt los, raus aus dem Ring und quer durch die Halle. Bruce Lee hinterher.

Bruce Lee macht einen Sprung und bringt den großen Kung-Fu-Experten zu Fall. Er packt ihn am Kragen seines kranich-grauen Anzugs und setzt an zu einem Punch: „IST DAS GENUG?", brüllt Lee ihm ins Gesicht.

Kung-Fu-Experte (wimmernd): „Es ist genug! Bitte! Es ist genug!"

Bruce Lee lässt von ihm ab. Mit einer ausholenden Bewegung kehrt er die Schüler der Kung-Fu-Meisters zusammen und deutet auf den Ausgang. Wie aufgeschreckte Hühner stolpern sie gegeneinander und schieben sich in Richtung Tür. Unterwegs sammeln sie ihren Kung-Fu-Meister auf und watscheln in schnellen Trippelschritten aus dem Institut.

BE WATER, MY FRIEND

Bruce Lee

Das ist eines der berühmtesten Zitate von Bruce Lee und einer seiner größten Erkenntnisse, die seinen späteren Stil – oder eher Anti-Stil geprägt haben. Und ich finde, es ist eine der besten Lektionen, die wir auf unsere Marke und unser Marketing übertragen konnen:

Sei offen und flexibel, anpassungsfähig wie Wasser, ohne deine Werte und Überzeugungen zu verraten.

Bruce Lee war nicht nur eine großer Martial Arts Künstler, er war auch ein großer Philosoph. Das wissen viele nicht. Seine Gedanken, Ideen und Meditationen rund ums Kämpfen, das Leben und die Kunst füllen ganze Bücher und sind absolut erhellend. Vieles davon können wir auf unser eigenes Leben übertragen. Seine Ideen können unser Denken, unsere kreative Arbeit und unser Leben positiv beeinflussen.

Er wollte nie nur einem Stil folgen. Bruce Lee hat eine ganz klare Überzeugung entwickelt, die man vielleicht in einem Wort herunterbrechen könnte: Vielfalt. Das bezog sich auf seinen Stil, auf die Menschen, mit denen er sich umgab, die Dinge, mit denen er sich beschäftigte. Vielfalt, den Mix aus verschiedenen Stilen hat ihn zu seinem einzigartigen Stil verholfen. Und sie hat ihm dazu verholfen, ein besserer Mensch zu werden.

Diese Offenheit für Vielfalt zeichnet auch die meisten Storyseller aus. Und auch wir sollten sie uns zu eigen machen. Für unsere Arbeit, in unserer Markenführung und in unserem Leben. So entstehen neue Dinge. Wir schaffen Möglichkeiten, damit etwas Neues, Außergewöhnliches, Besseres entstehen kann.

Vielfalt. Genau darum war Bruce Lee ein außergewöhnlicher Mensch. Als Teenager hat mich seine Kampfkunst, seine Körperbeherrschung und seine Präsenz in seinen Filmen fasziniert. Heute beeindrucken und beeinflussen mich seine Gedanken, weil sie für jeden etwas Gutes und Wertvolles bereithalten. Für das eigene Leben und für die eigene Arbeit.

Ich habe über Branding mehr von Bruce Lee gelernt, als aus den meisten Büchern. Ja, Bruce Lee ist mein David Ogilvy. Und warum er auch deiner werden kann, schauen wir uns jetzt gemeinsam an. In Bruce Lee's Weisheiten stecken wertvolle Ideen und Strategien, die wir perfekt auf unsere Marke übertragen können:

5 Storybranding-Lektionen mit Punch

#1

Bruce Lee sagt:

„Ich glaube nicht an den einen Stil."

Storyseller sagen:

Im modernen Marketing und Branding gibt es nicht mehr die Eine-für-alle-Methode. Die One-Size-Fits-All-Formel gehört der alten Welt an. Sie sind berechtigt und es ist wichtig Regeln, Guidelines und klassische Strategien zu kennen und zu können, aber wir müssen sie an unsere heutige Zeit anpassen. Schablonen, Rezepte a la „wie wir es schon immer gemacht haben" helfen uns heute nicht mehr weiter – und in Zukunft erst recht nicht. Wie ein Künstler, Autor oder Filmemacher müssen wir die alten Regeln kennen, um sie dann zu brechen, zu mixen und unseren ganz eigenen Stil daraus zu formen.

Den Turbo-Branding-Marketing-100 %-Erfolgs-Booster? Den gibt es nicht. Den heiligen Gral des Marketings? Richtig, den gibt es auch nicht. Genauso wenig hilft dir das One-and-only- Erfolgsrezept, von diesem Typen, der auf der Motorhaube seines Maserati sitzt und dir erzählt, dass du mit seiner Methode auch so erfolgreich sein kannst wie er. Vergiss es.

Ob wir wollen oder nicht, wir leben in einer schnellen Zeit. Ständig verändert sich alles, gibt es wieder etwas Neues und plötzlich gelten die alten Regeln nicht mehr. Das heißt für dich: Bleib offen und neugierig mit deiner Marke. Sei absolut einheitlich mit deiner Story, deinem Thema, deiner Strategie – aber flexibel mit deinen Taktiken.

Schau dir Nike an: Nike waren damals einer der ersten Marken, die eine Website gebaut haben. Da haben andere noch gedacht: Ach, ist doch nur ein kurzlebiger Trend, eine Spielerei. Und jetzt schau mal, welche Marken die sozialen Medien spielerisch meistern? Genau, solche Marken wie Nike. Pass dich den Veränderungen deiner Umgebung und deiner Kunden an, ohne deine Überzeugungen zu verraten und deine Markenpersönlichkeit zu verbiegen. Sei Wasser, mein Freund.

#2

Bruce Lee sagt:

„Der beste Kämpfer ist kein Boxer, kein Karate- oder Judo-Mann. Der beste Kämpfer ist jemand, der jeden Stil adaptieren kann. Er kickt zu gut für einen Boxer, wirft zu gut für einen Karate-Mann und schlägt zu gut, für einen Judo-Mann."

Storyseller sagen:

Mixe Ideen, Innovationen, Medien, Kunst, Kultur, Kategorien miteinander. Erschaffe eine frische Stimme für deine Marke, einen neuen Style, inspiriert von vielen verschiedenen Stilen, die jetzt deine Handschrift trägt, deinen persönlichen Blick auf die Welt und die Dinge. Das Ergebnis wird interessanter sein, als das was 95 % aller Marken machen. Deine Marke wird sich von all diesen Marken absetzen.

Vielfalt und Plattformen: Es gibt heute so viele Möglichkeiten wie nie zuvor, das macht es heute leichter als je zuvor, deine Brand Story zu verbreiten und das richtige Publikum – dein Publikum zu finden. Nutze diese Möglichkeiten, probiere aus, siebe aus, was nicht für deine Marke funktioniert und perfektioniere die, die funktionieren. Du musst nicht alle Plattformen nutzen. Solltest du auch nicht.

Nutze die, die für dich funktionieren, und kille die Plattformen, die nicht so gut für dich funktionieren. Je mehr Energie du in eine Plattform steckst, die nicht wirklich gut funktioniert desto weniger Energie und Zeit kannst du in die Plattform stecken, die richtig gut funktioniert. Stecke volle Zeit und Energie in Medien und Plattformen, die dir liegen und die für dich funktionieren.

Lass dich von allem inspirieren, nicht nur von anderen Marken.

Lass dich inspirieren von:

Kunst Musik Medien Journalismus Design Architektur Artikel Filme Serien Satire Sachbücher Theater Romane Comics Podcasts Politik Kochshows Sport Meditation Geschichten Märchen Gedichte Haikus Hörspiele Kinderspiele Brettspiele Street Art Natur Meer deinen Freunden deinem Kind deinem Hund

#3

Bruce Lee sagt:

„Ein Ziel ist nicht immer da, um es zu erreichen,
oft dient es nur zum richtigen Zielen."

Storyseller sagen:

Du musst deine Vision nicht morgen oder übermorgen erreichen, wichtig ist, du hast ein Ziel, das dich antreibt, motiviert und weiterbringt. Deine Vision ist dein Kompass, für dich, deine Marke, deine Mitarbeiter und deine Kunden.

#4

Bruce Lee sagt:

„Ich habe keine Angst vor dem, der einmal 10.000 Kicks geübt hat,
aber vor dem, der einen Kick 10.000 mal geübt hat."

Storyseller sagen:

Anstatt uns als Marke von Trends und Hypes beeinflussen zu lassen, sollten wir uns auf unsere einheitliche Story fokussieren. Die sollten wir so gut und klar und besser als jeder andere erzählen. Wir sollten unser Thema von allen Seiten beleuchten. Nicht ständig eine andere Kampagne entwickeln. Nicht jedes Jahr etwas anderes kommunizieren. Konsistenz statt Unbeständigkeit.

Fokus 100 % auf unsere Story und dann wiederholen und immer und überall wiederholen. Der Plot kann sich ändern, aber die Story unter der Story (unser Thema) nie. Und diese Story müssen wir zu unserer Story machen und sie immer und überall wiederholen, weitertragen und verbreiten.

#5

Bruce Lee sagt:

„Der Körper folgt dem Geist."

Storyseller sagen:

Die Kommunikation folgt dem Kern: Deine Story ist nur so stark, wie der Kern deiner Marke, den du vorher rausarbeiten musst. Nur wenn du dir klar bist, wofür deine Marke steht, wird deine Message später auch relevant für dein Publikum. Ohne Überzeugungen ist deine Marke wertlos. Ohne Persönlichkeit hat deine Marke keinen Charakter.

Ohne Bestimmung hat deine Marke kein Ziel. Arbeite zuerst an deiner Marke, dann an deinem Marketing – dann wird deine Story echt, ehrlich und entwickelt sich organisch. Deine Kommunikation folgt deinem Kern.

11

FALL und Wiedergeburt einer LEGENDE

(Doc Martens)

> **„Produkte werden in einer Fabrik hergestellt, aber Marken werden im Kopf erschaffen."**
>
> *WALTER LANDOR*

Es gibt sie, die Unverwüstlichen. Die für die Ewigkeit bestimmten. Die, die über Jahrzehnte Menschen begeistern, weltweit Communities erschaffen und ganze Bewegungen starten. Große Persönlichkeiten, die ihre Zeit überdauern. Die uns prägen und ein Leben lang begleiten.

Die Ikonen und Legenden.

Sie sind Künstler, Schauspieler, Schriftsteller, Musiker, Erfinder. Und manchmal Schuhe: die Dr. Martens. Oder von ihren treuen Fans und Freunden liebevoll Docs genannt.

Storyseller folgen keinen Trends. Sie erschaffen sie.

Bevor Miley Cyrus in ihrem Musikvideo halbnackt in roten *Doc Martens* auf einer Abrissbirne geschaukelt hat. Bevor Mitte der 90er Bands wie Oasis und Blur in Trainingsjacken und Docs eine neue musikalische Ära mit ihrem Britpop besungen haben. Bevor Ende der 80er die Grunge-Bewegung den Metal mit Hardcore und eingängigen Melodien kombiniert hat und Bands wie Nirvana, Pearl Jam und Alice in Chains die Docs aus England nach Seattle holten. Bevor die Goths Ende der 70er in den Docs ihr neues schwarzes Lieblings-Accessoire gefunden haben. Bevor die Punks Ende der 60er ihre rebellischen Look mit den Docs perfektionierten und in ihnen eine Punkbewegung auslösten. Bevor die Skinheads (nein, nicht *die* Skinheads, die linken, die Oi-Skins) in den 60ern die Docs als ihr Erkennungsmerkmal und Waffe bei ihren Straßenkämpfen eingesetzt haben. Bevor der Leadgitarrist von *The Who* Pete Townshend seine Docs als Zeichen für seine Herkunft aus der Arbeiterklasse bei Konzerten trug und die Fans ihm nacheiferten. Bevor Docs als einfache, aber robuste und langlebige Arbeiter-Boots von Fabrikarbeitern, Postboten und Polizisten in England getragen wurden, waren Dr. Martens einfach nur ein paar orthopädische Schuhe, die ein deutscher Arzt Ende der 40er aus der Not heraus hergestellt hatte. Und die Story geht so:

Vom deutschen Arzt zum englischen Punk und auf die Laufstege dieser Welt

München 1945. Es ist Winter. Der Krieg ist vorbei. Die Welt eingefroren. Der junge Arzt Klaus Maertens gleitet auf Skiern einen Abhang hinunter. Immer schneller. Er will die Bilder, die Szenen und Stimmen in seinem Kopf loswerden. Abschalten. Nicht nachdenken. Das gerade erst Erlebte, die Kriegsjahre, für wenige Minuten ausblenden.

Was er nicht weiß: Er ist nicht der einzige Skifahrer auf der Piste an diesem Tag. Alles scheint ruhig und leer. Klaus Maertens schießt geradeaus den Hang hinunter. Vorbei an Bäumen, vorbei an nichts und weißer Luft. Er fühlt sich frei, lebendig. Er hat keine Angst. Adrenalin flutet seinen Körper. Das ist das gute Adrenalin. Glückshormone. Nicht die Sorte von Adrenalin, das dein Körper ausschüttet, sobald ein Bombenalarm losgeht. Nicht die Sorte von Adrenalin, ausgelöst durch Gewehrschüsse und durch Kugeln, die nur knapp neben dir in der Mauer einschlagen und dir Stein- und Schrapnellsplitter ins Gesicht spritzen und du denkst: Das war's jetzt. So stirbst du. Hier. Jetzt. Heute.

Nein, das hier ist gutes Adrenalin. Adrenalin, das eine volle Ladung Glück durch deinen Körper spült, sich einen Weg durch deine Venen bahnt, dich vor Glück fast platzen lässt. Märtens lacht laut auf. Wie lange ist das her, ausgelassen gelacht zu haben? Er ist wieder glücklich. Für diesen Moment.

Und dann taucht diese Gestalt auf. Aus dem nichts. Erst ist alles weiß. Dann ist da ein Fleck, der sich bewegt. Der sich auf ihn zu bewegt. Von der Seite. Von rechts. Ein Mann? Ein anderer Skifahrer? Er muss genauso schnell durch den Schnee gleiten wir er selbst. Und er kommt direkt von der Seite auf ihn zugeschossen. Zwei schwarze Punkte, die aufeinander zurasen, perfekt getimt, um an einer bestimmten Stelle zu kollidieren.

Es sind nur höchstens drei Sekunden bevor es zum Unfall kommen würde. Aber Klaus Mertens Gehirn berechnet und überschlägt. Abrupt abbremsen bei dieser Geschwindigkeit? Dann bricht er sich vermutlich ein Bein oder ein Arm. Zur Seite fallen lassen? Gleiches Ergebnis. Nach vorne beugen, Stöcke anziehen und noch schneller davonrasen? Wenn es nicht reicht, würde er den Aufprall so nur noch verstärken.

Bevor Märtens Kopf eine Lösung findet, entscheidet sein Körper instinktiv und schaltet in den Fluchtmodus. Der Oberkörper dreht sich ein, nur ein wenig nach rechts. Es sind Zentimeter, aber genau diese Zentimeter reichen aus, damit der andere Skifahrer so knapp an vor ihm vorbeischießt, dass er den Fahrtwind des anderen im Gesicht spürt, das Leder seiner Handschuhe riecht und spürt, wie seine Skier über die Skier des anderen kratzen. Märtens wankt. Rast weiter, versucht das Gleichgewicht herzustellen, die Skier zu kontrollieren – überschlägt sich. Und bevor er viele Meter in die Tiefe stürzt, bleibt Märtens in den Ästen einer Tanne hängen.

Die Äste knacken unter ihm. Sein Körper schwingt auf und ab und hin und her – wie auf einer Hängematte. Endlich kommen die Äste zur Ruhe, haben ihn nicht losgelassen, ihn nicht fallen lassen. Märtens öffnet langsam die Augen. Über ihm die riesige Tanne, von deren oberen Äste sich kleine Ladungen Schnee lösen und auf sein Gesicht prasselt. Gerade noch hat er sich lebendig gefühlt, jetzt ist er nur knapp dem Tod entkommen.

11. Fall und Wiedergeburt einer Legende

Zwei Stunden später. Zurück in seiner Ferienhütte. Die Diagnose:

gebrochenes Bein,

angeknackstes Selbstbewusstsein,

frustrierte Seele.

Märtens ist jetzt ans Bett gefesselt. Er hasst es handlungsunfähig zu sein. Viele langweilige Tage im Krankenbett folgen. Kein Skifahren mehr, der Fuß ist verletzt, das Gehen schmerzt. Kaum erträglich sind dem sonst aktiven Doktor Märtens diese Tage. Nutzlos verstreichen sie.

Ständig steht er auf, tut, was er nicht tun soll und humpelt auf und ab. Immer wieder der Versuch sich abzulenken. Die Zeit tot zu schlagen: Mit Schundliteratur, mit Tagebuchschreiben, mit zeichnen. Dinge, die er vermisst hat in Kriegszeiten, an der Front. Dinge, die er jetzt widerwillig tut. Viel lieber wäre er draußen – Skifahren, wandern, die Natur betrachten.

Aber egal, was er versucht: er kann sich nicht konzentrieren. Den ganzen Tag in seinem Bett liegend. Damit sein Geist in Bewegung kommt, muss sein Körper in Bewegung sein. Es gibt viel zu tun, das Leben muss angepackt werden. Ganz Deutschland ist eine Ruine und er liegt hier im Bett? Wie ein Puzzle liegt das Land in tausend Teilen vor ihm und er will, er muss mit dabei sein, um die Teile wieder zusammenzufügen. Ganze Städte zerbombt. Halbierte und löchrige Hausfassaden, die aussehen wie eingeschlagene Visagen. Er will sich nützlich machen, irgendwie.

Also steht er auf, zieht sich an, schlüpft in die unbequemen, harten Stiefel und macht einen Schritt und schreit auf. Der Schmerz jagt durch seinen ganzen Körper, lässt ihn zusammenzucken. Atmen, tief atmen – kein Schmerz, kein Schmerz! Dann rennt, nein, humpelt er hinaus ins Freie. Und nach unzähligen wirren Gedankengängen, Ideen und qualvollen Schritten – weiß er, was zu tun ist.

Er hat eine Idee, wie er trotz seiner Einschränkung, dem Land und den Menschen, die es wieder aufbauen müssen, dienen kann. Um keine Zeit verstreichen zu lassen, lässt er sich Zeichenpapier bringen. Wie von selbst huscht seine Hand übers Papier und er sieht zu. Folgt dem Stift, lässt ihn zeichnen und schreiben. Die ersten Skizzen entstehen vor seinen Augen. Die Idee wächst in seinem Kopf, formt sich, nimmt klare Strukturen an. Aus der Skizze wird ein Schuh – ein Arbeitsstiefel, um genau zu sein.

In den folgenden Tagen zieht Doktor Klaus Märtens los. Humpelt von Geschäft zu Geschäft, um sich das zu organisieren, was er für die Realisierung seiner Idee braucht:

Leisten,

Leder,

Nadel,

Faden.

Damit entwickelt Klaus Märtens eine elastische und bequeme Sohle. Eine Luftkammer hinten im Absatz und mit einer Schaumgummisohle vorne. Eine echte Neuerung. Zu dieser Zeit hatten Arbeitsstiefel vor allem zwei Merkmale:

1. Sie waren robust, aber hart und steif.
2. Sie waren unbequem.

Märtens hält seinen ersten Prototypen in Händen – die weltweit erste luftgepolsterte Sohle für einen Arbeitsstiefel.

Und da ist es wieder, das gute Adrenalin, das seinen Körper schwemmt. Er muss jemanden von seiner Idee erzählen, seine Aufregung mit jemanden teilen. Aber mit wem? Funk! Der gute, alte Funk! Das ist mein Mann der Stunde.

Er ruft ihn sofort an, seinen alten Freund und Studienkollegen Herbert Funk, ohne „Guten Tag, wie geht es dir mein Freund?", überbringt er ihm die Idee von seinem Arbeitsstiefel telefonisch. Erst nach etwa zwei Minuten hört er auf zu sprechen. Pause. Stille. Dann spricht Funk. Und er ist begeistert. Er selbst ist ein großer Liebhaber leidenschaftlicher Ideen und verrückter Erfindungen. Darum macht Herbert Funk sich noch am selben Tag auf den Weg zu seinem Freund Märtens.

Tag und Nacht arbeiten sie gemeinsam. Sie gönnen sich kaum Ruhepausen. Sie wissen: ihr Konzept ist gut, mehr als gut. Es wird dringend gebraucht. Zwei Jahre später ist es tatsächlich so weit. Sie eröffnen die erste Fabrik. Hier produziert das Duo Märtens und Funk ihr außergewöhnliches Schuhwerk. Mit Erfolg.

In den nächsten Jahren verkaufen sie den orthopädischen Schuh in 200 Ausführungen. Hauptsächlich an Arbeiter, die den bequemen Schuh zu schätzen wissen und an ältere Hausfrauen.

1959 bewirbt das Duo die Idee erstmals in internationalen Magazinen. Mit großen Auswirkungen. Eine dieser Anzeigen landet im *Shoe & Leather News Magazine.* Einem britischen Katalog für Schuhe und Lederbekleidung. Durch den blättert eines Tages Bill Griggs. Er ist der Geschäftsführer des englischen Traditionsbetrieb *R. Griggs & Co.* Bei der Anzeige für dieses neuartige Schuhwerk bleibt er hängen. Sieht sie an, liest sie und liest sie noch mal. Das ist fantastisch, was er da sieht.

Er erkennt das große Potenzial der Sohle für den Markt sofort. Was macht man da also? Man lädt die deutschen Gentlemen nach England ein. Zu einer Tasse Tee und einem Business-Talk. Und schon nach dem Besuch der zwei Deutschen, liegt auf Bill Griggs' Schreibtisch ein frisch unterschriebener Vertrag. *R. Griggs & Co* hat soeben die Produktionslizenz für die weichen Luft-Sohlen erhalten.

Die Engländer verändern das Design. Die gewölbte Lederkappe auf den Zehen kommt dazu. Der Schuh bekommt den berühmten gelben Nähfaden, der bis heute das Markenzeichen der Dr. Martens ist. Die Sohle trägt ab sofort den treffenden und merkfähigen Namen *Air Wair.* Es wird ein neues Logo entwickelt, und man verpasst dem Schuh die Tagline: with bouncing soles.

1. April 1960. Die Dr. Martens Stiefel, 8-Loch, gehen in Produktion. Eine Ikone ist geboren. Das was Nike für Athleten sind – ob Profi oder Amateur – das sind Docs für die

die Rebellen,

die Unangepassten,

die Nonkonformisten,

und die Individualisten.

Das ist bis heute so. Auch der Geschäftsmann, der als Ausdruck seiner Identität zu seinem Business-Anzug Docs trägt. Oder die Wissenschaftlerin, die sich statt mit den Crocs lieber mit ihren weißen Docs identifiziert. Die damaligen „Gesundheits-Schuhe" Doc Martens sind heute ein stylishes Fashion-Accessoire und haben sogar die Laufstege erobert. Trotzdem haben sie nichts von ihrer rebellischen Brand Personality verloren. Und schuld daran sind die Menschen, die sie tragen.

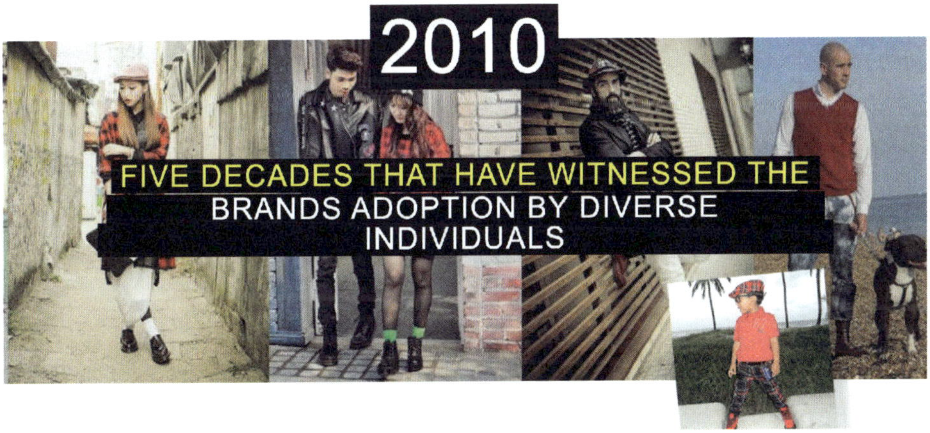

Schuhe sind Schuhe. Aber Docs sind Docs.

Die Kunden, die Fans, die Künstler, die Musiker, die Rebellen, die Individualisten, die Nonkonformisten – die Pop Queen und der Punk auf der Straße – sie alle haben Doc Martens zu dem Kult-Schuh gemacht, der er in den letzten 60, 70 Jahren war und noch heute ist.

Egal welche Bewegungen, popkulturelle Strömungen oder musikalische Revolutionen losgetreten wurden, die Docs waren dabei. Sie haben die Füße ihrer Besitzer zuverlässig, stolz und leidenschaftlich durch diese aufregende Zeiten getragen.

Ich erinnere mich sehr gut an meine Docs. Ich hatte schwarze Boots mit Stahlkappen und die weinroten Docs. Ich habe sie geliebt. Musik und Docs waren meine zwei ersten großen Lieben – und sie haben mich immer überallhin begleitet.

Fun Fact: Der Teufel trägt Prada, der Papst trägt Docs. Kaum zu glauben, aber sogar Papst Johannes Paul II. soll weiße Docs für sich und seine Entourage im Vatikan bestellt haben.

Musik war damals alles für uns. Musik war unsere Welt. Meine Freunde und ich haben uns über die Musik definiert. Vielleicht war es bei dir ähnlich. Wenn ja, dann weißt du, was ich meine. Die Musik hat alles bestimmt. Sie hat unser Denken geprägt, unseren Stil, unsere Frisuren und unsere Freundschaften.

Wenn ich mal andere Schuhe getragen habe, als meine Docs, dann waren es Chucks. Heute habe ich nach vielen Jahren der Abstinenz, wieder Docs. Braune, aus einem weicheren Material. Vegan. Damals hatten wir eine Auswahl von vielleicht vier oder fünf Farben. Heute gibt es die Docs in allen möglichen Farben, Formen und Sondereditionen.

> **„Meine Mum hat mir und meiner Schwester immer passende Laura-Ashley-Kleider angezogen. Und ich habe immer gesagt: Mom, ich will einfach nur meine Doc Martens tragen!“**
>
> *Agyness Deyn*

SECHS JAHRZEHNTE
UND EIN UNGLAUBLICHER WEG
VON FABRIKEN ZU FESTIVALS
VON DER STRAßE AUF DIE BÜHNE
ALS TOWNSHEND SEINE GITARRE ZERSTÖRTE
WAREN WIR DABEI
UND ALS PUNK GROß WURDE
SCHRIEBEN AUCH WIR GESCHICHTE
WIR WAREN FÜR DICH DA
IMMER UND ÜBERALL
BEI LUFTSPRÜNGEN VOR FREUDE UND
BEIM FRUSTRIERTEN GEGEN-DIE-WAND-TRETEN
WENN DICH DAS LEBEN RUNTERZIEHT
FASSEN WIR GEMEINSAM WIEDER FUß
EGAL, WAS PASSIERT. WIR SIND
TAFF WIE DU

Und auch wenn es heute mit nicht mehr 15 oder 16 oder 19 nicht mehr dasselbe ist, sie zu tragen, sich nicht mehr anfühlt wie früher, als das ganze Leben noch ein großes, verrücktes Abenteuer war, fühlt es sich trotzdem noch gut an, sie zu tragen. Wie ein guter Freund. Der plötzlich vor der Tür steht. Nach so vielen Jahren. Und man setzt sich an den Tisch, öffnet ein Bier, einen Wein oder Whisky. Trinkt auf alte Zeiten. Und man spaziert mit diesem Freund die ganze Nacht lang durch ein ganzes Leben. Zurück in die Vergangenheit. Und wieder zurück in die Gegenwart. Man lacht und staunt und wundert sich, wer man damals war, mit all diesen Plänen, Träumen und Zielen im Kopf, während es draußen langsam hell wird.

Doc Martens gehört zu den Kultmarken. Ähnlich wie Harley-Davidson, Nike oder Apple. Das haben sie einer großen und starken Community zu verdanken. Aber es sah nicht immer gut aus für die Marke. Ganz und gar nicht. Eigentlich ist es sogar ein Wunder, dass es die Marke heute noch gibt.

Fall und Wiedergeburt einer Legende

Anfang 2000 strauchelt die Marke. Das Marketing ist nicht mehr einheitlich. Die Marke verliert sich und das wofür sie steht. Dr. Martens steht kurz vor dem Bankrott. Alle Fabriken außer einer werden geschlossen. Jetzt will man nur noch überleben.

Dr. Martens justiert und orientiert sich. Man fragt sich: Wer sind wir als Marke heute? Wie passt unsere Marke in die heutige Zeit? Was macht uns aus? Wo stehen wir in der Welt unserer Kunden? Dr. Martens passt sich an und entwickelt sich weiter – ohne dabei den Markenkern zu verlieren. Ganz im Gegenteil, der wird wieder klar herausgearbeitet. Dr. Martens positioniert sich in einer neuen Zeit als das, was sie eigentlich schon immer waren: als Modeartikel – als Lifestyle Brand. Die Marke macht sich das Social Web zu eigen, legt den Fokus voll auf ihre Fans und Follower.

Dr. Martens macht sich die Loyalität ihrer Kunden zunutze und startet eine große Social-Media-Kampagne. Sie laden ihre Fans zu einer Zeitreise ein. Es geht zurück zu ihren allerersten Docs. Mit „first and forever" feiern sie ihre loyalen Kunden und ermutigen sie, sich selbst auszudrücken – echt, authentisch, individuell. Das was Dr. Martens-Kunden eben ausmacht.

Dr. Martens fordert mit dem Call to Action *First and Forever* Kunden auf, ihre Erinnerungen an ihr allererstes Paar Dr. Martens mit ihnen und der Community zu teilen.

Die Idee dahinter:

Jeder erinnert sich an sein erstes Paar Docs. Neue Erlebnisse prägen uns. Erste Male definieren uns. Einzelne Momente begleiten uns für immer.

Mit der Social-Media-Kampagne erreichen sie über 10 Millionen Menschen und gewinnen viele neue Fans dazu. Die Marke stärkt damit das Band zu ihren bestehenden Kunden, die wieder daran erinnert werden, was Dr. Martens ausmacht und sie schafft Beziehungen zu neuen Kunden, die schnell zu Fans werden. Nach vielen Jahren, in denen Dr. Martens Bewegungen auf den Straßen der ganzen Welt ausgelöst hat, löst die Marke jetzt auch eine Bewegung im Social Web aus.

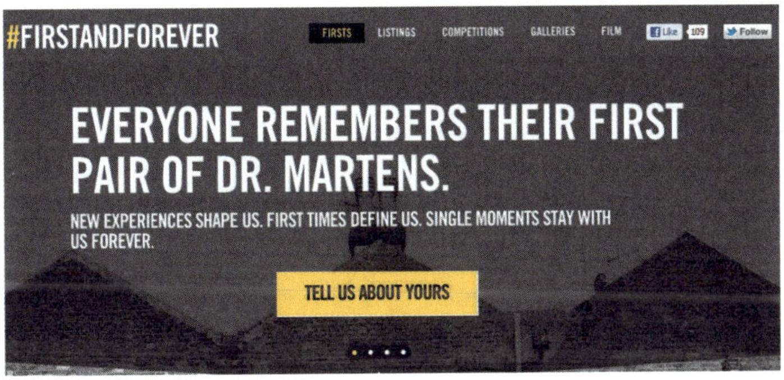

Damit schafft die Marke es, zurück zu kommen. Und wie. Heute steht sie vielleicht fester auf ihren Füßen, als je zuvor – in ihren Docs. Die Marke fokussiert sich wieder mehr auf das, was sie wirklich ausmacht: ihre Attitude und ihre Kunden. Dr. Martens kombiniert perfekt Nostalgie und Individualität.

Die Message und das Marketing von Dr. Martens werden die nächsten Jahre immer kreativer und stärker. Die Marke interagiert jetzt direkter mit ihren Kunden, legt vollen Fokus auf ihre Fans. Dann entwickeln sie den nächsten großen Wurf. Ihre große Haltungskampagne, mit der sie noch mal ganz deutlich machen, wofür die Marke und ihre Community stehen. Diese Kampagne wird die Attitude der Marke und ihre Beziehung zum Publikum zementieren:

#StandForSomething

Im Mittelpunkt der Stand for Something-Kampagne steht der Dr. Martens-Kunde. Den die Marke als rebellisch, frei denkendes Individuum definiert. Mit dieser Kampagne möchte die Marke genau diese Menschen feiern. Die wichtige Botschaft: Vielfalt trotz Individualität.

Es ist vielleicht das Mutigste was die Marke bisher in ihrem Marketing gemacht hat und es ist ehrlich. Es ist Teil ihrer DNA. Das, was die Menschen schon immer ausgemacht haben, die auf den Straßen dieser Welt in ihren Dr. Marten Boots herumgelaufen sind: ob in den 60ern, 70ern, 80ern, 90ern oder heute. Ob in Großbritannien, Germany, Guatemala oder USA. Und es ist das, was die Marke schon immer ausgemacht hat.

Es ist ein bisschen so, als hätten sie ihren Markenkern ausgegraben, ihn poliert und spazieren damit jetzt stolz auf den Straßen umher. Mit ihrer **Stand For Something-Kampagne** laden sie prominente Dr. Martens-Fans und ihr Publikum ein Teil der Story von Dr. Martens zu sein. Sie motivieren ihre Fans und Follower, ihre ganz persönlichen Stories zu teilen. Das, wofür sie stehen.

Ihre Community wächst wieder. Alte, fast verlorene Fans kommen zurück. Sie gewinnen immer mehr neue Fans dazu. Die Verkäufe gehen durch die Decke. Dr. Martens wächst wieder. Die Marke ist erfolgreicher denn je – ohne dabei beliebig zu werden. Ohne ihre Wurzeln zu verlieren oder ihre Marken-DNA zu verändern.

Ich bin mir sicher, Dr. Martens werden auch noch in den nächsten 50 Jahren Generationen prägen.

Warum? Weil Doc Martens zeitlos waren, zeitlos sind, immer zeitlos sein werden.

Sie sind keine kurze Modeerscheinung. Sie sind Kult. Sie folgen keinem Trend. Sie erschaffen ihn – über Jahrzehnte hinweg haben sie mit ihrer Marke einen Bestseller erschaffen – ähnlich wie Fitzgerald mit seinem „großen Gatsby“, wie Tarantino mit „Pulp Fiction“ oder Fender mit ihren Gitarren. Gatsby, Pulp Fiction und Fender-Gitarren werden sehr wahrscheinlich auch noch in 50 Jahren ihr Publikum finden. Sie haben sich über viele Jahre hinweg als Kult-Marken etabliert. Sie sind das Vorbild vieler anderer Marken und Menschen. Sie werden als Benchmark herangezogen. Sie werden beneidet und kopiert. Sie inspirieren andere Marken und Menschen.

Moden kommen und gehen. Docs sind für die Ewigkeit geschaffen – langlebig und robust. Das trifft auf beides zu: auf die Marke und das Produkt. Die Docs und die Marke Dr. Martens sind für die Ewigkeit geschaffen. Genau wie ihre Message. Ihre Brand Story und das Thema, das sie als Marke besetzt haben auch. Dieses Thema war damals wichtig, es ist heute wichtig und wird für Menschen auch noch in 50 Jahren relevant sein. Die Marke positioniert sich ganz klar. Ihr Thema, das wofür Dr. Martens steht, dient sogar als gutes Mantra für andere Marken. Für die Marken, die sich aus dem Meer der gleichförmigen Marken absetzen wollen:

In einer Welt der Gleichförmigkeit musst du dich nicht anpassen. Du hast eine Wahl. Steh zu deinen Überzeugungen und drücke deine ganz eigene Individualität frei aus. Stich aus der Masse der Konformisten heraus.

Ja, das sollten sich viele Marken einrahmen und an die Wand hängen und jedes Mal, wenn sie eine Kampagne entwickeln, eine Brand Story, ein Social-Media-Posting oder eine Website bauen, sollten sie auf die Worte schauen und sich fragen:

Stechen wir damit WIRKLICH aus der Masse heraus oder fügen wir uns nur ein, wie all die anderen?

Same, same but different: Nike & Doc Martens

Nike und Doc Martens lassen sich kaum miteinander vergleichen, aber trotzdem tun sie beide das Gleiche: Sie stellen ihr Publikum in den Mittelpunkt in allem was sie tun. Sie erschaffen eine Community von treuen Superfans, die ihre Story weiterträgt und neue Superfans mit in die Community bringt. Das sind die wahren Influencer.

Nike und Dr. Martens – beide haben fest verwurzelte Werte und Überzeugungen. Beide stehen für etwas. Beide kämpfen für jemanden und gegen etwas.

Dr. Martens kämpft für Individualisten.
Nike kämpft für Athleten (ob Profi oder Amateur).

Beide kämpfen gegen ein Monster:

Dr. Martens bekämpft Konformismus.
Nike bekämpft Barrieren.

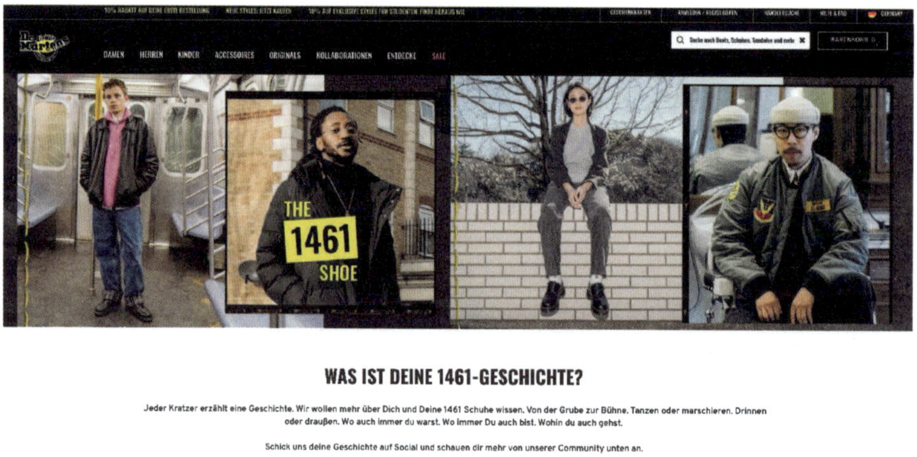

„Für uns geht es beim Marketing mehr um die Gemeinsamkeiten zwischen der Marke und dem Verbraucher und darum, dass man sich in der Mitte treffen kann. Jeder hat eine Geschichte über Docs und sein erstes Paar. Ich bin mir wirklich der Tatsache bewusst, dass wir diejenigen feiern müssen, die uns zu der Marke gemacht haben, die wir heute sind, und das geht zurück auf die Besessenheit der Verbraucher."

(Darren Campbell, Chief Product Marketing Officer von Dr. Martens)

In den Kapiteln über Nike finden wir Aussagen des Marketingmanagers von Nike, die fast identisch sind, mit dem, was Darren Campbell von Dr. Martens sagt. Beide Marken sind von ihrem Publikum

– von ihren Kunden, die die gleichen Werte und Überzeugungen teilen – besessen. Und genau das ist die Magie einer starken Marke und von modernem Marketing.

Wir alle suche nach der Secret Sauce im Marketing, um eine große, loyale Community aufzubauen und aus unserer Marke eine Kultmarke zu machen. Wir alle wollen eine unglaublich erfolgreiche, beliebte und unsterbliche Marke erschaffen. **Der heilige Gral des modernen Marketings.** Hier ist er:

1. Besessen sein von unseren Kunden, die die gleichen Überzeugungen teilen wie unsere Marke.
2. Diese Kunden in den Mittelpunkt unserer Story platzieren und alles was wir tun.
3. Stellen wir uns vor, unsere Marke ist eine Serie, unser Kunde der Hero – der Hauptdarsteller. Alles dreht sich nur um diesen Charakter.
4. Wir kennen die Träume, Wünsche, Sorgen und Bedürfnisse unserer Kunden besser als jeder andere.
5. Wir tun alles dafür, um diesem Charakter dabei zu helfen, seine Herausforderungen zu meistern.
6. Unsere Marke, unser Produkt oder unsere Dienstleistung sind das Werkzeug dazu.
7. Diese Story erzählen wir so packend, so interessant, so mutig und so ehrlich wie möglich.

Das ist die Secret Sauce und der Heilige Gral des modernen Marketings. Ein anderes großes Geheimnis oder eine Über-Nacht-Erfolgsformel gibt es nicht. Das ist das ganze Geheimnis.

Nike und Dr. Martens wissen beide ganz genau, wer ihr „echtes" und „richtiges" Publikum ist und wer nicht. Beide sprechen die Sprache ihres Publikums fließend. Weil sie ähnlich ticken. Weil sie in der gleichen Welt leben. Sie sind nicht irgendwelche weltfremden Business-Heinis, die in ihrem Elfenbeinturm sitzen und keine Ahnung haben, von der Welt ihrer Kunden. Die nicht wissen, wer ihre Kunden sind, was sie denken, fühlen oder sich wünschen. Welche Bedürfnisse sie haben.

In einem Interview mit *Marketing Week* sagt Darren Campbell, der Chief Product Marketing Officer von Dr. Martens:

„Wir wollen sicherstellen, dass wir mit dem, was bei den Verbrauchern weltweit vor sich geht, verbunden bleiben, dass wir ihnen zuhören und gleichzeitig unserer Marken-DNA treu bleiben. Ich sehe, dass die Marke in 10 Jahren immer noch die gleiche Bedeutung hat wie vor 50 Jahren, es ist nur ein anderer Konsument, der zu ihr kommt. In jedem Jahrzehnt verbindet sich die Marke mit einer neuen Kultur, was sie jung hält."

AVIE ACOSTA

GENDER-FLUID MODEL

Avie Acosta hat keine Angst vor Veränderung. Mit 19 ließ das Gender-Fluid Model eine erdrückende Erziehung in Oklahoma für das völlig unbekannte New York hinter sich. Eine Veränderung des Lebens, der Karriere und der Identität. Und das alles im Zeitraum weniger Monate.

Aufgewachsen in einer "sehr kleinen" Stadt in den mittleren südlichen Staaten, fühlte sich Avie nie wohl. Fehl am Platz in der eigenen Umgebung und eigenen Haut. In den späten Teenagerjahren trug Avie einen Rock in der Highschool und erhielt viele seltsame Blicke. Und bald darauf war es einfach genug.

Eine große Veränderung war nötig, um die eigene Identität herauszufinden. Und irgendetwas zog Avie nach New York.

Das hier ist der Anfang der Story von Avive Acosta, eine der individuellen Persönlichkeiten, deren Story Dr. Martens auf ihrer Website der Welt präsentiert und erzählt. Das sind keine typischen, reibungslosen Werbe-Stories, die versuchen nirgendwo anzuecken. Das sind echte Stories von echten Menschen aus dem echten Leben. Mit Ecken und Kanten.

Wer könnte ihnen besser die Bühne dafür geben als die unangepassten Dr. Martens? Die Marke lädt diese Persönlichkeiten ein, ihre Story der Community und der Welt zu erzählen. So wird die Story dieser Menschen, zur Story von Dr. Martens. Die Marke befähigt diese Menschen. Genau wie Nike Athleten befähigt, ihre inneren und äußeren Hürden zu überwinden. Dr. Martens motiviert damit andere Menschen zu ihren wahren Überzeugungen zu stehen, sich nicht anzupassen, nur weil es die meisten machen. Sie befähigen sie, ihre ganz eigene Individualität auszudrücken.

Dr. Martens gibt diesen Individualisten und Nonkonformisten eine Bühne, eine Stimme, um ihre Message hinaus in die Welt zu rufen.

12

Der junge MANN und der POOL

(Hornbach)

> **„Im Business geht es nicht um Geld. Es geht darum, Träume für andere und für sich selbst wahr werden zu lassen.“**
>
> *Derek Sivers*

Der junge Mann und der Pool

Ein Mann in Badehose und Bademütze betritt einen Raum in einer eleganten Stadtvilla. Ein großer Pool dominiert den Raum. Der herrschaftliche Raum ist gesäumt von hohen Fenstern, durch die das Sonnenlicht bricht. Das Gebäude ist umgeben von viel Grün. Wir können einen riesigen Garten erahnen, verschiedene Pflanzen, Blumen, Bäume. Der Mann steigt auf einen Startblock. Vor ihm das Wasser im Pool, auf dem die Sonne funkelt.

Der Mann atmet ein, atmet aus. Er geht in die Knie, beugt sich vor, lässt seine Arme herabbaumeln. Fast berühren seine Fingerkuppen seine Fußzehen. Gleich wird er springen.

Nein. Wird er nicht. Der Schwimmer wird nicht springen und er wird auch nicht schwimmen. Da ist kein Wasser in das er springen kann. Es gibt keinen Pool. Der Mann ist umgeben von einer alten, teils zerfallenen Ruine. Das Haus war vor langer Zeit einmal beeindruckend. An der Decke erkennen wir stilvoll verzierten Stuck, der jetzt größtenteils abgebröckelt ist. Ein riesiger verwilderter Garten, hohes Gras, Pflanzen stecken ihre Köpfe durch die zerbrochenen Fensterscheiben. Eines der Fenster hängt herab. Putz bröckelt von den Wänden.

Auf der Erde liegen dicke Brocken Putz, Estrich und zerbrochene Steinplatten. Da wo der Mann Wasser sieht, ist nicht mal ein Loch ausgehoben für einen Pool. Hier gibt es nur Staub, Stein, Beton. Keinen Pool. Den Pool, den sieht nur er. Der Raum, das ganze Haus, ist schon seit langem verlassen.

Aber der Schwimmer sieht das Wasser ganz genau vor sich. Er beobachtet die ruhige Wasseroberfläche, die er jeden Moment durchbricht, wenn sein Körper eintaucht und das Wasser hinter ihm in alle Richtungen spritzt. Er kann es sich vorstellen. Darum wird er auch in den Pool springen, ins Wasser eintauchen und seine Bahnen ziehen. Nicht heute, nicht morgen, aber bald – sehr bald ...

Das ist die großartige Szenerie, die die Agentur Heimat für die Marke Hornbach in einer Print-Anzeige erschaffen hat. Die Headline dazu:

Du kannst es Dir vorstellen. Also kannst Du es auch bauen.

Dann das Logo und der Claim:

HORNBACH. Es gibt immer was zu tun.

Ich weiß noch, als ich die Anzeige damals 2009 das erste Mal gesehen hab. Ganz am Anfang meiner Zeit in der Werbebranche. Frisch gestartet an der Miami Ad School, um Copywriting & Creative Concept zu studieren. Ich war absolut beeindruckt von der Printanzeige und dachte: Ja, genau – solche Stories können Marken erzählen.

Noch heute finde ich, es ist einer der besten Printanzeigen aller Zeiten. Kennst Du sie? Dann weißt du jetzt ganz genau, von welcher Anzeige ich gerade rede ...

Nimm das Logo weg und du hast Kunst. Es könnte in einer Galerie hängen. Das könnte eine ganze Reihe sein, für die viele Künstler oder Fotografen töten würde. Oder zumindest ihren kleinen Finger geben würden. Ein Konzept von imaginierten Szenerien, Stories, die sich uns im Kopf erzählen, während wir die Bilder betrachten. Das ist keine Werbung.

Oder sagen wir: so kann Werbung auch sein. So sollte Werbung sein. Eine Story in unseren Köpfen in Gang setzen. Wir füllen die Lücken. Hemingway, der Meister der Auslassung, würde diese Arbeit von Heimat/Hornbach anerkennend abnicken.

Ich glaube Hornbach hat sehr viel von Nike gelernt, genau wie Apple auch. Diese Marken wissen SEHR genau, wer ihre Kunden sind, was sie antreibt und wie sie sich sehen wollen. Und sie wissen, WELCHE Kunden sie haben WOLLEN. Diese Kunden stellen sie in den Mittelpunkt, bei allem was sie tun und kommunizieren. Um diese Wunschkunden herum bauen sie ihre Story World auf.

Hornbach sind die Nikes der Baumärkte. Ähnlich wie bei Nike, schafft kaum eine andere Marke im deutschsprachigen Raum Hornbach in Sachen Markenpersönlichkeit und Storytelling das Wasser zu reichen. Genau darum lohnt es sich, diese aufregende Story World von Hornbach zu betreten und einmal genauer zu betrachten.

Die Hornbach Story World – eine Welt voller Abenteuer, Leidenschaft und Träume

Die Story World von Hornbach wird bevölkert von passionierten Heimwerker:innen und ihren Projekten. Mit ihren Heimwerkerprojekten durchleben sie wahre Heldenreisen. Diese Helden in der Hornbach-Story-World, in ihren Filmen, den Anzeigen, in ihren Postings – das sind ihre Kunden. Das bist du, ich – das sind wir alle, die sich mit diesen Charakteren identifizieren können.

Seth Godin klopft mal wieder gegen die Fensterscheibe zu meinen Synapsen. Ich öffne es und er kann all das wie immer so großartig in wenige Worte zusammenfassen. Also hören wir ihm kurz zu:

„Menschen kaufen keine Waren & Dienstleistungen. Sie kaufen Verbindungen, Geschichten & Magie."

Den Nagel auf den Kopf getroffen, mal wieder mein guter Godin, sage ich, winke kurz und will gerade das Fenster wieder schließen, da stützt sich auch schon Ashley Taylor Anderson auf der Fensterbank ab, grinst mich durchs offene Fenster an und sagt:

„Beim Storytelling geht es um ein Narrativ und darum, wie dieses Narrativ sein Publikum anspricht. Es geht um mehr als darum, wer deine Marke ist oder was deine Marke tut."

So gut. Ich wünschte, ich hätte das gesagt. Aber trotzdem danke, Ashley – dafür kommt es ins Buch, damit deine Worte auch andere inspirieren. Genau hier beginnt die Magie einer Marke: Es geht nicht darum, wer deine Marke ist und was deine Marke macht – es geht darum, was sie für dein Publikum *möglich* macht. Und das ist mehr als ein offensichtlicher Benefit.

Hornbach hat das erkannt und großartig herausgearbeitet. Voller Fokus auf ihr Publikum. Ja, Hornbach tut das was Nike und jede großartige Storyseller-Brand tut. Sie stellen ihre Kunden in den Mittelpunkt ihrer Story World und machen Hornbach-Kunden zu Helden ihres Alltags. Ob weiblich oder männlich, jung oder alt.

Diese Hornbach-Welt ist aufregend. Sie ist voller Abenteuer, Leidenschaft, Träume und Heldenmut. Hornbach spricht mit ihrer Story World über den inneren Antrieb ihrer Kunden. Aber die Marke spricht auch ein uraltes und tief verankertes menschliches Bedürfnis in uns an: Das Bedürfnis, etwas zu erschaffen – ein Zuhause zu erschaffen, in dem wir uns wohl und geborgen fühlen.

Dabei schwingt auch immer die große Sinnfrage mit, die unter ihrer Botschaft liegt: Was kann ich Bleibendes erschaffen? Wie kann ich mich verewigen? Oder sogar Unsterblichkeit erlangen? Ich weiß, klingt dramatisch, ist aber so. Achte bei den Hornbach-Spots mal darauf. Analysiere sie. Das hat beinahe Shakespeare-Charakter.

Da hat sich jemand Gedanken gemacht. Tiefe Gedanken, die ein wenig weiter gehen als: Wie effizient sind unsere Produkte? Oder: Wie weit können wir mit unseren Preisen runtergehen, um noch mehr Kunden zu catchen? Wie können wir möglichste viele Produkte aus unserem riesigen Sortiment in Szene setzen und bewerben?

Wir, wir, wir, uns, uns, uns. Produkt, Produkt, Produkt.

Wo bleibt der Mensch?

Welcher Mensch?

Na, eurer Kunde.

Ach ja, den gibt's ja auch noch. Leider.

Genau das tut Hornbach, wie auch Nike eben nicht: Fokus aufs Produkt. Nicht mal auf die Benefits. Es geht um die Welt, die sie ihrem Publikum ermöglichen. Es geht um Transformation.

Das Produkt ist nicht Hero. Das Unternehmen ist nicht der Hero. Und sie sind trotzdem erfolgreich? Nein, nicht trotzdem. Sie sind gerade DESWEGEN so erfolgreich. Aber erfolgreich sind auch andere Marken. Nike und Hornbach sind erfolgreich und beliebt bei ihrem Publikum.

Karsten Kühn (Marketingvorstand von Hornbach) hat in einem Interview mit *HORIZONT* zu ihrer Strategie gesagt:

„Unser Produkt ist nicht die Ware, sondern begeisterte Projektmacher."

Der Unterschied: Baumärkte haben Kunden. Hornbach hat eine treue Community, ähnlich wie Harley-Davidson. Und nicht nur Heimwerker-Fans. Die Hornbach-Stories kennt und liebt jeder. Auch Nicht-Kunden.

Die Story World der meisten Baumärkte war eher langweilig. Sie lebte von Rabatten und Produktvorteilen. Obwohl Baumärkte Werkzeug anbieten, um damit jeden Menschen zu befähigen, selbst kreativ zu werden und sein Zuhause schöner zu gestalten, bestand die Welt der meisten Baumärkte aus Rabatten, Aktionswochen und Produktfeatures, die in den Mittelpunkt ihrer Kommunikation gestellt wurden. Die Kunden spielten in ihrer Story World eine Nebenrolle, wenn überhaupt. Dann kam Hornbach.

Hornbach hat das Bedürfnis ihres Publikums erkannt und stillt es sprach- und bildgewaltig. Die Marke hat für ihr Publikum eine erstrebenswerte Story Welt voller Abenteuer erschaffen. In dieser Welt durchleben leidenschaftliche Heimwerker:innen wahre Heldenreisen. Ähnlich wie bei Nike, bekommt man sofort Lust aufzustehen und etwas zu „erschaffen". Ein Baumhaus, einen neuen Dachboden, eine Sauna oder auch nur einen kleinen Kräutergarten.

Es gibt immer was zu tun.

Just do it.

13

DIE WELT HEILEN, statt Wunden hinterlassen.

(Patagonia)

> **„Und doch können Unternehmen Nahrung produzieren, Krankheiten heilen, die Geburtenkontrolle vereinfachen, Menschen Arbeit geben und unser Land bereichern. Und all diese guten Dinge können sie tun und dabei Gewinn erzielen, ohne ihre Seele zu verkaufen."**
>
> *Yvon Chouinard*

Surfen, klettern, die Welt entdecken

Stellen wir uns einen Sonnenaufgang an der Küste Kaliforniens vor. Vor uns der Strand. Die Wellen schwappen in einem beruhigenden Rauschen im immer gleichen Rhythmus an den Strand. Es gibt ihn zu dieser Zeit noch nicht (wir befinden uns in den späten 50ern) trotzdem hören wir die Surfer-Klänge von Jack Johnson, die sich mit dem Rauschen des Meeres und den Schreien der Möwen mischen. Jack Johnson, das Rauschen des Meeres und das glückliche Schreien der Möwen. Das ist alles. Sonst ist es ruhig. Noch.

Wir gehen ein paar Schritte am Strand entlang, bleiben stehen, spüren den nassen Sand unter unseren nackten Füßen. Blicken raus aufs Meer, auf diese Linie, weit draußen – da wo sich Meer und Horizont treffen. Es gibt viele Dinge auf der Welt die schön sind. Aber das, was wir da vor uns sehen als schön zu beschreiben, wäre eine Beleidigung. Also lassen wir das.

Das, was wir gerade gemacht haben ist eine Szenerie etablieren. Eine Umgebung für unsere Story erschaffen. Und genau hier surft jeden Morgen Yvon Chouinard und seine Kumpels. Und da kommt er auch schon, wie jeden Morgen: Auftritt Yvon, 18 Jahre alt. Seine Füße stecken in ausgelatschten Levis Huarach-Sandalen. In seiner Hosentasche klimpern ganze 35 Cent. Zwischen dem Surfen schleppt Yvon seinen Amboss runter an den Strand und fertigt mit einem Metall-Meißel und Hammer ein paar Kletterhaken an.

Surfen.

Arbeiten.

Surfen.

Schlafen.

Repeat.

Sind sie mit dem Strand hier durch, springen Yvon und seine Freunde In seinen alten, klapprigen 39er Chevy und ab geht's zum nächsten Surfstrand. Das Benzingeld verdienen sie sich, indem sie in Mülleimern nach Pfandflaschen suchen.

Wird die Hitze unerträglich fliehen sie zum Klettern auf die Felswände des Yosemite. Aus dem Kofferraum heraus, verkauft Yvon seine selbstgefertigten Kletterhaken an andere begeisterte Bergsteiger. Der Gewinn ist so mager, dass er oft wochenlang von 50 Cent bis 1 Dollar pro Tag leben muss. Vor einer Kletter-Reise in die Rocky Mountains decken seine Freunde und er sich mit einem Haufen Dosen Katzenfutter ein. Das Katzenfutter strecken sie mit Haferflocken und Kartoffeln. Wenn sie Glück haben fangen sie in den Bergen ein Felsengebirgshuhn, ein Eichhörnchen oder ein Stachelschwein.

Sie schlafen unter Felsvorsprüngen oder unter herabhängenden Zweigen einer Alpentanne. Sein erstes Zelt wird Yvon sich erst kaufen, als er schon fast vierzig ist. Er liebt es unter freiem Himmel zu schlafen. Du bist nicht eingesperrt von deinem Schlafzimmer, von deiner Wohnung, deinem Haus – der Gesellschaft. Du bist der Natur ganz nah. Du schläfst unter freiem Himmel. Freier kann ein Mensch nicht sein.

Du willst wissen, was Freiheit wirklich ist? Dann schlafe unter freiem Himmel. Ich habe es für die Recherche dieses Buches getan. Ich war klettern. Ich war wandern und ich habe mit meinem Hund unter freiem Himmel geschlafen. Das fühlt sich wirklich frei an. Bis es dunkel wird. Dann wird's gruselig. Noch nie habe ich den Morgen so sehr herbeigesehnt. Das war eine Erfahrung, die ich nur empfehlen kann und wenn es nur erstmal im eigenen Garten oder auf dem Balkon ist. Aber jetzt zurück in die 50er ...

Yvon und seine Freunde schlafen also unter freiem Himmel und genießen das Leben – pur und authentisch. Das ist ihre Rebellion gegen die Konsumgesellschaft. Der Kapitalismus interessiert sie nicht. Materielle Dinge? Interessiert sie nicht. Politiker und Unternehmer sind in ihren Augen die Quelle allen Übels. Alles, was einem Menschen das Leben lebenswert macht findet man draußen. Die Natur ist ihr Zuhause.

Wenn Yvon und seine Freunde eine Pause vom Klettern brauchen, geht's zurück zum Surfen an den Strand. Das ist das echte Leben. Das ist alles was sie interessiert. Klettern, wandern und surfen. Dazwischen schmiedet Yvon in entspannter Zen-Manier seine Kletter-Stahlhaken. Seine Bewegungen sind fließend, er verbraucht bei seiner Arbeit so wenig Energie wie möglich, arbeitet aber dabei hocheffizient. Keine Bewegung ist unnötig, die Schläge – BamBam – Bam – BamBam-Bam – Bam – sitzen. Der Rhythmus: Immer gleich. Die Anzahl der Schläge für jeden Haken: Immer gleich. Immer die gleichen fließenden Bewegungen, immer die gleiche Zeit und immer der gleiche Kraftaufwand. Eisen schnappen, erhitzen, schlagen, weglegen, nächstes Eisen – alles ist im Fluss, total Zen, Stunde für Stunde.

Und so geht es einige Jahre. Seine Kletterhaken werden immer besser und kommen bei den Kletterern an. Sie verbreiten sich. Wenn sie auf andere Kletterer treffen, die ihr Werkzeug am Fuß einer Felswand ausbreiten, erkennen sie sofort, welche Haken *Chouinard Equipment* hergestellt hat. Yvon verbessert seine Haken ständig, indem er etwas wegnimmt – die Haken sollten minimalistisch sein. Weniger ist mehr, davon ist Yvon überzeugt. Andere Hersteller ergänzen die Haken, um sie zu verbessern. Sie fügen ständig etwas hinzu. Yvon will seine Haken so nackt und leicht und stabil und sicher wie möglich.

Schon bald ist sein Unternehmen *Chouinard Equipment* so erfolgreich, dass Yvon kein Katzenfutter mehr Essen muss. Mit dem Geld, das er jetzt verdient, kann er längere, weitere Reisen unternehmen. Und das tut er: Er surft die komplette Westküste hinunter nach Lima. Er läuft Skier auf aktiven Vulkanen in Chile. Er besteigt den Mount Fitz Roy in Patagonien, Argentinien (die Inspiration für den späteren Firmennamen Patagonia).

Nach einer längeren Klettertour ist die Kasse jedes Mal leer. Aber genau darum geht es ihm und seinen ersten Mitarbeitern, die gleichzeitig seine besten Freunde sind: sie wollen arbeiten, um zu surfen. Arbeiten, um zu klettern. Arbeiten, um die Welt zu entdecken. Alles andere ist alles andere und interessiert sie nicht. Bis Yvon seine zukünftige Frau trifft.

Malinda ist Kunststudentin. Sie klettert gern. Gerade gut genug, dass sich Yvon nach ihr umdreht. Sie kommen ins Gespräch, verbringen Zeit miteinander. Eines Tages hängen sie nach einer gemeinsamen Klettertour im Camp 4 ab.

Ein Wagen voller junger Frauen fährt vor. Bleibt stehen. Die Fahrerin schleudert eine leere Bierdose aus dem offenen Fenster. Scheppernd rollt die Büchse über den Boden. Yvon und Malinda beobachten die Szene. Malinda steht auf, tritt vor den Wagen und sagt der Fahrerin, sie soll ihren Müll gefälligst wieder aufheben. Die junge Frau grinst und antwortet mit dem Stinkefinger. Malinda geht um den Wagen herum, bückt sich und reißt mit einem einzigen Ruck das Nummernschild ab.

Wenn Yvon noch nicht weiß, dass er in diese Frau verliebt ist, weiß er es spätestens jetzt. Boom. Mit dieser Frau will er den Rest seines Lebens verbringen. Und das wird er. Voller Bewunderung sieht er seiner zukünftigen Frau hinterher, wie sie mit dem Nummernschild in der Hand in das Büro der Ranger spaziert. Die Frauen im Auto glotzen Malinda mit offenem Mund hinterher. Yvon grinst.

Bald darauf heiraten Yvon und Malinda und ziehen in eine Strandhütte. Wenn die Eigentümer die Hütte selbst nutzen, um Urlaub zu machen, schlafen Yvon und Malinda in einem alten Van. Kurze Zeit später richten sie im Keller ihres Ladengeschäfts eine Wohnung ein. Yvon stellt die Kletterhaken her, Malinda verkauft sie. Auf ihrem Rücken – festgeschnallt und immer mit dabei: Ihr Sohn Fletcher.

Die Welt heilen, statt Wunden hinterlassen

Das Klettern wird immer beliebter. Die Passion der Menschen für das Klettern wächst stetig. Bis 1970 ist *Chouinard Equipment* der größte Lieferant für Kletterausrüstung in den Vereinigten Staaten geworden. Und was Yvon noch nicht erkennt: Sie sind auf dem besten Weg, das zu werden, was er immer verachtet hat und vermeiden wollte: ein richtiges Unternehmen.

Als er wieder einmal klettern ist und an der Steilwand des El Capitan im Yosemite-Tal hängt, bemerkt er Risse im Felsen.

Die viele Löcher und Spalten, die sich wie klaffende Wunden über den Felsen ziehen. Noch vor wenigen Sommern war der Felsen völlig unberührt. Er und all die anderen Kletterer, die die Berge so sehr lieben, hinterlassen tiefe Wunden. Wunden, die nie wieder heilen würden. Wie viele Löcher wird der Felsen hier in zwei Jahren haben? In 20?

Yvon weiß: Er muss was ändern. Er will keine Narben im Felsen hinterlassen, nur damit er klettern kann.

Das Problem: Die Felshaken sind sein Geschäft. Aber sein Geschäft schadet der Natur. Es muss eine Alternative geben – eine Lösung. Eine Lösung, die gut ist für das Business und die Natur. Und die gibt es: Klemmkeile. Die kann man mit der Hand verkeilen, statt mit einem Hammer in den Felsen zu rammen. Britische Bergsteiger haben sie oft genutzt. Aber in Yvons Augen sind diese Klemmkeile noch unausgegoren. Sie haben Potenzial, ja – aber perfekt sind sie nicht. Noch nicht.

Yvon und sein Team fangen damit an, ihre eigenen Klemmkeile herzustellen. Sie nennen sie Stoppers und Hexentrics. Diese Klemmkeile ermöglichen es Kletterer Berge zu besteigen, ohne Spuren zu hinterlassen. Bis 1972 verkaufen sie ihre Klemmkeile in kleinen Mengen. Dann erscheint ihr neuer Katalog. Darin: Ein Leitartikel über die Umweltrisiken von Felshaken. In einem weiteren Text – einem Aufsatz des Bergsteigers Doug Robinson – erfährt der Leser über 14 Seiten lang alles über das Clean Climbing mit Klemmkeilen. So kann der Bergsteiger tun, was ein passionierter Bergsteiger tut: einen Berg besteigen und ihn wieder so verlassen, wie er ihn vorgefunden hat.

Widerstand kommt von den älteren Bergsteigern. („Das haben wir schon immer so gemacht!") Kommt uns das bekannt vor? Einer der gefährlichsten Sätze überhaupt.

Was passiert? Innerhalb weniger Monate nachdem der Katalog versendet wird, hat Yvon sein Geschäft mit den innovativen Klemmkeilen selbst kannibalisiert: Das Felshaken-Business verkümmert. Das Klemmkeil-Business floriert. Die neuen und nachhaltigen Keile verkaufen sich schneller als Yvon und sein Team sie herstellen kann. Die Clean-Climbing-Revolution ist geboren. Und der Stein – oder besser gesagt, der Keil für eines der weltweit erfolgreichsten Unternehmen für Outdoor-Ausrüstungen und Bekleidung ist gelegt: **Patagonia**.

Der erfolgreiche Geschäftsmann, der nie einer sein wollte

In den nächsten Jahren kommen Kleidungen für Kletterer dazu, Ausrüstungen für Ski- und Kajakfahrer, Surfer und Angler. Patagonia stattet Outdoor-Freaks aus – ob für's Wasser oder die Berge und das immer erfolgreicher. Yvon wird zu dem, als was er sich nie sehen wollte: ein erfolgreicher Geschäftsmann. Er wollte vieles sein und ist es auch: Bergsteiger, Surfer, Kajakfahrer, Skifahrer und immer noch Schmied – aber doch bitte kein Geschäftsmann.

Sein Team und er wollen doch einfach nur gutes Klettermaterial und funktionelle Kleidung herstellen, die sie und ihre Freunde brauchen. Jetzt hat er ein echtes Unternehmen mit echten Angestellten, die Familie haben. Und sie alle sind abhängig vom Erfolg des Unternehmens. Das ist ihre Arbeit – mehr noch: Es ist ein großer Teil ihres Lebens. Sie alle verlassen sich auf ihn – auf Patagonia.

Was soll er machen? Yvon akzeptiert die Tatsache, dass er jetzt ein Unternehmer ist und es vermutlich sehr lange bleiben wird. Zeit also, die Sache ernst zu nehmen. Er weiß aber auch, dass er für sich die Regeln des Business ändern muss, um hier länger mitzuspielen, Spaß an der Sache zu haben und um glücklich zu bleiben – als Geschäftsmann. Er muss sich meilenweit von diesen irrwitzigen Geschäftstypen in Anzügen distanzieren. Wenn er jemals einer von diesen leblosen, Geld gierigen Typen werden würde, dann ... nein, auf keinen Fall. Yvon weiß: Er würde die normalen Regeln des Spiels niemals befolgen. Wenn er schon ein Unternehmer sein muss, dann zu seinen eigenen Bedingungen.

Es gibt ein paar Dinge, die Yvon in seinem Leben nicht ändern will, nur weil er Unternehmer ist. Er möchte, dass er und sein Team auch weiterhin jeden einzelnen Tag gut gelaunt und beschwingt zur Arbeit kommen. Umgeben von Freunden, die anziehen dürfen, was sie wollen. Surferkleidung, Sandalen, barfuß – was auch immer. Gleitzeit wäre wichtig, dass sie auch weiterhin surfen gehen können und nicht erst nach Feierabend. Die Wellen warten nicht. Surfen, dann wenn die Wellen am besten sind – egal zu welcher Uhrzeit. Zweimal im Jahr in den Urlaub nach Plan? Auf keinen Fall. Seine Mitarbeiter und er sollen im Pulverschnee Skifahren, tagelang klettern gehen, wann immer sie wollen. Hauptsache sie werden nicht zu diesen Büro-Zombies, die er täglich auf den Straßen sieht.

Die Patagonia-Mitarbeiter-Strategie scheint aufzugehen: Trotz des Wachstums von Patagonia kann das Team seine kulturellen Werte bewahren. Sie gehen gern zur Arbeit. Sie sind von Freunden und Kindern und Hunden der Mitarbeiter umgeben. Sie joggen und surfen in der Mittagspause oder spielen Volleyball. Nicht einer von ihnen trägt einen Anzug oder eine Krawatte.

Das was heute Trend ist und in vielen Unternehmen als legere Unternehmenskultur gilt, die die Kreativität und die persönliche Entfaltung der Mitarbeiter prägen soll, hat Patagonia maßgeblich mitgeprägt. Früher wirkte das Modell auf viele befremdlich. Freaky, crazy, weird – heute ist es cool.

Patagonia wächst weiter und erschließt neue Märkte im Ausland. Yvon wird zum Hamlet der Businesswelt. Immer wieder stellt er sich die Frage: Wie groß darf und kann ein Unternehmen sein oder nicht sein, damit es immer noch seine Werte bewahren kann? Muss er wirklich anfangen, seine Outdoorkleidung an Großmärkte oder Kaufhäuser zu verkaufen? Wären sie dann immer noch in der Lage, weltbeste Ausrüstung und Kleidung herzustellen?

Aber noch eine andere Frage beschäftigt Yvon und raubt ihm den Schlaf: Was zur Hölle passiert da mit unserem Planeten? Yvon ist regelmäßig unterwegs und kommt jedes Mal mit neuen Ideen zurück. Andere haben Ideen unter der Dusche, er bekommt neue Ideen, wenn er an einer Steilwand hängt, eine Welle surft oder stundenlang auf die ruhige Wasseroberfläche eines Sees blickt.

Aber jedes Mal, wenn er in Nepal, Afrika oder Polynesien unterwegs ist, um zu klettern, zu angeln oder zu surfen, stellt er fest, dass sich seit seinem letzten Besuch die Natur gravierend verändert hat. Die Spuren, die wir Menschen auf der Welt hinterlassen, sind immer eindeutiger. Alles verändert sich. Immer schneller. Und nicht zum Besseren. Jedes Mal wenn er zurück ins Unternehmen kommt, bringt er zwar viele Ideen für neue Produkte, Materialien und Märkte mit, aber auch viele besorgniserregende Geschichten von den Umwelt-Verwüstungen, die er in diesen Ländern gesehen hat: Wälder, die vor kurzem noch da waren und noch da sein sollten, sind verschwunden. Riesige Gletscher schmelzen wie eine Kugel Eiscreme in der Sonne. Seltene Tierarten werden solange gejagt, bis auch das letzte Exemplar ausgerottet ist. Krankheiten und Seuchen verbreiten sich – und all das hängt miteinander zusammen. Schuld daran ist nur einer: der Mensch.

Der Mensch sitzt in seinem eigenen Nest und ist drauf und dran, sein eigenes Zuhause zu vergiften, zu vermüllen, einzureißen, abzufackeln – während er mittendrin steht, ohne zu wissen, wo sich der Notausgang befindet. Da fällt es sogar einem großen lebensbejahenden Optimisten wie Yvon nicht leicht, immer positiv zu sein.

Aber das ist nicht die einzige Sorge, die Yvon beschäftigt. Wenn ein Unternehmen wächst, ist das auch immer mit neuen Problemen verbunden und plötzlich stehst du mittendrin, im Schlamassel. Alles was vorher irgendwie von allein wie auf einer Welle glitt, gleitet dir jetzt aus den Händen, wird so komplex und unübersichtlich, dass man irgendwann nicht mehr weiß, wo oben und wo unten ist. Patagonia wird fünf Mal in nur fünf Jahren umstrukturiert. Das führt schließlich dazu, dass Mitarbeiter plötzlich nicht mehr miteinander, sondern aneinander vorbei arbeiten und Patagonia vor lauter komplexen Plänen, Charts und neuen Konzepten seine Ziele aus den Augen verliert.

Yvon und seinem Team ist klar, dass sie eine neue Perspektive brauchen. Also sucht er in Begleitung seiner Frau Malinda, ihrem CEO und CFO einen angesehenen Business-Berater auf. Dieser Mann hat die strategische Planung von IBM geleitet und den mega Turnaround von Harley-Davidson herbeigeführt. Trotz seines Alters (70 Jahre) wirkt der Mann mit grauem Vollbart jugendlich und ist voller Energie. Statt sich in einem fetten Stuhl mit Hydraulik in seinem Büro zu fläzen, empfängt er seine Gäste auf seiner Jacht, auf der er lebt. Gekleidet als Kapitän schippert er mal hierhin und mal dorthin. Gerade liegt er am Hafen von Florida an.

Hier sitzt das Patagonia-Team also vor dem Kapitän und bittet ihn um seine Beratung. Der Kapitän antwortet mit seiner piepsigen Stimme, die so gar nicht zu seinem Äußeren passt, dass er ihnen erst helfen wird, wenn sie ihm sagen, WARUM sie im Business sind.

Also erzählt ihm Yvon die Geschichte von Patagonia und dass er sich selbst als Handwerker betrachtet und eigentlich nur aus Versehen dieses erfolgreiche Unternehmen aufgebaut hat. Yvon erzählt ihm von seinem pessimistischen Blick auf die Zukunft für den Planeten. Dass sein Team und er sich verantwortlich dafür fühlen, etwas dagegen zu unternehmen. Dass sie allein im letzten Jahr über eine Millionen Dollar an mehr als 200 Organisationen gespendet haben. Und dass der Grund noch im Geschäft zu bleiben, eigentlich nur der ist, damit sie Geld verdienten, das sie weggeben können, um zu helfen – da wo Hilfe benötigt wird.

Der Business-Guru im Kapitäns-Outfit sitzt eine ganze Weile nur da und denkt über die Worte von Yvon nach. Dann macht er dem Patagonia-Team klar, dass er das für kompletten Blödsinn hält. Dass, wenn es Yvon wirklich ernst damit wäre, zu helfen, würde er das Unternehmen für 100 Millionen verkaufen, ein paar Millionen behalten und den Rest davon in eine Stiftung geben. So könnte er das Kapital investieren und jedes Jahr einige Millionen nach Belieben verteilen – Boom, fertig, Problem gelöst.

Yvon entgegnet, dass er sich dann Sorgen machen würde, was mit dem Unternehmen passiert, wenn sie es verkaufen. Der Business-Guru kontert und wirft Yvon vor, dass er sich in diesem Fall nur was vormacht und er in Wahrheit gar nicht weiß, WARUM er im Business ist. Nach ihrem Meeting ist das Patagonia-Team alles andere als erleuchtet. Sie sind verwirrter als zuvor. Yvon stellt sich immer und immer wieder die 100-Millionen Dollar-Frage: Warum bin ich im Business?

Warum?

Warum?

Warum?

Und 1991 kommt für Patagonia alles anders als gedacht.

Auf der Suche nach dem verlorenen Sinn

Nach einem unaufhaltsamen Wachstum von 30 bis 50 Prozent in den letzten Jahren kommt das Wachstum abrupt zum Stoppen. Wie ein Schnellzug, der in einen anderen kracht, kommt alles ganz plötzlich mit einem Knall zum Stehen. Das Land erwacht aus einem wunderschönen Traum. Der große amerikanische Traum in dem alles möglich schien. Und jetzt befindet sich das Land plötzlich mitten in einer großen Rezension, die das ganze Land durchzieht.

Waren die Patagonia bestellt hat, weil sie mit einem regelmäßigen Wachstum gerechnet haben, füllen jetzt die Lagerhallen. Aber die Ironie ist: Ihre Umsatzkrise wurde nicht ausgelöst wegen eines Rückgangs der Verkäufe, sondern durch eine Zunahme von 20 %. Patagonia kann die Nachfrage nicht erfüllen. Händler stornieren Bestellungen, der Lagerbestand bei Patagonia wächst weiter an.

13. Die Welt heilen, statt Wunden hinterlassen.

Patagonia fährt die Produktion zurück. Die Krise erreicht die Banken. Und Patagonias Hausbank kürzt ihre Kreditlinie drastisch. Geld, das Patagonia braucht. Patagonia hat bis zu diesem Tag noch nie Mitarbeiter entlassen und hatten es auch nicht vor. Aber jetzt müssen sie es. 120 Mitarbeiter müssen unter Tränen die Patagonia-Familie verlassen. 20 % der Belegschaft.

Yvon sieht die Krise des Landes als Mikrokosmos, der für das steht, was gerade auf der ganzen Welt passiert. Ihr eigenes Unternehmen hat, wie das Land, seine eigenen Mittel überschritten. Es ging nur noch um Wachstum. Sie waren abhängig vom Wachstum, weiter, weiter, immer weiterwachsen. Bis sie nicht mehr hinterher kamen.

Boom. Das war das Stop-Zeichen für das Patagonia Team. Yvon ist klar: Es ist an der Zeit, vieles – oder alles zu überdenken. Und wirklich umzudenken, neue Methoden einzuführen. Business geht besser. Nachhaltiger, verantwortungsvoller, menschlicher. Aber wie?

Was tut Yvon, wenn er nach Antworten sucht und neue Ideen braucht? Richtig, er flieht in die Natur, geht wandern. Aber dieses Mal nimmt er seine Topmanager mit. Gemeinsam machen sie sich auf in die Berge Patagoniens. Und während sie wandern, fragt sich das Team immer und immer wieder:

WARUM?

Warum sind wir im Business?

Das kleine, auserwählte Patagonia-Team setzt sich also in den Bergen Patagoniens tiefergehende und existenzielle Fragen aus, wie:

Welche Art von Business wollen wir mit Patagonia sein?

Ist es wirklich erstrebenswert, ein Milliarden-Dollar-Unternehmen zu führen?

Wenn ja, dann aber nur, wenn sie Produkte herstellen können, auf die sie wirklich stolz sind. Und nur, wenn sie damit gleichzeitig die Umweltschäden eindämmen könnten, die sie als Unternehmen schließlich mit verursachten. Wie können wir unsere Werte trotz Wachstum bewahren? Oder die Unternehmenskultur? Genau die macht sie ja erst zu Patagonia und nicht zu irgendeinem Unternehmen.

Ich möchte mir die Patagonia-Gruppe gern als moderne Business-Philosophen vorstellen. Da wandern sie durch eine wunderschöne Landschaft und stellen sich den existenziellen Fragen über das Leben, das Arbeiten, den Sinn des Lebens und diskutieren über die Zukunft von Patagonia – in Patagonia.

Zurück im Unternehmen wollen sie ihre Gedanken und Erkenntnisse dem Rest der Patagonia-Familie mitteilen. Ist aber gar nicht so einfach. Sie stellen ein Gremium zusammen, bestehend aus Freunden und engsten Beratern. Einer von ihnen ist Schriftsteller und überzeugter Ökologe. Und während sie alle im Garten des Unternehmens im Schneidersitz zusammensitzen und sich schwertun, ihre Werte, Überzeugungen und ihre Mission in sinnvolle, verständliche Gedanken und klare Worte zu gießen, zieht sich Jerry Mander – der Schriftsteller – zurück in sein Büro und haut in die Tasten.

Irgendwann nach Stunden fliegt die Tür auf und Jerry wedelt mit ein paar Maschinen beschriebenen Blättern in der Hand. In einem Artikel, in dem die Worte so klar dahinfließen, wie das Wasser in einem Bach, hat er alles was, Patagonia ausmacht, perfekt auf den Punkt gebracht.

Mit diesem Artikel können sie sich jetzt endlich „artikulieren". In einer eigenen Stimme – der Stimme von Patagonia. Endlich können sie lebendig ausdrücken, was ihnen wichtig ist und welche Werte und Überzeugungen sie vertreten. Keine oberflächlichen Floskeln, keine Worthülsen, die in einem Unternehmenshandbuch stehen und dort verstauben. Lebendige Worte, die sie jeden Tag leben und in allem was sie tun, umsetzen können.

Sie haben jetzt klare Leitbilder. Sie nennen sie die Patagonia Philosophien. Diese Philosophien sind ab jetzt ihr Kompass – ihr Nordstern, der ALLES beeinflusst, was sie tun. In einwöchigen Mitarbeiter-Seminaren, die Yvon unter freiem Himmel im Yosemite Park veranstaltet, bespricht er mit all seinen Mitarbeitern die neuen Unternehmensphilosophien. Dort zelten sie, sitzen unter Bäumen und unterhalten sich, über die Mission und die Zukunft von Patagonia. Klingt nach Hippie-Quatsch? Ich finde, das ist nur ein Beispiel von dem viele andere Unternehmen in Sachen Unternehmensführung lernen können.

Yvon vermittelt seinen Mitarbeitern seine neuen Erkenntnisse und das, was er als jahrelanger Surfer, Bergsteiger, Kajakfahrer und Fliegenfischer gelernt hat. Yvon hat immer schon ein eher einfaches und bescheidenes Leben gelebt. Er ist davon überzeugt, dass hier die Quelle für echte Erfüllung, Glück und Zufriedenheit liegt. Nicht in den vielen materiellen Dingen, die ein Mensch in einem einzigen Leben so anhäufen kann. Der Mensch, der mit den meisten Dingen stirbt, hat gewonnen? Nope.

Erfahrungen und Erlebnisse sind alles.

Dinge sind nur Dinge.

Ein Vorbild für andere Unternehmen sein

Ab 1991, als Yvon erkennt, wie es um unsere Natur und der Tierwelt wirklich steht, reduziert er den Verbrauch von materiellen Dingen weiter und beginnt damit, mehr unbehandelte Lebensmittel zu essen. Die Extremsportarten, die er betreibt, haben ihm eine weitere wichtige Lektion gelernt: überschreite nie deine Grenzen. Das trifft auch auf das eigene Unternehmen zu. Yvon sieht klarer als je zuvor: Er will das für sein Unternehmen, was er auch für sich will. Seine persönliche Philosophie, will er auch auf sein Unternehmen übertragen.

> **„In jedem gesunden Unternehmen können sich die Methoden, das Geschäft zu führen, ständig ändern, aber die Werte, die Kultur und die Philosophie bleiben unverändert."**
>
> *(Yvon Chouinard in seinem Buch* Lass die Mitarbeiter surfen gehen!*)*

Sollen die anderen Unternehmen so weitermachen, er will mit Patagonia ein Vorbild für Unternehmen sein, die es anders machen wollen. Denen Purpose vor Profit geht. Wenn Patagonia die Krise überleben will, müssen sie damit beginnen, alle Entscheidungen so zu treffen, als ob sie auch noch in 100 Jahren im Geschäft sein würden. Weitblick, statt Tunnelblick auf den kurzen, schnellen Erfolg.

Yvon hat endlich eine Antwort auf seine Fragen:

Warum bin ich Unternehmer?

Wozu ist Patagonia im Business?

Er möchte mit Patagonia ein Modell schaffen, das für andere Unternehmen als gutes Beispiel dient, wie sie mit Verantwortung für die Natur und Nachhaltigkeit, trotzdem ein erfolgreiches Unternehmen aufbauen und langfristig führen können.

Angefangen hat ihre Mission mit Felshaken, die Vorbilder für andere Ausrüstungshersteller wurden. Ihre Produkte sind das Tool, um ihre Mission, ihre Werte und Überzeugungen umzusetzen. Patagonia hat seine Bestimmung gefunden und das hat Yvon wieder daran erinnert, warum er Unternehmer wurde. Patagonia haben mitten in einer Krise ihren Turnaround vollzogen, der ihre Zukunft bestimmt hat.

Seth Godin hat einmal gesagt: Frag dich, ob deine Marke jemand vermissen würde, wenn sie nicht mehr da wäre. Die meisten von uns würden vermutlich 90 % der Marken nicht vermissen. Aber Patagonia? Unsere Welt braucht Marken wie Patagonia. In Zukunft mehr denn je.

1992 hat das Business-Magazin *Inc.* einen Artikel über Patagonia verfasst. Der Tenor: Yvon Chouinard wirbt für sein Unternehmen als ein Modell für die Zukunft. Aber vielleicht ist die Zeit für sein Unternehmen schon abgelaufen?

Wir wissen alle, was aus Patagonia geworden ist. Wofür Patagonia steht. Und ich bin sicher, dass Patagonia auch noch in 50 oder sogar 100 Jahren existieren wird. Und im besten Fall viele erfolgreiche „Mentees“ den Weg geebnet hat, für eine Zukunft in der Unternehmen und Marken eine wichtige Rolle in unserem Leben spielen, weil wir gemeinsam mit ihnen an einer Zukunft arbeiten, die für alle erstrebenswert wäre.

DIE WELT HEILEN,
STATT WUNDEN HINTERLASSEN

TEIL II

„Branding sagt den Menschen, wer wir sind. Werbung verkauft den Menschen unser Produkt.“

Yvon Chouinard

Lass meine Leute surfen gehen

Wir bei Patagonia wissen, dass alles Leben auf der Erde vom Aussterben bedroht ist. Wir wollen die uns zur Verfügung stehenden Ressourcen – unser Unternehmen, unsere Investitionen, unsere Stimme und unsere Vorstellungskraft – nutzen, um etwas dagegen zu tun.

(Aus dem Patagonia-Bekenntnis auf ihrer Website)

Patagonia ist eine der glaubwürdigsten Marken, wenn es um Purpose und No-Bullshit-Werbung geht.

„In jedem langlebigen Geschäft können sich die Methoden der Geschäftsführung ständig ändern, aber die Werte, die Kultur und die Philosophien bleiben konstant“, schreibt der Gründer von Patagonia – Yvon Chouinard – in seiner Autobiographie, die jedem Unternehmer als Standardwerk zur Unternehmensgründung auf den Tisch geknallt werden sollte. Und einigen Unternehmen sollte man dieses Buch in einer Art verbaler Purpose-Prügel laut vorlesen, damit auch sie endlich verstehen, dass man ein erfolgreiches Unternehmen führen kann, ganz ohne gierig zu sein und unseren Planeten auszubeuten.

Business Unusual: Bei Patagonia geht Purpose klar vor Profit

Kaum eine andere Marke ist so konsequent, wenn's darum geht ihr WARUM zu kommunizieren und auch rigoros zu verfolgen. Inklusive Schwäche zeigen. Wie zum Beispiel kürzlich auf ihrer Website. In einer Story haben sie ausführlich erklärt, dass sie – wie viele andere – zu wenig gemacht haben, um das hässlich grassierende Rassismus-Problem zu bekämpfen:

Wir lernen, wie man ein antirassistisches Unternehmen wird.

Die Black Lives Matter-Bewegung hat eine Abrechnung der tiefen rassistischen Ungerechtigkeit um uns herum erzwungen und entblößte unsere eigene Mitschuld.

Die letzten Monate haben gezeigt, wie viel mehr wir tun müssen, um unseren Werten als aktivistisches Unternehmen gerecht zu werden. Wir haben zu viel versäumt.

Um diese Arbeit wirklich voranzutreiben, müssen wir Patagonias mangelnden Fortschritten entgegentreten und die Verantwortung für das Ergebnis unserer Tatenlosigkeit in vollem Umfang übernehmen.

Diese Arbeit ist dringend und lebenslang. Wir werden niemals „fertig" sein. Wir widmen unsere Zeit und Ressourcen wieder diesem wesentlichen Teil unserer Mission. Wir öffnen unsere Augen für das, was wir ignoriert haben.

Wir haben unternehmensweit begonnen zu lernen, um ein gemeinsames Verständnis dafür zu schaffen, was es bedeutet, ein antirassistisches Unternehmen zu sein. Und wir aktualisieren unsere Richtlinien, um Gleichberechtigung explizit in unserer Agenda aufzunehmen.

Das sind alles nur Worte. In den kommenden Monaten werden wir über unsere Fortschritte berichten, damit wir zur Verantwortung gezogen werden können. Wir sind im Geschäft, um unseren Heimatplaneten zu retten, aber wir können dies unmöglich allein tun.

Wir müssen uns auf diejenigen konzentrieren, die am stärksten von der Umweltkrise betroffen sind, und ihrem Beispiel folgen. Wir sind hier, um eine gerechtere Welt zu schaffen.

(Auszug aus „Unser Bekenntnis" – ein Statement auf der Patagonia Website zur Black Lives Matter-Bewegung)

Solch ehrliche und selbstkritische Worte auf die eigene Website zu packen, ist tausendmal mehr wert als jeder Pseudo-Purpose-Glossy-Spot, der von 10 Vorständen angepasst und abgenickt wurde, während sie in ihre fettigen Donuts gebissen haben und den nächsten Punkt auf ihrer *So-tue-ich-so-als-führe-ich-ein-nachhaltiges-verantwortungsvolles-und-modernes-Unternehmen-Liste* abgehakt haben.

Patagonia glaubt man diese Worte. Sie gehen an und setzen um, was sie sagen. Es ist ihnen wichtig. Wichtiger als Geld, wichtiger als Ansehen, wichtiger als das, was andere Unternehmen über sie denken. Patagonia sagt an und geht an, was sie versprechen. Patagonia ist hier, um zu helfen, nicht um zu verkaufen. Sie verkaufen, um zu helfen und zu heilen.

Viele Marken haben Angst für etwas zu stehen. Eine klare und starke Message zu haben oder sich zu einer Sache zu äußern, die anecken könnte. Heikle Themen, die man lieber totschweigt oder unter den Teppich kehrt. Sie haben Angst Kunden, Partner oder Geldgeber zu verlieren, die anderer Meinung sind. Sie haben große Angst, es nicht allen recht zu machen. Ihre Angst und ihr Konkurrenzdruck bestimmt ihre Entscheidungen. Das Unternehmen Patagonia wird von seinem Thema geleitet.

Patagonia steht zu seinen Werten und zu seinen Überzeugungen. Sie stehen zu ihren Fehlern, weil kein Unternehmen, das Millionenumsätze erzielt, fehlerfrei ist. Das wissen sie. Niemand ist fehlerfrei. Das ist menschlich und es sind nun mal Menschen, die Unternehmen führen.

Also stehen wir zu unseren Fehlern. Aber sprechen wir sie offen an? Versuchen wir, immer besser zu werden, indem, was wir tun, für unsere Kunden und unseren Planeten? Versuchen wir, Probleme gemeinsam zu lösen? Wir wollen besser werden und das können wir nur gemeinsam. Wer als Unternehmen diese Probleme unter den Teppich kehrt und die Menschen für dumm verkaufen will, der läuft Gefahr, sich eine eigene Grube zu schaufeln, so wie es VW mit ihrem Diesel-Skandal getan haben. Was für eine großartige Marke, die so großes Vertrauen über einen solch langen Zeitraum gewinnen konnte. Dann haben sie alles wegen ihrer Profitgier aufs Spiel gesetzt – und verspielt.

Marken müssen nicht fehlerfrei sein, aber sie sollten ehrlich und transparent sein. Kunden wissen: kein Unternehmen, keine Marke ist fehlerfrei. Aber sie vertrauen Marken, die ehrlich und menschlich sind. Marken, die zu ihren Fehlern stehen und daran arbeiten.

„Kein Tier ist so dumm oder gierig,
sein eigenes Nest zu beschmutzen,
mit Ausnahme des menschlichen Tieres."

Yvon Chouinard – Gründer von Patagonia

Profit UND Purpose geht beides: Seiner Zeit voraus hat Patagonia immer den Purpose vor den Profit gestellt und ist trotz des phänomenalen Wachstums und großen Erfolgs seinen Werten treu geblieben. Ja, Purpose und Profit ist möglich: Purpose + Profit = Patagonia

Jeder Patagonia-Kunde hat ein gutes Gefühl, wenn er mit der Marke interagiert oder sich ein weiteres Patagonia-Produkt kauft. Warum? Ganz einfach: Er wird so nicht nur Teil der großen Patagonia-Story, er arbeitet gemeinsam mit Patagonia daran, die Welt besser zu machen. Unseren Planeten zu heilen, weniger Narben zu hinterlassen. Den Planeten besser zu verlassen, als man ihn vorgefunden hat.

Welches Unternehmen zeigt schon dem Black Friday den Mittelfinger und schließt seine Geschäfte ausgerechnet an diesem Tag des großen Kaufrauschs? Nicht viele. Aber Patagonia auf jeden Fall. Und wenn sie nicht schließen, spenden sie ihren *kompletten* Erlös aus dem Black Friday Sale. Die Marke steht nämlich genau für das Gegenteil: Kauf dir nur, was du auch wirklich brauchst und nutzt. Kauf nicht alles, was die Werbung dir verkaufen will. Denk nach bevor du kaufst. Kauf verantwortungsvoll – und vor allem: schmeiß nicht einfach alles weg, was man noch reparieren und wiederverwenden kann.

Reparieren ist das neue Neu.

Ja, auch Kleidung – nein, gerade Kleidung kann und sollte repariert werden. Schuhe, Jacken, Mäntel, Taschen – so etwas lässt sich reparieren. Du bringst dein Auto ja auch in die Reparatur, wenn mal was kaputt ist und kaufst dir nicht gleich ein neues Auto, weil die Bremsen durch sind. Patagonia animiert seine Kunden dazu, ihre Klamotten zu reparieren oder sie reparieren sie auch für dich. Sie reparieren deine alten Patagonia-Klamotten genauso gern, wie dir neue zu verkaufen.

PATAGONIA: "The Greenest Product Is The One That Already Exists"

Das haben sie in ihrer Kampagne „Don't buy this Jacket" stark kommuniziert und weil das für Patagonia nicht bloß eine Kampagne ist, sondern ein Teil ihrer DNA und ihrer großen Brand Story, ist das ein langfristiger Service von Patagonia. Getragene Patagonia-Klamotten reparieren oder die, die nicht mehr zu reparieren sind, zurückzunehmen und zu recyclen.

Ihr persönlicher und leidenschaftlicher Kampf gegen den Fast Fashion-Wahn, dem so viele Menschen auf der ganzen Welt verfallen: Sie kaufen und kaufen und werfen weg und kaufen und werfen weg und kaufen und – ich denke, du weißt, worauf ich hinauswill. Ein eitler Fashion-Irrsinn. Billig produzierte Klamotten, die eine Laune lang halten und dann auf dem Müll landen. Wir haben ein Plastikmüll-Problem in unseren Weltmeeren? Sicher. Aber wir haben auch ein verdammtes Fashion-Müllproblem, verteilt über unseren kompletten Planeten.

Patagonia hat seinen Purpose von Tag 1 an tief in seiner Unternehmenskultur verankert. Purpose steckt in ihrer DNA und anstatt sich wie viele andere Unternehmen auf eine einzige Aktion oder Mission auszuruhen, sind sie ständig auf der Suche, wie sie den Planeten mit ihrem Business weiter heilen können. Und für die Purpose-Zweifler, die diese Marke als Hippie-Überbleibsel betrachten mal kurz die hard facts:

Patagonia verkauft Produkte an Menschen in der ganzen Welt.

Patagonia hat heute einen Unternehmenswert von über einer Milliarde Dollar.

Patagonia führt jedes Jahr die Liste der besten Outdoor-Marken an. Vor Jack Wolfskin und The North Face.

Patagonia ist unglaublich erfolgreich und der Trend zeigt klar nach oben. Und das ist auch gut so. Je mehr sie verkaufen desto mehr kann Patagonia für unseren Planeten tun, Umweltaktivisten unterstützen, Millionen spenden und die Menschen weiter mit ihrer Story inspirieren und aufklären. Natürlich bin ich da gern Teil der Patagonia-Story.

Erst kürzlich hat Patagonia sein Purpose Statement überarbeitet. Schon vorher war es einer der besten und ehrlichsten Purpose Statements, aber trotzdem habe ich mich immer gefragt: Warum fängt ein so Purpose-getriebenes Unternehmen in ihrem Why Statement mit ihren Produkten an?

Das Statement war gut. Aber von Patagonia hätte ich noch mehr....na ja...Purpose im Purpose-Statement erwartet. Das haben sie jetzt geändert. Das alte Statement ist verschwunden und das neue ist...ich denke, mehr Purpose geht nicht. Aber zuerst, hier ist das alte Statement, das immer gern als Best Practice Why/ Purpose-Statement in der Marketingwelt herhalten musste:

Ehrlich, leidenschaftlich, einfach und klar. Aber warum mit den Produkten anfangen und nicht mit dem Purpose? Das hat sich Patagonia anscheinend auch gefragt und mit einem Purpose Statement geantwortet, das zu Patagonia passt wie... na ja... wie nur zu Patagonia eben:

Sympathisch. Kurz, kürzer, punchy und eine krasse Ansage. Mehr Purpose geht nicht. Aber Patagonia kauft man das ab. Und darum kauft man ihre Produkte, ihre Story.

Kein Wort über das Produkt. Einfach nur eine klare Antwort auf die existenzielle Frage: Warum oder besser wozu gibt es unser Unternehmen? Und warum sollte es irgendjemanden interessieren?

Wir sind im Business, um unseren Heimatplaneten zu retten.

Das sollte JEDEN interessieren, dem unser Planet nicht völlig egal ist. Solch leidenschaftlich heroische Statements kommen normalerweise von Charities, nicht von einem Konzern, der Millionen macht, mit Outdoor- und Surfbekleidung.

Gesagt, getan: Dieses Statement hört nicht auf der Website auf. Schau dir ihren Blog an, ihre Bewegtbild-Stories, check ihre Social-Media-Kanäle und du wirst sehen, dass Patagonia ihr WARUM in allem was sie tun und kommunizieren, verkörpern.

Rose Marcario, CEO von Patagonia im Gespräch mit www.digitalcommerce360.com zur Überarbeitung ihres Purpose-Statements:

„Für uns war es kein großes Risiko. Wir kennen unsere Kunden. Wir waren noch nie ein Massenwerber, wir machen keine Werbespots. Die Leute finden die Marke, und sie interessieren sich für das Produkt. ... Die Kunden kommen mit einem gewissen Bezug zur Natur zu uns, sie lernen uns kennen und haben eine Beziehung zu uns."

Patagonia macht keine Werbespots, stattdessen erzählen sie großartige und längere Stories, die eine Beziehung zu ihrem Publikum aufbauen. Sie erzählen diese Stories um eher zu inspirieren, als zu verkaufen. Sie wollen Menschen für einen verantwortungsvolleren und ungezwungeneren Lebensstil inspirieren. Im Einklang mit der Natur. Patagonia macht aus ihren Kunden große Storyteller und leidenschaftliche Aktivisten.

Die Patagonia Stories erreichen Views, von denen andere große Marken, die Millionen-Budgets in ihre Glossy-Heile-Welt-Werbespots stecken, nur träumen können. Aber dazu mehr im zweiten Band von *Storyseller*, wenn es um die Storytelling-Strategien großer Storyseller geht.

Unternehmen, schaut auf dieses Land: Patagonia. In diesem Fall: Auf die Marke aus Kalifornien. Ihr müsst es nicht genauso machen. Nicht ganz so krass. Aber wenn ihr auch nur ein Drittel von dem macht, was Patagonia macht, macht ihr mehr, viel mehr als 90 % der Unternehmen.

Du kannst weiter auf deine Zahlen starren, um zu verstehen, was deine Kunden wollen, unrealistische Personas entwickeln von Menschen, die es höchstens bei Gute Zeiten, schlechte Zeiten gibt, aber nicht im wahren Leben. Du kannst aus purer Verzweiflung Google fragen: Was zur Hölle wollen meine Kunden???

Oder du versuchst sie einfach zu verstehen: Was sind ihre Werte und Überzeugungen? Was sind ihre Ziele? Was bewegt sie? Was sind ihre Bedürfnisse? Was ist ihnen wichtig im Leben? Frag dich das oder frag sie einfach selbst: In den sozialen Medien. Dafür sind sie da. Starte eine Konversation, statt Monologe zu führen. Scanne Foren, in denen sich deine potenziellen Kunden aufhalten – dein ideales Publikum austauscht. Schau, was sie bewegt. Welche Probleme sie haben, welche Themen ihnen wichtig sind.

Mach es wie ein Showrunner, der eine Serie entwickelt: Stell dir deinen Wunsch-Kunden als Hero, als Charakter in deiner Brand Story vor. Fühl dich in sie oder ihn hinein. Versuche zu denken, zu fühlen zu sprechen wie sie oder er. Zieh dir ihre Schuhe an und spaziere mit ihnen so lange bis du weißt, wie sie ticken. Wie es sich anfühlt dieser Charakter zu sein. Stell dir einen Tag im Leben deines Heros vor. Von Anfang bis Ende: von morgens bis abends. Schreib es auf. Ich wette zwischen diesen Zeilen wirst du mehr Wahrheit finden als in jeder Umfrage, Statistik oder Marktforschung.

Ähnlich, wie Nike, kennt Patagonia seine Kunden besser als die meisten Marken ihre Kunden kennen. Sie wissen wie ihre Kunden ticken, was sie bewegt und für was sie stehen. Ihr Purpose ist echt und steht im Einklang mit den Überzeugungen ihrer Kunden.

Auf welcher Seite der Businesswelt möchtest du stehen?

14

Just do different: Wie Nike Steve Jobs inspiriert hat, anders zu denken

(Apple)

„Werte sind wie Fingerabdrücke. Niemandes sind gleich. Aber man hinterlässt sie überall auf allem, was man tut.“

Elvis Presley

JUST DO DIFFERENT

„Für mich geht es beim Marketing um Werte",

sagt Steve Jobs nach seiner Rückkehr zu Apple und bringt damit etwas ins Rollen, das die Marke für immer verändern wird.

Ein Satz, der mehr über Marke und Marketing aussagt als 80 % aller Marketingkurse. Der Satz leitet eine der vielleicht inspirierendsten Reden ein, die er je gehalten hat. Nicht öffentlich. Nicht für eine Produkteinführung. Die Rede richtet sich an Apple Mitarbeiter. Jahre bevor Steve Jobs für seine öffentlichen Keynotes gefeiert wird, in denen er fast jährlich ein neues, alles verändernde Apple-Produkt präsentiert.

Der Zeitpunkt ist 1997.

Der Ort: Die Apple-Zentrale in Cupertino im kalifornischen Silicon Valley.

Der Satz ist die Einleitung eines großen Umbruchs von Apple. Eine Veränderung und gleichzeitig, eine Rückkehr zu den Wurzeln von Apple. Dieser Satz sind die ersten Worte in seiner Rede an die Apple-Mitarbeiter. Kurz nach der Rückkehr von Steve Jobs zu Apple als CEO. 12 Jahre nach seinem Rauswurf.

Großes Glück für Apple und für Millionen Mac-, iPhone- und iPad-User auf der ganzen Welt. Ohne diesen Moment, würden wir heute keine iPhones oder iPads in Händen halten. Ich würde das hier nicht auf meinem MacBook Pro schreiben. Steve Jobs wäre nicht als einer der größten Visionäre und Marketing-Genies in die Geschichte eingegangen.

„Für mich geht es beim Marketing um Werte."

Im Jahr 1997 leitet dieser Satz die Rettung von Apple ein und bewahrt die Firma vor dem Untergang. Zu diesem Zeitpunkt ist Apple fast in der Belanglosigkeit verschwunden. Der Marktanteil liegt im Keller. Die Zustände: chaotisch. Die Stimmung: auf dem Nullpunkt. Apples Vision: finster.

Steve Jobs aber hat große Ziele. Und eine noch größere Vision: Er will die Apple Produkte wiederbeleben. Er will aber vor allem das Image der Marke wieder zum Strahlen bringen. Er will nichts weniger als Apple von Grund auf neu aufbauen. Er will eine Auferstehung bewirken – der Phoenix aus der Asche.

Steve Jobs ist überzeugt: Die Marke Apple hat eindeutig unter Vernachlässigung gelitten. Zu diesem Zeitpunkt ist Apple ein zum Gähnen langweiliges Unternehmen. Mit langweiligen Produkten, geleitet von langweiligen Führungskräften. Visionen? Kreativität? Leidenschaft? Keine Spur.

Steve Jobs nimmt sich dem Problem persönlich an. All in, statt es an seine Mitarbeiter zu delegieren. Dafür will er tief in den Bauch des weißen Wals steigen. Von innen heraus alles neu aufbauen. Umstrukturieren. Zurückgehen an die Wurzeln von Apple gehen, um die Marke fit für die Zukunft zu machen. Er will die Marke dorthin zurückbringen, wo sie hingehört. Dafür hat er sich die Hilfe von der Werbeagentur Chiat Day geholt. 1984 hat er Chiat Day zum ersten Mal engagiert. Das Ergebnis war der vielleicht beste Werbespot aller Zeiten – bis heute.

Inspiriert von George Orwells Buch 1984. Perfekt getimt im Jahr 1984. Der Spot sollte den Leuten die Augen öffnen. Er sollte beweisen, dass der damals so graue Gigant IBM nicht die Computer-Welt als der „Große Bruder" beherrschen wird. Apple gegen IBM. David gegen Goliath. Wer erinnert sich nicht: Die junge Frau im Sportdress. Sie hält einen Vorschlaghammer in ihren Händen. Sie läuft und läuft. Slow Motion. Sie erreicht einen gigantischen Kinosaal. Hier sitzt ein ganzes

Volk gehirngewaschener Menschen und starrt gebannt auf die Leinwand. Sie alle lauschen den Worten des „Großen Bruders".

Die junge Frau holt aus. Dreht sich wie eine Hammerwerferin. Einmal, zweimal, dreimal wirbelt sie herum. Mit einem lauten Schrei lässt sie den Vorschlaghammer los. Schleudert ihn durch die Luft. In Slow Motion fliegt er über den Köpfen der grauen Menschen hinweg. Und BOOM – kracht der Vorschlaghammer in die riesige Leinwand. Ein lauter Knall. Ein weißer Lichtstrahl durchzieht die Leinwand. Dann den ganzen Raum. Die Leinwand explodiert. Der Bann ist gebrochen.

Die Menschen erwachen aus ihrer Trance. Die Welt atmet auf. Und das Jahr 1984 wird – was für ein Glück – nicht wie in Orwells Buch 1984 beschrieben.

Der Spot war damals eine Sensation. Absolut ungewöhnlich. Aufregend. Eine Ansage. Jeder hat ihn geliebt. Es war der erste Schritt in eine große und visionäre Zukunft für Apple. Dann kam Steve Jobs Rauswurf. Und alles änderte sich.

Aber 1997 ist Steve Jobs zurück bei Apple. Zurück bei seinem Lebenswerk. Seinem Baby, das er eigenhändig mit seinem Freund „The Woz" – Steve Wozniak zur Welt gebracht hat. Er hat nicht vor, sich noch einmal aus seinem großen Traum, den er sich aufgebaut hat, rausschmeißen zu lassen.

Ein großes Umdenken muss her, weiß Steve Jobs. Apple braucht eine komplett neue Marketing-Strategie. Eine neue Ausrichtung. Dafür müssen sie zurück zu ihren Wurzeln. Um das seinem Team klarzumachen, braucht er nur wenige Minuten...

Steve Jobs betritt eine flache Bühne in einem kleinen Raum. Sein Markenzeichen, den Rollkragenpulli trägt er noch nicht. Schwarzer Sweater. Die Ärmel hochgekrempelt. Kurze Cargo-Hose und alte Sneaker.

Werden sie meinen Ideen zustimmen? Werden sie die Vision verstehen? Werden sie meinen Gedanken folgen? Kann ich sie motivieren, animieren, überzeugen? All diese Gedanken und Sorgen hat Steve Jobs nicht vor seiner Ansprache. Er ist in seinem Element. Nirgendwo sonst fühlt er sich so sicher, so zuhause wie auf einer Bühne, auf der er über Apple sprechen kann. Über Apple und was für ihn Apple bedeutet.

Sein Blick ist nach unten gerichtet, so als suche er auf dem Boden nach seinem Gedanken. Aber eigentlich blickt Jobs nach innen. Er stützt sich mit der linken Hand an einem der Tische ab, die andere in seine Hüfte gestemmt. Und er beginnt:

„Für mich ... geht es im Marketing um Werte."

Bei dem Wort Werte sieht er direkt ins Publikum. Er spricht mit seinen Mitarbeitern. Keine Ansprache, ein Zwiegespräch.

Kurze Pause, um das Gesagte wirken zu lassen.

„Es ist eine sehr komplizierte Welt da draußen. Es ist eine sehr laute Welt. Unsere Chance, dass die Menschen sich an uns erinnern, ist gering. Kaum ein Unternehmen schafft das."

Er löst sich vom Tisch. Macht einen Schritt.

„Und darum müssen wir uns wirklich klar machen, was die Menschen über uns wissen sollen."

Langsam setzt er einen Fuß vor den anderen. Schritt für Schritt. Beat für Beat, die seine Gedanken vorantreiben.

Pause.

Sein Körper kippt leicht nach vorne. Er faltet die Hände. Er könnte so auf der Kanzel einer Kirche stehen und zu seiner Gemeinde sprechen.

Aber Steve Jobs spricht nicht über Gott. Nicht über Religion. Nicht über Jesus. Er spricht darüber, dass Apple einer der besten Marken der Welt ist. Gleichauf mit Nike, Disney, Coke und Sony.

„Apple ist eine der ganz großen Marken. Nicht nur in Amerika. Auf der ganzen Welt."

Jobs faltet die Hände. Nirgendwo anders möchte er jetzt lieber sein. Nur dafür ist er auf der Erde. Um genau jetzt, genau hier zu sein. Seinem Team die Vision zu überbringen. Wofür Apple steht. Wozu Apple fähig ist.

„Aber selbst eine großartige Marke braucht Investition und Fürsorge, wenn sie ihre Relevanz und Vitalität behalten will."

Ein paar Schritte und die nächsten Worte fließen wie klares Wasser aus seinem Mund...

„Und was das betrifft, hat die Marke Apple in den letzten Jahren ganz klar unter Vernachlässigung gelitten. Und wir müssen sie wieder dahin zurückbringen."

Wieder ein paar Schritte. Ein neuer Gedanke. Ein Ansatz, nach dem Status quo, den er gerade aufgemacht hat.

„Wie wir das schaffen können ..."

Schritt, Schritt, Schritt. Blick nach innen, die Hand an den Lippen, der Blick nach unten, nach innen. Und mit einem Das-was-jetzt kommt-ist-wirklich-wichtig-Blick hin zu seinem Team:

„... ist nicht, indem wir über Geschwindigkeiten und Gebühren sprechen."

Kurze Pause. Sein Blick sagt: versteht ihr? Darum geht es nicht bei Apple. Ein paar kleine Schritte. Die Arme verschränkt.

„Nicht über Megahertz und Mikroprozessoren. Und nicht darüber, warum wir besser sind als Windows."

Sein ganzer Körper nickt mit ihm. Sein Körper ist voll dabei, bekräftigt das, was er sagt mit allen Fasern. Sein Blick ins Publikum gerichtet. Fragt sein Apple-Team stumm: Versteht ihr was ich meine? Zahlen, Daten, Features. Das ist alles nicht wichtig. Es geht bei Apple um mehr als das. Um viel mehr.

„Die Milchindustrie hat zwanzig Jahre lang versucht, euch davon zu überzeugen, dass Milch gut für euch ist. Es ist eine Lüge. Aber sie haben's trotzdem versucht. "

Sein Publikum lacht.

„Und die Verkäufe entwickelten sich so ..."

Jobs hebt seinen linken Arm und deutet mit seiner flachen Hand einen Absturz an.

„Dann haben sie mit ihrer Werbeagentur die Kampagne *Got Milk?* entwickelt, und die Verkäufe gingen so ..."

Steve Jobs Hand steigt jetzt steil nach oben.

Einschub: *Got Milk?* ist die Kampagne, die die Werbeagentur *Goodby, Silverstein & Partners* in den 90ern entwickelt hat. Die Kampagne stellt eine kluge Beobachtung in den Mittelpunkt ihrer

Kommunikation: Immer dann, wenn man Milch braucht, ist sie leer. Das kann schnell zu kleinen Dramen und Katastrophen führen.

Zurück in das Jahr 1997 und zu Steve Jobs: „Die Kampagne kommuniziert nicht einmal das Produkt. Die Message konzentriert sich vielmehr auf die Abwesenheit des Produktes."

Lautes Lachen. Einige Mitarbeiter geben ihrem Impuls nach und klatschen. Steve Jobs aber bleibt fokussiert. Das, was er gesagt hat, war witzig, das was er jetzt sagen will, ist wichtig.

„Aber ..."

Steve Jobs faltet seine Hände. Macht ein paar Schritte.

„Aber ... das beste Beispiel von allen ... und eine der größten Leistungen des Marketings, die das Universum je gesehen hat, ist Nike."

Pause.

„Überlegt mal, Nike verkauft ein gewöhnliches Produkt. Sie verkaufen Schuhe!"

Pause.

„Und trotzdem, wenn wir an Nike denken, empfinden wir etwas anderes. Wir denken nicht an ein Schuhunternehmen. Wie ihr sicher wisst, sprechen sie in ihrer Werbung nie über das Produkt. Sie erzählen euch nie von ihren Air-Sohlen und warum sie besser sind als die Air-Sohlen von Reebok. Was macht Nike in ihrer Werbung?"

Jobs sieht ins Publikum. Dann beantwortet er seine Frage, die im Raum herumschwirrt:

„Sie ehren Sportler und sie ehren Athleten auf der ganzen Welt. Das ist es, was sie sind, worum es ihnen geht und was sie ausmacht."

Jobs macht ein paar Schritte. Der Blick nach unten. Die Hand tippt an die Lippen und zurück zu seinem Publikum:

„Apple gibt ein Vermögen für Werbung aus. Darauf würde man nie kommen. Darauf würde man niemals kommen. Ist aber so. Als ich hierher zurückkam, hat Apple gerade seine Agentur gefeuert. Wir machen also einen Wettbewerb mit dreiundzwanzig Agenturen. Jede von ihnen weiß, dass wir in vier Jahren eine von ihnen auswählen würden. Und dann haben wir den ganzen Pitch gecancelt und die Agentur Chiat-Day eingestellt. Die Werbeagentur, mit der ich das Glück hatte, vor Jahren zusammenzuarbeiten. Wir haben einige preisgekrönte Arbeiten geschaffen. Darunter auch den Werbespot, der von Werbeexperten als „Best Ad Ever Made" ausgezeichnet wurde: „1984".

Er macht ein paar Schritte. Hinter ihm stehen zwei Macintosh Computer auf Barhockern. Jobs bleibt stehen.

„Und vor etwa acht Wochen haben wir mit der gemeinsamen Arbeit angefangen. Wir haben uns zuerst eine Frage gestellt: Unsere Kunden wollen wissen: Wer ist Apple und wofür steht die Marke?"

Pause.

„Wie passen wir in diese Welt?"

Pause.

„Es geht uns nicht darum, einfach nur Kästen für die Menschen herzustellen, damit sie ihre Arbeit erledigen können. Obwohl wir das gut machen. Wir machen das in manchen Fällen besser als alle anderen. Aber Apple ist mehr als das."

„Apple in seinem Kern ..."

Steve Jobs setzt sich auf die Kante eines Schreibtisches. Faltet die Hände zusammen.

„... unser Kernwert beruht darauf, dass wir davon überzeugt sind, dass Menschen mit Leidenschaft die Welt zum Besseren verändern können. Das ist es, woran wir glauben. Und wir haben die Möglichkeit, mit solchen Menschen zusammenzuarbeiten. Wir haben die Chance, mit Menschen wie euch zusammenzuarbeiten. Mit Software-Entwicklern. Mit Kunden, die das schon getan haben – auf große oder kleine Weise. Und wir glauben ..."

Steve Jobs steht auf. Geht herum.

„... dass genau diese Menschen unsere Welt zum Besseren verändern können. Und dass diejenigen, die verrückt genug sind, zu glauben, sie könnten die Welt verändern – es auch tatsächlich tun."

Steve Jobs macht ein paar Schritte und leitet ein, was alle gleich auf einer großen Leinwand sehen werden:

„Und was wir tun werden. In unserer ersten Marketingkampagne seit mehreren Jahren ... ist, wieder zurückzugehen zu diesem Kernwert. Vieles hat sich geändert. Der Markt ist ein völlig anderer Ort als noch vor einem Jahrzehnt. Und Apple ist völlig anders. Der Platz, den Apple darin einnimmt, ist ein völlig anderer."

Einschub: Wir befinden uns im Jahr 1997! Vor-Internet-Zeitalter! Und wie sieht es etwa zwei Jahrzehnte später aus? Blick auf unsere Gegenwart: Unser Markt heute ist noch mal ein völlig anderer Ort als 1997. Noch mehr hat sich verändert. Der Markt ist noch mal ein völlig anderer Markt als 1997. Aber hat sich auch unser Marketing völlig verändert? Weiterentwickelt? Nope. Es kamen neue Plattformen, neue Technologien, neue Möglichkeiten dazu. Aber die Art und Weise wie die meisten Marken kommunizieren, hat sich kaum verändert.

Zurück ins Jahr 1997, zurück auf die Bühne zu Steve Jobs:

„Und glaubt mir. Die Produkte, die Vertriebsstrategie und die Herstellung sind völlig anders. Und wir verstehen das."

Pause.

„Aber Werte und Kernwerte – diese Dinge sollten sich nicht verändern. Die Dinge, an die Apple in seinem Kern immer geglaubt hat, sind die gleichen Dinge, für die Apple auch heute noch steht. Und ... darum wollten wir einen Weg finden, das zu kommunizieren. Und ..."

Jobs faltet die Hände. Geht ein paar Schritte. Sein Blick richtet sich nach oben an die Decke – durch die Decke.

„... was wir haben, ist etwas, das mich sehr bewegt."

Er blickt zu seinem Team.

„Es ehrt ... jene Menschen, die die Welt verändert haben. Einige von ihnen ... leben und andere ... nicht. Aber ich bin sicher, hätten diejenigen, die nicht mehr leben, jemals einen Computer benutzt, es wäre ein Mac gewesen."

Lachen. Applaus.

„Das Thema der Kampagne ist ‚Think Different'. Es geht darum, die Menschen zu ehren, die anders denken und diese Welt voranbringen. Und das ist, was uns ausmacht. Es berührt die Seele dieses Unternehmens. Darum möchte ich, dass Apple das weiterführt, und ich hoffe, dass ihr darüber genauso denkt wie ich."

Steve Jobs geht von der Bühne. Das Licht wird ausgeschaltet. Der Film der neuen Apple-Kampagne startet. Der Manifesto-Film, den wir wahrscheinlich alle kennen. Richard Dreyfuss spricht die Worte, die der Chiat-Day Copywriter Craig Tanimoto geschrieben hat. Seine Stimme untermalt und begleitet die Schwarz-weiß-Aufnahmen mit Bildern von:

Maria Callas, Picasso, John Lennon & Yoko Ono, Muhammad Ali, Dali, Rosa Parks, Bob Dylan, Martha Graham, Alfred Hitchcock, Charlie Chaplin, Einstein, Martin Luther King Jr. und anderen.

Und er geht so:

Here's to the crazy ones – the misfits, the rebels, the troublemakers, the round pegs in the square holes, the ones who see things differently. They're not fond of rules. And they have no respect for the status quo. You can quote them, disagree with them, glorify or vilify them. But the only thing you can't do is ignore them because they change things. They push the human race forward. And while some may see them as the crazy ones, we see genius. Because the people who are crazy enough to think they can change the world, are the ones who do.

(Apple)

Steve Jobs und sein Vermächtnis

Steve Jobs wird nie mehr sehen, wie Musiker, Künstler, Autoren, Designer oder Kreative mit seinen Tools neue Impulse setzen – die Welt voranbringen. Er wird nie mehr sehen, wie diese Verrückten, die Troublemaker, die Rebellen seine Tools nutzen, um am Status quo zu rütteln. Er wird nie wieder mitbekommen, wie ein neues iPhone, ein iPad oder ein MacBook das Licht der Welt erblickt und Fans dazu bringt, vor dem Apple Store zu campieren. Er wird nie wieder sein Publikum mit seiner Keynote zum Jubeln bringen. Er wird nie wieder das tun können, wofür er hier war:

Technologie zu vereinfachen, zu perfektionieren und so schön, so stilvoll und menschlich wie nur möglich zu gestalten, damit wir die Zukunft in unseren Händen halten und mit allen Sinnen erleben können.

Steve Jobs hat es Menschen leichter gemacht, Technologie zu lieben. Sie als etwas Schönes, Wertvolles und Menschliches zu betrachten. Er hat einen Kult um sich und die Marke errichtet. Er hat Menschen auf der ganzen Welt dazu gebracht, diese Produkte und das für was sie stehen, genauso zu lieben wie er selbst. Er stand hinter seinen Produkten und seiner Marke und das konnte er nur, weil er da mit voller Leidenschaft dabei war. Darum mussten die Apple Produkte nicht nur gut sein, sie mussten so gut sein, wie man Technologie nur machen kann.

Steve Jobs hat mehr am Status quo gerüttelt als je ein anderer Unternehmer (Richard Branson einmal ausgenommen). Sein Vermächtnis werden wir noch in Jahrzehnten in den Händen halten. Die wunderschön designten und bis zur Perfektion getriebenen Tools, die uns Apple gibt, um anders zu denken, die Welt ins Wanken zu bringen und uns kreativ auszudrücken.

Aber die wahre Kunst des Steve Jobs bestand darin, zu erkennen, was Menschen wollen. Er hat neugierig den Status quo betrachtet und all die Fehler gesehen, die andere Unternehmen machten. Ihnen ging es darum, mit so wenig Einsatz wie nur möglich, so viel Profit zu machen wie nur möglich. Das Ergebnis war Technologie, die selten seinen Ansprüchen standhielt. Er wusste, das geht besser. Er hat diese Lücken erkannt und konnte Lücken schließen, die andere nicht mal erkannten: Handy + Musik + Internet = iPhone. Er hat die Dinge verbunden, die ihn bewegten und von denen er wusste, sie würden auch andere Menschen emotional bewegen und begeistern. Musik war immer ein großes Thema von Jobs. Menschen lieben Musik.

Für Jobs ging es immer ums Ganze. Er wollte immer mit so viel Einsatz und Leidenschaft wie nur möglich, die besten Produkte machen, die er und sein Team machen konnten. Der Mensch stand dabei für ihn immer im Mittelpunkt.

Was würde ihm diese Technologie möglich machen?

Wie kann er mit dieser Technologie die Dinge, die er liebt, so einfach und so intensiv wie möglich erleben?

Wie kann er sich mit dieser Technologie seine Kreativität so gut wie möglich ausdrücken?

Technologie war für ihn etwas zutiefst Menschliches. Keine Bits und Bytes und Features. Technologie war für ihn ein Erlebnis, Emotionen – ein stilvolles Statussymbol angetrieben von menschlichen Bedürfnissen und Emotionen. In jedem iPhone, in jedem iPad, in jedem iMac, MacBook und in jeder Apple Software steckt die Begeisterung, die Leidenschaft und Jobs' absolute Besessenheit, in allem was Apple tut, den Menschen in den Mittelpunkt zu stellen. Immer. Es wäre falsch zu denken, Steve Jobs wäre von Technologie besessen. Er war von den Menschen besessen. So wie jeder große Storyteller oder Künstler.

Das ist Steve Jobs Vermächtnis. Sein Impact auf unsere Welt und die Tools, die wir jeden Tag nutzen. Apple ist die wertvollste Marke der Welt. Und das hat nichts mit Prozessoren oder Features zu tun.

Apple Kunden und Fans denken nicht: „Ich will den A14 Bionic Chip mit Smart HDR 3. Ich will 256 GB Arbeitsspeicher oder den 10-Core Xeon Prozessor." Sie denken: „Ich will das, weil es ein

iPhone,

iPad,

iMac

oder

MacBook ist."

Und sie wollen das, weil diese Produkte für etwas stehen, für das auch sie stehen – oder stehen wollen. Wer Apple-Kunde ist und zu einem Fan wird, der bleibt sehr wahrscheinlich ein loyaler Apple-Fan auf Lebenszeit. Damit hat Apple das erreicht, wovon alle Marken träumen. Welche Marke will nicht, dass Kunden ihre Produkte genauso innig und leidenschaftlich lieben wie sie selbst.

Das Problem ist nur: Nur wenige Unternehmen bringen diese Leidenschaft und Liebe für ihre eigenen Produkte mit. Und schon gar nicht kommunizieren sie ihre Leidenschaft für ihre Werte und Überzeugungen so deutlich und klar, wie es Steve Jobs getan hat und Apple noch heute tut.

In diesem Brand Manifesto ist sehr gut herauszulesen, wofür Apple steht, welche Überzeugungen sie leiten. Das Manifesto ist nach Steve Jobs entstanden. Aber wie auch schon zu Zeiten unter Steve Jobs stellt die Marke auch heute noch bei allem, was sie tut, den Menschen in den Mittelpunkt und den Impact, den das Produkt auf das Leben dieser Menschen hat.

Seit Steve Jobs Ansprache im Jahr 1997 ist unsere Welt noch viel lauter geworden. Wer hier eine Chance haben will, in Erinnerung zu bleiben und zu seinem Publikum eine Verbindung aufzubauen, der muss nicht mitbrüllen. Aber er sollte absolut klarmachen, wofür die eigene Marke steht. Und wofür nicht.

WERTE MACHEN EINE MARKE WERTVOLL.

Wofür stehen wir mit unserer Marke?

Unsere Markenkernwerte sind die Überzeugungen, für die wir als Unternehmen, als Marke oder als Personal Brand stehen. Sie dienen als Kompass, der unsere komplette Kommunikation, unsere Handlungen, unser Verhalten und unseren Entscheidungsprozess leitet.

Wie Steve Jobs das Thema Marketing so treffend in nur einem Satz konzentriert hat: „Beim Marketing geht es um Werte." Damit wir unsere Werte und Überzeugungen klar nach außen kommunizieren können. Müssen wir wissen, welche das sind und warum es unser Publikum interessieren sollte.

Die Menschen, die unsere Werte und Überzeugungen teilen, sind später die, die unsere Marke zu dem machen, was sie ist. Diese Gruppe von Superfans definiert unsere Marke. Sie sind es, die sich für uns einsetzen, uns verteidigen und uns ihren Freunden weiterempfehlen. Sie wecken unsere Werte zum Leben und machen sie für die Welt sichtbar und erlebbar.

Apple steht für Innovation, wunderschönes Design, Einfachheit und Kreativität – sie gehen Dinge gern anders an, rütteln am Status quo und das mündet in ihrem Call-to-Action: Think different.

Damit kommunizieren sie ihre Werte und Überzeugungen und erreichen genau die Menschen, die diese Werte teilen. Das macht die Marke so wertvoll. Darum ist Apple Apple und nicht Acer.

Wenn eine Marke eine Persönlichkeit ist, dann sind die Werte und Überzeugungen ein Teil ihrer Charaktereigenschaften. Erst die Werte und Überzeugungen helfen uns eine klare und einzigartige Persönlichkeit zu erschaffen, die eine eigene Stimme hat. Die Werte für die Apple steht, schwingen in jeder Copy mit.

Ihre Stimme reflektiert die Werte der Marke – ob auf der Website, in ihren Spots oder in den Keynotes, die damals Steve Jobs gegeben hat und heute Tim Cook.

Nike hat Steve Jobs inspiriert – was Marketing betrifft – völlig anders zu denken. Ja, Nike ist das Vorbild und hat ihn dazu inspiriert mit Apple zurück zu den Kennwerten zu gehen. Er hat sich und sein Team die Frage gestellt: Wofür steht Apple? Und das hat zu dem Manifest „Think Different“ geführt. Und genau darum ist Apple heute Apple.

Marken wie Apple sind heute das was sie sind, weil sie sich so absolut ihren Werten verschrieben haben. Ihre Werte und Überzeugungen leiten alles was sie machen und wie sie machen, was sie machen.

Und Nike?

Nike macht auch heute noch genau das, was Steve Jobs schon damals begeistert hat und was Nike schon immer getan hat: In ihrer Kommunikation fokussiert sich die Marke nicht auf seine Produkte, sondern darauf, ihre Werte und Überzeugungen in Stories zu verpacken. Stories, die nur dafür gemacht sind, um Emotionen beim Publikum zu wecken. Dafür schlägt das Herz jeden guten Storytellers: Emotionen bei seinem Publikum auslösen und sich so unvergesslich zu machen.

Ich glaube, bis heute kommuniziert keine andere Marke so fokussiert und klar eine einzige und einheitliche Brand Story. Kaum eine andere Marke steht so radikal für die eigenen Werte ein und kaum eine andere Marke beherrscht die Kunst des Brand Storytellings so brillant wie *NIKE.*

Kaum eine andere Marke versteht es so gut wie Nike, dass es im Marketing vor allem um Werte geht. Ganz einfach – eigentlich.

STORYSELLER KOMMUNIZIEREN *WERTE*BOTSCHAFTEN STATT WERBEBOTSCHAFTEN

15

Wir nennen es RADIKALE TRANSPARENZ

(Everlane)

> „Was die Mehrheit der Menschen von den wenigen unterscheidet, ist ihre Fähigkeit, nach ihren Überzeugungen zu handeln.“
>
> *Henry Miller*

Nur wer Überzeugungen hat, kann andere überzeugen.

Michael Preysman ist 25. In seinem Job in der Risikokapital-Branche ist er erfolgreich. Aber der Job ist nicht erfüllend. Also kündigt er seinen gut bezahlten und sicheren Job, damit er endlich seine Träume verfolgen kann. Er will nicht zu den Menschen gehören, deren Sätze später immer mit „Hätte ich damals nur …“ beginnen. Er lebt jetzt. Will er etwas ändern, dann jetzt.

Er möchte sein eigenes Unternehmen gründen. Er liebt gutes Design. Aber immer, wenn er sich die Einzelhandelsbranche anschaut, frustriert ihn die Ideenlosigkeit, der oft fehlende Stil und der Mangel an Innovation in dieser Branche. Also setzt er sich eines Tages hin und schreibt all die Dinge, die ihn an der Einzelhandelsbranche frustrieren und die in seinen Augen fehlen, auf. Es wird keine gewöhnliche Pro- und Contra-Liste. Seine Liste enthält nur Dinge, die er nicht gut findet an der Branche. Aus dieser Mängelliste entwickelt er einen einfachen Geschäftsplan.

Everlane ist geboren.

Sie verbringen Monate damit, die besten Fabriken auf der ganzen Welt ausfindig zu machen. Nicht die günstigsten. Sie bauen persönlichen Beziehungen zu den Besitzern auf. Sie unterziehen jede Fabrik einer harten Prüfung:

Bekommen die Arbeiter:innen faire Löhne?

Sind die Arbeitszeiten angemessen?

Wird bei der Verarbeitung und dem Führen der Fabrik auf die Umwelt geachtet?

Everlane legt keinen Wert auf kurzlebige Trends. Sie möchten, dass ihre Kunden ihre Kleidungsstücke über Jahrzehnte hinweg tragen können.

Darum beziehen sie nur die besten Materialien für ihre Produkte. Immer.

Ob für den Kaschmirpullover, italienischen Schuhe oder ihre peruanischen Pima-T-Shirts.

Sie sind überzeugt, dass ihre Kunden ein Recht darauf haben, zu erfahren, wie viel die Kleidung in der Herstellung kostet, die sie kaufen.

Sie legen alle Kosten hinter all ihren Produkten offen auf den Tisch – von den Materialien über die Arbeit bis hin zum Transport.

Everlane hat starke und klare Überzeugungen, wie eine moderne Marken-Kunden-Beziehung in unserer heutigen Zeit aussieht. In einer Welt voller Werbelügen und mangelnder Ehrlichkeit und Transparenz.

Ihre Strategie: radikale Transparenz.

Und mit „radikal" meinen sie RADIKAL.

Nicht das Greenwashing, das Wir-haben-jetzt-auch-mal-dieses-trendy-Hipster-Neo-Hippie-Purpose-Gedöns, mit dem es so viele Marken in den letzten Jahren den Millennials recht machen und damit glaubwürdiger und verantwortungsvoller rüberkommen wollen.

Nein.

Radikale Transparenz.

Alles offen.

Everlane lüftet den Vorhang und gewährt tiefe Einblicke:

Bei Everlane möchte man dem Kunden die richtige Wahl seiner Kleidung so einfach wie möglich machen. So leicht wie ein tolles T-Shirt anzuziehen, so leicht, sollen ihre Kunden das für sie richtige Teil finden. Dafür kooperieren sie mit den besten Fabriken. Fabriken, die ethisch verantwortlich arbeiten. Sie beziehen nur die besten Materialien.

Und genau aus dieser Tatsache, aus diesem Prozess und diesem Kreislauf heraus, entwickeln sie ihre Brand Story, die sie mit ihren Kunden und ihrer Community im Social Web teilen. Von den Fabriken, über die Materialien, bis hin zu den wahren Kosten für jedes Produkt, das sie herstellen.

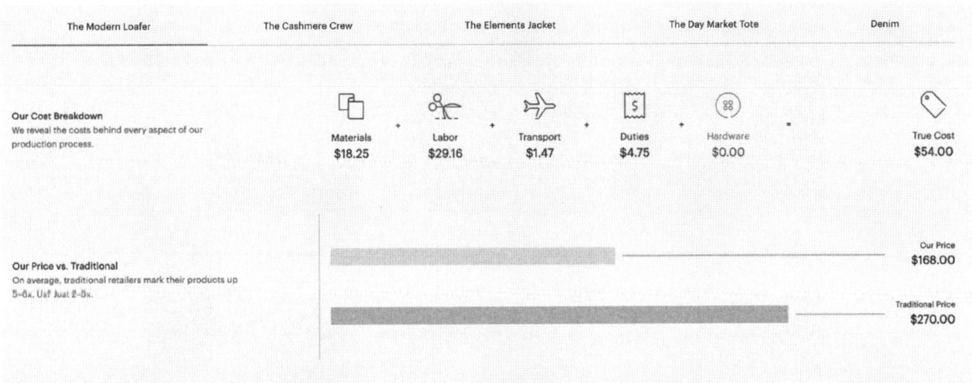

Erreichen sie damit jeden? Wahrscheinlich nicht. Erreichen sie die Kunden, die ihre Überzeugungen teilen? Ganz sicher. Man kann Dinge tun, die Unternehmen in der Bekleidungsindustrie oft getan und heute auch noch tun: die Bedingungen so niedrig halten, dass Menschen und die Umwelt darunter leiden, damit andere Menschen die Kleidung so günstig wie möglich kaufen können. Gute Qualität? Nein. Langlebig? Bestimmt nicht. Günstig? Ja.

Hoffen wir, dass es in Zukunft mehr darum geht, unsere Produkte so verantwortungsvoll und wertvoll wie möglich herzustellen und nicht zu den günstigsten Bedingungen und zum günstigsten Preis. Hoffen wir, dass Everlane, ähnlich wie Patagonia ein starkes Vorbild für andere Marken in der Bekleidungsindustrie ist. Die ist nämlich auf der Liste der klimagefährdenden Branchen weit oben. Noch vor unserem wilden und wahllosen Fleischkonsum. Ja, für's Klima ist shoppen schädlicher als Steaks essen.

Everlane müsste nicht radikal transparent sein. Sie könnten auch einfach nur transparent sein. Aber es ist ihre Überzeugung. All in oder gleich bleiben lassen. Eine gesunde Einstellung. Die gesund ist für alle. Eine Einstellung, die Arbeit macht. Aber sie ist es wert. Und macht eine Marke wertvoll. Das ist eine neue Art zu denken, umzudenken, Dinge zu hinterfragen und anders anzugehen. Everlane machen ihr Ding und es ist trotzdem eine klare Kampfansage gegen die Fast-Fashion-Industrie. Was Everlane zu einer echten Challenger Brand macht.

Ist das Stoff für eine starke Story? Absolut. Das sind hoch relevante Themen. Große und wichtige Themen unserer Zeit. Damit gewinnt man nicht nur Freunde, aber dafür echte Fans statt Kunden. Und ihre Kunden sind begeistert und teilen die Story (ähnlich wie TOMS) mit ihren Freunden.

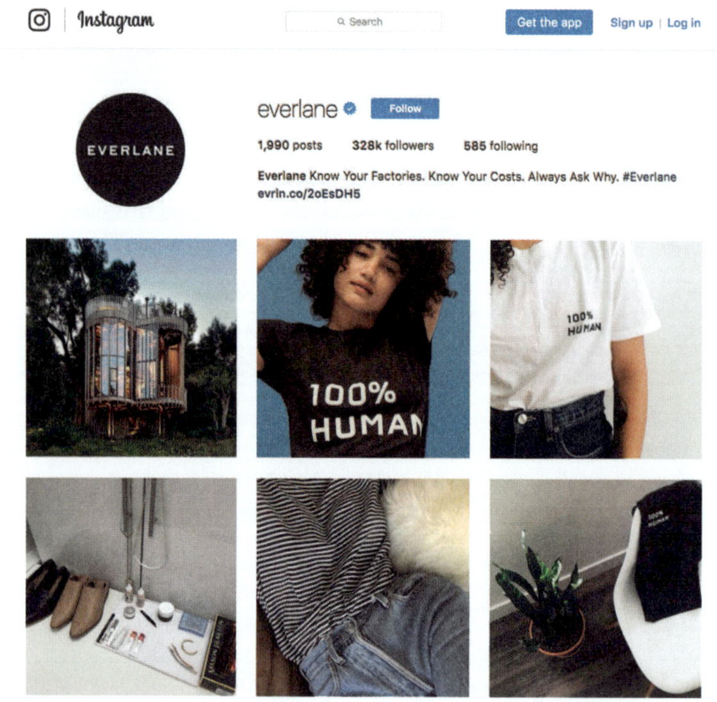

Mit ihrer Story und ihrer radikalen Transparenz-Strategie überzeugen sie ihre Kunden absolut. Ihre Überzeugungen verpacken sie in ein starkes Statement – eine klare, einfache Sprache, die das Statement umso echter und wirkungsvoller macht. Fast schon ein Brand Manifesto:

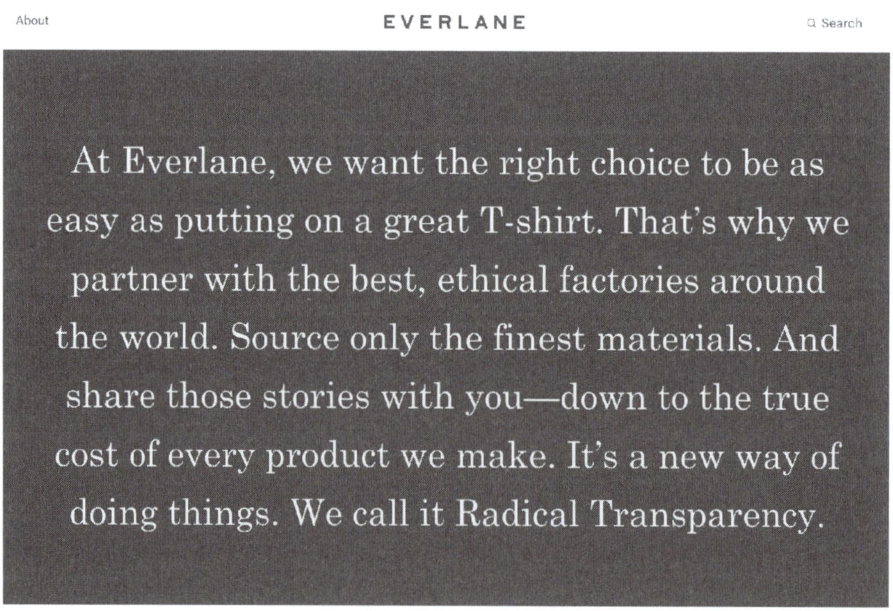

Der Stil, die Sprache und ihre Überzeugungen übertragen sie auch ins Social Web. Ihr Instagram-Account ist großartig. Das ist wie ein entspannter Spaziergang durch eine stilvoll gestaltete Boutique, in der jedes Stück etwas Besonderes ist.

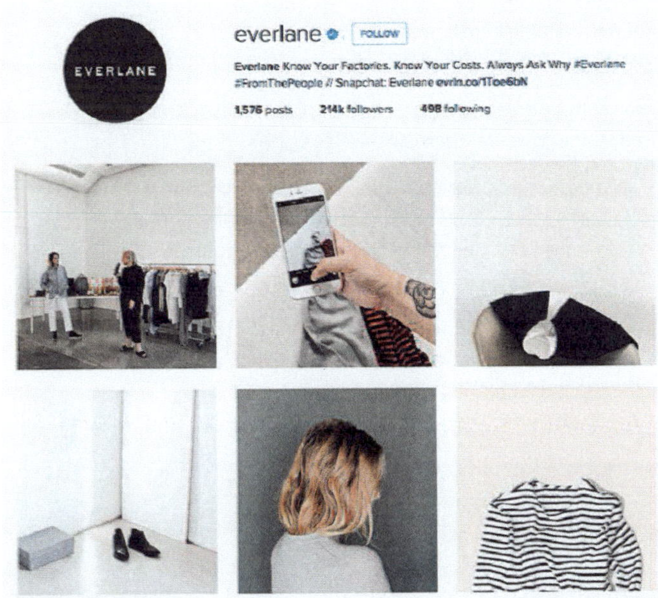

Vor kurzem haben sie ihr Projekt #RENEW gestartet, das darauf abzielt, bis 2021 in ihrer gesamten Lieferkette kein neues Plastik mehr zu erzeugen.

Unser Planet erstickt in Plastik. Unsere Weltmeere ertrinken in Plastik. Das wissen wir. Das wissen Unternehmen und das wissen Politiker. Aber nur wenige tun wirklich etwas. Everlane will nicht nur darauf aufmerksam machen. Die Marke will auch eine Vorreiterrolle spielen, bei der Eliminierung unserer größenwahnsinnigen Plastikproduktion. Allein im Jahr 2019 wurden weltweit 370 Millionen Tonnen Kunststoff produziert. Davon landet jede Minute eine Lastwagenladung im Meer. Den Großteil des Plastik-Problems behandeln die reicheren Länder nach dem Motto: aus den Augen, aus dem Sinn.

Das meiste verschwindet in den ärmsten Ländern, wo das Plastik die Natur zerstört, die Gewässer verseucht und die Menschen krank macht. Deutschland Recycling-Weltmeister? Nope. Den Großteil unseres Plastikmülls laden wir in Ländern wie Malaysia oder Afrika ab. Es heißt: kein anderes Land in Europa verursacht so viel Plastikmüll wie Deutschland.

Shame.

On.

Us.

Hello Startups? Anyone? Hat irgendjemand eine gute Lösung? Nehmen wir uns ein Beispiel an Everlane: Die Marke hat sich gefragt: „Was wäre wenn…?

Wenn wir Plastik, das schon vorhanden ist – bevor es als Müll in unseren Meeren oder in der Natur armer Länder landet – in etwas wirklich Sinnvolles verwandeln?"

Herausgekommen ist die Everlane Renew-Kollektion. Gemacht aus der klaren Überzeugung, etwas zu tun, ohne damit unsere Umwelt zu belasten – und aus Plastikflaschen. Der smarte Slogan *It's outwear with an outlook* verleiht der Kollektion den Rahmen und zahlt voll auf ihr Thema ein. Ein weiteres beeindruckendes Kapitel in der Everlane-Story.

Recycling mit Stil: Wie sie ihre Neuheiten präsentieren ist oft ein Highlight, das mit dem Apple-Stil mithalten kann. Ich glaube, ich habe noch nie etwas ähnlich Cooles und Stilvolles von einer Marke gesehen, wenn es darum geht Plastikmüll zu recyceln und daraus neue, nachhaltige Kleidung herzustellen. Punchy, on point, simply perfect:

Wie sie ihren Kunden neue Items via Mail präsentieren, ist so stilvoll, so simple und geistreich, wie ihre komplette Strategie.

Und immer und überall machen sie ihre Überzeugungen für ihre Kunden und ihre Community erlebbar. Ihre Überzeugungen sind ihre Story. Und wie sie ihre Story mit weltweit relevanten Themen verknüpfen und mit ihrem Publikum teilen ist großartig.

Ob potenzielle Kunden, Partner oder Mitarbeiter: Da will ich mit dabei sein – genau dieses Gefühl müssen Markenwerte und Überzeugungen vermitteln. Genau darum entscheiden sich Menschen für unsere Marke und genau das hält sie davon ab, bei anderen zu kaufen.

Darum erzählen sie ihren Freunden von unserer Marke. Genau darum zahlen sie gern mehr für unsere Marke, als für das Produkt, der Konkurrenz, das vielleicht günstiger ist. Vielleicht sogar schneller, einfacher zu bekommen ist, weil es in jedem Supermarkt zu haben ist.

Echte, loyale Fans entscheiden sich nicht immer für den leichten Weg, sondern für das für sie richtige Produkt. Und das richtige Produkt erzählt ihnen nicht: „Schau mich an, ich bin das beste Produkt. Ich bin besser als die Konkurrenz!" Es erzählt: „Ich bin das bessere Produkt für dich, weil du und ich, wir gehören zusammen – wir ticken ähnlich."

Wir wollen nicht an Rabatte glauben. Wir wollen an Prinzipien und Überzeugungen glauben. Wir glauben an Leidenschaft für eine Sache. Wir glauben an Visionen. Wir glauben an feste Überzeugungen. Und wenn wir daran glauben, wollen wir sie fördern und mit anderen teilen.

ÜBERZEUGUNGEN

ÜBERZEUGEN

UNS MEHR ALS

RABATTE.

16

JACK KEROUAC

&

die Beatnik-Brillen

(Warby Parker)

> **„Unternehmen sollten sich darauf konzentrieren, Probleme zu lösen, den Kunden in den Mittelpunkt stellen, Werte liefern – keine Gimmicks – und nachhaltig zu wachsen."**
>
> *Neil Blumenthal*

Vier Business-School-Absolventen sorgen für eine gewaltige Disruption in der Welt der Brillen, die bisher nichts, gar NICHTS erschüttern konnte. Damit erfreuen sie viele Menschen, erzürnen die Brillenbranche und holen sich ein fettes Stück vom Kuchen der geldgierigen Monopolisten.

2009 pitcht einer dieser jungen Männer bei Adam Grant ihre Geschäftsidee. Adam Grant ist ein Professor am Wharton College und interessierter und erfahrener Investor. Die Business-Idee der Jungs: Designerbrillen zu einem erschwinglichen Preis anbieten, die man online bestellen kann.

Brillen online bestellen? eCommerce für Brillen? Klingt nach einem Verlustgeschäft, denkt er. Wer kauft seine Brille online? Und außerdem wäre da noch der fehlende Namen des jungen Unternehmens. Die Jungs haben es nicht geschafft, sich in ganzen sechs Monaten auf einen Firmennamen zu einigen, wie wollen sie mit diesem Entscheidung-Tempo alle weiteren wichtigen Entscheidungen treffen? Glauben sie denn selbst wirklich an ihre Idee? Sind sie davon absolut überzeugt?

Keiner der Gründer verfolgt das Start-up hauptberuflich. Wenn sie nicht voll investieren, warum sollte er es dann tun? Das riecht nicht nach dem nächsten Coup, der die Businesswelt ins Stolpern und schon gar nicht ins Wanken bringt. Das ist keines dieser visionären Start-ups, die mit ihrem Modell Business-Geschichte schreiben wird. Nette Jungs, aber in seinen Augen zum Scheitern verurteilt.

Adam Grant glaubt nicht an ihre Idee.

Er lehnt ab.

Später wird Adam Grant ein Buch schreiben. Der Titel: *Originals.* Ein großer Teil davon behandelt die unglaubliche und unglaublich erfolgreiche Story eines Brillen-Start-ups.

In seinem Buch schreibt Grant: *„Damals, im Jahr 2009, stellte mir einer der Gründer das Unternehmen vor und bot mir an, zu investieren. Ich lehnte ab. Es war die schlechteste finanzielle Entscheidung, die ich je getroffen habe."*

3 verdammt gute Gründe für den Erfolg des Brillen-Start-ups

1. **Die Lösung für ein relevantes Problem**
   Ein Problem, das einer der Gründer am eigenen Leib erfahren musste: auf einer seiner Urlaubsreisen fällt ihm seine Brille herunter und zerbricht. Er will sie reparieren. Das geht nicht. Stattdessen ist er gezwungen, sich eine neue Brille der Monopolisten zu kaufen, die unverschämte Preise für eine neue Brille verlangen. Er fragt sich: Sollten Brillen wirklich so viel kosten wie ein iPhone? Ist das fair?

2. **Ein innovatives Geschäftsmodell**
   Mit ihrem noch nicht dagewesenen Online-Shop können sich Kunden mehrere Brillen nach Hause bestellen. Sie probieren sie an und die Brille, die passt und gefällt, behalten sie. Die anderen schicken sie einfach wieder zurück. Ungewöhnlich zu dieser Zeit. Und revolutionär.

3. **Ein Konzept mit einer guten Mission**
   Ihr „Buy one, give one"-Modell kommt bei ihrem Publikum an. Du kaufst eine Brille, dafür wird eine Brille an einen bedürftigen Menschen gespendet, der sich keine Brille leisten kann. (Ein One for one-Model wie TOMS es vorgemacht hat.) Immer mehr Menschen sind begeistert von dem Konzept und möchten diese Mission unterstützen. Das erweckt auch die Aufmerksamkeit der Presse.

Das sind nur drei gute Gründe dafür, warum dieses Unternehmen so einen unglaublichen Erfolg hat, an den Anfangs kaum jemand glaubte – nicht mal die Gründer selbst. Darum haben sie lange darüber nachgedacht, wann und ob sie überhaupt ihre festen Jobs aufgeben sollten. Sie haben gehadert, gezweifelt und sich immer wieder gefragt: Ist es wirklich eine gute Idee, ihre ganze Energie, ihr ganzes Geld und ihre Zeit in dieses Brillen-Start-up zu investieren?

Ihr Konzept spricht sich herum. Als GQ dann auch noch einen Artikel über das junge Start-up bringen möchte, dass irgendwie immer noch nicht ganz am Start ist, verändert sich alles ganz schnell – zu schnell für die Jungs, die von Anfang an eher in Slow Motion an die ganze Sache herangegangen sind.

Aber endlich – wer hätte das gedacht – haben sie auch einen Namen für ihr Start-up gefunden:

Warby Parker.

Der Name ist inspiriert von dem Schriftsteller Jack Kerouac (als Kerouac-Fan freut mich das). Der Name setzt sich zusammen aus zwei Figuren aus einem Text des Beat Poeten. Und das kam so:

Eines Tages schlendert einer der Mitbegründer Dave durch eine New Yorker Bibliothek. Zufällig stolpert er in eine Jack Kerouac-Ausstellung. Zufall oder ein Zeichen? Die vier Gründer sind schon lange begeistert von Jack Kerouac und der Beat Generation. Sie deuten es als Zeichen. Kerouac will ihnen damit etwas sagen. Sie supporten. Jack Kerouac, der Beat-Poet mit dem ganz besonderen Blick auf seine Zeit und die Welt? Kerouac der Mentor für ihr Brillen-Start-up? Yeah!

Also schaut sich Dave die Ausstellung genauer an. Er schaut sich seltene Manuskripte, Entwürfe und Tagebücher des Beat-Poeten an. In einem der Notizbücher fallen Dave zwei Figuren mit interessanten Namen auf: Warby Pepper und Zagg Parker. Seine Augen bleiben an diesen zwei Namen hängen. Sie lassen ihn nicht mehr los. Und als er seinen Freunden davon erzählt, kombinieren sie die beiden Namen miteinander:

Warby Pepper + Zagg Parker

Warby ~~Pepper~~ + ~~Zagg~~ Parker

=

Warby Parker

Die 2-Wochen-Website im Wettlauf gegen die Zeit

Die Jungs von Warby Parker liefern ein gutes Interview für GQ ab. Es läuft bestens. Bis die Leute von GQ fragen: Jungs, wo ist denn eure Website? Wir wollen euch featuren. Da brauchen wir eine Website, wo wir die Leser hinführen können. Wo können die Leute euch finden?

Die Warby Parker-Gang sagt, äh ja, alles klar. Machen wir. Schaffen wir. No Problem, bis die GQ -Ausgabe im März erscheint, ist unsere Website online. Und die Leute von GQ sagen, ne ne ne Jungs, die März-Ausgabe erscheint nicht im März. Die kommt im Februar.

Die März-Ausgabe erscheint im Februar?

Yupp.

Also in zwei Wochen?

Ja, zwei Wochen.

14 Tage.

336 Stunden.

20160 Minuten.

Na also, klingt doch plötzlich nach viel mehr Zeit, um eine Website mit funktionierenden Online-Shop und allem Drum und Dran zu bauen. Oder? Schaffen wir das? Kriegen wir das hin? Und wenn, wie? Tausend Fragen, keine Antworten.

Was macht man in einem solchen Moment? Verzweifeln? Angstzustände entwickeln? Gegen Panikattacken kämpfen? Fluchtreflexen nachgeben und sich verkriechen? Ja, ja, ja und ja. Ist das alles einigermaßen ausgestanden, entwickelt man so etwas wie einen Überlebensdrang. Ein sehr starker Instinkt, tief verborgen in jedem von uns. Davon getriggert, Hals über Kopf fängt man an loszulegen, während der komplette Körper von Adrenalin geschwemmt wird. Und die Jungs basteln in kürzester Zeit tatsächlich so etwas, das man als Optimist eine funktionierende Website nennen könnte.

Was soll schon passieren? Ist ja erstmal nur so etwas wie eine Art virtuelle Visitenkarte mit Bestellfunktion, für die, die sich tatsächlich beim ersten Besuch ein paar Brillen zum Anprobieren bestellen wollen.

Sie erhoffen sich für den Anfang, ein paar Brillen an Freunde, ehemalige Kollegen, Bekannte und Familie zu verkaufen. No Big Deal.

Dann ist es soweit. Deadline is over. Die frische März-Ausgabe der GQ erscheint im Februar. Darin ein Portrait von den vier Gründern und ihrem charmanten Start-up namens Warby Parker. Kurz darauf sitzen die vier Freunde an ihren Laptops und schreiben E-Mails, um sich bei tausenden Kunden zu entschuldigen.

Sie können nicht liefern.

Sie arbeiten hektisch die Warteliste ab. Auf dieser Liste warten 20.000 Kunden auf ihre bestellten Warby Parker-Brillen. Ihnen allen müssen sie sagen: Sorry Leute, aber ihr müsst leider etwas länger auf eure Brillen warten. Wir wurden überwältigt von der Flut an Bestellungen. Die müssen wir jetzt nach und nach abarbeiten. Aber keine Sorge – eure Warby Parker Brillen finden schon bald den Weg zu euch nach Hause. Versprochen.

Fluch oder Segen, aber genau diese Haltung, diese Empathie ihren Kunden gegenüber werden die Warby Parker-Leute beibehalten, weil sie erkennen: Genau hier liegt die Magie, einer langfristig erfolgreichen Verbindung zu ihrem Publikum. Sie werden regelrecht besessen davon, ihren Kunden ein wirklich großartiges Kundenerlebnis zu verschaffen. Nicht nur beim Kauf. Nein, jedes Mal, wenn sie mit der Marke Warby Parker interagieren.

„Wenn wir die Leute glücklich machen, werden sie eher anderen Leuten von uns erzählen. Mund-zu-Mund-Propaganda ist für uns seit der Gründung der Umsatztreiber Nr. 1."

Neil Blumenthal

Ergebnis im Wettlauf gegen die Zeit und den gigantischen Ansturm: Warby Parker erreicht seine Verkaufsziele für das *ganze Jahr* in nur *drei Wochen.* Was für ein raketenartiger Start für ein Start-up, das Brillen online verkauft. Und an das niemand so recht geglaubt hat – nicht mal die Gründer selbst.

Buying eyewear should leave you happy and good-looking, with money in your pocket. Glasses, sunglasses, and contacts—we've got your eyes covered.

Warby Parker hat also ein innovatives Geschäftsmodell, einen kundenfreundlichen Bestellvorgang, der so easy und reibungslos läuft, als würde man eine Pizza bestellen und sie verfolgen mit ihrem One-for-One Konzept eine gute Mission.

Warby Parker setzt auf eine erfolgsversprechende Kombination: starke Story + starker Kundenservice

Warber Parker teilen nicht die Meinung ihrer meisten Start-up-Kollegen: Entwickle ein gutes Produkt und die Leute werden es finden. Nein, werden sie nicht.

In einer perfekten Welt vielleicht. Aber wir leben nicht in einer perfekten Welt. In einer Welt, in der die besten Produkte zu ihren idealen Kunden finden und sich wie von selbst verkaufen. Das war die alte Welt. Die neue Welt ist so laut wie nie. Wir leben in einer Welt, in der wir umgeben sind von einem Meer aus Möglichkeiten und tausenden Werbebotschaften.

Wir müssen unserem Publikum klar erzählen, warum es uns und unsere Marke gibt. Warum es sie interessieren sollte. Welche Rolle wir in ihrem Leben spielen können. Warum gerade unsere Marke in ihr Leben und zu ihrem Lebensstil passt.

Also fragen sich die Jungs von Warby Parker: Worauf achtet der Kunde beim Kauf einer Brille besonders? Die Antwort: Zuallererst checkt er oder sie, ob die Brille gut aussieht. Ob sie zu ihrem oder seinem Gesicht passt. (Wir sind alle eitel.)

Und genau in dem Moment ist den Jungs klar: Warby Parker ist in erster Linie eine Fashion Brand – eine echte Lifestyle-Marke.

Bevor Warby Parker die Brillen-Bühne betreten hat, waren Brillen nicht besonders cool. Klar, andere Hersteller haben auch von Designer-Brillen gesprochen. Aber statt stylish auszusehen, wirkten sie eher spießig.

Warby Parker hat den Brillen zu mehr Attraktivität und Coolness verholfen, ohne so viel zu kosten wie ein Smartphone. Ähnlich wie es Apple geschafft hat, aus grauen Kästen, die man Computer genannt hat, stilvolle, wunderschön designte iMacs und MacBooks zu machen, hat Warby den Brillen zu mehr Stil und Eleganz verholfen.

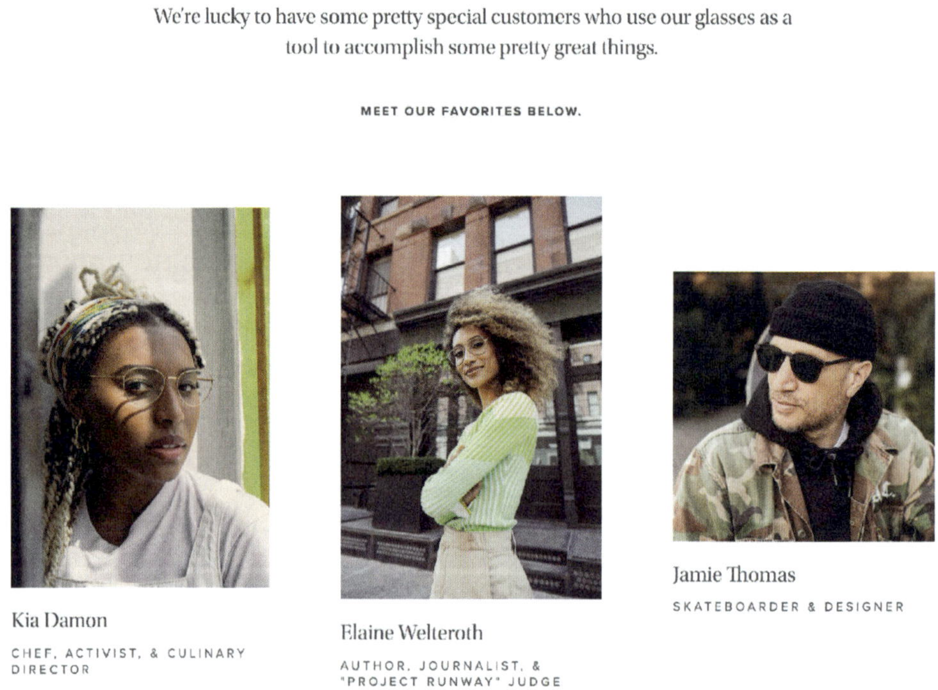

Sie wissen auch: Eine starke Marke, mit einer guten Story und einer loyalen Community ist alles. Ohne eine starke Community ist eine Marke nichts. Nur ihre Kunden, ihre Community wird ihren Erfolg auch langfristig sichern. Also beginnen sie um ihr Geschäftsmodell, die Marke aufzubauen, die sie gerne sein möchten.

Eine Marke, die eine wirklich bedeutende und sinnvolle Beziehung zu ihren Kunden führt. Eine Marke, die sich kümmert und sich interessiert für die Dinge, die in der Welt passieren, in der Gesellschaft und im Leben ihrer Kunden. Sie arbeiten hart für etwas, das jede Marke möchte, aber für das kaum eine Marke viel tut: Markenloyalität.

Sie wissen, sie müssen ihre Marke so positionieren, wie keine andere Brillenmarke vor ihnen. Das bedeutet: Voller Fokus auf den Kunden. In seinem Kopf müssen wir uns erfolgreich positionieren, nicht auf dem Markt der Brillen. It's all about the customer, baby. Gewinne das Herz deiner Kunden, nimm sie an die Hand, reserviere dir einen Platz in ihrem Kopf, lande Volltreffer in ihrem Herzen mit großartigem Content und einem Kundenservice der begeistert und sie bleiben dir treu.

Der erste Warby Parker Store muss nach zwei Tagen schließen

Sie brauchen eine Vision und eine Strategie für die nächsten fünf oder zehn Jahre, nicht nur für die nächsten fünf oder zehn Monate. Warby Parker wird zum Gegenstück der luxuriösen Brillen-Monopolisten. Der Underdog, der stilvolle Designer-Brillen zum revolutionären Preis anbietet.

Racial Equity Strategy

Warby Parker was founded with a mission: to inspire and impact the world with vision, purpose, and style. This starts with our brand, workplace, and communities—and we've always strived to celebrate the diverse backgrounds and perspectives of our employees, customers, and partners. To amplify our commitment to fostering inclusivity, equity, and diversity within the company and beyond, we have created a plan specifically focused on advancing racial equity. You can find a more comprehensive update to this report in our 2020 Impact Report.

View the plan

Warby Parker eröffnen ihren ersten echten, begehbaren Designer-Brillen-Store und müssen nach nur zwei Tagen wieder schließen. 100 % ihres Lagerbestands ist ausverkauft. Leute kommen in den Store und wollen Brillen kaufen, aber sie haben einfach nichts mehr, was sie ihnen verkaufen können. Alles weg. Also, wieder kurzer Break. Mehr Brillen produzieren und weiter geht's. Heute hat Warby Parker über 100 Stores in den USA und Kanada.

Das Warby Parker One-for-one-Modell inspiriert von TOMS

Ja, auch wenn das One-for-one-Konzept nicht neu und nicht ihre Idee war, es passt perfekt zur Marke und macht ihre Mission rund. Alles ergänzt sich perfekt. Die vier Freunde haben ein klares Problem identifiziert, mit dem viele Menschen konfrontiert waren. Brillen sind zu teuer. Erst recht für Menschen, die kaum Geld zum Überleben haben.

Die Lösung: Warby Parker bietet stylishe Designer-Brillen für 95$ an.

Das Besondere: Du kannst dir fünf Brillen versandfrei nach Hause bestellen und anprobieren.

Die Mission: Für jede verkaufte Brille spendet Warby Parker eine Brille an bedürftige Menschen, die sich keine Brille leisten können. Zwei relevante Probleme gelöst. Jede andere Brillenmarke hätte das machen können. Haben sie aber nicht.

Und dann kam Warby Parker.

Heute wird der Wert von Warby Parker auf über eine Milliarde Dollar geschätzt.

Das Warby Parker Storybranding-Modell

Bestimmung

Buy one, give one.

Fokus auf Kunden

Kostenlos zu Hause anprobieren

Überzeugung

Stilvolle Designer-Brillen zum bezahlbaren Preis

Was ich als Buchliebhaber besonders sympathisch an Warby Parker finde: Jedes neue Teammitglied bekommt ein Exemplar von Jack Kerouac' Buch *„The Dharma Bums"* (auf Deutsch unter dem fragwürdigen Titel „Gammler, Zen und hohe Berge" erschienen).

Es ist eines der Lieblingsbücher der Gründer von Warby Parker (auch von mir) und sie finden: Das Buch ist so gut, dass es so viele Menschen wie möglich lesen sollten. Darum haben sie es zur ihrem internen Warby-Parker-Ritual gemacht, das jeder an seinem ersten Tag im Unternehmen durchläuft.

17

Die Erschaffung der No-Bullshit-Werbewelt

(Newcastle Brown Ale)

„Du braucht nicht zu konkurrieren, wenn du weißt, wer du bist.“

Bernadette Jiwa

Mit No Bullshit zur Unverwechselbarkeit

Mit einem Blick auf die Welt der Biermarken wird Charles van Es, dem Brand Director von *Newcastle Brown Ale* und seinem Team schnell klar: Es gibt heute zig tausende Biermarken, die ähnliches Ale brauen wie sie selbst. Kaum eine Biermarke hebt sich von der anderen ab.

Die meisten erzählen das Gleiche. Ihre Positionierung ist so gut wie identisch. Ihr Marketing? Austauschbar. Ihre Message? Klingt wie eine Kopie einer Kopie. Und mit dieser Message wollen sie den amerikanischen Markt erobern? Ein gigantischer Markt, der dominiert wird von Marken wie Bud, Miller, Coors? No way.

Aber das ist noch die positive Erkenntnis. Das bietet schließlich Potenzial, um sich aus dem Meer der Bier-Beliebigkeit abzusetzen. Du musst nur eine andere Story erzählen als die großen US-Player. Kann das so schwer sein?

Die schlechte Nachricht ist allerdings: es kommen jeden Tag neue Biermarken dazu. Der Markt für junge Craft Beer-Brauereien wächst. Und wächst. Und wächst.

Die Menschen sind also nicht nur gelangweilt von der austauschbaren Bierwerbung, sie sind auch gelangweilt, von dem immer gleichen Bier.

Einschub: Sind wir mal ehrlich und schauen auf unseren deutschen Markt: Deutsches Reinheitsgebot? Who cares? Deswegen immer das gleiche Bier trinken? Der einzige Unterschied: herb oder süffig? Das Versprechen „Deutsches Reinheitsgebot" ist der nächsten Generation von Bier-Genießern genauso wichtig wie das Qualitätssiegel „Made in Germany" der Technologie-Branche. Wenn wir wollen, dass diese zwei Versprechen in Zukunft wieder an Bedeutung gewinnen, sollten wir ein wenig experimentierfreudiger, offener und neugieriger sein.

Zurück zum Team von Newcastle Brown Ale, wo man den Markt der austauschbaren Biermarken mit Verblüffung betrachtet und den scheinbar unaufhaltsamen Aufstieg junger, aufregender und frischer Craft-Beer-Marken mit einem Anflug von leichter Sorge (oder schon Panik) verfolgt.

Ist schließlich kein Wunder, weil aus einem Anfangs belächelten Craft Beer-Trend werden echte Challenger-Brands, die sich immer weiter ausbreiten. Das Publikum liebt sie. (Siehe Brewdog im Kapitel: Vom Underdog zum Überflieger.) Ja, auch in der Welt des Bieres sind Innovationen und sogar Revolutionen möglich – wer hätte das gedacht?

Zeit für eine Neupositionierung im Hause Newcastle Brow Ale. Die Rezeptur „haben wir schon immer so gemacht" schmeckt dem Publikum nicht mehr. Charles van Es und seinem Team ist klar, wenn sie sich von all den anderen Biermarken absetzen wollen, brauchen sie eine ganz und gar unverwechselbare Persönlichkeit mit einer einzigartigen Stimme. Das bedeutet auch: Botschaften, die sich nur auf ihr Bier und die Produktmerkmale beziehen, funktionieren nicht mehr.

Egal, was sie kommunizieren: Wie und warum sich ihr Bier von anderen Bieren unterscheidet – es macht einfach keinen Unterschied. Diese Story ist alt und es ist die Story, die jedes Bier erzählt. Ähnlich wie in der Automobilbranche.

Es gibt immer andere Biere, die ihrem Bier ähneln würden. Was also macht Newcastle Brown Ale wirklich anders, ohne dass wir plakativ immer und immer wieder behaupten müssen, dass unser Bier anders ist? Was macht Newcastle Brown Ale im Kern aus?

Was unterscheidet uns von all den anderen Marken? Die-Sein-oder-nicht-sein-Frage, die sich wohl schon jedes Unternehmen in ehrgeizigen Brainstorming-Sessions gestellt hat. Die Frage aller Fragen, die CEOs auf der ganzen Welt schon die ein oder andere schlaflose Nacht beschert hat: Wer sind wir als Marke?

Zeit also, seine Wurzeln, die bis in die 1920er-Jahre zurückgehen, hinter sich zu lassen. Zeit, nach vorne zu blicken. Oder etwa doch nicht? Ja und nein.

Wie heißt es so schön? Will man die Zukunft verstehen, muss man zurück in die Vergangenheit blicken. Denn genau da, liegt manchmal die Wahrheit, die man braucht. Der Kern einer Marke. Das Potenzial einer großen Story. Die alles entscheidende Antwort liegt im Falle Newcastle Brown Ale in ihrer DNA. Und ist nicht genau das, was eine Marke unverwechselbar macht – die DNA?

Mit dem Brand Workshop zurück in die Vergangenheit

Das Newcastle Brown Ale-Team trommelt die Leute zusammen, die mit der Marke zu tun haben: Agenturen und das Sales- und Marketing-Team. Gemeinsam macht man einen intensiven Marken-Workshop und fragt sich: Woher kommen wir und was haben wir bisher erreicht? Die Zeitreise beginnt und das Team taucht tief in die Vergangenheit der Marke ein:

Die 1920er. Wir befinden uns im Nordosten Englands. Der Braumeister Jim Porter forscht und probiert drei ganze Jahre lang, bis er die perfekte Rezeptur für sein dunkles, obergäriges Ale gefunden hat. Das Aroma ist so, wie er es haben will: malzig-süß. 1927 braut er das erste Newcastle

Brown Ale. Nur ein Jahr später gewinnt das Ale die Goldmedaille auf der „International Brewers Exhibition“ in London.

Es folgen weitere Auszeichnungen, mit denen die Marke – nicht unbedingt dem britischen Gentlemen Understatement entsprechend – ihr Etikett verziert. Dazu kommt die klare Ansage in Form einer stylischen Flaschengravur: *The one and only.* Newcastle Brown Ale, oder wie es die ersten Fans bereits nennen – *Newkie* – steigt zum beliebtesten Flaschenbier Englands auf. The one and only wird zum ... one and only.

Fun Fact: Jim Porter hat sein Bier eigentlich für sich und die hart arbeitenden Berg- und Werftarbeiter gebraut. Hat er was dagegen, dass sein Ale auch bei der restlichen Bevölkerung Englands ankommt? Hell no! Er braut fleißig weiter und seine Marke wächst.

Die Erschaffung der No-Bullshit World

Zurück zu unserem Newcastle Brown Ale-Team der Gegenwart: Wenn man fast 100 Jahre zurück in die Vergangenheit reist, bringt man so einiges mit: Mit viel Staub auf den Klamotten und einer neuen Strategie im Kopf, kriecht das Team aus den tiefen Minen in Newcastle heraus. Sie haben einen ganzen Sack voll wertvollen Erkenntnissen. Zum Beispiel: Die Einwohner Newcastles – auch Geordies genannt – scherzen immer schon leidenschaftlich und nehmen sich gern selbst auf den Arm.

Diese Menschen sind bodenständig und haben Sinn für trockenen Humor. Sie alle lieben einen guten Witz. Das Team ist sich einig: Wir möchten die Marke sein, die genau DAS auf den Punkt bringt.

Wie wäre es, wenn wir mit unserer Marke das aussprechen, was jeder denkt, aber sich nicht traut auszusprechen? Wie wäre es, all den Bullshit in der Werbewelt zu entlarven und sich darüber lustig zu machen? Wie wäre es eine No-Bullshit-Welt rund um unsere Marke zu erschaffen?

Die No-Bollocks-Strategie ist geboren (kein „Blödsinn“, weil ganz so hart und krass geht es dann doch nicht). Nein, die Strategie ist noch nicht geboren, noch ist es nicht so weit. Sagen wir lieber: Das Team geht mit der Idee schwanger. Jetzt heißt es: das No-Bollocks-Baby auf die Welt zu bringen.

Wie wird es aussehen? Wie klingen? Wo die Inspiration hierfür bekommen? Woher die echten Eindrücke finden, die typisch sind für die neue Newcastle-Welt?

Nicht im World Wide Web, das steht fest. Am besten in der echten Welt in der wir leben. Also bekommt jeder Workshop-Teilnehmer eine Hausaufgabe: ausgehen und Augen aufhalten. Schauen wir uns die Welt um uns herum an und suchen nach Blödsinn für unser Bier – let’s go!

Die Geburt des No-Bollocks-Baby

Einer von ihnen ist der Schotte Gary aus dem Innovationsteam. Er besucht ein super schickes Pub mitten in New York. Das Pub ist ein Pub, wie man sich ein Pub vorstellt – nur die New York-Variante davon: schriller, bunter, noch mehr Fernseher an der Wand. Irgendwann geht Gary auf die Toilette und als er fertig ist und zum Waschbecken geht, steht da plötzlich dieser Toilettenmann vor ihm. Der Toilettenmann lächelt ihn an. Er reicht ihm ein winziges Handtuch und ein Stück Seife.

Gary zuckt kurz zusammen. Dann nimmt er zögerlich Handtuch und Seife. Was zur Hölle ist hier los, denkt er sich. Hier steht tatsächlich ein Toilettenmännchen und reicht mir nach dem Pinkeln Handtuch und Seife? WTF?! Wenn dir in England ein Typ so kommt, dann fängt er sich eine.

Gary wäscht die Hände. Er spürt die Blicke des Toilettenmannes in seinem Rücken. Ein kurzer, nervöser Blick in den Spiegel. Hinter ihm steht immer noch der Toilettenmann. Gary dreht das Wasser ab, trocknet seine Hände und dreht sich um. Der Toilettenmann nimmt wieder Seife und Handtuch entgegen. Dann überreicht er Gary einen Lolly. Gary blickt auf den Lolly. Er nimmt ihn zögerlich an, weil... was soll er machen? Dann blickt er auf die Hand, die der Toilettenmann ihm hinhält. Die Handfläche sagt: Und jetzt das Trinkgeld. WTF!?

Nächster Tag. Das Team sitzt im Kreis und jeder erzählt von den Eindrücken, die man am Vorabend gesammelt hat. Gary ist immer noch völlig verblüfft von seinem Erlebnis. Er erzählt dem Team seine Toilettenmännchen-Story. Ein Toilettenmann, der dir nach dem Pinkeln ein winziges Handtuch und Seife reicht? Und dafür ein Trinkgeld erwartet? Absoluter Blödsinn! Alle sind sich einig: Genau das ist so ein Blödsinn-Moment. Diesen Blödsinn wollen sie in einer Welt voller Blödsinn entlarven. Genau dafür stehen wir mit unserer Marke ein:

No Bollocks – kein Blödsinn mehr.

Der No-Bollocks-Moment bringt eine ganz eigene Dynamik in Gang. 25 Leute erzählen ihren ganz persönlichen No-Bollocks-Moment, den sie in ihren Leben schon mal erlebt haben. Jeder hat eine Bollocks-Story auf Lager. Und plopp! Das No-Bollocks-Baby ist geboren.

Jetzt ist dem Team klar, dass sie hier etwas Starkes haben. Sie haben ihr Thema gefunden, dass ihnen die Story gibt, die sie brauchen, um sich von allen anderen Biermarken abzusetzen – ob in England, in Amerika, oder wo auch immer auf der Welt.

Ihre ehrliche und simple Botschaft: Spar dir den Blödsinn. Beim Biertrinken geht es ganz einfach ums Biertrinken. Nicht mehr und nicht weniger. Alles andere, was dir die anderen Marken erzählen wollen ist...nun ja: Einfach Blödsinn.

Wenige Tage später ruft einer der Kreativen begeistert an. Er hat auf der Straße eine Bierwerbung gesehen – absoluter Blödsinn:

„Das ist ein Kelch, kein Glas."

Das Team ist sich einig: Die Werbung ist sowas von prätentiös. Welcher normale biertrinkende Mensch verwendet schon das Wort „Kelch"? Es geht doch nur um Bier. Und dazu der Claim: She is a thing of beauty? Blödsinn! Da müssen wir doch was dagegenhalten.

Müssen sie.

Und tun sie:

Das Newcastle-Team hat viel Spaß bei ihrer Aktion. Und viel Erfolg. Die Aktion geht rum. Das Foto von ihrem Stunt macht die Runde. Er sorgt für Wirbel in der Welt des Marketings und schon bald treffen Anrufe und Mails im Team ein. Alle beglückwünschen die „neue Kampagne".

Welche Kampagne? Es war doch nur eine schnelle Guerilla-Aktion. Eine erste Idee, wie man mit der neuen Positionierung, der neugeborenen Markenpersönlichkeit und der Message umgehen könnte. Scheint zu funktionieren. Und wie. Die Werbewelt und das Social Web ist auf jeden Fall begeistert und feiert die Aktion der Brauerei aus England.

Das ist erst der Anfang. In Zusammenarbeit mit ihrer Leadagentur Droga5 liefern sie in den nächsten Jahren großartige Arbeiten ab, die die neue Markenpersönlichkeit und die ganz eigene Stimme, die Newcastle Brown Ale für sich gefunden hat, perfekt zum Leben erweckt:

Charmant-ehrlich, witzig, bodenständig, frisch und frech – ungewöhnlich und absolut ungehört in der Welt des Marketings. Das begeistert nicht nur Bier-Fans, das Social Web liebt den ehrlichen Underdog. Die Marke gewinnt neue Fans.

So erfrischend anders, kann die brutale Wahrheit klingen. Wer muss hier nicht schmunzeln? Das hat schon fast Seinfeld-Charakter.

Der US-Markt ist im Sturm erobert. Klar, macht Newcastle Brown Ale nur einen kleinen Prozentsatz des amerikanischen Biermarktes aus, aber das Bier hat dort viele treue Fans für sich gewonnen und die Zahl der Fans weltweit steigt stetig an. Nach der neuen Positionierung wird Newcastle Brown Ale zu einer der am schnellsten wachsenden Marken in den sozialen Medien.

Im Interview mit den Kreativagenturen *phd* und *eatbigfish* sagt der Brand Director zur neuen Markenpersönlichkeit: „Daran glauben wir. Und wenn du das auch tust, dann folge uns. Wenn nicht, auch gut – dann probiere es woanders. Es gibt andere Marken, die für andere Dinge stehen und sie werden glücklich sein, dich als Kunden zu begrüßen."

Die wahre Stärke liegt darin, dass wir individuell wissen, was wir sind, wer wir sind und was wir wollen.

Paget Brewster

Genau darauf kommt es an: wissen wer wir als Marke sind. Wofür wir als Marke stehen. Welche Überzeugungen wir teilen und wer unser ideales Publikum ist. Dann müssen wir nicht konkurrieren. Wir müssen nicht behaupten: „Wir sind besser als unsere Konkurrenz." Das verstehen viele Marken leider nicht. Oder sie haben nicht den Mut, anders zu sein. Für etwas zu stehen, zu dem einige Menschen nein sagen könnten.

Aber genau darum geht es in Zukunft: sich stärker von anderen Marken abzugrenzen. Für etwas einzustehen und auch mal zu sagen: „Ne, du passt als Kunde einfach nicht zu uns." Wir nehmen schließlich auch nicht jedem zum Freund. Und Menschen lassen auch nicht jede Marke in ihr Leben.

Jede Marke kann seine eigene Markenpersönlichkeit finden, ist der ehemalige Droga5 Creative Director Ted Royer der Meinung. Er war für diese und die späteren Newcastle-Kampagnen verantwortlich.

„Wir versuchen, die stärkste Persönlichkeit einer Marke hervorzuheben und ihr eine Perspektive auf die Welt zu geben, die nicht nur zum Lärm beiträgt, sondern zu intelligenten Unterhaltungen, echten Unterhaltungen beiträgt", sagt Royer in einem Interview mit *campaign.*

Darum geht es als Marke: zu wissen wer man ist. Wenn wir das wissen, wissen wir auch für was wir stehen und für was nicht. Wir haben Persönlichkeit. Charakter. Attitude.

Eine eigene Stimme.

18

BESESSEN von der Sicherheit für Menschen

(Volvo)

„Whatever direction your life takes, your underlying themes remain. Discover and explore your themes to open the way for rich creative development."

Nita Leland

Sicherheit ist alles: eine Marke und ihr großes Thema

Sie haben schon in den 1940ern über Sicherheit im Auto gesprochen. In einer Zeit, als Sicherheitsgurte in Autos nicht viel mehr als ein Accessoire waren, kein Schutz für die Insassen. Sie waren die ersten, die den Drei-Punkt-Gurt erfunden haben. Eine der acht Erfindungen, die in den letzten 100 Jahren uns Menschen den größten Nutzen gebracht hat. Obwohl sie das Patent dafür angemeldet haben, haben sie ihre Erfindung mit anderen Autobauern geteilt. Teilen für das größere Ganze und Gute. Die Sicherheit der Menschen – auch in anderen Autos war ihnen wichtiger als Profit.

Machen wir ein kleines Spiel. Vielleicht hast du jetzt schon erkannt, um wen es hier geht, vielleicht auch nicht. Vielleicht wirst du aber auch gleich darauf kommen. Vielleicht hast du, wie ich, am Ende einen kleinen Aha-Moment und siehst die Marke, um die es geht noch klarer. Mich hat es jedenfalls umgehauen, als ich bei der Recherche darauf gestoßen bin, wie lange sie schon von ihrem Thema besessen sind. Weitere Belege für ihre Besessenheit, was Sicherheit betrifft? Kein Problem:

Bei den Airbags waren sie einer der ersten. Immer wieder haben sie den Airbag angepasst und verbessert – besessen verbessert. Sie waren die ersten und einzigen, die Autocrashs in ihren TV-

Spots gezeigt haben. Automarken hätten ihre Seele dafür verkauft, nur damit ihre Autos nicht mit Autounfällen in Verbindung gebracht werden. Autounfälle? Was ist das? In unseren Autos gibt's sowas nicht!

Sie haben:

- den ersten Prototyp für einen rückwärtsgerichteten Kindersicherheitssitz getestet,
- die ersten Knautschzonen vorn und hinten im Auto entwickelt,
- die ersten Sicherheitstürschlösser entwickelt,
- die ersten Erinnerungs-Sicherheitsgurte erfunden,
- den ersten nach hinten gerichteten Kindersicherheitssitz eingeführt,
- verstärkte Rücksitze in Kombi-Modellen eingeführt,
- das Überrollschutzsystem eingeführt,
- einen aufblasbaren Vorhang (für's Auto!) entwickelt,
- das Toter-Winkel-Informationssystem entwickelt,
- City Safety entwickelt: stoppt das Fahrzeug automatisch, wenn ein Hindernis erkannt wird,
- die Fußgänger-Erkennung mit automatischer Bremse eingeführt
- Fußgänger-Airbag erfunden und
- die Radfahrerkennung mit Autobremse erfunden.

Und das ist nur eine Auswahl der Belege für ihre Besessenheit, was die Sicherheit der Menschen in ihrem Fahrzeug und auf der Straße betrifft. Von welchem Autobauer ist hier die Rede? Erkannt?

Volvo.

Volvo und ihre unendliche, unnachgiebige und absolute Besessenheit von Sicherheit. Ihr großes Thema, das sie ähnlich abhandeln wie Shakespeare seine großen Themen. Volvo und die Sicherheit – nur wenige andere Marken haben ihr Thema so klar und mit so viel Leidenschaft besetzt wie Volvo und das schon in den 40ern.

Ich bin sicher, auch in naher und ferner Zukunft – wenn Volvo selbstfahrende Autos und später fliegende oder schwebende Autos herstellt – werden sie sich noch leidenschaftlich an ihrem großen Thema abarbeiten. Warum? Das Thema Sicherheit ist ein zeitloses und universelles Thema. Und Volvo hat es sogar in ihrem Vision Statement in den Fokus gestellt:

„Unsere Vision ist, dass niemand in einem neuen Volvo-Fahrzeug schwer verletzt oder getötet werden sollte."

Mit dem Thema Sicherheit bekommt auch ihr Claim *For Life* mehr Relevanz und eine doppelte Bedeutung. Genau in diesem Kern steckt auch ihr Purpose. Ihre Antwort auf die Frage: Warum existieren wir? VW, BMW, Mercedes – please stand up. Was wäre eure Antwort auf diese Frage?

Für Volvo ist ihr Thema Sicherheit mehr als ein Slogan, eine nette Headline oder ein einmaliger Hinweis in einem ihrer Spots. Ihr Thema durchdringt alles, was sie tun und kommunizieren. Sicherheit ist ihr Kompass, ihr Mantra, ihre Muse.

Bemerkenswert ist also nicht nur, wie die Marke Volvo ihr Thema besetzt hat, sondern wie sie es immer und immer wieder vorantreiben. Sie ruhen sich nicht darauf aus. Sie forschen, suchen und entwickeln weiter. Technologien werden immer schneller immer besser.

Das bedeutet: Auch Erfindungen, die gestern innovativ waren, können schon nach kurzer Zeit weiter verbessert werden. Und genau darin investiert Volvo genauso viel Energie, Zeit und Kosten wie in das unablässige Kommunizieren ihres Themas und ihrer Vision.

Das Thema Sicherheit ist der Motor für Volvo. Es ist das eine Wort, das alles antreibt, was Volvo tut und kommuniziert. Ihr Thema gehört zu ihnen, wie Ben zu Jerry.

Volvo erzählt seit Jahrzehnten eine große Story von Sicherheit. Das könnte schnell langweilig, belehrend oder nicht besonders kreativ sein. Volvo schafft es ihr großes Thema immer wieder kreativ, packend und stark zu erzählen.

Ob es um die Menschen in ihren Fahrzeugen geht oder um die Menschen, die einem Volvo auf der Straße begegnen. VOLVO beleuchtet sein Thema „Sicherheit" von allen Seiten. Es leitet die Marke. Und genau das macht ihre Brand Story so stark und ihre Marke über einen solch großen Zeitraum relevant und erfolgreich.

Und jetzt sag mir in einem Wort:

Wofür steht deine Marke?

____

(Ein Wort!)

19

Wir glauben nicht an WERBUNG, wir glauben an WAHRHEIT

(Nike)

> „Von Anfang an haben wir versucht, eine emotionale Bindung zum Verbraucher herzustellen. Warum heiraten Menschen – oder tun irgendetwas? Wegen der emotionalen Bindung. Das ist es, was eine langfristige Beziehung zum Verbraucher aufbaut, und darum geht es in unseren Kampagnen. Dieser Ansatz unterscheidet uns von vielen anderen Unternehmen."
>
> *Phil Knight*

Just do it – Warum drei kleine Worte eine solch große Wirkung erzeugen können

Es ist 1987. Nachts. In der Kreativagentur *Wieden & Kennedy* brennt noch Licht. Dan Wieden sitzt in seinem Büro. Etwas hält ihn davon ab, Feierabend zu machen. Immer wieder geht er die Präsentation für ihren Kunden Nike durch. Die erste große TV-Kampagne von Nike.

Die Agentur hat eine Reihe Spots entwickelt. Jeder ist anders. Jeder wurde von einem anderen Kreativteam der Agentur entwickelt. Laufen, Cross-Training, Basketball, Fitness.

Aber etwas fehlt noch. Dan Wieden hat das Gefühl, all diese verschiedenen Spots brauchen einen roten Faden, der sie miteinander verbindet. Was ist der gemeinsame Nenner? Brauchen wir einen Slogan, um diesen Arbeiten eine Einheit zu verleihen? Eine Tagline, die sowohl Hardcore-Sportler anspricht als auch die Menschen, die regelmäßig nur einen Morgenlauf machen?

Er weiß nicht warum, aber er muss an eine Dokumentation denken, die er vor ein paar Tagen gesehen hat. Darin ging es um den zum Tode verurteilten Mörder Gary Gilmore. Kurz vor seiner Hinrichtung wird er gefragt, ob er noch etwas zu sagen hat.

Hat er: „Let's do it!"

Nicht unbedingt die Inspirationsquelle, die man sich für eine Werbekampagne wünscht. Aber Wieden hat das Gefühl, dass in diesem Satz etwas steckt, das Nike und seine Botschaften verbindet. Und wer weiß schon, wie lange man diesen Slogan nutzen wird. Vielleicht nur für diese Kampagne? Was soll's? Wieden ändert den Satz leicht ab und macht daraus:

Just do it.

Nächster Tag. Die Kreativen in der Agentur fragen, ob man wirklich einen Slogan braucht. Nike ist anders als viele andere Marken. Braucht man da wirklich etwas so Werbliches wie einen Slogan? Aber diese Zeile, dieser Satz, der fühlt sich alles andere als werblich und aufgesetzt an.

Trotzdem wird auch bei der Präsentation für den Kunden der Slogan infrage gestellt: Brauchen wir wirklich einen Slogan? Bei Nike glaubt niemand an so etwas wie einen Werbeslogan.

Dan Wieden bleibt dabei: Wir brauchen ihn. Er ist der Meinung, der Slogan hilft. Es gibt einfach zu viele unterschiedliche Spots. Zu viele verschiedene Sportarten. Es braucht etwas, das sie zusammenhält. Eine Klammer. Man könne den Slogan ja in der nächsten Runde wieder fallen lassen ...

Na gut ... just do it. Niemand ist begeistert, aber die Entscheidung ist gefallen. Also endet jeder der Spots mit dem motivierenden Satz: Just do it.

„Everything you need is already inside. Just do it."

Bill Bowerman

Kurz darauf flimmert die Kampagne in das Wohnzimmer von Millionen Amerikaner:innen im ganzen Land.

San Francisco. Walter Stack, ein 80-jähriger Marathonläufer, läuft wie jeden Morgen seine Strecke. Freier Oberkörper, kurze Shorts, drahtiger Körper. In kleinen, aber zügigen Trippelschritten überquert er eine Brücke. Autos fahren an ihm vorbei, die Fahrer grüßen ihn. Er winkt zurück.

„Ich laufe 17 Meilen jeden Morgen“, teilt er uns, seinen Zuschauern, fröhlich mit. „Das hält meine Zähne im Winter vom Zittern ab.“

Eine kurze Pause, dann: „Ich habe sie in meinem Spind gelassen.“

Walter Stack läuft. Und läuft. Zum allerersten Mal blendet Nike seinen neuen Slogan ein:

Just do it.

Nur wenige Sekunden lang ist der Spot, aber er erzählt eine große Story, und der Zuschauer fragt sich: „Wenn der 80-jährige alte Mann das kann, kann ich das doch auch, oder?“

Das ist nur einer der Spots mit dem neuen Slogan, die alles verändern: Die Reaktion übertrifft alles, was die Agentur und Nike erwartet haben. Das Publikum macht Nike und der Agentur schnell klar, was ihnen *Just do it* – diese drei kleinen Worte – bedeuten.

Nike und Wieden & Kennedy bekommen begeisterte und leidenschaftliche Leserbriefe und Anrufe. Sie lesen Zeilen von Menschen, die darüber sprechen, wie sehr sie diese Botschaft inspiriert hat. Sie lesen von Menschen, die endlich mit dem Laufen angefangen und mit dem Rauchen aufgehört haben. Sie lesen von neuen Jobs und von Kündigungen verhasster Jobs, sie lesen über Neuanfänge und neu gefassten Mut. Von Menschen, die dank dieser drei Worte ein neues Leben angefangen haben. Wow – diese Leserbriefe hauen Nike und ihre Agentur um. Sie haben mit ihrer Message einen Nerv getroffen.

Drei kleine Worte, die einen großen Anklang finden, in der Sportler-Gemeinde, aber auch bei Menschen, die nur wenig oder überhaupt keinen Bezug zu Sport haben. Aus dem „Werbeslogan“ wird das, was sich heute jede Marke wünscht: Er wird zur Nike's Philosophie und Markenidentität: *Just do it* und der Swoosh. Heute sind diese drei Worte weltweit bekannt.

Die Marke Nike hat an diesem Punkt ihr Thema identifiziert und nach und nach ganz klar herausgearbeitet. Sie wussten von da an, wofür Nike steht: ihr Publikum zu empowern. Das ist die Story unter ihrer Story. Ihr Thema, das in ihrem motivierenden Call to Action *Just do it* mündet.

Ihr Thema war schon immer da. Es lag immer unter all dem was sie gemacht und kommuniziert haben. Aber jetzt konnten sie es zum ersten Mal klar erkennen. Jetzt haben sie es in nur drei Worten manifestiert. Drei Worte, die dem Publikum eine Antwort gibt, um der inneren Stimme zu widersprechen. Etwas, das sie antreibt, motiviert – befähigt.

Just do it wird ihr Mantra. Und das von Menschen, die mit Sport nichts zu tun haben. Das war 1987. Und es gilt bis heute. Diese kleine Tagline beinhaltet die Essenz von dem, was Nike ausmacht.

Nike wusste von Anfang an, was sie erreichen wollten. Nicht den besten Schuh produzieren und immer und immer wieder seine Features, Vorteile und Innovationen feiern und promoten. Sie wollten den Läufer, den Athleten feiern. Ob Amateuer oder Profi. Sie wollen dich, mich, uns feiern in ihrer Story.

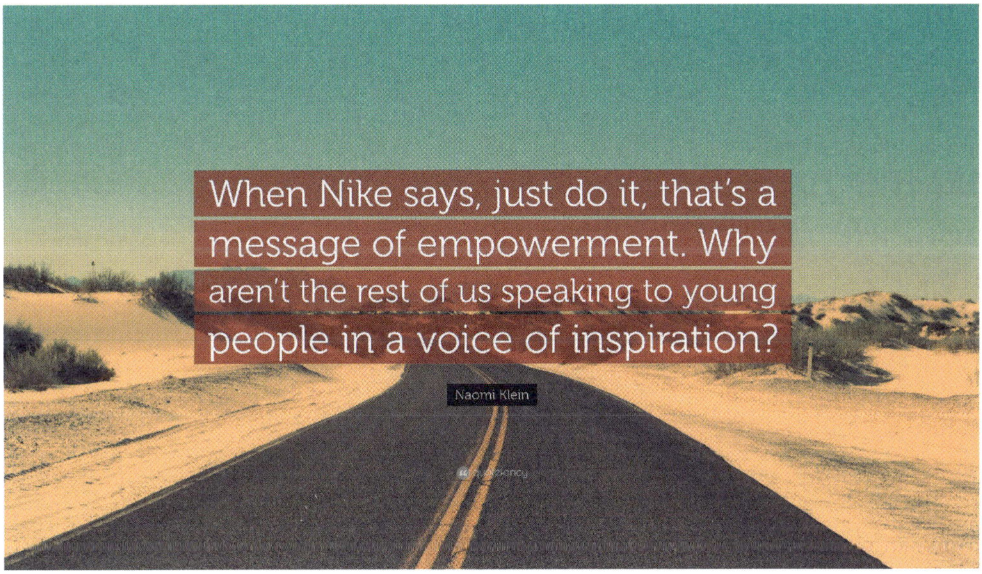

Ihr Slogan war mehr als nur ein Slogan und ist heute mehr als nur ein Markenclaim – es ist ihr motivierender Call to Action in ihrer Brand Story, der sich an ihr Publikum richtet. Die Message *Just do it* inspiriert, motiviert, empowert. *Just do it* ist für jeden, überall auf der Welt. Egal welches Alter, Religion, Hautfarbe, Herkunft, sozialer Background, ob Profi oder Amateur. *Just do it* ist für alle und jeden – überall, wenn du die Werte und Überzeugungen von Nike teilst.

Jede Marke ist eine Story. Und jede gute Story braucht einen Call to Action, um den Hero zum Handeln zu bewegen.

20

UNSER GEHIRN entscheidet mit seinem BAUCH

(Zeiss, Simon Sinek)

> **„Profit ist kein Purpose, es ist ein Ergebnis. Purpose zu haben bedeutet, dass die Dinge, die wir tun, für andere von echtem Wert sind.“**
>
> *Simon Sinek*

Mal abgesehen vom kommerziellen Interesse:

Warum tust du, was du tust? Warum existiert dein Unternehmen?

2009 betritt ein unbekannter Mann die Bühne eines TED Events. Es ist nicht die Hauptbühne. Es ist der kleinere Ableger, ein TEDx Talk Event. Der Mann mit schwarzer Hornbrille und in rot-weiß karierten Hemd beginnt seinen Talk mit folgenden Sätzen:

„Wie erklären Sie es sich, wenn die Dinge sich anders entwickeln, als wir vermuten? Oder besser, wie erklären Sie es sich, wenn andere in der Lage sind, Dinge zu erreichen, die scheinbar all unsere Vermutungen widerlegen?“

Sein Name ist noch unbekannt. Aber in den nächsten Monaten wird fast die ganze Businesswelt ihn kennen. Sein Name ist Simon Sinek. Sein WARUM:

Menschen zu inspirieren, die Dinge zu tun, die sie inspirieren, sodass wir gemeinsam unsere Welt zum Besseren verändern können.

Seine Werkzeuge, die er zum Talk mitgebracht hat, sind so einfach wie seine Idee selbst: einen Stift, ein Flipchart und eine kluge Beobachtung. Damit erzählt er den Unternehmern und Business Leadern im Publikum, warum sie in ihren Botschaften mit dem WARUM starten sollten. Nicht, wie die meisten Unternehmen mit dem WAS. Also nicht WAS sie machen, sondern WARUM sie machen WAS sie machen, sollte immer ihren Botschaften vorangehen.

Er erzählt die Stories von Apple, Martin Luther und den US-amerikanischen Pionieren der Luftfahrt, den Brüdern Wright. Alle drei Geschichten, sind Geschichten, über besondere Leistungen. Diese Menschen konnten diese beeindruckenden Leistungen vollbringen, weil ihr Antrieb ihr WARUM war. Also, WARUM sie getan haben, was sie getan haben. Nicht das WAS war ihr Antrieb. Sie alle handelten nach demselben Muster und haben damit andere Menschen inspiriert.

Simon Sinek fragt in seinem TED Talk: Warum ist Apple so innovativ? Warum ist dieses Unternehmen Jahr für Jahr innovativer als all seine Wettbewerber? Apple ist doch auch nur ein Technologie-Konzern wie viele andere. Sie haben den gleichen Zugang, zu den gleichen Talenten, den gleichen Agenturen, den gleichen Beratern. Den gleichen Medien. Was also macht das Unternehmen aus Cupertino anders?

Warum hat gerade Martin Luther King die Bürgerrechtsbewegung angeführt? Obwohl er nicht der Einzige war, der an einem Amerika ohne Bürgerrechte für alle Menschen litt. Und sicher war er auch nicht der einzige großartige Redner seiner Zeit. Warum er?

Und warum ist den Wright-Brüdern der erste kontrolliert gesteuerte, bemannte Motorflug gelungen? Obwohl es andere Teams gab, die besser qualifiziert und besser finanziert waren.

Was haben diese Beispiele außergewöhnlicher Erfolge gemeinsam? Simon Sinek erklärt, dass er ein Muster entdeckt hat, dass hinter diesen Leistungen steckt.

„Ungefähr vor dreieinhalb Jahren, machte ich eine Entdeckung. Und diese Entdeckung veränderte von Grund auf meine Sicht darauf, wie ich dachte, dass die Welt funktioniert. Und sie änderte grundlegend die Art wie ich mich in ihr verhalte. Es stellt sich heraus, es gibt ein Muster. Alle großen, inspirierenden Führungspersönlichkeiten und Organisationen dieser Welt – egal ob Apple, Martin Luther King oder die Brüder Wright – denken, handeln und kommunizieren in exakt der gleichen Weise. Und sie tun das Gegenteil von allen anderen."

Seinem interessanten Konzept gibt Simon Sinek den Namen

The Golden Circle

und kritzelt einen Kreis (in schwarz) schwungvoll auf das Flipchart.

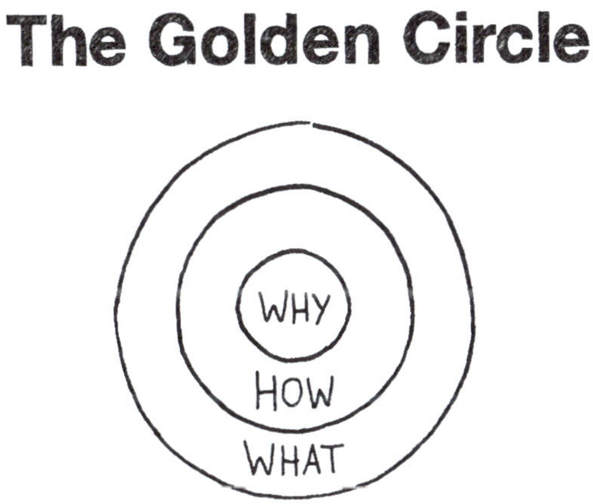

„Warum? Wie? Was? Diese winzige Idee erklärt, warum einige Organisationen und einige Führungspersönlichkeiten in der Lage sind zu inspirieren und andere nicht."

Dieser TED Talk geht durch die Decke. TED präsentiert ihn jetzt prominent auf der Hauptseite. Bis heute ist er einer der meistgesehenen TED Talks aller Zeiten. Die Zahlen liegen irgendwo bei über 50 Millionen Views.

Es folgt ein Buch mit dem Titel *„Start with why"*. Auch das wird ein Bestseller. Die neue Business-Bibel. Dieses WHY, der „Purpose", wird zum Star der Businessbranche und Simon Sinek sein Sprachrohr. Eine Art Jesus der Geschäftswelt. Der optimistische Purpose-Bringer für Unternehmen, die mehr sein wollen als ihr Produkt.

Simon Sinek bietet ihnen mit dem WHY-Konzept den heiligen Gral für Unternehmen, Marketing und Branding.

Sinek nimmt sich die Großen der Branche als vorbildliches Beispiel. Wie Apple. Aber nur weil diese Unternehmen jeder von uns kennt. Sein WHY-Konzept gilt aber für jedes Unternehmen: groß, mittel oder Underdog. B2C, B2B oder Personal Brand. Sogar für dich als Privatperson kann dir das WHY dabei helfen, klar zu werden, über das was du mit deinem Leben anfangen willst. Dein Antrieb, deine Leidenschaft mit deinem Talent zu verbinden. Deine Bestimmung im Leben zu finden.

Für deine Marke bedeutet das, dass das WHY deines Unternehmens die Antwort auf die folgende Frage deines Publikums sein muss:

Warum solltn wir uns für dein Unternehmen interessieren?

Simon Sinek sagt selbst, seine Idee ist simpel. Aber sehr stark. Runtergebrochen ist das WHY, die Antwort auf die alles entscheidende Frage:

Mal abgesehen vom kommerziellen Interesse:
Warum tust Du, was Du tust?

Unternehmen, die auf diese Frage eine relevante Antwort finden, stellen Menschen in den Mittelpunkt. Kein Produkt. Keine Dienstleistung. Alles was sie tun und kommunizieren dreht sich um Menschen. Diese Unternehmen sind emphatisch. Das macht sie sympathisch für uns. Sie inspirieren ihre Kunden, ihre Mitarbeiter und Partner. Unternehmen, die stattdessen lieber über ihre Produkte, über Features und Fakten monologisieren eher nicht.

Simon Sinek ist überzeugt:

Jede Person und jedes Unternehmen auf diesem Planeten weiß, WAS sie tun. Das WAS ist das Resultat, das Ergebnis: das Produkt oder die Dienstleistung, die sie anbieten.

Ein paar andere wissen auch noch ziemlich genau, WIE sie tun, was sie tun. Es ist die Art und Weise, wie sie ihr Produkt herstellen. Wie sie sich verhalten, wie sie sich differenzieren.

Aber die wenigsten wissen und kommunizieren nicht, WARUM sie machen, was sie machen.

Mit WARUM meint Simon Sinek:

+ Was ist der tiefere Sinn und Zweck deines Unternehmens?
+ Was sind deine Werte, Überzeugungen und Glaubensgrundsätze?
+ Der Existenzgrund: Warum oder wozu existiert dein Unternehmen?
+ Was bringt dich dazu, jeden Morgen aufzustehen und dich an die Arbeit zu machen? (Nur Geld? Ist das auf Dauer erfüllend? Für die meisten von uns nicht.)
+ Die vielleicht wichtigste Frage: Warum zur Hölle sollte es irgendjemanden (außer dir) interessieren, was dein Unternehmen oder deine Marke tut? Oder was du als Personal Brand tust?

Deine Jobbezeichnung ist nicht dein Warum

Kommen wir auf einer Party mit jemanden ins Gespräch, fällt irgendwann die Frage: „Und, was machst du so?" Wie antworten wir meistens auf die Frage?

Wir sagen unserem Gesprächspartner WAS wir tun. Wir beginnen meistens mit unserer Jobbezeichnung und ergänzen dann, WAS wir machen. Wir sagen unserem Gesprächspartner, wo wir arbeiten und beschreiben unsere Aufgabe. Aber erzählen wir unserem Gesprächspartner auch, WARUM wir das machen? Eher nicht. Schade eigentlich. Das WARUM ist ein echter Trigger, um aus einem Small Talk eine wirklich interessante Unterhaltung zu machen.

Normalerweise läuft es ungefähr so ab:

„Ich bin Visual Computing Scientist bei ZEISS und arbeite dort an Softwarelösungen. Dabei wende ich modernste Methoden aus dem Bereich der Computer Vision an – also 3D-geometrisches Sehen und 3D-Wahrnehmung und entwickle diese ständig weiter."

?&%!? Äh, ja – okay. Alles klar.

Ist das eine Antwort, die auf einer Party mehr in Gang bringt als ein „Aha, interessant"?

Eher nicht.

„Interessant" ist fast immer der kleine Bruder von BOOOOORING. Die Gehirnfunktionen unseres Gegenübers machen bereits dicht, sein oder ihr Blick beginnt abzuschweifen. Ein gehetztes Augenpaar auf der Flucht – eine verzweifelte Suche nach der Rettung vor dem müden Monolog.

Stellen wir uns kurz einmal vor, wir antworten auf die Frage, was du so machst, mit:

„Mit meiner Leidenschaft für Spitzenleistung schaffe ich Kundennutzen und möchte die Welt inspirieren, Dinge neu zu sehen.

Wir bei Zeiss sind Pioniere der wissenschaftlichen Optik und fordern die Grenzen der Vorstellungskraft heraus.

Als Visual Computing Scientist wende ich dafür modernste Methoden aus dem Bereich der Computer Vision an und entwickle innovative Softwarelösungen."

Wäre DAS eine Antwort, die auf einer Party mehr in Gang bringt als ein „Aha, interessant."? Ich denke schon. Die Leidenschaft – obwohl von Technologie und Computer die Rede ist – kommt rüber. Das spricht jemand, für den sein Job mehr ist, als eine Arbeit, um Geld zu verdienen. Es geht um mehr als Technologie. Mehr als nur die Jobbezeichnung – das WAS. Hier steckt das WARUM, DAS WIE und das WAS drin – und zwar genau in dieser Reihenfolge.

Hätte unser Gesprächspartner von der ersten, faktischen Version auch nur den Hauch einer Ahnung was wir machen? Vielleicht. Aber eher nicht. Irgendwas mit Computer halt. Mit Variante zwei, hätten wir unseren Gesprächspartner sicher am Haken – wir haben das Gespräch mit einem Hook eröffnet:

„Mit meiner Leidenschaft für Spitzenleistung schaffe ich Kundennutzen und möchte die Welt inspirieren, Dinge neu zu sehen."

Statt ein Gähnen, löst dieser Hook eher ein „Erzähl mir mehr!" aus. Diese mögliche WHY-Antwort habe ich aus dem ZEISS-Purpose Statement gebastelt. ZEISS hat einen großartigen Auftritt, eine starke Marke, einen klaren Purpose und eine inspirierende Vision – fast perfekt. Ich würde nur ein kleines, aber wichtiges Detail in ihrem Statement ändern:

Vorher:

„Als Pioniere der wissenschaftlichen Optik fordern wir seit jeher die Grenzen der Vorstellungskraft heraus. Mit unserer Leidenschaft für Spitzenleistung schaffen wir Kundennutzen und inspirieren die Welt, Dinge neu zu sehen."

Nachher:

„Als Pioniere der wissenschaftlichen Optik fordern wir seit jeher die Grenzen der Vorstellungskraft heraus. Mit unserer Leidenschaft für Kundennutzen schaffen wir Spitzenleistung und inspirieren die Welt, Dinge neu zu sehen."

Was ist jetzt anders? Nur ein Detail, aber ein entscheidendes: Ich habe den „Kundennutzen" vor die „Spitzenleistung" gestellt. Und genau das tut das Statement jetzt: Es stellt den Kunden an die erste Stelle. Die Botschaft: Für unsere Kunden leisten wir Spitzenleistung. Der Kunde ist unser Antrieb. Für ihn tun wir, was wir tun.

Kurz: Das WHY-Statement ist nicht nur ein Türöffner in das Reich unseres Publikums, es ist das Tor zu ihrem Herzen. Wenn wir unsere Botschaft mit unserem WARUM anfangen, landen wir Volltreffer im Bauch unseres Publikums – also genau da, wo sie ihre Kaufentscheidungen treffen.

Unser Gehirn entscheidet mit seinem Bauch

Simon Sinek ist davon überzeugt (und viele großartige Storyseller-Marken tun genau das): Wenn wir in unserer Botschaft mit unserem WHY beginnen – also von innen nach außen kommunizieren –, dann sprechen wir direkt den Teil des Gehirns an, der unser Verhalten kontrolliert. Die Bauchregion unseres Gehirns.

Fakten und Zahlen liefern uns nichts weiter als Fakten und Zahlen. Sie bringen uns vielleicht zum Nicken, aber nicht zum Tanzen, jubeln oder dazu etwas zu fühlen. Wir verstehen die Zahlen und Fakten vielleicht, aber sie berühren uns nicht.

Geben wir den Fakten aber einen Kontext, sodass diese Fakten eine Bedeutung bekommen, lebendig werden – aka eine Story – dann verstehen wir die Fakten nicht nur, wir fühlen etwas. Sie berühren uns. Sie bringen uns dazu umzudenken, neu zu denken, etwas zu fühlen. Die Fakten, verpackt in einer Story, berühren uns. Zahlen und Fakten allein lassen uns kalt.

Beispiel ZEISS: Sie sprechen von Spitzenleistungen, wie es fast alle B2B-Unternehmen tun, aber sie machen es trotzdem anders als die meisten anderen. Sie verpacken ihre Spitzenleistungen in ihrem WARUM.

Als Pioniere der wissenschaftlichen Optik fordern wir seit jeher die Grenzen der Vorstellungskraft heraus. Mit unserer Leidenschaft für Spitzenleistung schaffen wir Kundennutzen und inspirieren die Welt, Dinge neu zu sehen.

Bei vielen Unternehmen klingt das oft anders: Sie reden von ihren Spitzenleistungen, von ihren innovativen Produkten und davon, dass sie schon seit 180 Jahren die Besten der Besten sind. Sie sind innovativer, schneller, älter, neuer, größer, traditionsreicher. Kein Wort von ihrem WARUM. Kein Wort über die Menschen, um die es eigentlich geht, wegen denen ihr Unternehmen überhaupt existiert: ihre Kunden.

Was kommt da unterbewusst bei den Kunden an? Ich bin diesem Unternehmen völlig egal. Alles was sie wollen, ist mir zu erzählen, wie toll ihr Produkt ist, damit ich es kaufe und sie gewinnen. Genau das ist der Punkt:

Viele Unternehmen wollen gewinnen. Storyseller wollen, dass ihre Kunden gewinnen.

Unternehmen, die von innen nach außen kommunizieren, kennen ihr WARUM. Sie wissen, warum sie existieren und warum es hier um mehr geht als nur Profit. Das spürt man bei allem was sie kommunizieren.

Und wir reagieren entsprechend. Diese Marken sind uns sympathisch. Wir schenken ihnen unsere Aufmerksamkeit, weil wir spüren: da ist eine Marke, die uns wirklich was zu sagen hat. Nicht diese üblichen Werbebotschaften. Unser Gehirn spricht darauf an.

Wenn wir das für unser Unternehmen, für unsere Marke verstanden haben, wissen wir, wie unsere Botschaften auf andere Menschen wirken und was sie auslösen können.

Storytelling ist das beste Tool, das wir Menschen je erfunden haben

Wir Menschen sind immer noch Reptilien. Wir glauben, wir wären logische Wesen, die mit ihrem Kopf wichtige Entscheidungen treffen. Das tun wir aber fast nie. Die Entscheidungen trifft immer unser Bauch – oder besser gesagt die Bauchregion unseres Gehirns.

Simon Sinek hat seine Thesen nicht plötzlich unter der Dusche gehabt oder bastelt sich da einfach etwas zusammen. Seine Thesen beruhen auch nicht auf der Psychologie, sondern auf den Grundsätzen der Biologie. Unser Gehirn funktioniert schon seit vielen tausenden Jahren ähnlich. Nur darum konnten wir Menschen überleben.

Unser Gehirn tut alles dafür, um uns am Leben zu erhalten. Damals schon und auch heute noch. Unserem Gehirn geht es immer ums Überleben – auch bei Informationen: Es siebt die Informationen aus, die nicht interessant für uns sind, die uns nicht dabei helfen zu überleben. Unser Gehirn verbrennt ständig Kalorien. Scanne mal zwei Stunden lang komplizierte Webseiten von B2B-Unternehmen. Warum glaubst du, bist du danach so erschöpft? Dein Gehirn hat Leistungssport betrieben.

Aber unser Gehirn will so wenig Kalorien verbrennen wie möglich. Das hat uns früher geholfen zu überleben und es hilft uns auch heute noch. Wir leben heute in einer schnellen und lauten Welt. Wir werden jeden Tag, den ganzen Tag mit Werbebotschaften bombardiert. Würde unser Gehirn nicht die für uns wichtigen Informationen aussieben – wir würden wahnsinnig werden.

Simon Sineks Golden Circle-Konzept hilft uns dabei, unsere Informationen für unser Publikum so klar und interessant wie möglich zu formulieren.

Also, wie und warum reagiert unser Gehirn auf die WHY-HOW-WHAT-Formel?

Dafür müssen wir kurz in unser Gehirn blicken – bereit? Los geht's ...

Willkommen im limbischen System unseres Gehirns

Das limbische System (lateinisch: Limbus) in unserem heutigen Gehirn ist mit den ersten Säugetieren entstanden. Das ist sozusagen der Spaß-Bereich – die Party-Lounge. Hier im mittleren Teil unseres Gehirns passieren all die Dinge, die emotional oder aufregend sind. Dieses limbische System ist verantwortlich für all unsere Gefühle unser Verhalten und unsere Entscheidungen. Vertrauen, Loyalität, Liebe, Angst, Glück, Sorge, Spieltrieb, Lernen, Lust – das alles und noch viel mehr passiert in diesem Teil unseres Gehirns. Es entspricht dem WHY-Teil von Simon Sineks *Golden Circle.*

Hier finden unsere emotionalen Verbindungen statt. Aber unsere Sprache steuert das limbische System nicht. Der Gegensatz dazu bildet der Neocortex. Sozusagen der nüchterne und verantwortungsvolle Bruder unserer abenteuerlustigen und verspielten Schwester Limbus.

Kurzer Einschub: *Cortex* ist lateinisch und bedeutet einfach: Rinde. Also Hirnrinde – und weiter geht's:

Der Neocortex ist der jüngste Teil unseres Gehirns – also evolutionsbiologisch betrachtet. Er entspricht dem WAS-Teil des *Golden Circles.* Dieser äußere Teil unseres Gehirns ist für unser gesamtes rationales und analytisches Denken verantwortlich. Und unsere Sprache.

Dank ihm können wir riesige Mengen an Daten und Fakten analysieren, bewerten und aussieben. Dieser Teil unseres Gehirns ist es, der Botschaften aussiebt, die für uns nicht wichtig sind. Heute in Zeiten von Social Media und den tausenden Werbebotschaften, mit denen wir täglich bombardiert werden, ist das wichtiger denn je.

Das hält uns davon ab, uns mit unsinnigen Dingen zu beschäftigen (oder sagen wir lieber: zu lange): wie die Spam-Mails des Nigerianischen Prinzen komplett lesen und beantworten, Treppenstufen zählen, ganze Websites oder Bedienungsanleitungen lesen. Okay, vielleicht gibt es Menschen, die Bedienungsanleitungen vollständig lesen, aber dann ist das wahrscheinlich nicht ihr einziges Problem.

Simon Sinek gibt uns mit seinem Golden Circle ein wertvolles und wirkungsvolles Tool an die Hand, um unsere Botschaften entsprechend zu strukturieren und zu formulieren. So, dass sie am Neocortex vorbeiflattern und in unserem limbischen System einen Volltreffer landen. Da, wo wir meistens unsere Entscheidungen treffen. Wir hören auf unser Herz und wir entscheiden mit dem Bauch. Der Kopf folgt – ob er will, oder nicht.

Das macht den Golden Circle zu einem wichtigen Storybranding-Tool:

1. Er verschafft dir Klarheit über deine Bestimmung als Marke.
2. Er gibt dir eine inspirierende Story-Formel an die Hand, mit der du deine Brand Story (Kernbotschaft) entwickeln kannst.

21

Emotionen sind alles: DIE REGELN DER STORYSELLER

1. Identifiziere dein Monster.

2. Sei anders, nicht besser.

3. Steh nicht nur für etwas, kämpfe für etwas.

4. Sei f*cking furchtlos.

5. Mach deine eigenen Regeln.

6. Folge deiner Bestimmung.

7. Kenne dein Publikum.

8. Emotionen sind ALLES.

9. Befreie dich von Tabus.

10. Verkaufe nicht, verändere etwas.

11. Setze nicht auf Trends, schaffe etwas Beständiges.

TEIL 2

DER STORY-BRANDING-PROZESS

1

STORYBRANDING: Von der Marke zum STORYSELLER

„Eine großartige Marke ist keine in ein Produkt eingebrannte Marke, es ist etwas, zu dem wir dazugehören wollen."

Bernadette Jiwa

Wir sind alle im Story-Business

In der heutigen Zeit reicht es nicht mehr, einfach nur besser zu sein. Jeder, der ein Publikum braucht, ist im Customer-Business. Und jeder der im Customer-Business ist, ist auch im Story-Business.

Virgin CEO Richard Branson schaut mir über die Schulter und klatscht mir ein passendes Zitat auf die Seite:

„Unternehmer, die einen Unterschied machen, beziehen sich auf andere Menschen und interagieren mit ihnen – sie sind in der Tat professionelle Storyteller."

Bei deiner Marke solltest du nicht mehr nur denken wie ein Marketing-Mensch, der darüber nachdenkt, wie er sein Produkt verkauft. Denke wie ein Storyteller, der seinem Publikum mit einer interessanten Story einlädt, sich mit deinem Produkt oder deinem Service auseinanderzusetzen.

Wenn du eine relevante Story um deine Marke herum erschaffst, dein Thema und deine Charaktere kennst, kannst du glaubhaft erzählen, WARUM und für WEN es deine Marke gibt.

Storybranding erkundet den Kern einer Marke und bringt ihre Persönlichkeit zum Vorschein.

Die Überzeugungen, das, woran sie glaubt und wofür sie steht. Ihr Blick auf die Welt, ihre Bestimmung, ihre Stimme und ihre Charaktereigenschaften.

Alles, was eine Marke menschlich macht.

Eine Marke ist wie eine Serie –
eine fortlaufende Story mit vielen Episoden.

Und du bist der Autor oder die Autorin deiner Marke

Als Unternehmer:in, Marketer:in, CEO oder Personal Brand bist du die Autorin oder der Autor deiner Marke. Storyteller im Film oder in Serien wissen, wie man das Publikum gleich zu Beginn einer Story „hooked“. Wie man es mit einer packenden Story fesselt, mit Wendungen überrascht und mit Cliffhangern in der Luft zappeln lässt.

Die Serienmacher sind die Homers und die Shakespeares von heute. Lerne von ihnen, wie man glaubhafte Charaktere erschafft und eine Story erzählt, die Tiefe, Relevanz hat. Eine Story, mit der sich das Publikum identifizieren kann. Eine Story, die eine Brücke baut zu den Emotionen deines Publikums. Denn nur darum geht es in Filmen, in Romanen, in Serien, in der Musik, in der Kunst und im Marketing.

Emotionen.

Emotionen.

Emotionen.

„Wenn du es nicht fühlst, wirst du dich nicht daran erinnern.“

ruft mir **Bob Dickman**, der Autor und Coach zu. Was wir fühlen, vergessen wir nicht so schnell. Alles andere ist schnell vergessen. Emotionen lassen uns entscheiden, ob wir eine Harley kaufen oder mit einem Parker Kugelschreiber in unser Notizbuch kritzeln. Emotionen kaufen den neuen Tesla und Emotionen lassen uns das zehnfache für das Hundefutter bezahlen. Wir bezahlen für die Story.

Storyteller schaffen es, eine Verbindung zwischen ihren Charakteren und dem Publikum herzustellen. Genau das machen Storyseller auch.

Storyteller triggern unsere Emotionen – ob in Büchern, Filmen oder Serien. Mit der Story für deine Marke ist es nicht anders, wenn du eine loyale Community aufbauen willst.

Auch bei Marken geht es um Menschen. Schon immer. Jim Signorelli hat das in seinem Buch *Storybranding 2.0* gut auf den Punkt gebracht:

„Wir sind in erster Linie Menschen. Und dann erst Konsumenten.“

Als Autor:in deiner Marke entwickelst du so eine starke Storyseller Brand, die alles mitbringt, um später eine packende Story zu erzählen: Authentische und interessante Charaktere, einen starken Plot, mit einem zeitlosen Thema.

Storybranding macht deine Marke einzigartig

Alles, was dein Produkt oder Service macht und kann, kann dein:e Mitbewerber:in kopieren:

Dein Produkt ist nicht einzigartig.

Dein Service ist nicht einzigartig.

Deine Marke ist nicht einzigartig.

Du bist nicht besser, günstiger, schneller oder innovativer als alle anderen.

Und wenn doch, wie lange noch? Für deine Mitbewerber:innen ist es leicht, deine Features, Funktionen und Benefits zu kopieren. Aber es ist unmöglich, die Überzeugungen, die Persönlichkeit, die Stimme deiner Marke und deine Story glaubwürdig zu kopieren.

Was deine Marke einzigartig macht ist das, was sie im Kern ausmacht und wie sie es der Welt präsentiert. Deine Überzeugungen. Das, wofür du stehst. Dein Thema. Die Persönlichkeit deiner Marke. Die Story-Welt, die du erschaffst. In die du dein Publikum einlädst, um Teil davon zu sein.

Storyseller konzentrieren sich nicht nur auf ihr Produkt oder ihren Service. Das sind nur die Tools und die Taktiken. Das, wofür sie kämpfen, ist größer. Aus diesem Grund können Storyseller Premium-Preise verlangen. Darum haben sie loyale Mitarbeiter:innen. Darum ziehen sie die größeren Talente an. Darum haben sie eine treue und stetig wachsende Community. Darum bleiben sie länger im Business als produktorientierte Marken. So machen sie ihre Marke zu Bestsellern, die auch noch nach Jahrzehnten Bestand hat.

„In der modernen Welt geht es beim wirkungsvollen Brand Storytelling darum, wie man seinem Publikum digital in die Augen schauen kann."

Amelia Veale, Narrative Marketing

Die menschliche Marke

Heute stehen Marken völlig nackt vor ihrem Publikum

Ein schöner Schein reicht heute nicht mehr. Heute zählen die inneren Werte einer Marke. Feste Überzeugungen, eine klare Haltung und eine Persönlichkeit mit Ecken und Kanten. Eine menschliche Marke verpackt in einer relevanten Story, mit der sich die Menschen identifizieren können – und wollen.

Storybranding ist ein neuer Ansatz, wie wir Marke und Marketing in Zukunft denken können, um wie Storyteller eine starke emotionale Verbindung zu unserem Publikum aufzubauen.

Unternehmer, Start-ups, Personal Brands und Kreative haben heute alle das gleiche Ziel: Sie wollen etwas erschaffen, das relevant ist und Bestand hat. Storybranding ist nicht das Über-Nacht-Erfolg-Geheimrezept, es ist eine Strategie, um eine Marke zu erschaffen, die von Dauer ist.

Eine menschliche Marke, mit Charaktereigenschaften, einer eigenen Stimme, einer Haltung und einer Bestimmung. Eine Marke mit einer Story, die wir gemeinsam mit unserem Publikum erzählen wollen.

Storybranding macht aus deiner Marke eine Story. Storybranding macht deine Marke zum Storyseller. Storyseller verkaufen ihrem Publikum nicht einfach ein weiteres Produkt, sie verkaufen ein Erlebnis. Eine Erfahrung, Emotionen – eine Story.

Eine menschliche Marke

mit Persönlichkeit

mit Ecken und Kanten

einer eigenen Stimme

festen Überzeugungen

mit einer Bestimmung

die ihrem Publikum eine packende Story erzählt

in der es die Hauptrolle spielt

eine Story, mit der es sich identifizieren und

die es erleben kann.

MIT STORYBRANDING ZUM STORYSELLER

Beim Storybranding geht es um Identität. Es geht darum, zu wissen, wer deine Marke und dein Publikum ist. Du musst wissen, warum, wozu und für wen deine Marke existiert. Es geht darum, dein Publikum in und auswendig zu kennen – DEIN Publikum, nicht irgendein Publikum.

Beim Storybranding geht es nicht um neue Marketingtricks, um Hypes, Trends und Hacks. Es geht um fundamentale Prinzipien. Es geht darum zu erkennen, wofür deine Marke steht und wofür nicht. Es geht darum zu wissen, gegen was deine Marke kämpft und für wen.

Beim Storybranding geht es darum, eine Marke zu erschaffen, deren Story wir einheitlich und klar über einen langen Zeitraum erzählen. Killen wir die Kampagne. Erzählen wir nicht immer was Neues und Anderes über unsere Marke. Besetzen wir ein Thema und beleuchten wir es aus jedem Blickwinkel.

Beim Storybranding geht es darum, uns als die Autor:innen unserer Marke zu betrachten. Und unsere Marke als groß angelegte Story zu betrachten – wie eine Serie mit mehreren Staffeln und vielen Episoden.

Beim Storybranding geht es darum, eine menschliche und glaubwürdige Marke aufzubauen. Nicht für Unternehmen, nicht für Maschinen – für Menschen. Marketing als Kommunikation von Mensch zu Mensch.

Beim Storybranding geht es nicht um irrelevante Werbebotschaften, um austauschbare Phrasen und eine Glossy-Immer-Happy-und-Heile-Werbewelt, die nichts mit der echten Welt zu tun hat. Es geht nicht um Reichweite, es geht um weitreichenden Einfluss. Es geht darum, Teil einer Veränderung zu sein und die Zukunft positiv mitzugestalten.

Beim Storybranding geht es darum, Verantwortung zu übernehmen. Für dein Publikum und wenn du willst – auch für den Planeten. Musst du aber nicht. Du musst nicht immer gleich die Welt retten wollen, manchmal reicht es auch, die Welt deines Publikums zurecht zu rücken.

Beim Storybranding geht es nicht um schnellen, kurzfristigen Erfolg. Es geht darum, etwas zu erschaffen, das Bestand hat. Das in vielen Jahren noch relevant ist. Eine Marke, die treue Fans gewinnt und dauerhaften Erfolg hat. Eine Marke, die sagt: Was wir machen ist nicht für jeden und darauf sind wir stolz. Was wir machen ist für eine bestimmte Art von Menschen, die ähnlich ticken wie wir.

Beim Storybranding geht es um Emotionen. Immer. Eine Marke ist das Gefühl, das wir haben, wenn wir an sie denken: Nike, Patagonia, Dollar Shave Club, Dove, OATLY, Mailchimp – wir sehen kein Produkt, wir haben ein Gefühl, wenn wir an diese Marken denken. Emotionen sind alles und alles andere ist nichts.

Beim Storybranding geht es darum, den Fokus auf deine Marke und dein Publikum zu haben. Nicht auf deine Konkurrenz. Was die anderen machen, ist dir egal. Was sie von dir denken, ist dir egal. Lass sie machen. Lass sie denken. Lass sie links liegen. Du schaust nach vorne.

Beim Storybranding geht es nicht darum, es allen und jedem recht zu machen. Wer deine Überzeugungen nicht teilt, der ist nicht Teil deiner Story. Mutige Storyseller spalten, langweilige Marken langweilen. Sie ecken nicht an, bleiben aber auch nicht hängen. Storyseller haben treue Fans und leidenschaftliche Gegner.

PRODUCT-SELLER VS. STORYSELLER:

Viele Marken stecken viel Geld ins Marketing, du steckst viel Zeit in deine Marke. Sie nehmen, du gibst. Sie stören, du inspirierst. Sie belehren, du befähigst. Sie unterbrechen, du unterstützt. Sie attackieren, du animierst. Sie spammen, du supportest.

Sie sind langweilig, du bist leidenschaftlich. Sie machen dicht, du bist transparent. Sie setzen auf den Erfolg ihres Produkts, du setzt auf den Erfolg deines Publikums. Sie haben ein großes Budget, du hast eine große Story. Sie verkaufen Funktionen, du verkaufst Emotionen. Sie fokussieren sich auf ihr Produkt, du auf dein Publikum.

Sie kommunizieren Werbebotschaften, du kommunizierst Werte-Botschaften. Sie ermöglichen eine Transaktion, du ermöglichst eine Transformation. Sie investieren in Marketing, du investierst in Menschen. Sie wissen, WAS sie tun, du weißt auch, WARUM du tust, was du tust.

Sie haben Kund:innen, du hast Supporter:innen. Sie haben Guidelines und Regeln, du hast eine Haltung und eine Bestimmung. Sie haben Taktiken, du hast ein Thema. Sie wollen gut dastehen, du willst für etwas Gutes einstehen. Sie sprechen wie eine Marke, du wie ein Mensch.

Sie sind Product-Seller.

Du bist Storyseller.

2

HEMINGWAY'S EISBERG-Prinzip: STORYBRANDING VOR STORYTELLING

> **„Marken werden um Stories herum aufgebaut. Und Geschichten über Identität – wer wir sind, woher wir kommen – sind die effektivsten Stories von allen. Dieses Narrativ ist ein kraftvolles Mittel, um Marken zum Leben zu erwecken.“**
>
> *Bill Dauphinais*

Hemingway war ein Meister, wenn es darum ging, Geschichten für seine Leser:innen erlebbar zu machen. Mit jeder Story und jedem Roman wollte er, dass wir beim Lesen das Gefühl haben, die Geschichte selbst zu erleben.

Mitten drin sein im Geschehen, statt nur am Rand zu stehen und zuzusehen. Gute Storyteller unterhalten uns nicht einfach nur. Sie ziehen uns in ihre Story hinein. Sie belehren oder erklären nicht. Sie lassen uns die Erfahrung selbst machen. Unsere eigene Meinung bilden und unsere eigenen Schlüsse ziehen.

Du wirst zu Walter White & Bridget Jones

Willst du Emotionen wecken? In den Köpfen der Menschen bleiben, die mit deiner Marke interagieren? Kennst du das: Du liest ein gutes Buch oder schaust eine Serie. Die Story packt dich, die Charaktere begeistern und bewegen dich. Du bist voll dabei. Du lässt dich an die Hand nehmen. Lässt dich von dem Storyteller, der das erschaffen hat, durch die Story-Welt führen. Du leidest, du lachst, du kämpfst mit den Figuren. Du wirst zu Walter White. Du wirst zu Bridget Jones. Zu Tony

Soprano, zu Rocky, zu Don Draper, Susan Delfino oder zu Holly Golightly aus Frühstück bei Tiffany. Du schaust nicht nur zu. Du identifizierst dich nicht nur mit der Figur. Du schlüpfst in sie hinein. Du erlebst, was die Figur erlebt. Du fühlst dich mit ihr „verbunden“ – du bist es. Du sympathisierst mit schrägen Figuren, mit Antihelden. Du identifizierst dich sogar mit Antagonisten. Weil du ihren Antrieb, ihre Überzeugungen, ihre Bedürfnisse kennst. Du verstehst sie.

Mit Storybranding zur menschlichen Marke

Heute ist es wichtiger denn je eine Marke aufzubauen, mit einer echten und komplexen Persönlichkeit. Mit einer Story, mit der sich das Publikum identifizieren kann – und will. Mit festen Überzeugungen, die Menschen teilen und einer Bestimmung, die Menschen inspiriert. Menschen kaufen von Menschen. Menschen wollen es mit menschlichen Marken zu tun haben. Ob B2B oder B2C: Wenn Menschen sich mehr mit Marken und ihrer Story identifizieren sollen, müssen Marken menschlicher werden.

Mit dem Storybranding-Prozess tust du das, was Storyteller in Serien, Romanen oder Filmen tun: Du erschaffst eine lebendige und komplexe Persönlichkeit für deine Marke. Du erschaffst eine Story-World um deine Marke und wirst so zum Schöpfer einer eigenen Welt für dein Publikum. Je interessanter du diese Welt machst, desto erstrebenswerter ist sie für dein Publikum.

Wir entscheiden uns für eine Marke, die wir interessant finden, deren Überzeugungen wir teilen, deren Bestimmung wir unterstützen wollen. Wir wollen ein Teil ihrer Story sein.

Storyseller erzählen ihrem Publikum nicht einfach nur eine Story. Sie stellen ihr Publikum in den Mittelpunkt ihrer Story und lassen es „erleben“.

Das Tool der Storyteller

Hemingway hat mit seiner Eisberg-Methode seinen Geschichten mit so wenig Worten wie möglich viel Tiefe und Komplexität verliehen. Er hat aus seinem Eisberg-Prinzip ein Tool gemacht, um seine Leser:innen die Stories „erleben“ zu lassen. Er hat dieses Werkzeug nicht erfunden. Aber er hat es vielleicht als einer der ersten benannt und perfektioniert.

Dichter:innen benutzen es gerne in ihren Gedichten: Sylvia Plath, Charles Bukowski, Jack Kerouac, Billy Collins, Frank O' Hara, Virginia Woolf oder Allen Ginsberg – sie alle haben damit kleine Stories aufs Papier gezaubert, die uns etwas fühlen lassen. Storyteller in allen Bereichen nutzen das Tool erfolgreich in Filmen, Serien, Literatur, Poetry und Marketing.

> **„Ich versuche in all meinen Geschichten das Gefühl des tatsächlichen Lebens zu vermitteln – nicht nur das Leben darzustellen oder zu kritisieren, sondern es tatsächlich lebendig zu machen. Damit Sie, wenn Sie etwas von mir lesen, die Sache auch wirklich erleben. Man kann das nicht tun, ohne das Schlechte und das Hässliche sowie das Schöne einzubauen. Denn wenn es alles schön ist, kann man nicht daran glauben."**
>
> *Ernest Hemingway*

Hemingway und sein Eisberg-Prinzip

Runtergebrochen auf ein Wort geht es beim Eisberg-Prinzip um: Weglassen. Nur einen Teil des großen Ganzen an der Oberfläche kommunizieren. Der Rest liegt unter der Oberfläche. Je mehr unter der Oberfläche liegt, desto mehr Komplexität, Tiefe und Echtheit bekommt die Story. Und das Publikum erlebt die Story umso intensiver. Übertragen auf unsere Marke bedeutet das: Je klarer und komplexer das Fundament und der Kern der Marke, desto tiefer, echter und packender die Story.

Viele Marken machen oft das Gegenteil. Sie stürzen sich auf das Oberflächliche: Logo, Farben, Design, Packaging. Dem Markenkern wird nur wenig Zeit und Energie gewidmet. Entsprechend leer und austauschbar fallen ihre Botschaften aus.

Welche Story willst du erzählen, wenn du nicht weißt, wofür du stehst?

Storyseller haben mehr Persönlichkeit und Tiefe. Ihr Branding und Marketing funktioniert wie das Eisberg-Prinzip. Sie haben ein starkes Fundament aus Werten, Überzeugungen und einer klaren Bestimmung. Sie wissen wer sie sind, wer ihr Publikum ist, gegen was und für wen sie kämpfen. Wofür sie stehen und was sie verändern wollen. Das kannst du mit dem Storybranding-Prozess auch auf deine eigene Marke übertragen.

Mit dem Storybranding-Prozess arbeitest du wie Hemingway und sein Eisberg-Prinzip. Alles, was du für deine Marke erarbeitest – das Fundament, dein Markenkern –, das alles liegt unter der Oberfläche. Das überträgt sich auf deine Story und reichert sie an. Das macht jeden Spot, jede Anzeige, jedes Brand Manifest, jeden Post – alles was du kommunizierst – lebendig und komplex. So schaffst du das, was alle guten Storyteller erreichen: Du weckst Emotionen bei deinem Publikum. Du lässt es erleben. Lässt es fühlen. Mit dem Bauch und dem Herzen. Und so bleibt deine Marke im Kopf deines Publikums.

Das Eisberg-Prinzip für mehr Emotionalität in der Markenkommunikation

Mit dem Eisberg-Prinzip machst du alles, was deine Marke im Kern ausmacht (Bestimmung, Überzeugungen, Charaktereigenschaften, Thema etc.) für dein Publikum erlebbar. Deine Botschaft, die du deinem Publikum senden willst, bekommt mehr Relevanz – und hat darum umso mehr Kraft.

Aber lassen wir den Meister seine Theorie am besten selbst erklären. Das sagt Hemingway 1954 seinem Publikum, als der den Nobelpreis für seine Novelle *Der alte Mann und das Meer* bekommt:

„Ich versuche immer nach dem Prinzip des Eisbergs zu schreiben. Sieben Achtel davon liegen unter Wasser, nur ein Achtel ist sichtbar. Alles, was man eliminiert, macht den Eisberg nur noch stärker. Es liegt alles in dem Teil, der unsichtbar bleibt."

Der Fokus liegt hier auf: *„Es liegt alles in dem Teil, der unsichtbar bleibt."* Das ist der Storybranding-Part der unser späteres Storytelling (die Brand Story) und alles, was wir kommunizieren, erst komplex, reich und relevant macht. Hemingway kennt die Überzeugungen seiner Figuren. Er weiß, wie sie ticken und für was sie stehen. Er kennt ihre Persönlichkeiten, ihre Bedürfnisse und das was sie antreibt. Darum konnte er an der Oberfläche Dinge weglassen, die aber da waren. Dinge, die unter der Oberfläche liegen und so in allem mitschwingen.

Hemingway's Eisberg-Prinzip: Nutzen wir sein Werkzeug für unsere Marke

Wenn wir unsere Marken-Identität und alles was sie ausmacht kennen, können wir mit unserer Kommunikation an der Oberfläche ähnliches erreichen. Wenn unser Fundament stark, klar und komplex ist, wird auch unsere Story stark, klar und komplex sein.

Der untere Teil des Eisbergs ist das Storybranding – der Kern deiner Marke. Das Fundament, dem alles entspringt und auf dem sich alles aufbaut. Das Fundament unserer Marke muss stark sein, wenn sie Bestand haben soll. Dieser Teil ist nicht immer und vollständig sichtbar, aber immer spürbar. Deine Überzeugungen. Das, wofür deine Marke steht. Ihre Bestimmung. Ihre Charaktereigenschaften, das Thema – das alles steckt in dem unteren Teil des Eisbergs. Und das alles reichert den oberen Teil des Eisbergs an.

Die Spitze des Eisbergs ist das Storytelling – der Teil, den du später mit deinem Publikum und der Welt teilst. Das, was die Welt von deiner Marke zu sehen und hören bekommt: Stimme (Tone & Voice) Style (Look, Logo, Design, Packaging, Fotos, Farben) und Story (Kommunikation).

Wenn du dein Publikum mit deiner Story emotional berühren willst, wenn du wie Hemingway, deine Story für dein Publikum „erlebbar" machen willst, musst du dich erst um den Teil des Eisbergs kümmern, der unter der Oberfläche liegt. Das ist dein Markenkern. Fundament für deine Story. Der untere Teil beeinflusst den oberen Teil.

Jede Marke ist eine Story. Du entscheidest, ob du irgendeine, unzusammenhängende und nicht einheitliche Story erzählen willst oder eine reiche und glaubwürdige Story, die auf dem starken Fundament deiner Bestimmung, deiner Überzeugungen und den Bedürfnissen deines Publikums beruht.

Dein Storybranding bestimmt dein Storytelling.

Darum ...

STORYBRANDING

vor STORYTELLING.

3

Mission, Vision, Werte, Why – WTF!?

(Schick dein Mission Statement in den Ruhestand – den hat es sich verdient. Ab heute hat es ausgedient.)

> **„Das Geheimnis der Veränderung besteht darin, all deine Energie darauf zu konzentrieren, nicht gegen das Alte zu kämpfen, sondern das Neue aufzubauen."**
>
> *Sokrates*

Mission impossible: Das motivierende Mission Statement

Fangen wir an mit der Vision: Das Vision Statement sorgt bei den meisten Unternehmen selten für eine klare und inspirierende Vision. Viele Mitarbeiter:innen können in einem Gespräch das Mission- oder Vision-Statement ihres Unternehmens locker aus dem Ärmel schütteln? Auf einer Cocktailparty lässig droppen? Nope. Schön wär's! Leider ist das so gut wie nie der Fall. Und das Purpose Statement aka Why-Statement – wenn es eins gibt – schon gar nicht.

Ist nicht ihre Schuld. Die meisten Statements der Unternehmen lesen sich so packend wie die Bedienungsanleitung eines Staubsaugers. Sind sie inspirierend? So gut wie nie. Sind sie klar und verständlich? Eher selten. Sind sie austauschbar? Meistens. Sind Werte auf einer Website oft nichts weiter als klapprige und leblose Wort- Skelette? Oh ja. Werden Mission und Vision und Why-Statements öfter mal verwechselt? Absolut. Und überhaupt: Ist ein Vision Statement nicht das gleiche wie ein Purpose-Statement? Nein. Ganz und gar nicht.

Egal ob du eine Personal Brand bist, eine Marke aufbaust oder ein Unternehmen führst: Verwechsle dein WHY-Statement nicht mit deiner Vision und auch nicht mit deiner Mission. Das machen viele Unternehmen gern. Du auch? Nicht deine Schuld. Ob Marketing-Berater:innen, Agenturen oder Marken – jeder erzählt etwas anderes. Und es ist gar nicht so einfach, das durchzublicken. Ging mir auch so.

Ein Mission Statement soll Menschen mitreißen – und inspirieren

Tut es aber selten. Warum? Weil das Mission-Statement oft versagt. Es tut nicht das, was es tun soll. Sein Schicksal: Es verstaubt schön designt im Brand Style Guide in den Schubladen der Unternehmen auf der ganzen Welt. Oder verkümmert unbeachtet auf den Unternehmenswebseiten. Statt mitzureißen, bringt es uns zum Gähnen.

Lüften wir den Vision-Mission-Values-Nebel

Also, lass uns den Vision-Mission-Values-Nebel lüften. Zerpflücken wir das ausgediente Mission-Vision-Values-Gespann. Das braucht heute niemand mehr. Es hilft uns nicht und hat lange Zeit für mehr Verwirrung als für Visionen gesorgt, selten Kund:innen und Partner:innen inspiriert oder Mitarbeiter:innen motiviert. Viele Unternehmen und Marken haben aufgehört, dieses Modell zu nutzen.

ABER die Idee dahinter ist zeitlos und immer noch gültig. Wir brauchen nur ein neues, zeitgemäßes Modell, das wirklich nützlich und wirkungsvoll ist.

Zeit, das altgediente Dreigespann in den verdienten Ruhestand zu schicken. Die drei haben mehr als 60 Jahre – mehr oder weniger – ihren Dienst getan. Schicken wir sie in Rente und lassen wir sie ihren wohlverdienten Ruhestand genießen.

Ersetzen wir das Dreigespann lieber durch klare und lebendige Worte, die wir jeden Tag umsetzen und für unser Publikum erlebbar machen können. Worte, die uns leiten. Die uns und andere mitreißen.

Die Storyseller-Philosophie

3 kleine Worte. Große Wirkung.

1. Bestimmung
2. Überzeugungen
3. Veränderung

Drei klare Teile, die jeder für sich alleinstehen oder die wir zusammensetzen können zu einem packenden Narrativ. Ein strategisches Narrativ, das uns einen Fokus und eine Richtung gibt. Das andere mitreißt, inspiriert und die ersten, wichtigsten Fragen zu unserem Unternehmen beantwortet:

1. Für WAS kämpfen wir und für WEN?
2. Wofür steht unsere Marke?
3. Was wollen wir langfristig verändern?

Das Ergebnis sind drei klare Statements, die das Mission- und Vision-Statement und leere Wertehülsen ersetzen:

1. Die Bestimmung deiner Marke (ersetzt Mission Statement oder Why-Statement)
2. Deine Überzeugungen (ersetzt Werte)
3. Die langfristige Veränderung, die du bewirken willst (ersetzt Vision-Statement)

1. Hast du eine BESTIMMUNG, kannst du die Welt gestalten, wie sie dir gefällt

Ob es die Welt deiner Kund:innen ist oder die Welt, in der wir leben: Wenn du mit einer guten Bestimmung startest, kannst du etwas bewirken. Und genau das tun die besten Storyseller: Sie wollen positiven Einfluss ausüben. Sie wollen unsere Welt verändern oder die Welt ihrer Kund:innen. Ihr Daseinsgrund geht weit über den Profit hinaus. Sie haben eine Bestimmung und sie ist der Grund, warum wir uns für diese Marken entscheiden. Es ist ihre Bestimmung, die sie antreibt und von anderen unterscheidet. Und sie treten für ihre Bestimmung ein – immer.

Deine Bestimmung ist dein Antrieb, um eine Welt mitzugestalten, wie sie sein könnte, wie sie sein sollte. Für deine Kund:innen, deine Mitarbeiter:innen, die Gesellschaft.

2. Marken mit ÜBERZEUGUNGEN überzeugen

Nur wer von seiner Sache überzeugt ist, kann andere überzeugen. Nike überzeugt uns und sein Publikum, weil die Marke genau weiß, wofür sie steht und für wen sie einsteht. Zum Beispiel für Colin Kaepernick. Während halb Amerika zum Kniefall des Footballspieler sagt: Das geht gar nicht! Sagt Nike: Das sind wir. Das ist Nike. Dafür stehen wir. Darum unterstützen wir ihn. Er ist einer von uns. Kaepernick verkörpert das, was Nike ausmacht. Hast du die gleichen Überzeugungen? Dann bist du eine oder einer von uns. Willkommen in unserer Welt! Wenn du unsere Überzeugungen nicht teilst, kein Problem – es gibt auch noch andere Marken, die dir vielleicht das bieten können, was du brauchst.

Deine Überzeugungen sind die Werkzeuge, die du jeden Tag bei der Umsetzung deiner Bestimmung einsetzt. Das woran du glaubst und wofür deine Marke steht. Deine Waffen, im Kampf für das Gute.

3. Dein Erfolg ist die langfristige VERÄNDERUNG, die du ermöglichst

Wir wissen nicht erst seit gestern, dass es uns glücklich macht, anderen helfen zu können. Wer sich nur um sich selbst dreht, wird vielleicht erfolgreich, aber lebt selten ein erfülltes Leben. Ja, echter und erfüllender Erfolg ist der positive Einfluss, den du auf andere Menschen, auf die Gesellschaft oder den Planeten ausüben kannst. Eine Vision zu haben ist gut. Aber auch sehr passiv.

Wenn du weißt, welche langfristige positive Veränderung du mit deiner Marke, deinem Unternehmen, deinem Produkt oder deinem Service ausüben möchtest, bist du aktiv. Du arbeitest jeden Tag aktiv daran, etwas zu hinterlassen, was wirklich einen Unterschied macht. Du hast ein klares Ziel, auf das du hinarbeitest, gemeinsam mit deinem Team. Mit deinen Partner:innen. Mit deinen Kund:innen.

Das große Ganze, das langfristig etwas verändert. Etwas, das bleibt. Etwas, das seine Zeit überdauert. Etwas, das über einen großen Zeitraum positiven Einfluss hinterlässt und vielleicht sogar weitere Generationen beeinflusst. Die langfristige positive Veränderung, die du bewirken möchtest, treibt dich und andere an die Ärmel hochzukrempeln, um gemeinsam die Welt zu gestalten, wie sie sein sollte. Oder wie Steve Jobs schon gesagt hat: „... to make a dent in the universe".

Die Storyseller-Philosophie:

Was du brauchst und was völlig reicht, ist

deine Bestimmung zu finden (dein Antrieb, der nicht eigennützige Daseinsgrund deines Unternehmens)

dir deiner Überzeugungen bewusst sein (woran du glaubst und wofür du stehst)

und

festlegen, welche langfristig Veränderung du bewirken möchtest (für deine Kund:innen, die Gesellschaft oder den Planeten).

Mission-Vision (Why)-Values-Modell vs.

Bestimmung-Überzeugungen-Veränderung-Philosophie

Why oder Purpose

Werte

Mission

Vision

vs.

Bestimmung

Überzeugungen

Veränderung

Drei einfache Worte für mehr Klarheit.

Dieses Modell lässt sich leichter in Aktion umsetzen. Du kannst damit arbeiten – jeden Tag. Dieses Modell hilft dir, dein Team auf die Marke auszurichten. So, dass alle an einer größeren, gemeinsamen Sache arbeiten. Das bildet den Stoff und den Rahmen für eine wirklich relevante Story. Eine Story, die du jeden Tag, auf jeder Plattform und in jedem Kanal einheitlich erzählen kannst.

Drei klare Statements. Ein packendes Narrativ.

Die drei Statements für deine Bestimmung, Überzeugungen und die langfristige Veränderung können allein für sich stehen. Sie sprechen für sich. Jedes erfüllt seinen Job hervorragend. Sie sind klar und haben Kraft. Du kannst diese drei Teile später auch zu einem packenden **Narrativ** zusammenfügen. **Anfang** (Bestimmung), **Mitte** (Überzeugungen) und **Ende** (langfristige Veränderung). Schon hast du eine starke Kernbotschaft.

Deine Bestimmung, deine Überzeugungen, die langfristig positive Veränderung, die du ermöglichst – that's it. Darum geht es. Darauf kommt es an.

Die Storyseller-Philosophie

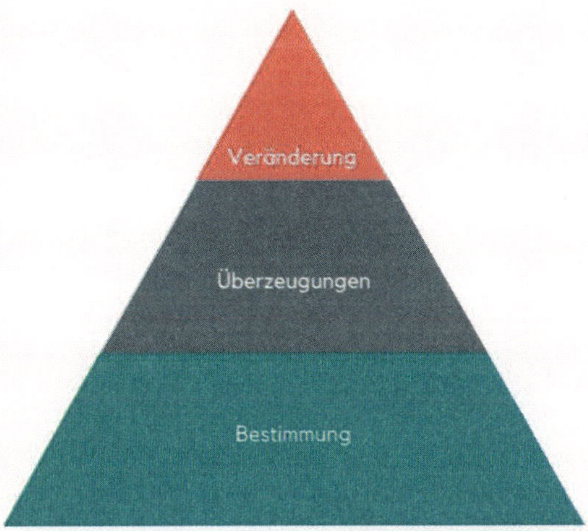

Teil 1: Dein Daseinsgrund, der über den Profit hinausgeht. Teil 2: Deine Überzeugungen, wofür deine Marke steht und wie du deine Bestimmung umsetzt. Teil 3: Die langfristig positive Veränderung, die du bewirken möchtest.

Selfie-Statements vs. Storyseller-Philosophie

Bei der Storyseller-Philosophie geht es ganz klar und in allererster Linie um die Menschen, denen wir mit unserem Produkt oder unserem Service helfen wollen. Warum also in diesen wichtigen Statements wertvolle Zeit damit verschwenden, nur über uns zu reden?

Storyseller stellen die Menschen oder die größere Sache, um die es geht, in den Mittelpunkt ihrer Story. Und das beginnt bereits bei dem Fundament, das eine Marke braucht: Eine größere Bestimmung, feste Überzeugungen und ein klares Bild, von der langfristigen, positiven Veränderung, die du bewirken willst – und das alles mit Fokus auf dein Publikum.

Alles andere ist nur ein Selfie – und davon gibt es im Marketing und in der Businesswelt schon mehr als genug. Fokus auf die Menschen, denen deine Marke dient. Immer. Von Anfang an. Das vereint die besten und die erfolgreichsten Storyseller.

Mit diesem Modell können wir Statements entwickeln, die mehr sind als leere oder austauschbare Worte. Ehrliche Worte. Ohne Buzzwords. Klare Worte, die sich leicht lesen lassen. Worte, die im Bauch und im Herzen unseres Publikums ankommen. Und im Kopf hängen bleiben.

Starke und glaubwürdige Statements, die ...

- **der Welt zeigen, warum, für was und für wen dein Unternehmen kämpft**
- **klar machen, wofür deine Marke steht und woran du glaubst**
- **als Fundament für deine Story dienen**
- **dein Publikum inspirieren**
- **dein Team motivieren**
- **Talente anziehen**

Mit diesem Tool bereitest du das Fundament für eine relevante und packende Story. Es ist die Bühne für deine Story-Welt und der Grund, warum deine Marke gerade heute und gerade diese Story kommuniziert.

Tauchen wir tiefer in die drei Teile unserer Storyseller-Philosophie ein.

Teil 1: Deine Bestimmung

Schauen wir uns einige starke Storyseller-Statements an, die ihre Bestimmung sehr gut auf den Punkt bringen.

Storyseller und ihre Bestimmung

Kein Wort über ihr Produkt. Stattdessen haben Tesla und ihr Visionär Elon Musk das große Ganze im Blick:

To accelerate the world's transition to sustainable energy.

Ihre Bestimmung bietet viel Potenzial für eine starke und komplexe Story. Tesla kann mehr als nur Autos entwickeln, um ihre Bestimmung zu verfolgen. Weil ihre Bestimmung eben nicht ist: Wir bauen die besten, stylischsten Elektroautos der Welt.

Wie sieht es in der B2B-Welt aus? Schauen wir uns die Bestimmung von LinkedIn an, dem Sozialen Netzwerk für Beruf und Karriere:

To connect the world's professionals to make them more productive and successful.

Professionelle Business-People vernetzen, damit sie produktiver und erfolgreicher sein können. Ja, das erlebe ich jeden Tag, wenn ich mich in die LinkedIn-Welt einklinke. Das Statement bringt gut den nicht eigennützigen Daseinsgrund von LinkedIn auf den Punkt: Business-People vernetzen, damit sie produktiver und erfolgreicher sind. Das ist ihre Bestimmung.

Aber fragen wir noch andere Marken und Unternehmen: Was treibt euch an? Was ist eure Bestimmung als Unternehmen?

Our purpose is to unite the world through sport to create a healthy planet, active communities, and an equal playing field for all.

Innocent, ihr frechen Früchtchen, wie sieht's mit euch aus – **wofür** kämpft ihr? Was treibt euch an?

Natürliche köstliche Speisen und Getränke herstellen, die Menschen helfen, gut zu leben und alt zu sterben.

innocent
tastes good, does good

Und Harley-Davidson? Die verkaufen keine Motorräder, sie verkaufen Erlebnisse – die Befreiung aus den Fesseln der Gesellschaft:

Wir bauen nicht nur Motorräder, wir stehen für die immerwährende Sehnsucht nach dem Abenteuer. Freiheit für die Seele.

MOTOR
HARLEY-DAVIDSON
CYCLES

Immer mehr Marken verzichten auf ein Mission- oder Vision-Statement. Storyseller fokussieren sich lieber auf ihre Bestimmung. Ihr nicht eigennütziger Antrieb in einem klaren Satz, den jeder versteht. Ein Satz, der die richtigen Menschen einlädt, Teil ihrer größeren Bestimmung zu werden.

Storyseller wie Patagonia, Warby Parker, Dollar Shave Club, Airbnb, OATLY oder Nike schaffen es, uns mit einem Satz eine erstrebenswerte Welt aufzumachen. Ihre Bestimmung wird zu ihrer Story, in der wir die Hauptrolle spielen.

Hier eine Auswahl einiger Statements, die wir gemeinsam mit unseren Kund:innen bei STORY BERLIN entwickelt haben:

Das erste Statement ist die Bestimmung für Aquafior. Ein junges Start-up, das eine neue Trinkwasseranlage für Haushalte und Unternehmen herstellt. Mit der innovativen Trinkwasser-Anlage kann man sich ganz einfach selbst, sauberes und nachhaltiges Wasser zubereiten. Zuhause, im Büro oder unterwegs auf Reisen.

Jeder Mensch sollte sauberes, sicheres und nachhaltiges Trinkwasser zur Verfügung haben – immer und überall.

(AQUAFIOR)

Jedes Jahr werden weltweit mehr als 90 Milliarden Liter Wasser in Plastikflaschen abgefüllt. 80 Prozent dieser Plastikflaschen werden NICHT recycelt. Gegen was wir gemeinsam mit unserem Kund:innen kämpfen, war schnell klar: gegen die Plastikflasche. Aber das ist nicht das einzige Problem. Es geht auch um die Großkonzerne, die armen Ländern das Wasser abzapfen, in Flaschen abfüllen und dann teuer woanders verkaufen.

Wasser abfüllen ist wie Luft abfüllen und verkaufen. Wir sollten für Wasser nicht teuer bezahlen müssen und die Natur auch nicht. Wasser sollte für alle Menschen zugänglich sein. Genau wie die Luft, die wir atmen.

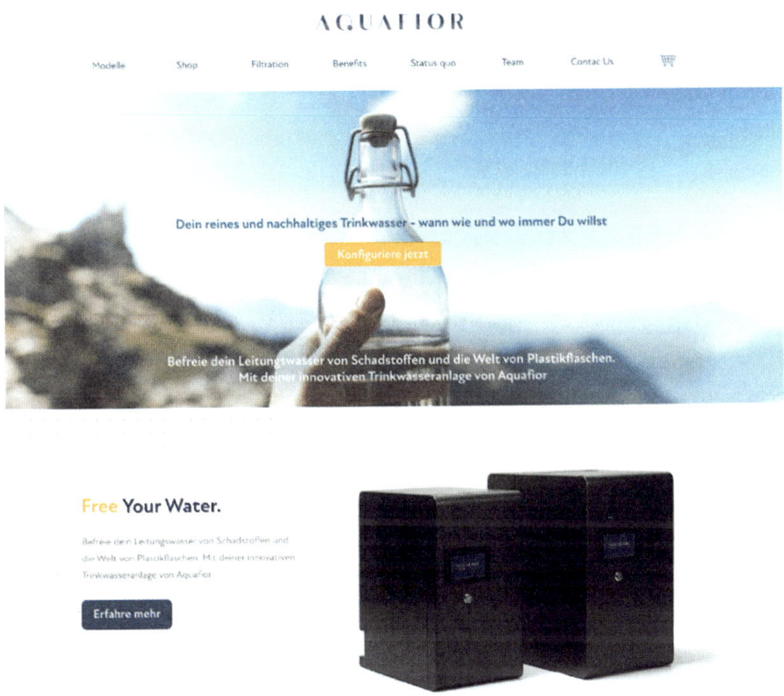

Aber mit ihrer Bestimmung geht es nicht NUR darum, Menschen zu zeigen, dass man Trinkwasser nicht teuer im Supermarkt kaufen muss. Trinkwasser, das alles andere als nachhaltig ist. Es geht ihnen nicht nur darum zu zeigen, dass man sein Trinkwasser ganz einfach selbst und nachhaltig zuhause zubereiten kann. Es geht ihnen noch um mehr.

Das Start-up hat sich auf die Fahne geschrieben, in Zukunft nicht nur das Wasser aus dem Hahn in sauberes und nachhaltiges Trinkwasser zu verwandeln, es will auch Meerwasser entsalzen, reinigen und es so Menschen auf der ganzen Welt verfügbar machen, die nur schwer an reines Trinkwasser kommen.

Darum haben wir mit ihrer Bestimmung auch versucht, das größere Ganze zu betrachten. So kann das Unternehmen später weitere Produkte entwickeln, die auf ihre Bestimmung einzahlen. Oder Projekte unterstützen, die sich mit ihrer Bestimmung überschneiden.

Eine inspirierende Bestimmung zu entwickeln, funktioniert nicht nur für junge Start-ups. Auch eine traditionelle Marke wie der Schweizer Käse bekommt neuen Antrieb, wenn man seine Bestimmung aus dem Markenkern herausarbeitet. Hast du eine Marke, die bereits seit langer Zeit auf dem Markt ist, geh zurück zu ihrem Kern und frag dich:

Was war damals die Idee hinter dem Unternehmen, als es gegründet wurde?

Für den Schweizer Käse haben wir nichts erfunden oder uns etwas Neues ausgedacht und es dann auf die Marke „draufgedrückt.“ Die Bestimmung war schon immer da, tief in der DNA des Schweizer Käse verankert. Es hat sie nur noch niemand ausgegraben und klar formuliert. Hier das Statement, das wir für unseren Kunden Schweizer Käse entwickelt haben:

Wir möchten Menschen verbinden – miteinander und mit der Natur. Um Gutes zu teilen und das einfache Leben zu genießen. Im Einklang mit dem Land, den Tieren und den Menschen, die unser aller Nahrung produzieren.

(SCHWEIZER KÄSE)

Das Statement ist aus dem Lebensgefühl der Schweizer Käsemeister:innen heraus entstanden. Sie beherrschen die Kunst, das einfache Leben zu genießen. Zusammenkommen an einen Tisch mit Menschen, die einem wichtig sind. Diese Lebenseinstellung der Schweizer Käsemeister:innen entspringt der Sehnsucht nach dem puren, unverfälschten Leben und der Frage: Was brauchen wir wirklich?

Die nächsten zwei Statements, die wir für Kund:innen entwickelt haben, gehen in eine völlig andere Richtung. Das erste ist ein junges Start-up, das Musiker:innen ein neues Tool bietet, das ihnen hilft, ihr Saxophon schneller zu erlernen und leichter und besser zu beherrschen.

To bring value to the world of music and build a creative community in which musicians around the world can evolve, inspire and express themselves.

(GRADIVARI)

Teil 2: Deine Überzeugungen

Storyseller und ihre Überzeugungen

Brewdogs Überzeugungen sind lebendig, klar und auf den Punkt wie ein Punch. Sie klingen glaubwürdig. Du hörst die Stimme ihrer Gründer. Bier-Punks mit Sinn für Rock'n Roll und ein gutes Gespür dafür, was und wie es ihr Publikum hören will.

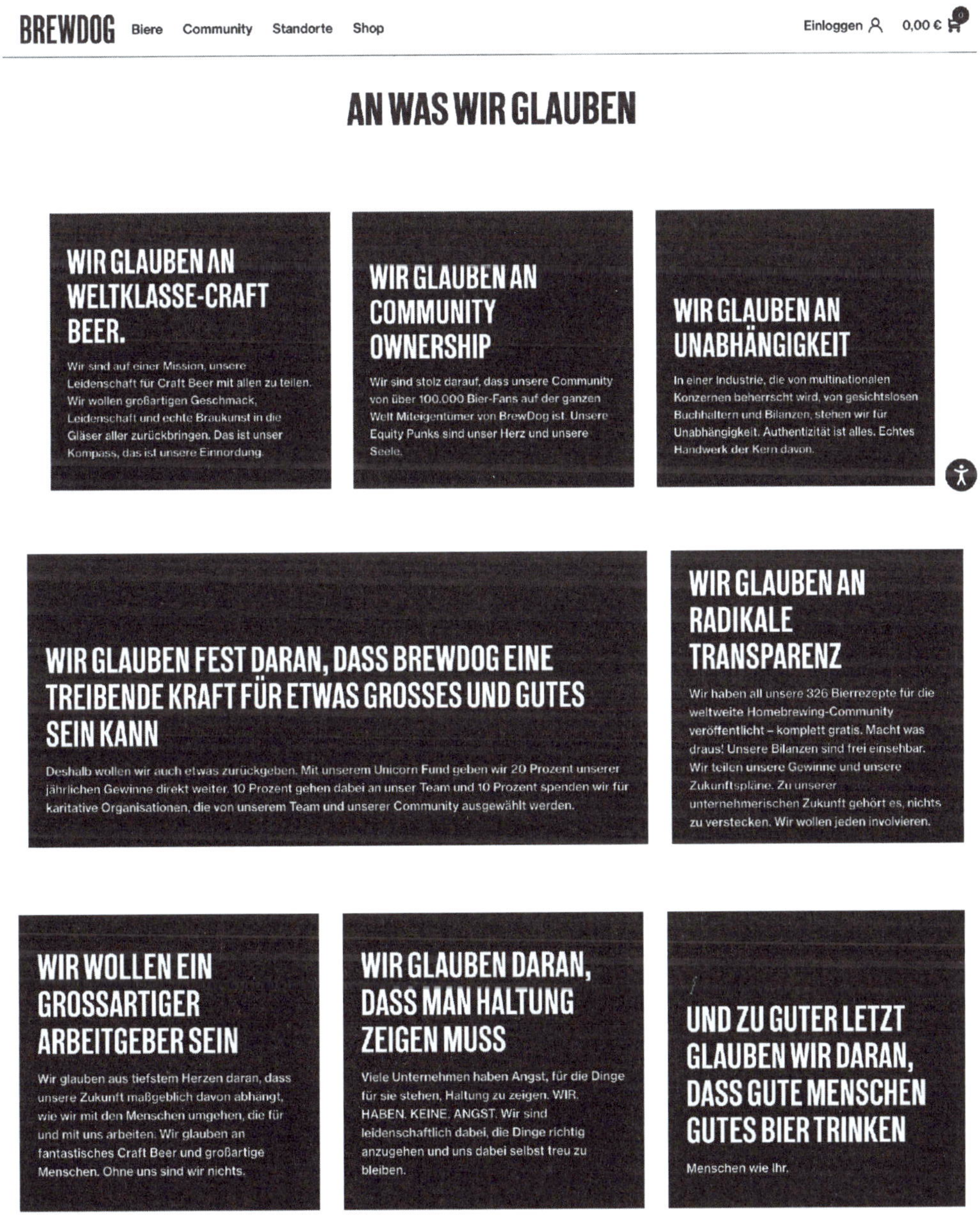

Ihre Überzeugungen wecken Vertrauen. Sie positionieren die Marke und differenzieren sie von anderen Biermarken. Sie überzeugen die einen und schrecken die anderen ab. So siebt Brewdog seine Kunden aus. Sie wollen nicht jeden, haben aber trotzdem – oder gerade deswegen – eine riesige Community, weltweit. Und sie wächst immer weiter. Erzählen dir diese Überzeugungen nicht mehr als drei bis zehn leere Worthülsen, wofür die Marke Brewdog steht und woran sie glaubt?

Teil 3: Die Veränderung

Storyseller und die langfristige Veränderung, die sie bewirken wollen

Bei den folgenden Beispielen sieht man sehr gut, wie Unternehmen bestrebt sind, die Zukunft für sich und die Gesellschaft erstrebenswerter zu gestalten. Das unterscheidet sich komplett von den Selfie-Vision-Statements vieler Unternehmen, die eher in diese Richtung gehen: „Wir wollen bis 2025 die Leader im XYZ-Business sein" oder „... die größte Marke in der Kategorie XYZ werden."

Nein. Hier liegt der Fokus ganz klar auf anderen – auf den Kunden und oder der Gesellschaft. Das Ergebnis: Sie inspirieren andere Kunden:innen, Mitarbeiter:innen, Partner:innen und andere Unternehmen.

Die langfristige Veränderung, die LinkedIn im Kern bewirken möchte, ist stark und erstrebenswert. Sie könnte etwas menschlicher und einfacher formuliert sein, aber das was LinkedIn langfristig in der Businesswelt für seine Mitglieder:innen bewirken will, klingt nach einer erstrebenswerten Zukunft.

Einer unserer Kunden ist ein B2B-Unternehmen, das es sich zur Aufgabe gemacht hat, andere Unternehmen durch die Digitalisierung zu führen. Sie helfen diesen Unternehmen aus all den Daten, auf denen sie sitzen, neuen Mehrwert zu schaffen. Innovative Ideen, neue Geschäftsfelder, wichtige Erkenntnisse zu ziehen etc. Ihr Herz schlägt für Daten. Und für Menschen.

Das Statement für die langfristige Veränderung, das wir für dieses Technologie-Unternehmen entwickelt haben:

Mit Daten eine Zukunft gestalten, in der wir morgen leben und arbeiten wollen.

(ORAYLIS)

LinkedIn möchte ökonomische Chancen für alle Mitglieder des globalen Arbeitsmarktes schaffen.

(LinkedIn)

Klare und wenige Worte sagen oft viel mehr und haben viel Kraft. Die langfristige Veränderung, die die Nonprofit-Organisation Feeding America bewirken will, ist dafür ein gutes Beispiel – sie brauchen nur vier Wörter (eigentlich nur drei), um eine erstrebenswerte Zukunft aufzumachen:

A hunger-free America.

(Feeding America)

Ein starke Veränderung und eine erstrebenswerte Zukunft müssen nicht klingen wie aus einem Handbuch oder wie die 08/15-Marketing-Schablone, die wir alle schon zu oft gelesen haben. Das kann auch Spaß machen, so leicht klingen wie ein Spaziergang auf einer Sommerwiese, während man sich die neue Warby Parker-Brille in seinem Gesicht zurechtrückt:

*Wir glauben, dass der Brillenkauf einfach sein und Spaß machen sollte.
Es sollte dich glücklich machen und gut aussehen lassen, mit immer noch Geld in deiner Tasche.
Wir glauben auch, dass jeder das Recht hat, zu sehen.*

(Warby Parker)

Hier adressiert Warby Parker seine Kunden, aber auch die Menschen, die durch einen Brillenkauf profitieren: Menschen, die sich keine Brille leisten können, bekommen eine von ihnen gratis, wenn du bei Warby Parker eine Brille kaufst. Die langfristige Veränderung, die Warby Parker bewirken will, mündet im letzten Satz: „Wir glauben auch, dass jeder das Recht hat, zu sehen." An dieser Veränderung arbeiten sie – gemeinsam mit ihren Kunden.

Ich bin ein großer Fan von TED Talks und davon überzeugt, dass ein Tag, an dem ich nicht einen TED Talk gesehen habe, ein verlorener ist. Darum darf dieses folgende großartige Beispiel hier nicht fehlen:

Wir glauben leidenschaftlich an die Kraft von Ideen, um Denkweisen, Leben und letztlich auch die Welt zu verändern.

(TED Talk)

Eine inspirierende Veränderung ist natürlich auch für andere erstrebenswert und motivierend. Wenn Mitarbeiter:innen wissen, welche langfristig positive Veränderung sie mit ihrer Arbeit bewirken wollen, ist es eine erfüllende und wirklich sinnhafte Arbeit. Sie wissen, wofür sie jeden Tag aufstehen und gemeinsam mit ihren Team an einer Sache arbeiten, die größer ist als das Unternehmen, die Marke und sie selbst.

Drei starke Säulen für eine starke Story

Die drei Säulen der Storyseller-Philosophie erfüllen einen ähnlichen Zweck, wie es das Mission-Vision-Values-Modell und das Why-Statement erfüllen sollten. Bei STORY BERLIN haben wir die Erfahrung gemacht, dass wir mit diesem Modell einfacher und klarer arbeiten. Davor habe ich das Vision- und Why-Statement oft durcheinandergebracht – wie so viele von uns.

Immer mehr Marken verzichten auf ein Mission-Statement. Viele Vision-Statements fand ich zu selbstbezogen. Was sollen Menschen, die das Unternehmen nicht kennen, damit anfangen? Also habe ich dieses Modell für die Arbeit mit unseren Kund:innen entwickelt. Das hat vieles deutlich einfacher und klarer gemacht. Vor allem kann man sich diese Statements leichter merken.

Du kannst mit drei Statements einzeln arbeiten und sie für deine Kommunikation verwenden. Auf deiner Website oder in einem Marketing. Aber du kannst sie auch zusammenfügen: Bestimmung, Überzeugungen und Veränderungen. Und sie ergeben eine Story.

Füge die drei Teile (Bestimmung – Überzeugungen – Veränderung) am Ende zusammen und lies sie deinem Team oder dir selbst an einem Stück laut vor. Du wirst sehen, dass die Teile eine überzeugende Story ergeben, eine Story, die schon vieles beinhaltet, was deine Marke ausmacht und wofür sie steht. Wie gut das funktioniert, wenn wir die drei Teile zusammensetzen, zeigen Nike und Mailchimp.

NIKE: Die drei Säulen der Nike-Philosophie als Narrativ zusammengefügt

(Teil 1 – Bestimmung)

Our purpose is to unite the world through sport to create a healthy planet, active communities and an equal playing field for all.

(Teil 2 – Überzeugungen)

At Nike, we are committed to fostering an inclusive culture and breaking down barriers for athletes* around the world.

We celebrate diversity and strive to create equal playing fields for all. Our work to promote equality starts with our employees and the people who make our products, and extends to people in the communities where we live and work. We know that we won't prevail Until We All Win.

(Teil 3 – Veränderung)

Protecting the future of sport for all athletes*.

If there is no planet, there is no sport. This understanding drives our North Star for sustainability – a future where all athletes* have access to safe places to play and train, enjoy sport and realize their full potential.

*(*If you have a body, you are an athlete)*

Das ergibt ein komplettes und komplexes Bild der Marke Nike sowie ein starkes Narrativ, auf dem man viel aufbauen kann. Würden wir die Marke Nike noch nicht kennen und diese drei Teile als Narrativ lesen, wir hätten jetzt ein ziemlich klares Bild von der Marke: was sie antreibt, wofür sie steht und was sie langfristig verändern will.

Wie sieht es im B2B-Bereich aus? Setzen wir die drei Teile für Mailchimp zusammen und schauen, ob das auch hier aufgeht.

MAILCHIMP: Die drei Säulen der Mailchimp-Philosophie als Narrativ zusammengefügt

(Teil 1 – Bestimmung)

Wir befähigen Millionen von Kunden auf der ganzen Welt, Unternehmen zu gründen und zu entwickeln.

(Teil 2 – Überzeugungen)

Mailchimp war schon immer ein bisschen anders. Unsere Mitbegründer, Ben und Dan, starteten Mailchimp als Nebenprojekt neben ihrer Webdesign-Agentur, um ihren kleineren Kunden mit

E-Mail-Marketing zu helfen. Seitdem hat sich Mailchimp über E-Mail hinaus entwickelt und ist zu einer führenden Marketingplattform für kleine Unternehmen geworden.

Heute helfen wir Millionen von Kunden auf der ganzen Welt, ihren eigenen Weg zu gehen. Wir wollen unseren Kunden zeigen, dass der Aufbau eines erfolgreichen Unternehmens bedeutet, sich selbst treu zu bleiben. Mit dieser Markenidentität und diesem Designsystem hoffen wir, sie zu inspirieren, mutig und kreativ mit ihren eigenen Marken umzugehen.

(Teil 3 – Veränderung)

Wir sind nicht mehr nur ein E-Mail-Marketing-Tool – wir sind eine All-in-One-Marketing-Plattform. Während unser Produkt und unser Team weiterwachsen, bleibt eine Sache gleich: **Ben und Dans Mission, die Underdogs zu stärken.**

Das funktioniert sehr gut als Narrativ und zeichnet sofort ein klares und sympathisches Bild des Unternehmens, oder? Wir erfahren den nicht eigennützigen Daseinsgrund des Unternehmens, es wird klar, wofür die Marke steht und wir kennen ihr langfristiges Ziel: Auch wenn sie selbst immer weiterwachsen, wollen sie auch in Zukunft die Underdogs stärken. Charming – so wie die Marke Mailchimp ist. Und das ist der Grund, warum sich so viele kleine Unternehmen für Mailchimp entscheiden.

Power to the people – Fokus auf das Publikum

Schau dir noch einmal die drei Teile an und achte darauf, wie diese Unternehmen sich selbst zurücknehmen. Den Spot richten sie nicht auf ihre Marke oder ihr Produkt, den Scheinwerfer bekommt ihr Publikum. Ihre Kund:innen. Ihr Fokus liegt immer auf den Menschen. Was sie selbst betrifft, erfahren wir immer erst an zweiter Stelle. „Es geht uns *darum* ... und dafür machen *wir* ...“

Eine Storyseller-Philosophie, die aus drei starken Säulen besteht:

1. Bestimmung
2. Überzeugungen
3. Veränderung

Dein Publikum versteht leichter, wofür du stehst. Deine Statements treffen ins Herz und bleiben im Kopf.

4

STORYSELLER: Der 10-Fragen-Storybranding-Prozess

10 klare Fragen. Die Fragen bilden den Rahmen unseres Storybranding-Prozesses. Am Ende hast du für deine Marke alle wichtigen Bausteine zusammen, die eine Storyseller-Brand ausmachen. Eine komplexe, lebendige Marke mit klarem Markenkern und einem starken Fundament:

die Story-Welt (Positionierung)

deine Bestimmung als Marke (Daseinsgrund)

deine Überzeugungen

die Veränderung, die du bewirken willst

deine Backstory

das Thema deiner Marke

Markenpersönlichkeit & Stimme deiner Marke

du kennst DEIN Publikum

deinen aktivierenden Call to Action

Nicht vergessen: Bei jeder Antwort solltest du dein Publikum (Kund:innen) in den Mittelpunkt stellen. Hab bei JEDER Antwort deine idealen Kund:innen im Kopf. Die Kund:innen, die deine Überzeugungen teilen. Die Kund:innen, die du am liebsten haben möchtest. Denn für sie tust du, was du tust. Hast du sie, ziehen sie auch andere Kund:innen an.

Der StoryGuide® Storybranding-Prozess

Mit 10 Fragen zur Storyseller-Marke

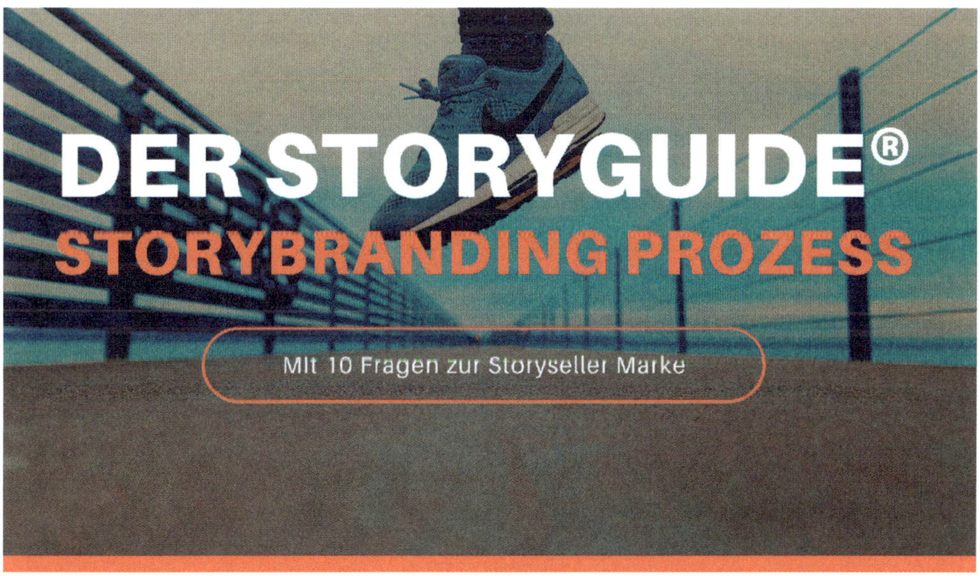

Die ersten drei Fragen und ihre Antworten ergeben die **STORY-WELT,** die du für deine Marke erschaffst. **Die Story-Welt ist deine Welt, in der du dich mit deiner Marke bewegst.** Deine Positionierung, wie du dich von anderen Marken absetzt und klar am Markt positioniert – deine Story-Welt beinhaltet deine Bestimmung, welches Problem du löst und wer dein Publikum ist.

Wenn du weißt, gegen was, wofür und für wen du kämpfst, erschaffst du eine interessante und komplexe Story-World. Eine erstrebenswerte Welt, die das Publikum anzieht, das zu deiner Marke passt. Diese Menschen werden von der Story-Welt angezogen, die du um deine Marke erschaffen hast. Sie wollen ein Teil davon sein.

Storyseller, die interessante und einzigartige Story-Welten erschafft haben, sind zum Beispiel Hornbach, Salesforce, Nike, Mailchimp, Dollar Shave Club. Mehr Beispiele zum Thema Story-Welt schauen wir uns an, wenn wir gemeinsam die 10 Fragen durchgehen.

Der StoryGuide® Storybranding-Prozess

DIE ANTWORTEN AUF DIESE DREI FRAGEN ERGEBEN DEINE STORY WORLD. DEINE POSITIONIERUNG.

Zehn klare sehr konkrete Fragen, die zu klaren und inspirierenden Antworten führen sollen. Kein Marketing-Buzzword-Bullshit. Ehrliche, klar verständliche Antworten.

Der StoryGuide® Storybranding-Prozess

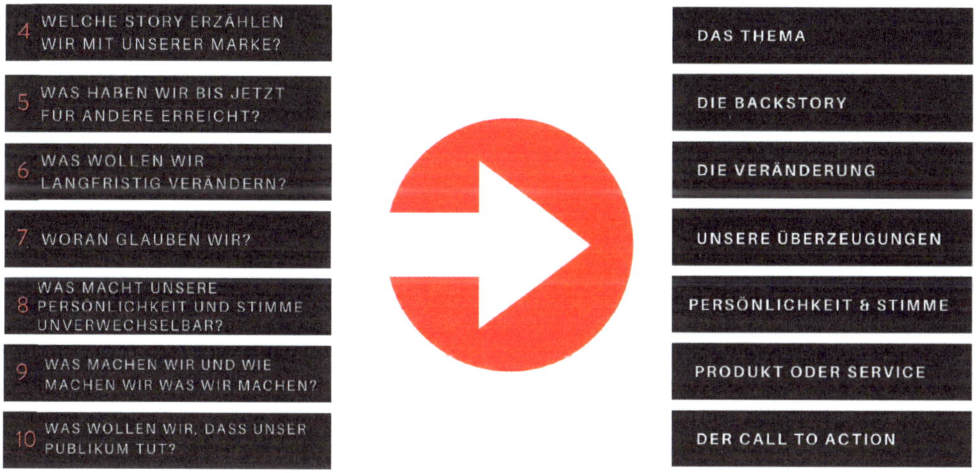

Auf den nächsten Seiten arbeiten wir uns gemeinsam durch die 10 Fragen. Wir schauen uns an, wie andere Storyseller diese Fragen beantworten und ich werde dir mit Techniken und Strategien zur Seite stehen, um die besten Ergebnisse zu erzielen.

Anmerkung: Die Ergebnisse kannst du oder du und dein Team als Statements oder kurze Texte formulieren. Wenn du Hilfe brauchst, hol dir eine:n Copywriter:in. Die finalen Ergebnisse kannst du als PDF aufbereiten. Pack Mood-Bilder, Farben, Logo etc. dazu. Und schon hast du eine Art Brand Bibel. Wir nennen es bei **STORY BERLIN den StoryGuide®.**

Damit können unsere Kund:innen in Zukunft leichter arbeiten. Ähnlich wie mit der Serien-Bibel, mit der Autor:innen arbeiten, wenn sie eine Serie entwickeln. Mit dem StoryGuide® habt ihr alles Wichtige zu eurer Marke gebündelt und schön aufbereitet in einer PDF. (Der Storytelling-Part kommt in *Storyseller – Band 2*. Da geht es dann um Storytelling)

Während du oder du und dein Team diese Fragen beantworten, wirst du sehen, wie sich die Story-Welt deiner Marke vor deinen Augen entfaltet. Wie nach und nach eine echte Persönlichkeit Gestalt annimmt. Wir werden gemeinsam eine menschliche Marke erschaffen. Eine Storyseller-Marke.

Es wird kein Spaziergang, es wird eine wilde Reise. Und ich verspreche dir: Sie macht verdammt viel Spaß.

Also, packen wir's an.

Frage #01

Das Monster:

Gegen was kämpfen wir?

(1. Teil der Story-Welt: deine Positionierung)

> **„Ein Monster ist eine Bedrohung, der wir uns alle stellen müssen; eines, das wahllos Probleme verursacht und die Welt um uns herum verwüstet. Monster können groß und frech sein, oder sie können subtil und hinterhältig sein."**
>
> *Nick Geoghegan, eatbigfish*

Storyseller haben ein Monster

Dieses Monster gilt es zu bekämpfen. Es steht ihrem Publikum im Weg. Es macht den Menschen das Leben schwer. Es ist nicht die Konkurrenz. Das war das alte Spiel. Vergiss Konkurrenzkämpfe a la Burger King gegen McDonald's oder Pepsi gegen Coca-Cola. Diese Story ist alt und sie ist out.

Dein Monster findest du nicht in deinen Mitbewerber:innen und wenn doch, dann eher indirekt. Dann ist es eher eine ganze Branche, wie im Fall von Dollar Shave Club: Ihr Monster ist nicht EIN Konkurrent, nicht der Marktführer Gillette. Der Monopolist wird zwar gechallenged von dem jungen, wilden Underdog Dollar Shave Club, aber Gillette ist nicht ihr Antagonist – nicht ihr Monster. Das Monster, das Dollar Shave Club bekämpft ist viel größer und komplexer.

Dollar Shave Club hat die komplette Vorgehensweise der Rasierklingenindustrie in Frage gestellt. Dann haben sie das gemacht, was auch eifrige Drogendealer:innen oft tun, wenn sie erkennen, dass ein Glied in der Kette überflüssig ist: Sie schalten die Zwischenhändler:innen aus und verkaufen direkt an den*die Verbraucher:innen. Von Marke zu Mensch. Online. Einfach. Günstig. Das hat zu dem Zeitpunkt noch nie jemand in der Rasierklingenindustrie gemacht. Und dann noch in diesem coolen und super kundenfreundlichen Dude-Style, der Spaß verbreitet? Inklusive Community-Gefühl: „Dude, du bist einer von uns!" Gab's nicht. Dann kam Dollar Shave Club.

Die Rasierklingenindustrie rastete aus. Die Kund:innen freuten sich. Klagen wurden eingereicht. Copycats folgten. Endlich war da jemand, der tollen Kundenservice bot, das Kundenerlebnis perfektionierte und keine Rasierklingen anbot, die so abstrus teuer waren, dass man sich bei jedem Kauf total abgezockt vorkam.

Dollar Shave Club identifizierte ihr Monster, das diesen Menschen – jungen Männern – das Leben schwer machte. Niemand wollte für vier Rasierklingen 20 Dollar bezahlen, aber man musste es hinblättern. Dafür musste man auch noch in einen Laden gehen, sie dort kaufen und sie zu Hause aus der kundenunfreundlichen, langweiligen und unpersönlichen Packung befreien. All das veränderte Dollar Shave Club, wie wir in ihrer Story in Teil 1 gesehen haben.

Dollar Shave Club bekämpft das Monster und gewinnt so die Herzen vieler junger Männer, die diese Marke dafür feiern.

Storysellern geht es darum, ETWAS herauszufordern, statt JEMANDEN. Ein Monster ist eine Bedrohung, die uns alle angeht und Probleme verursacht. Das können größere weltbewegende Probleme sein, aber auch kleinere Monster. Ob klein oder groß, ob sichtbar oder unsichtbar (wie bei Nike) ob physisch, psychisch oder moralisch – sie existieren. Und sie machen deinen potenziellen Kund:innen das Leben schwer.

Schauen wir uns einige Storyseller in ihrem Kampf gegen ihr Monster an:

NIKE

Wir wollen die Barrieren einreißen, damit alle Athlet:innen am Sport teilnehmen und ihr Potenzial voll ausschöpfen können. (Nike)

Nike erträgt den Gedanken nicht, dass es heute immer noch Barrieren gibt für Athlet:innen: Sei es die Hautfarbe, die Herkunft, das Geschlecht, die sexuelle Orientierung oder die körperliche Benachteiligung der Athlet:innen aus aller Welt. An dieser Barriere rüttelt Nike bereits seit Jahrzehnten und bringt sie immer wieder ordentlich ins Wanken. Ihr Monster: **Jegliche Art von Barrieren.**

Nike zelebriert den Sport und seine Athlet:innen. Ob Profi oder Amateur:in. In ihrer Welt existieren keine Barrieren für Athlet:innen – ob innerliche oder äußerliche. Sport ist für alle da. Überall. Davon ist Nike überzeugt. Das macht die Marke seit Jahrzehnten klar. Absolut klar hat Nike das im Fall Colin Kaepernick gemacht – du erinnerst dich an die Story im Intro?

HORNBACH

Die Welt der Baumärkte war trist, langweilig und absolut uninspirierend. Die Stories, die uns Baumärkte erzählten, drehten sich um Rabatte, Produkt-Vorteile und Sonder-Aktionen. Dann kam Hornbach und hat diese aufregende Welt voller Abenteuer für ihre Heimwerker-Held:innen (Kund:innen) erschaffen.

Ihr Monster: Die Tristesse der Baumarkt-Welt.

Weitere Beispiele der Kämpfe, die Storyseller aus dem Buch ausfechten:

- Dove bekämpft die Schönheits-Klischees der Beauty-Branche
- Oatly bekämpft die Milchlobby
- Brewdog bekämpft die langweilige Bierindustrie (und hat sie so disruptiert)
- Libresse kämpft gegen die Mythen, Unsicherheiten und Stereotypen an, denen Frauen ausgesetzt sind, wenn es um die Periode geht
- Doc Martens kämpft gegen den gesellschaftlichen Konformismus
- Mailchimp bekämpft die Unpersönlichkeit der Businesswelt
- Harley-Davidson kämpft gegen die gesellschaftlichen Zwänge
- Innocent bekämpft den Zustand der Lebensmittelbranche (ungesunde Getränke und Lebensmittel mit Zusätzen)
- Everlane kämpft gegen die mangelnde Transparenz in der Fashionbranche
- Newcastle Brown Ale kämpft gegen die Fake-Bullshitt-Werbewelt an

Es geht aber auch größer und weltbewegender, und wenn es zur Marke passt, ist das guter Stoff für eine starke Brand Story. Wie im Fall von Tony Chocolonely zum Beispiel …

Schokolade vs. Sklaverei

Tony Chocolonely will die Schokoladenbranche „sklavenfrei“ machen. Das Team hinter der Marke mit Sitz in Amsterdam bekämpft die Sklaverei. Ein ernstes Thema, bei dem Spaß fehl am Platz wäre, oder? Tony Chocolonely schafft es beides zu verbinden. Ihre Botschaft bewirkt etwas.

Die Sklaverei heute sieht vielleicht nicht aus wie die vor 200 Jahren, aber es ist eine moderne Art der Sklaverei. Es ist eine menschenverachtende Art, Handel zu treiben. Die Marke Tony Chocolonely leistet hier echte Aufklärungsarbeit und bringt etwas Gutes ins Rollen.

Die Menschen lieben ihre Schokolade. Sie schmeckt gut und mit jedem Kauf erzählen Menschen die Story der Marke weiter. Würdest du nicht deiner Familie, deinen Freund:innen oder Kolleg:innen davon erzählen, wenn du auf diese Schokolade stößt, die so charmant daher kommt und erzählt, dass sie sich im Kampf gegen die Sklaverei in der Schokoladenbranche befindet? Sicher. Genau das tun tausende Menschen auf der ganzen Welt, die mit der Marke in Berührung kommen. So erzählt sich die Story von einem Schoko-Fan zum anderen weiter. Die Marke wächst und mit ihr das Engagement, die Schokoladenbranche weiter sklavenfrei zu machen.

Viel Spaß trotz ernstem Thema: Das Design ist verspielt und trotzdem sehr stilvoll. Die Marke hat ein fantastisches Branding. Wenn du mit der Marke in Berührung kommst – ob im Laden oder im Social Web, spürst du sofort die Leidenschaft der Menschen hinter der Marke. Die Liebe für ihr Produkt und die Leidenschaft für ihren Kampf für das Gute.

Die Liste der Themen und Probleme, die wir Menschen angehen und lösen können, sind lang. Hier eine Auswahl an möglichen Themen und Problemen, die du dir als Marke annehmen und korrigieren könntest. Wenn es für deine Marke Sinn macht. Nichts ist peinlicher als eine Marke, die auf Weltverbesserer macht, aber nicht das nötige Know-how oder die Glaubwürdigkeit mitbringt. Das Monster, das du bekämpfst, muss zu deiner Marke passen. Es sollte aus deinem Produkt, deiner Branche und/oder aus der Welt deiner potenziellen Kund:innen heraus entstehen.

- überteuerte Produkte, die in uninspiriertem Packaging stecken, für die man extra in den Laden gehen muss, um sie zu kaufen, und die auch noch cheesy oder todlangweilig vermarktet werden (wie im Fall von Dollar Shave Club)
- künstliche Zutaten in unseren Lebensmitteln
- die Unpersönlichkeit in der B2B-Unternehmenswelt
- Reinigungsmittel, die der Umwelt und/oder den Menschen schaden
- nervige Banner, die uns in den Wahnsinn treiben
- Rassismus (Nike ist hier sehr aktiv, wie wir im Intro bereits gesehen haben)
- Sexismus (und eigentlich fast alle Worte, die mit „mus“ enden)

- Billigproduktionen (Wegwerfgesellschaft)
- Diskriminierung von Homosexuellen
- Komplexität
- Globale Erwärmung
- Stress
- Artensterben
- inakzeptable Tierhaltung, Tierversuche für Kosmetikproduktion
- Umweltverschmutzung
- negative Auswirkungen von Social Media
- Hate-Speech im Netz
- Fast Fashion
- Tabuthemen in deiner Branche
- Trinkwasser-Monopole
- Plastikverpackungen
- Hässliches Design
- Buzzwords in der Businesswelt
- veraltetes Bildungssystem
- verunreinigtes Trinkwasser
- die Zustände in der Lebensmittelindustrie/Fleischindustrie
- Werbelügen (Warum nicht in der eigenen Branche aufräumen und für das Ende der Werbelügen kämpfen?)
- oder, wie im Fall eines Start-ups aus San Francisco: komplizierte Software.

Das Salesforce-Monster: Software

Der große Durchbruch für Salesforce kam damals, als sie ihr Monster in der komplizierten und veralteten Software identifizierten, der wir alle ausgesetzt waren. Ihre Waffe gegen das Monster: eine smarte und einfache Cloud-Lösung. Das veränderte die komplette Branche. Salesforce hat es wunderbar geschafft, ihr Monster mit nur wenigen Worten symbolisch und stark zu kommunizieren:

Ein Wort – das Monster – durchgestrichen in einem Kreis, das ruft: NO SOFTWARE! Gehts kürzer, stärker? Kaum. Jeder versteht sofort gegen was Salesforce kämpft. Ihr Kampf hat sich mit den Jahren weiterentwickelt, weil sich auch die Technologie weiterentwickelt hat.

Aber sie haben nie aufgehört zu kommunizieren, wer ihr Monster ist. Auch heute streut der CEO und Gründer Marc Benioff in seinen Keynotes, die Rockkonzerten ähneln, das Monster immer sehr präsent ein. Salesforce hat dank des Kampfes gegen ihr Monster eine ganze Industrie revolutioniert. Ähnlich wie Apple, die gleich mehrere Branchen disruptiert haben.

Storyseller perfektionieren das, ähnlich wie große Storyteller. Das Monster, der Antagonist, verleiht der Story Drama und eine Dringlichkeit. Das Monster gibt dir die Antwort auf die Frage: Warum sind eure Marke und eure Story gerade jetzt so relevant?

Ob B2B, B2C oder Personal Brand, dein Monster muss nicht gleich unseren Planeten gefährden. Wenn es die Welt deiner Kund:innen täglich schwerer macht, sie davon abhält ihr bestes Ich zu sein, sie einschränkt, aufhält, langweilt oder ablenkt, dann ist auch das ein Monster, das es lohnt zu bekämpfen. Deine zukünftigen Kund:innen werden es dir danken.

Viele der Storyseller aus dem Buch hatten oder haben ein Monster, das sie bekämpft haben. Es ist ihr Antrieb, der ihnen die Energie verleiht, etwas zu verändern. Apple, Harley-Davidson, Oatly, Dollar Shave Club, Bodyform, Dove, Nike oder Mailchimp – sie alle haben ein Monster.

Also, auf in den Kampf für das Gute und Gerechte in der Welt – oder in der Welt deiner Kund:innen. Wer oder was ist dein Monster?

STORYSELLER WORKSHOP

So identifizierst du dein Monster:

Fragen, die dir helfen dein Monster zu finden:

1. Wie sieht der Status quo aus, bezogen auf unsere Branche?
2. Was läuft hier falsch? Wie können wir den Status quo ändern?
3. Wie verändert sich die Welt gerade? Wie beeinflusst (ob positiv oder negativ) diese Veränderung unsere Kund:innen?
4. Gegen was kämpfen unsere Mitbewerber:innen? (Kontrast schaffen)
5. Was vernachlässigen unsere Mitbewerber:innen? Wo können wir unseren und auch ihren Kund:innen mehr liefern? (siehe Hornbach, Dollar Shave Club)
6. Wo ist der Platz für unsere Marke in der Welt? Wie passt unsere Marke hier rein?
7. Was ist unsere Nische? Wo ist unsere Nische? Wie groß oder klein ist unsere Nische?
8. Was ist nicht mehr zeitgemäß? Was muss sich ändern? Was können wir dagegen tun?
9. Was sagt unser Monster über das Leben, die Welt und die Zeit aus, in der wir leben? (alte Welt > neue Welt)
10. Gegen was kannst du oder dein Team kämpfen? Was könnt ihr geraderücken? (Sollte direkt mit der Marke, dem Produkt und/oder der Welt der Kund:innen zu tun haben)
11. Was macht deinen potenziellen Kund:innen das Leben schwer? (Oft versteckt sich das Monster nicht sichtbar in den Bedürfnissen, deiner Kund:innen, die sie nicht ausleben können)
12. Was hält sie zurück?
13. Was stört sie?
14. Was verhindert das Erreichen ihrer Ziele?
15. Bonus: Was wäre, wenn...?

> *Was wäre, wenn...* ist eine gute Trigger-Frage, um Ideen ins Rollen zu bringen:

Was wäre, wenn ... wir eine Art Gegenbewegung zum langweiligen Alltagsleben erschaffen könnten? (Harley-Davidson) Was wäre, wenn wir die Barrieren im Sport einreißen könnten und eine Welt erschaffen, in der jede:r ein:e Athlet:in ist? (Nike) Was wäre, wenn wir andere Unternehmen inspirieren könnten, nachhaltiger und verantwortungsvoller mit den Ressourcen unseres Planeten umzugehen? (Patagonia)

Tipp: Schreib mehrere Monster auf und such mit deinem Team das aus, das es am meisten lohnt zu bekämpfen. Welches Monster setzt euch klar ab von euren Mitbewerber:innen? Wählt EIN Monster aus. Habt ihr euer Monster, gilt: Absoluter Fokus auf den Kampf gegen DIESES Monster.

Die Vorteile, wenn du dein Monster kennst:

1. Hast du dein Monster identifiziert, hast du auch das interne Problem deiner Kund:innen identifiziert (nicht nur das offensichtliche, oberflächliche Problem)
2. Du bekommst ein Gefühl für deine Bestimmung als Marke
3. Du hast guten Stoff für eine starke Story
4. Du gibst deinem Publikum einen überzeugenden Grund, sich für deine Marke zu entscheiden
5. Du positionierst deine Marke auf einprägsame und relevante Weise
6. Du hast keine Konkurrenz: Du kämpfst gegen etwas, das größer ist als deine Konkurrenz
7. Du differenzierst dich klar von anderen Marken
8. Es schweißt deine Marke und deine Community zusammen: Wir gemeinsam gegen das Monster
9. Du lädst dein Publikum ein, Teil von etwas Größerem zu sein, als nur zu sagen: Hier kauf unser Produkt, das löst dein Problem: Es ist der Kampf: Gut gegen Böse
10. Du stichst aus der Masse der Marken heraus
11. Du hast etwas, was du verändern willst: Dein Monster ist dein Antrieb

Deine Positionierung ist der Platz, den deine Marke im Kopf und im Herzen deines Publikums einnimmt.

Die Story-Welt: Die Positionierung deiner Marke

Die Ergebnisse sind Teil deiner **Story-Welt:** den Platz, den du einnimmst. Deine Positionierung am Markt. Wie du deine Marke deinen Kund:innen und der Welt präsentierst.

Zur Story-Welt gehören:

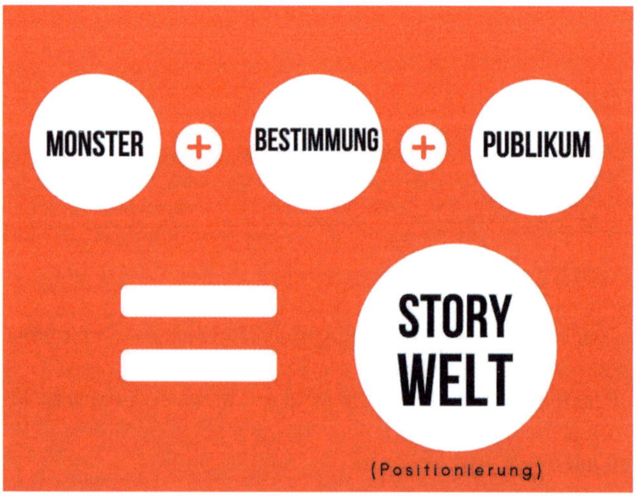

Das Monster, deine Bestimmung und **DEIN Publikum**, das zu deiner Marke passt. Diese Teile ergeben das große Ganze: deine Positionierung. Dazu kommen wir im Anschluss an die dritte Frage in unserem Storybranding-Prozess.

Frage #02

Die Bestimmung:

Wofür kämpfen wir?

(2. Teil der Story-World: deine Positionierung)

> **„Putting in long hours for a corporation is hard. Putting in long hours for a cause is easy."**
>
> *Elon Musk*

Kennst du dein Monster, kennst du deine Bestimmung.

Die Bestimmung deiner Marke – was ist das genau? Deine Bestimmung (das Warum oder auch der Purpose) ist der Grund für die Existenz deines Unternehmens oder deiner Personal Brand. Der Daseinsgrund deiner Marke, deines Unternehmens.

Deine Bestimmung treibt dich an, jeden Morgen aufzustehen, für die gute Sache zu kämpfen. Etwas in der Welt zu verändern. Deine Bestimmung will etwas korrigieren, was deiner Meinung nach nicht stimmt in der Welt, in der Branche, in der Gesellschaft. Etwas, was dich herausfordert, wütend oder verrückt macht. Etwas, das unfair, nicht gut ist und anders sein sollte.

Die Bestimmung ist der Antrieb im Kampf für das Gute.

Wenn du weißt, gegen was du kämpfst, weißt du auch, wofür du kämpfst. Und wenn du weißt, wofür du kämpfst, bist du auf dem besten Weg deine wahre Bestimmung (Why, Purpose) als Marke oder Personal Brand zu identifizieren.

Um herauszufinden, wofür deine Marke kämpft, musst du also nur noch einmal schauen, wogegen du kämpfst und das Gegenteil davon identifizieren. Beispiele:

Gegen was kämpft Nike?

Barrieren abbauen für alle Athlet:innen

Wir wollen die Barrieren einreißen, damit alle Athlet:innen am Sport teilnehmen und ihr Potenzial voll ausschöpfen können. (Nike)

Ergebnis: Das Monster

Nike bekämpft Barrieren, um ...

Wofür kämpft Nike?

Unser Bestreben ist es, die Welt durch Sport zu vereinen, um einen gesunden Planeten, aktive Gemeinschaften und ein gleiches Spielfeld für alle zu schaffen.

Ergebnis: Die Bestimmung

Gegen was kämpft Mailchimp?

Mailchimp wurde als Alternative zu den übergroßen, teuren E-Mail-Lösungen der frühen 2000er-Jahre entworfen. Es gab viele kleine Geschäftsinhaber:innen, die nicht den Zugang zu den High-End-Tools und Ressourcen der großen Mitbewerber:innen hatten, um effektiv wachsen zu können.

Ergebnis: Das Monster

Heute hat sich Angebot von Mailchimp für ihre Kund:innen transformiert von einem automatisierten E-Mail-Service zu einer „All-In-One Marketingplattform" mit Landing Pages, hilfreichen Ressourcen, Tipps und Trends zu Marketing und E-Commerce. Sie produzieren sogar ihren eigenen originalen Content, um damit kleine Unternehmen zu inspirieren.

Und auch, wenn es bei Mailchimp heute lange nicht mehr NUR um E-Mail-Lösungen geht, kämpfen sie gegen den mangelnden Zugang zu High-End-Tools und Ressourcen für kleinere Unternehmen, die Großes erreichen wollen.

Wofür kämpft Mailchimp?

Wir befähigen Millionen von Kund:innen auf der ganzen Welt, ihre Unternehmen zu gründen und zu erweitern.

Alles gepaart mit ihrer unverwechselbaren Markenpersönlichkeit und einer guten Prise Weirdness. So differenziert sich die Marke klar von ihrer Konkurrenz (SendInblue, Shopify, Squarespace, Wix), so schaffen sie eine starke Verbindung zu ihrem Publikum und bringen mehr Menschlichkeit in die sonst eher „verhaltene" Businesswelt.

Ergebnis: Die Bestimmung

Deine Bestimmung erinnert dich jeden Tag daran, warum und wozu du das Ganze machst. Sie gibt dir Halt und Rückendeckung, Inspiration und Begeisterung, um damit auch andere anzustecken. Deine Bestimmung gibt dir die Energie, immer weiterzumachen. Deine Bestimmung vereint dein Team und reißt die Menschen mit, für die sie ihr Produkt oder ihre Dienstleistung ins Leben gerufen haben. Sie gibt deinem Team einen besseren Grund, als wegen des Geldes für das Unternehmen zu arbeiten. Deine Bestimmung gibt auch ihnen einen größeren Sinn, eine größere Aufgabe, an der ihr gemeinsam arbeitet.

Zur Inspiration hier ein paar Statements anderer Storyseller:

Den vielen Menschen einen besseren Alltag zu schaffen.
(IKEA)

Natürliche köstliche Speisen und Getränke herstellen,

die Menschen helfen, gut zu leben und alt zu sterben.
(INNOCENT)

To inspire and develop the builders of tomorrow.
(LEGO)

We help people to belong anywhere.
(AIRBNB)

We believe that buying glasses should be easy and fun. It should leave you happy and good-looking, with money in your pocket. We also believe that everyone has the right to see.
(WARBY PARKER)

To help guys take care of their minds and bodies so they can be their best selves.
(DOLLAR SHAVE CLUB)

Die Bestimmung ersetzt dein Mission Statement und sagt der Welt, dass deine Marke für mehr steht als nur das Produkt oder die Dienstleistung, die sie anbietet.

Die Bestimmung – ein Statement, dass der Welt klarmacht:

Darum existieren wir. Dafür kämpfen wir. Dafür sind wir hier.

Anmerkung: Für weitere Statement-Beispiele checke noch einmal das Kapitel **„Mission, Vision, Werte, Why – WTF?!“**

Hast du eine Bestimmung.

Hast du eine starke Story.

Wenn du dir als Marke eine Bestimmung glaubwürdig auf die Fahne schreibst, kannst du eine Brand Story erzählen, die eine größere Durchschlagskraft hat. Es gibt Marken, die haben nichts zu sagen und es gibt Marken, die HABEN etwas zu sagen. Hast du eine klare Bestimmung, hast du eine wirklich relevante Botschaft für dein Publikum. Eine Botschaft, die mehr sagt als: Kauf mich, ich bin besser, schneller, günstiger als die anderen.

Hast du eine Bestimmung für deine Marke, verschreibst du dich, deine Mitarbeiter:innen, Partner:innen und deine Kund:innen einer größeren Aufgabe. Wir gestalten eine Welt, wie sie sein könnte – wie sie sein sollte. Du sagst als Marke: Das ist unsere Sicht auf die Dinge. Diese Welt wollen wir ermöglichen. Du schickst deine Botschaft raus in die Welt und rufst: Wer ist dabei?

Das funktioniert, wie wir gesehen haben, auch glaubwürdig mit Pflegeprodukten – wie im Fall von Dove oder Bodyform/Libresse. Eine größere Bestimmung für eine Marke muss nicht gleich bedeuten, Bäume zu pflanzen oder Plastik aus dem Meer zu fischen. Wenn das deine Bestimmung ist, weil es zu deiner Marke passt, go for it. Dann ist das eine gute Sache.

Die Bestimmung von Bodyform/Libresse ist, Frauen weltweit von der Stigmatisierung der Periode zu befreien.

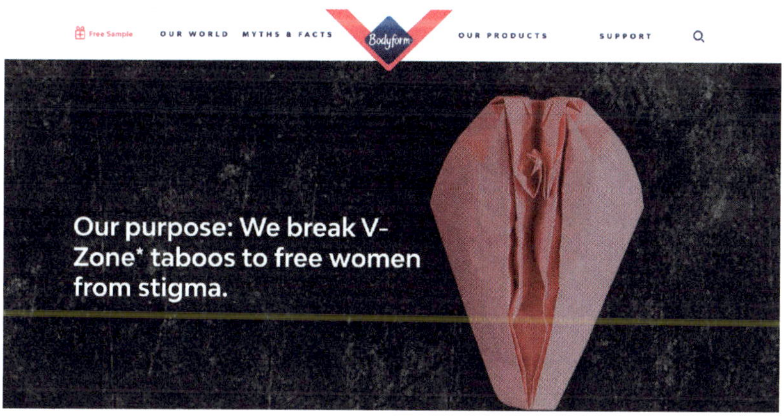

So bestärkt die Marke Frauen auf der ganzen Welt. Das ist eine starke Bestimmung für ein Marke, die Damenbinden und Perioden-Panties herstellt. Und das macht ihre Story so relevant. Im Zentrum ihrer Story steht nicht ihr Produkt, sondern ihr Publikum. Frauen weltweit. Sie erzählen ihrem Publikum nichts von Binden, die trocken bleiben. Das steht vielleicht in der Produktbeschreibung, aber ihre Story ist viel größer. Ihre Bestimmung macht ihre Story komplexer und relevanter.

Ihre Bestimmung wirkt nicht aufgesetzt. Sie ist absolut stimmig und glaubwürdig. Auch das Selbstwertgefühl vieler Menschen wiederherzustellen, sie zu stärken, ist eine große Bestimmung und guter Stoff für eine starke Story.

Am Beispiel von TOMS im ersten Teil des Buches haben wir gesehen, welche Kraft eine Story entfaltet, wenn sie von ihrer Bestimmung angetrieben wird.

Ja, eine Bestimmung verleiht deiner Marke mehr Sinnhaftigkeit. Und deiner Story mehr Tiefe, Relevanz und Dringlichkeit. Ob klein oder groß, ob weltverändernd oder (nur) die Welt deines Publikums verändernd. Dein Team und du arbeitet an etwas Größerem. Und dein Publikum will Teil davon sein. Dich und deine Bestimmung supporten. Die Menschen, die du mit deiner Bestimmung überzeugst, sind voll dabei und werden die Story deiner Marke weitererzählen.

Wenn du gerade dabei bist, ein Start-up zu gründen oder eine Marke aufzubauen, integriere die Bestimmung tief in deine Marke. Mach sie zur DNA deiner Marke. Die Bestimmung bestimmt alles was du als Marke tust und kommunizierst. Wähle aber nicht irgendeine Bestimmung aus und schmücke deine Marke damit. Da landest du schnell im gefährlichen Gewässer des Greenwashing. Integriere deine Bestimmung glaubwürdig und sinnvoll gleich von Anfang an in dein Unternehmen und richte deine Marke darauf aus. So haben es auch TOMS Shoes gemacht:

Und auch Warby Parker. Die Marke hat ein ähnliches Modell wie TOMS: Buy one, give one:

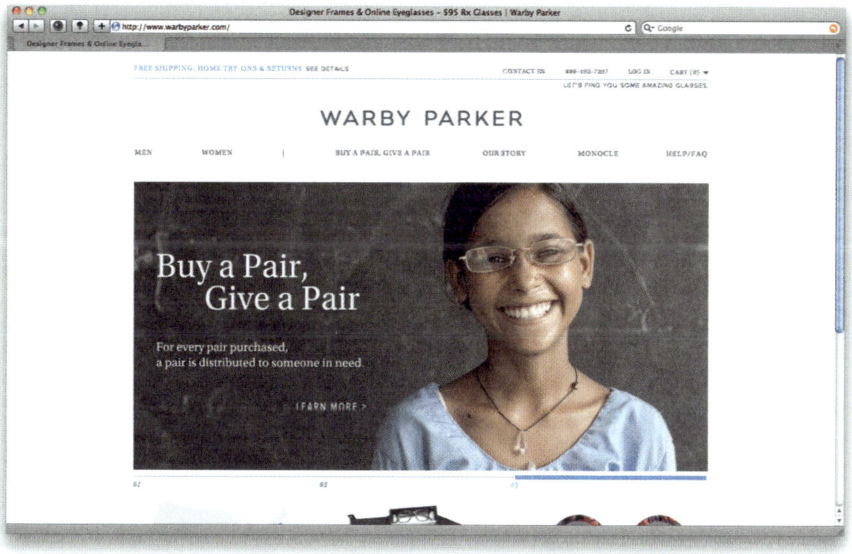

Warby Parker hat eigentlich eine Doppel-Bestimmung:

1. Brillen waren zu teuer. Warby Parker kämpft gegen das Monopol der großen Brillenmarken, indem sie dir als Kund:in eine großartige Designer-Brille für unter 100$ anbieten. Ihre Bestimmung ist also, Brillen für jeden Menschen erschwinglicher zu machen:

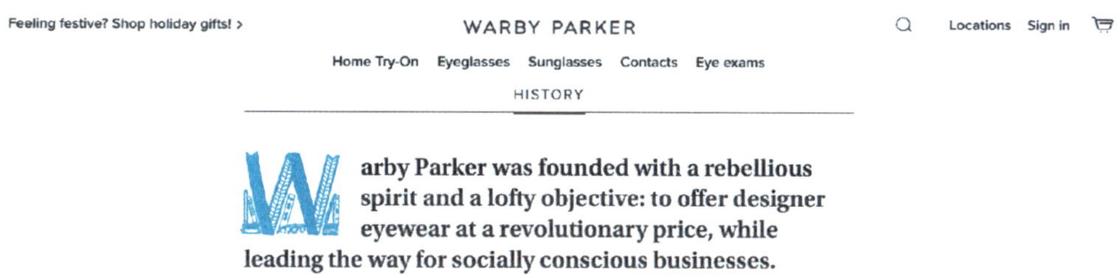

Dave Gilboa, einer der Warby Parker Gründer, hat in einer Keynote gesagt: „Das ist doch schrecklich für den Kunden. Brillen sollten einfach nicht so viel kosten."

Viele Menschen haben ähnlich empfunden, haben es aber wohl oder übel hingenommen. Man hat akzeptiert, dass Brillen so viel kosten wie ein iPhone oder ein Flatscreen. Aber warum eigentlich? Wer sagt, dass es so sein muss? Dass es immer so bleiben muss? Ist das fair? Nein. Wer bestimmt die Regeln? Und lassen sich Regeln nicht auch brechen?

Die Marke Warby Parker hat es zu ihrer Bestimmung gemacht und die Regeln gebrochen. Sie haben eine ganze Branche, die darauf ausgelegt war, den Leuten viel zu viel Geld aus der Tasche zu ziehen, völlig verändert. Eine starke Mission, für eine Sache, die gut ist für den Menschen – nicht für die Monopolisten.

Aber wenn du bei Warby Parker bestellst, hast du nicht nur du als Kund:in etwas davon. Du unterstützt beim Kauf einer Warby Parker Brille eine weitere gute Sache, die sich Warby Parker zur Aufgabe gemacht hat:

Warby Parker und ihr Buy-one-give-one-Modell

Für jede verkaufte Brille spendet Warby Parker eine Brille an einen Menschen, der eine Brille braucht. Die Gründer haben festgestellt: Etwa 2,5 Milliarden Menschen auf der Welt benötigen eine Brille, können sich aber keine leisten. 624 Millionen Menschen davon können wegen ihrer Sehschwäche nicht richtig lesen und schreiben lernen. Das nimmt ihnen die Chance, später einen besseren Job zu finden, um zu arbeiten und Geld zu verdienen.

Warby Parker hat bis heute 4 Millionen Brillen an Bedürftige gegeben. Aber, da ist noch eine weitere Sache, was an Warby Parker erstaunlich ist: Als sie mit ihrer Marke 2010 auf dem Markt kamen, war ihr disruptives Businessmodell total innovativ. Sie haben ihre Brille online verkauft. Das hat vor ihnen kein Brillenanbieter gemacht.

Ihre Kunden konnten sich mehrere Brillen zum Anprobieren bestellen. Sie konnten sich in Ruhe eine Brille zu Hause aussuchen und die anderen einfach wieder zurückschicken. Einfach, günstig, komfortabel – kundenfreundlich.

+ Bezahlbare Designerbrillen

+ kostenlos online bestellen und probieren

+ eine größere Bestimmung mit ihrem 1-für-1-Konzept

Das macht die die Marke zu mehr als nur zu einem hippen Designer-Brillen-Start-up. Mit diesem Konzept haben sie die Branche nicht nur ins Wanken gebracht, sie haben sie ordentlich durchgerüttelt.

Das Ergebnis: Aus Warby Parker wurde eine Lifestyle-Marke. Mit einer größeren Bestimmung, die Menschen überzeugt hat. Sie wollten Teil dieser Story sein, wurden zu Kund:innen und zu Supporter:innen der Marke. Sie haben die Warby Parker Story ihren Freund:innen weitererzählt:

„Sag mal, coole Brille! Ist die neu?"

„Ja, habe ich online bestellt."

„Online bestellt? Ne Brille?"

„Yupp, geht total easy. Du kannst mehrere Brillen zum Anprobieren bestellen. Nimmst die, die dir gefällt, oder auch zwei und schickst die anderen einfach wieder zurück. Die hat 99 Dollar gekostet."

„99 Dollar? Echt?“

„Ja, Warby Parker, ist so’n junges Start-up, das schicke Designer-Brillen macht, ohne dir dafür viel Geld aus der Tasche zu ziehen. Und weißt du was das Coolste ist?“

„Was?“

„Mit dem Kauf dieser Brille habe ich es möglich gemacht, dass jetzt irgendwo auf der Welt ein Mensch, der kein Geld für eine Brille hat, auch eine Brille von Warby Parker bekommt – kostenlos, einfach so. Ich habe mit meinem Kauf einem anderen Menschen geholfen. Ich habe etwas Sinnvolles leisten können.“

Eine größere Bestimmung als Marke erst später für sich zu entdecken, funktioniert aber auch. Das beweist Axe/Lynx mit ihrem Wechsel, den die Marke vollzogen hat, sehr gut.

Mit deiner BESTIMMUNG musst du nicht gleich die Welt retten wollen.

Kannst du aber.

Axe und die moderne feminine Seite des modernen Mannes

Die Marke Axe (in einigen anderen Teilen der Welt auch als Lynx bekannt) kennen wir wahrscheinlich alle. Die alten Spots waren lässig, witzig ... sexistisch. Wofür stand die Marke? Axe, das war das Deo, mit dem junge Typen reihenweise Frauen abschleppen konnten. Diese Story funktionierte damals für die Marke sehr gut. Aber heute?

Natürlich ist die Zielgruppe, die an diesem Frauenbild beharrlich festhält, leider immer noch sehr groß. Aber eine Marke mit Sinn, Verstand und einer Prise emotionaler Intelligenz – will diese Marke wirklich dafür stehen?

Axe/Lynx wollte das nicht.

Aber auch ein Großteil ihres Publikums machte der Marke deutlich, dass ihre Kommunikation nicht mehr zeitgemäß ist. Es hagelte immer mehr Kritik an ihrer Markenkommunikation. Der Marke war klar, dass sie ihre Old-School-Kommunikation überdenken sollte – schleunigst. Bevor ihnen ihr Publikum davonläuft.

Was kann eine Marke also machen, die sich entscheidet: Wir wollen ab jetzt anspruchsvoller kommunizieren? Sie kann eine 180 Grad-Drehung vollziehen. Weg von dem sexistischen Image, hin zur zeitgemäßen Kommunikation. Wie macht man das? Und vor allem: Wie macht man das glaubwürdig?

Man trifft den Zeitgeist. Man hört sich um. Man versucht zu verstehen, wie das eigene Publikum heute tickt. Man fragt sich:

Was bewegt diese jungen Menschen heute?

Was sind ihre Sorgen, ihre Ängste, ihre Bedürfnisse?

Man knackt die harte Schale der Männlichkeit, die uns jahrzehntelang John Wayne und die Werbung so hartnäckig verkauft haben. Man bricht das Klischee des Mannes auf. Man stößt zum weicheren Kern der modernen Männlichkeit vor.

Was findet man dort? Hinter der immer noch allzu harten Schale moderner, junger Männer? Unsicherheit, Verwirrung und ganz viele Fragezeichen.

Wie MUSS ein Mann heute sein?

Wie KANN ein Mann heute sein?

Was bedeutet MÄNNLICHKEIT in unserer Zeit?

Jungs von heute wachsen oft immer noch mit dem klassischen Bild vom harten Mann auf. Der Mann behält seine Gefühle für sich. Er interessiert sich für die typischen Männer-Dinge wie Sport, Autos, Bier. Er reißt die typischen Männer-Witze. Mann = maskulin.

Nope. Heute nicht mehr.

Die Message von Rick Strubel, dem Global Vice President von Axe, in einem Interview mit dem Online-Magazin *Marketing Week* lautete: Man wollte mit der Marke immer das Selbstbildnis des Mannes widerspiegeln. Das hätte sich natürlich heute verändert und man wolle sich entsprechend mit dem Publikum verändern.

Sich mit dem Publikum und seinen Bedürfnissen verändern, ist immer eine gute Entscheidung. Das heißt nicht, dass du mit deiner Marke Trends folgen sollst. Das bedeutet: Hab ein Gespür für den Zeitgeist.

Wie verändert sich unsere Welt zum Besseren?

Welche veralteten Regeln gelten nicht mehr?

Welche Traditionen brechen langsam auf?

Was sollte heute anders gemacht werden?

Über was sollte heute anders gedacht werden?

Diese Gedanken und Fragen sind wichtig für Unternehmen, ob B2C oder B2B. Sonst landet man schnell beim Klassiker: Das haben wir schon immer so gemacht. Das hat immer funktioniert. Also machen wir das weiter so.

Strubel ergänzt, dass die Marke auch heute noch progressiv und provozierend sein soll, aber im guten Sinne. Das Team rund um Axe nimmt sich also dieser großen Frage an:

Was ist moderne Männlichkeit?

Das Team fragt sich, wie sich ein moderner Mann verhalten sollte. Damit taucht die Marke tief ein in ein Thema, das ihr Publikum wirklich beschäftigt. Sie stellen sich die Fragen, die sich ihr männliches Publikum stellt.

Wie soll ich mich als moderner Mann verhalten?

Dem Axe-Team wird schnell klar, dass sich genau das Millionen Männer auf der ganzen Welt täglich fragen. Wie haben sie das herausgefunden? Sie fragten den, der es wissen sollte: Google.

Millionen Männer rund um den Globus geben jeden Tag eine Frage in die Google-Suchleiste ein, die immer ähnlich aufgebaut ist:

Ist es in Ordnung, wenn Männer ...?

Boom. Und weil eine Frage manchmal die bessere Antwort liefert, ist schnell klar, wie man seinem männlichen Publikum helfen will. Das Ergebnis ist die großartige Markenkampagne

Find your magic.

Die Message kommt beim Publikum an und bleibt hängen. Die Marke hat eine wichtige Veränderung erfolgreich vollzogen und so ganz nebenbei ihre Bestimmung als moderne Marke für den modernen, jungen Mann gefunden:

To help guys celebrate their individuality and be as attractive as they can be.

Jetzt hat die Axe /Lynx Brand Story beides: Humor *und* Herz. Und eine größere Bestimmung: Modernen Männern helfen, ihre Individualität zu zelebrieren und so attraktiv zu sein, wie nur möglich. Ja, auch das kann eine starke Bestimmung für eine Marke sein. Es ist schließlich die Aufgabe von Marken: Menschen helfen. Marken, die das Leben der Menschen nicht besser machen, sind nutzlos und wertlos. Das Einzige, was sie tun, ist unseren Planeten weiter zuzumüllen.

Problemlöser Patagonia

Der Patagonia-Gründer hat ein Problem erkannt, für das er und seine Kletterhaken verantwortlich waren. Sie hinterließen Löcher in den Bergen und zerstörten die Natur. Yves hat nicht einfach versucht, das irgendwie zu vertuschen. Er hat sein Produkt aufgegeben und nach einer neuen Lösung gesucht: Klemmkeile. Er hatte den Mut, komplett umzudenken, weil ihm die Natur wichtiger war als sein Profit. Oft geht es Unternehmen eher darum, *ihre* Probleme zu lösen – statt *ein* Problem zu lösen. Gehöre nicht zu diesen Unternehmen. Stehe auf der guten Seite der Businesswelt.

Positionierung ist ebenfalls ein großes Wort in der Welt der Marken. Es bedeutet nichts anderes als: Was macht dich anders als deine Konkurrenz oder was machst du anders als deine Konkurrenz?

Deine Bestimmung positioniert dich. Automatisch. Sie zieht die richtigen Menschen an und schreckt die ab, die nicht zu dir passen. Gut so, auf die kannst du verzichten. Die richtigen Kund:innen schärfen dein Markenprofil, dein Markenimage, sprich deine Markenpersönlichkeit, und die Bestimmung, für die deine Marke kämpft.

Wenn du deine Bestimmung kennst, ist es für die Menschen leichter zu erkennen, wofür du stehst. Also schauen wir uns jetzt auch mal an, wie Personal Brands ihre Bestimmung formuliert haben:

Saving the world from bad content.

(Aaron Orendorff)

Empowering individuals and organizations to make a significant difference in their quality of life and the lives of others.

(Tony Robbins)

Die Bestimmung von Tony Robbins bringt gut auf den Punkt, warum er tut was er tut und zielt direkt auf sein Publikum ab. Wenn du einmal einen Talk von ihm gesehen oder gehört hast, dann wirst du sein Statement sicher abnicken. Dieser Typ ist eine Urgewalt, ein moderner Jesus, der scheinbar nur dafür existiert, um andere Menschen lebensfähig zu machen.

Salesforce: die Bestimmung

Salesforce ist eine beeindruckende B2B-Marke. Sympathisch und menschlich. In allem was sie kommunizieren kommt ihre Besessenheit für ihre Kund:innen und deren Kund:innen durch. Auf diese Menschen richten sie den Scheinwerfer, statt Selfies zu machen. Sie stehen absolut im Dienst ihrer Kund:innen und deren Kund:innen. Das macht sie menschlich. Was eher selten ist in der Businesswelt.

Sie kommunizieren interessant und klar. Ihre Statements inspirieren und laden ihr Publikum ein, sich weiter mit dem Unternehmen zu beschäftigen. Wo auch immer sie mit der Story von Salesforce in Kontakt kommen: Ob auf der Website oder im Social Web. Schauen wir uns die Bestimmung von Salesforce an:

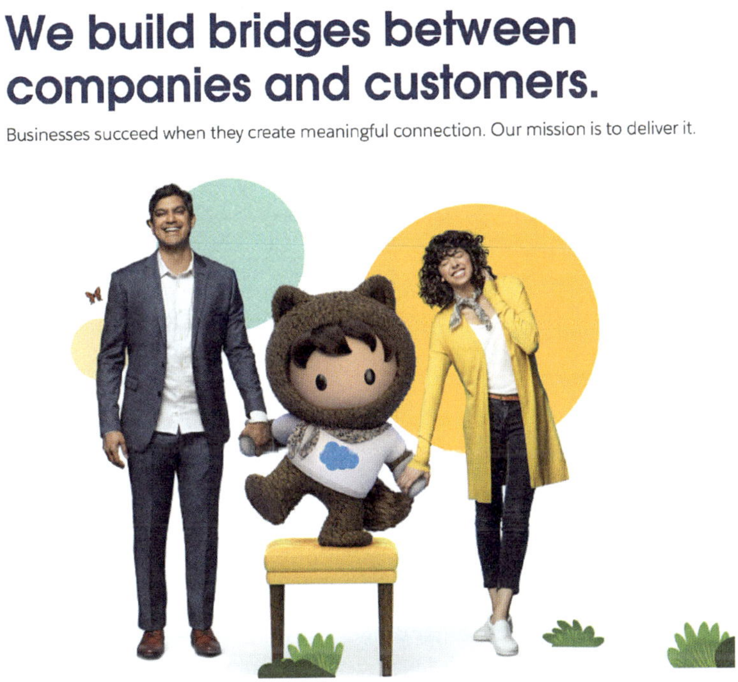

Hier steckt alles drin: Der Antrieb von Salesforce, ihr nicht eigennütziger Daseinsgrund – ihre Bestimmung. Sympathisch formuliert. Erst recht für ein B2B-Unternehmen. Kein Unternehmens-Selfie. Kein Tech- oder Business-Speech – es geht um eine zutiefst menschliche Sache: Verbindungen schaffen.

Eine starke Bestimmung, die viel Potenzial für eine große Story bietet. Erst recht für ein technologisches B2B Unternehmen. Es ist ein Statement, das man so sehr gut kommunizieren kann – ob auf der Website, in Sales-Gesprächen, in Pitches – überall: in der internen und externen Kommunikation. Es inspiriert und es ist eine erstrebenswerte Welt, die Salesforce uns da aufmacht. Ihre Bestimmung durchdringt alles, was Salesforce tut und kommuniziert. Der fast schon wahnsinnige Erfolg von Salesforce? Hier liegt der Grundstein dafür.

Mit einer großen Bestimmung kommt große Verantwortung

Eine Bestimmung für deine Marke zu haben, ist ein sehr wirksames Tool. Guter Stoff für eine starke Story. Aber mit einer Bestimmung, kommt auch große Verantwortung. Wenn du dich dafür entscheidest, leg alles rein. Mach es richtig. Mach es nicht halbherzig oder betreibe kein peinliches Greenwashing. Versuche es nicht nur. Mach es nicht nur ein wenig oder schreib es nur auf deine Website. Lebe deine Bestimmung. Gib alles rein. Lass dich von ihr antreiben und leiten und begeistere damit andere Menschen. Wenn du dich für eine Bestimmung entscheidest, dann zieh es voll durch.

Und bei diesen Worten höre ich schon Charles Bukowski um die Ecke schlurfen. Da steht der im Türrahmen und bringt es, wie so oft, stark und schonungslos auf den Punkt:

„If you're going to try, go all the way.

Otherwise, don't even start."

Also finde deine wahre und glaubwürdige Bestimmung und zieh es durch. Lass sie alles durchdringen – immer und überall.

STORYSELLER-WORKSHOP

Auf ein Wort zu Purpose & Why

„Purpose" und „Why" geistern als furchteinflößende Buzzwords in der Business-Branche herum. Nicht selten falsch verstanden, oft falsch eingesetzt. Darum ganz wichtig: Purpose ist *nicht* immer gleich, Planeten retten müssen. Die Bestimmung deiner Marke (Why/Purpose) muss nichts mit Nachhaltigkeit zu tun haben. Kann sie. Muss aber nicht.

Die Bestimmung ist ganz einfach der nicht eigennützige Daseinsgrund deines Unternehmens oder deiner Personal Brand. Und der hat meistens etwas mit anderen Menschen zu tun, denen du helfen möchtest, dein Beitrag für die Gesellschaft, den du leistest oder doch, wie du unsere Welt zu einem besseren und freundlicheren Ort machen willst.

So identifizierst du die Bestimmung deiner Marke:

Wofür kämpfst du? Fragen, die dir helfen, die Bestimmung deiner Marke zu finden:

1. Mit der Bestimmung fängt oft alles an: Was war der nicht eigennützige Grund für die Gründung deines Unternehmens? Dein Traum?
2. Warum willst du dieses Unternehmen/diese Marke aufbauen?
3. Warum ist dir dein Unternehmen so wichtig?
4. Ist dein Produkt gut für die Menschen? Für den Planeten?
5. Was willst du besser machen als andere? Was willst du in der Branche verbessern? In der Welt?
6. Warum ist das gerade jetzt/heute so wichtig und relevant?
7. Wie und warum willst du mit deinem Unternehmen etwas Gutes in die Welt bringen?
8. Wegen welchem Problem, existiert deine Marke? Was tust du dafür, um dieses Problem zu lösen? Muss dieses Problem überhaupt gelöst werden?
9. Warum braucht die Welt dein Produkt oder deine Dienstleistung?
10. Wie willst du mit deiner Marke etwas beitragen – für deine zukünftigen Kund:innen, für die Gesellschaft oder für den Planeten?
11. Wofür setzt du dich ein? Wofür stehst du auf? Wofür stehst du ein?
12. Was willst du deinen zukünftigen Kund:innen ermöglichen?

13. Check noch mal, gegen was du kämpfst – das Gegenteil, der Gegenpart müsste dir den Hinweis auf deine Bestimmung liefern. Verwandle das Negative – GEGEN was du kämpfst – in etwas Positives. Das Ergebnis ist das Gute, FÜR das du kämpfst. Hier steckt die Bestimmung deiner Marke.

Die Vorteile, wenn du deine Bestimmung als Marke gefunden hast:

- Du lädst dein Publikum ein, Teil dieser Bestimmung zu sein (Wir-gegen den-Rest-der-Welt-Gefühl).
- Marken mit einer Bestimmung haben keine Kund:innen, sie haben Fans und Supporter:innen.
- Die Bestimmung macht deine Marke besonders.
- Eine Bestimmung macht deine Story stärker und relevanter.
- Sie verleiht deiner Arbeit und deiner Marke (und somit auch deinem Leben) einen größeren Sinn.
- Sie inspiriert und motiviert dein Team und deine Partner:innen.
- Sie positioniert deine Marke klar am Markt und differenziert sie von anderen Marken.
- Sie gibt der Presse und den Medien guten Stoff für eine gute Story.
- Sie macht dein Unternehmen für Mitarbeiter:innen begehrenswerter.
- Du stehst auf der guten Seite der Businesswelt.
- Du machst keine Werbung, du erzählst eine relevante und interessante Story.
- Du bewirkst mit deiner Marke etwas.

Frage #03

Unser Publikum:

Für wen kämpfen wir?

(3. und letzter Teil der Story-World: deine Positionierung)

> **„Zu wissen, für wen man schreibt, heißt zu wissen, wie man schreibt."**
>
> *Virginia Woolf*

Jede Marke bekommt das Publikum, das sie verdient

Apple erzählt uns die Story von dem noch ungesehenen kreativen Genie, das anders denkt. Das mit seinen Ideen etwas bewegen, verändern will, der Kreativ-, Design, Musik, Film, Literatur oder Marketingwelt neue Impulse gibt. Das kreative Genie, das bist du. Dein Mentor: Apple. Das Tool, dass sie dir geben, um deine Kreativität auszuleben und etwas zu verändern: Das MacBook, der iMac, das iPad, das iPhone und die Apps und die Software. Alles Tools, um es dir leichter zu machen, anders zu denken und dich kreativ auszudrücken.

Apples Narrativ fokussiert sich auf ihr Publikum. Und das Publikum sind Personen, die anders denken oder anders denken wollen. Es sind die Menschen, die die Überzeugungen und die Weltanschauung von Apple teilen. Es sind die Menschen, die sich in den Personen wiedererkennen, die Apple anspricht:

Die, die anders denken. Die Rebellen, die Idealisten, die Visionäre, die Querdenker, die, die sich in kein Schema pressen lassen, die, die Dinge anders sehen. Die, die sich keinen Regeln beugen und keinen Respekt vor dem Status quo haben. Die, die Dinge verändern, weil sie die Menschheit weiterbringen. Die, die einige für verrückt halten.

Das ist Apples Publikum. Diese spricht Apple mit ihrer Story an. Diese Menschen wollen sie als ihre Kund:innen haben. Oder Menschen, die so sein wollen. Die sich davon angesprochen fühlen. Apple, genau wie Nike, will nicht jeden als Kund:in. Sie sprechen nicht alle und jeden an. Sie wollen die Menschen ansprechen, die an das glauben, an das auch Apple glaubt. Die für das stehen, wofür Apple steht.

Umgekehrt sagt damit Apple zu seinem Publikum:

Wir stehen für das, wofür du stehst.
Uns ist wichtig, was dir wichtig ist.
Wir interessieren uns für das, wofür auch du dich interessierst.

Wir passen zusammen.
Wir wollen, dass du erfolgreich bist.
Darum machen wir diese Tools.
Sie sollen dir helfen, diese Person zu sein, die du sein möchtest.
Die du sein kannst.

In diesem Narrativ schwingt natürlich auch der Spirit von Steve Jobs mit. Dieses Narrativ ist eingebettet in der legendären Backstory des jungen Start-ups, dass die zwei Freunde in der Garage gegründet haben. Die vielen dramatischen Herausforderungen, die Steve und Apple überwunden haben. All die Höhen und Tiefen. Und wie Steve Jobs voller Leidenschaft und Überzeugung gemeinsam mit seinem Team Apple durch Innovation und Kreativität zur wertvollsten und beliebtesten Marke der Welt gemacht haben.

Das ist ein Narrativ, mit dem sich Menschen, die ähnlich ticken, identifizieren können und wollen. Es weckt Emotionen und inspiriert. Es macht Mut und berührt das Herz des Publikums. Das schafft eine Verbindung zwischen dem Publikum und der Marke. Apple weiß, welches Publikum es haben möchte und die Marke weiß, wie sie es ansprechen muss. Das hier ist Apples Publikum:

In seinem Buch „This is Marketing" schreibt Seth Godin, dass Apple nur eine Millionen Menschen weltweit brauchte, die sich angesprochen fühlten. Also haben sie genau dem Publikum, das sie haben wollten, Signale gesendet und alle anderen ignoriert. Die Marke Apple hat ihre Message raus gesendet – mit edgy Worten und Design, sodass die richtigen Menschen darauf reagierten.

Damit hat das „richtige" Apple-Publikum wiederum andere motiviert, sich mit der Marke auseinanderzusetzen. Heute ist Apple die wertvollste Marke der Welt.

Storyseller positionieren sich klar. Sie wissen, wen sie als Kund:in haben wollen. Das stößt manchen vor den Kopf und zieht andere an. Eine klare Positionierung. Das erfordert Mut. Aber genau das macht für Marken den Unterschied. Und genau das ist einer der Gründe, warum Storyseller keine Kund:innen haben, sondern loyale Fans.

Bill Bernbach fährt gerade in seinem VW-Käfer vor, steigt aus und wirft mir seine legendären Worte zu:

„Wenn du für etwas stehst, wird es immer einige Leute geben, die für dich sind und einige, die gegen dich sind. Wenn du für nichts stehst, wird es niemanden geben, der für oder gegen dich ist." Bill Bernbach

Kämpfe für jemanden, der an deine Marke glaubt.

Du darfst keine Angst haben, es nicht ALLEN recht zu machen. Und du darfst vor allem keine Angst davor haben, wenn du mit deiner Haltung und deiner Positionierung einige Leute gegen deine

Marke aufbringst. Siehe Nike-Story im Intro. Das stärkt nur den Zusammenhalt und das Interesse der anderen Menschen, die deine Marke genau dafür schätzen. Sprich sie an. Nicht die anderen. Nicht alle. Nur die, auf die du auch wirklich stolz wärst. Dein Publikum sind deine Freund:innen. Für diese Menschen tust du, was du tust.

Oder willst du deine ganze Energie in Menschen investieren, die nicht an das glauben, an das du glaubst? Die deine Überzeugungen nicht teilen. Die dein Produkt oder deine Dienstleistung nicht zu schätzen wissen? Willst du für diese Menschen kämpfen? Nein, willst du nicht.

Du willst für die Menschen kämpfen, die an das glauben, an das auch du glaubst. Für die Menschen, die deine Bestimmung unterstützen. Das ist DEIN Publikum. Konzentriere dich auf die Menschen, für die du tust, was du tust. Sie werden dir auch noch andere Kund:innen bringen, die sich für deine Marke interessieren werden. Entweder werden sie auch zu treuen Fans oder nicht. Aber dein Fokus sollte auf den Menschen liegen, die du auch zu deinen Freund:innen nehmen würdest. Sei wählerisch. Dein Publikum ist es auch.

Jede Marke hat das Publikum, dass es sich verdient:

freiheitsliebende Rebell:innen (Harley-Davidson)

verantwortungsvolle Entdecker:innen (Patagonia)

passionierte Heimwerker:innen (Hornbach)

motivierte Athlet:innen (Nike)

Viele Marken machen den Fehler, eine Story zu erzählen, von der sie glauben, sie erreicht ein möglichst großes Publikum. Statt die Menschen zu erreichen, die die gleichen Überzeugungen teilen. Die für das stehen, wofür auch sie stehen. Das Ergebnis: Sie erzählen eine austauschbare und schwache Story und erreichen damit weniger Menschen als erhofft.

Sei mutig mit deiner Marke, mit deiner Story und wählerisch, was dein Publikum betrifft. Jede Marke bekommt das Publikum, das sie verdient. Verdiene dir DEINS – und nicht irgendeins.

Patagonia macht sich stark für den Planeten und kämpft für all die verantwortungsvollen Entdecker:innen, die die Welt erkunden wollen, ohne dabei unserem Planeten zu schaden.

Das ist ihr Publikum.

Ob es ums Surfen, Klettern, Wandern oder Fliegenfischen geht. Patagonia ist der Guide auf ihrer Entdeckungsreise. Die Tools dafür, gibt ihnen Patagonia in Form von Kleidung, Taschen, Rucksäcken, Schlafsäcken – alles was sie brauchen, um die Welt zu erkunden und dabei der Natur so wenig Schaden wie möglich zuzuführen.

Patagonias Publikum – diese Art von Menschen will Patagonia ansprechen. Der Rest ist für andere Marken, die für etwas anderes stehen. Aber das hier, das ist Patagonias Publikum.

Dieses Publikum will Patagonia mit seiner Kommunikation erreichen. Entweder sind es Menschen, die sich bereits mit diesem Bild der verantwortungsvollen Entdecker:innen identifizieren oder identifizieren wollen. Alle anderen blendet Patagonia aus. So erreichen sie die Menschen, die sie erreichen wollen. So erreichen sie die Menschen, die ihre Marke und ihre Story schärfen.

So bekommen sie die Kund:innen, die ihre Story anderen weitererzählen und damit zu Supporter:innen der Marke werden.

Wie sieht's in der B2B-Branche mit unseren Kund:innen aus? Schauen wir uns jetzt an …

Mailchimp empowert die Underdogs

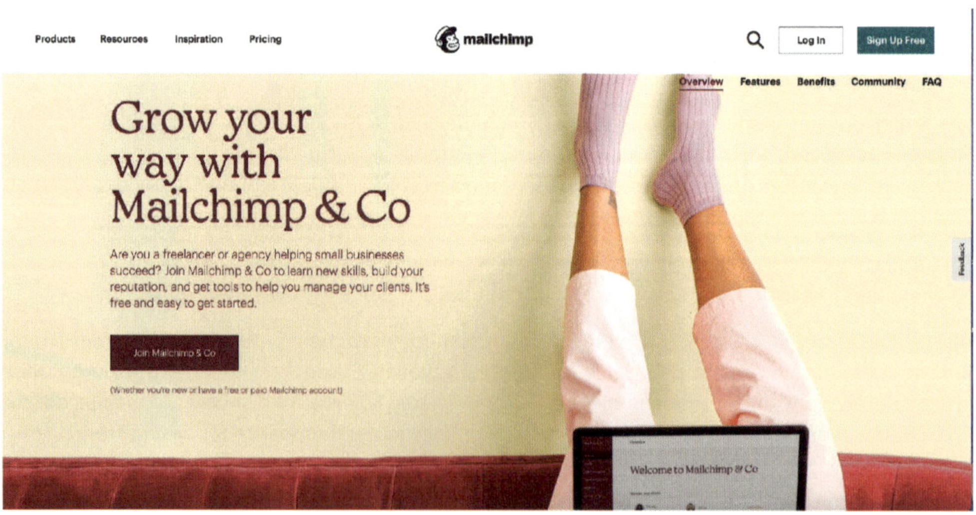

Wenn wir Mailchimp fragen würden, für wen sie kämpfen, dann finden wir die klare Antwort schnell auf ihrer Website:

Mailchimp hilft kleinen Unternehmen, Großes zu erreichen – mit den richtigen Tools und Unterstützung auf jedem Schritt des Weges.

Sie machen sich stark für den Underdog.

So ist die Marke entstanden. So hat sie sich von Anfang an von anderen Marken abgesetzt. So und natürlich mit ihrer unverwechselbaren Markenpersönlichkeit die sie erschaffen haben. Mailchimp ist sich bewusst, dass sie mit ihrer eher schrägen, menschlichen Markenpersönlichkeit und ihrer Stimme nicht unbedingt die traditionellen Unternehmen ansprechen:

Und genau das wollen sie nicht. Das lässt sich alles aus den Texten auf ihrer Website klar herauslesen:

„Wir wissen, dass soziale Unternehmer bereit sind, einige der aufregendsten Veränderungen in unserer Gemeinschaft vorzunehmen. Und wir wissen, dass lokale Organisationen die gleiche Investition und Anerkennung verdienen, die sie unseren Nachbarn geben, die es am meisten brauchen.

Mailchimp hat die Bedeutung dieser Themen schon lange erkannt, und wir bauen mit Bedacht Programme auf, um die Organisationen zu unterstützen, die große Veränderungen vorantreiben."

Hier ist klar zu erkennen, wer die Heros in der Mailchimp-Story sind. Wen sie ansprechen und erreichen wollen. In ihrer Story dreht sich alles um kleine Unternehmen. Die neuen, jungen Underdogs. Unternehmen, die mit dem was sie tun, in ihrer Gemeinschaft etwas Positives bewirken wollen. Mailchimp fördert so die Der-gute-Nachbar-hilft-dem-Nachbar-Mentalität.

Mailchimp glaubt: Kleine Unternehmen können etwas Großes erreichen und dabei wollen sie ihnen helfen. Mit ihren Produkten und ihrem Content unterstützen sie kleine Unternehmen dabei, Großes zu erreichen.

Diese Unternehmen stehen im Mittelpunkt ihrer Story. Und hier sind wir bei dem Erfolgsrezept aller guten Storyseller: Sie stellen immer ihre Kund:innen in den Mittelpunkt ihrer Story:

> **„Alles, was wir tun, beginnt mit dem Verbraucher. Es ist unsere Besessenheit, dem Verbraucher zu dienen, die unseren Fokus schärft und unser Wachstum antreibt."**
>
> *Mark Parker*

Das war schon immer das Erfolgsrezept von Nike – und ist es bis heute.

Das ist das Erfolgsrezept von Mailchimp.

Und es ist das Erfolgsrezept von Harley-Davidson.

Von Apple.

Von Dollar Shave Club.

Von Salesforce.

Von Hornbach.

Ohne dein Publikum ist deine Marke nichts. Dein Publikum macht deine Marke erst vollständig zu dem, was deine Marke sein kann. Vergiss das nie. Dein Unternehmen, deine Marke existiert nur, weil es dein Publikum gibt.

Heute hat das Publikum die Macht über die Marken. Der Marktplatz ist das römische Kolosseum. Dein Publikum ist der Imperator und entscheidet: Daumen hoch oder Daumen runter.

Storyseller haben das verstanden. Sie wissen: Wenn ihr Publikum gewinnt, dann gewinnen auch sie. Sie tun alles dafür, dass ihr Publikum gewinnt. Darum ist Nike Nike. Darum ist Apple Apple. Und darum ist nur Hornbach Hornbach.

Nicht alle Storyseller in diesem Buch haben alles gemeinsam. Es gibt Unterschiede in ihrer Story, ihrer Strategie und ihrem Branding. Aber wenn es eins gibt, das alle vereint, dann ist es das:

Sie alle stellen ihre Kund:innen immer in den Mittelpunkt ihrer Kommunikation.
Alle. Immer.

Der StoryGuide® Storybranding-Prozess

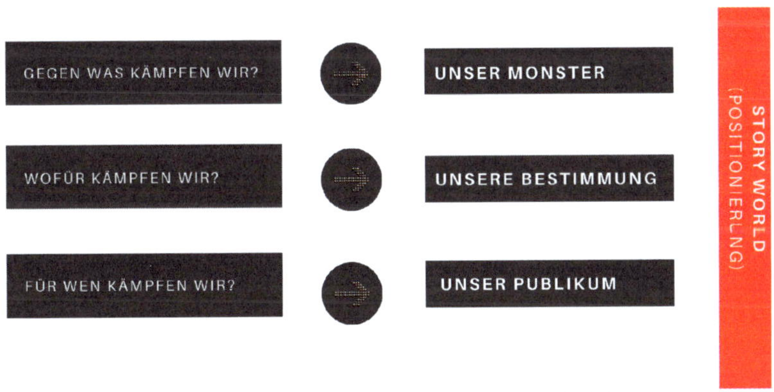

DIE ANTWORTEN AUF DIESE DREI FRAGEN ERGEBEN DEINE STORY WORLD. DEINE POSITIONIERUNG.

Mit den Antworten auf Frage 1, 2 und 3 erschaffen wir unsere STORY WORLD. Unsere Positionierung. Wir wissen GEGEN was wir kämpfen, FÜR was wir kämpfen und für WEN wir kämpfen. Wir haben unser Monster definiert, die Bestimmung unserer Marke gefunden und wissen, wer unser Publikum ist, das wir mit unserer Story erreichen wollen.

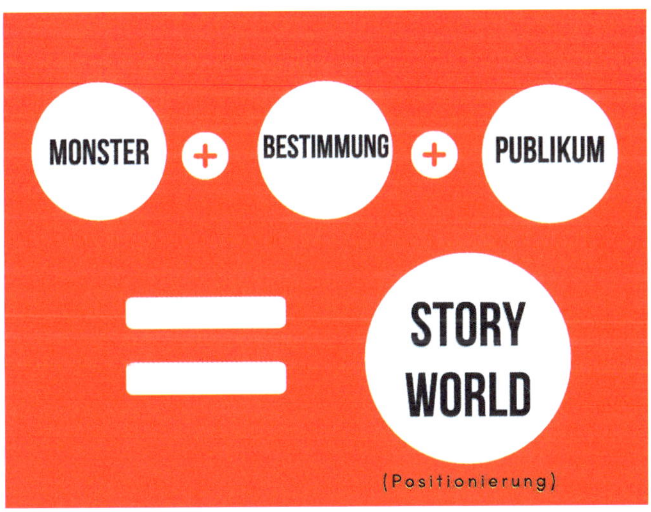

Die Story-Welt gibt uns ein gutes Bild, wie die Welt aussieht, die wir für unsere Marke erschaffen haben …

STORY-WELT

(Positionierung)

Weißt du, gegen was du kämpfst, weißt du, wofür du kämpfst? Wenn du weißt, für wen du kämpfst, weißt du, wer dein Publikum ist. Hast du das zusammen, kannst du eine komplexe und interessante Story-Welt erschaffen.

Eine erstrebenswerte Welt für dein Publikum.

Ähnlich wie ein Storyteller eine Story-Welt aus Charakteren erschafft, kannst du so eine Story-Welt für deine Marke und dein Publikum erschaffen.

(Hero = dein Publikum/Antagonist = dein Monster) Der Antrieb = die Bestimmung deiner Marke. Es ist also schon vieles da – das Fundament für deine spätere Story: Charaktere, Herausforderungen, Antrieb.

Hornbachs Story-Welt ist bevölkert von leidenschaftlichen Heimwerker:innen, die epische Abenteuer in ihrem Heim oder Garten erleben.

Nikes Story-Welt ist die Welt der Profi- oder Amateur-Athlet:innen auf der Straße, dem Basketballplatz, dem Skateboard, dem Fußballplatz etc.

Apples Story-Welt ist die Welt der Kreativen, die anders denken und sich kreativ ausdrücken wollen.

Harley Davidsons Story-Welt ist die Welt der freiheitsliebenden Rebell:innen, die den Zwängen der Gesellschaft entfliehen wollen.

Patagonias Story-Welt ist die Welt der verantwortungsvollen Entdecker:innen, die die Welt erkunden wollen – ob auf dem Surfbrett, einem Berg, einem Snowboard oder auf einem Mountainbike.

Positionierung bedeutet, deinem Publikum klar zu kommunizieren, wofür du bekannt sein willst.

Also, wofür willst du bei deinem Publikum bekannt sein? Für ein günstiges Produkt? Oder für ein Erlebnis, das du deinem Publikum mit deiner Marke ermöglichst? Eine Story, die hängen bleibt? Mit der sie sich identifizieren können?

STORYSELLER-WORKSHOP

So identifizierst du dein Publikum:

1. Betrachte die Menschen, die du als Kund:innen gewinnen willst, nicht als „Zielgruppe". Du befindest dich nicht im Krieg. Betrachte sie als dein Publikum – so wie es auch Storyteller tun.
2. Vergiss Buyer Persona Schablonen, demografische Personendaten und Fokusgruppen: Konzentriere dich auf die Menschen, die deine Überzeugungen teilen.
3. Demographische Daten zu deinem Publikum sind sehr allgemein und oberflächlich. Sie beleuchten das Äußere der Personen und sind darum nicht wirklich relevant. Psychographische Daten schon eher. Sie beleuchten das Innere der Personen.
4. Psychografische Daten: Wie sieht ihr Lebensstil aus? Ihre Weltanschauung? Welche Interessen und Gewohnheiten haben diese Menschen? Was lesen sie? Welche Musik hören sie? Wo halten sie sich auf – online oder offline? (Hier findest du oft gute Möglichkeiten, sie mit deiner Story zu erreichen.)
5. Mach dir ein Bild von den Menschen, die du erreichen willst und sprich nur diese Menschen an (die anderen kommen von allein und werden entweder zu deinen loyalen Kund:innen oder nicht).
6. Dann kannst du bei der Suche nach deinem Publikum immer noch ein wenig demographische Daten (Alter, Wohnort, Gehalt etc.) einfließen lassen – aber nimm sie nicht so ernst.
7. Zieh dir die Schuhe deines Publikums an und wandere damit durch ihre Welt. Versuche sie zu verstehen. Stelle dir Fragen, die sie sich stellen. Beschäftige dich mit Dingen, die sie tun. Betrachte die Welt durch ihre Augen. Versuche zu denken, zu sehen und zu fühlen wie sie.
8. Damit sich dein Publikum mit deiner Marke und der Story identifizieren kann, musst du dich zuerst mit ihnen identifizieren (Apple weiß, wie sein Publikum tickt, Nike kennt sein Publikum besser als jede andere Marke, und Harley-Davidson sind ihre Kund:innen)
9. Frage dich: Für wen machen wir uns stark? Für wen lohnt es sich zu kämpfen?
10. Wer sind unsere langfristigen Hardcore-Fans?
11. Wen würden wir in der Hauptrolle besetzen, wäre die Story unserer Marke eine Serie?

Die Vorteile, wenn du weißt, für wen du kämpfst:

- Du hast ein konkretes Bild von den Personen, die du als Kund:innen haben möchtest.
- Du versuchst nicht alle und jeden zu erreichen.
- Du lieferst deinem Publikum die Botschaft, die zu ihnen passt.
- Dein Publikum kann sich mit deiner Marke und der Story identifizieren.
- Du schärfst deine Story und dein Markenimage.
- Du bekommst ein gutes Gespür für die Probleme und Bedürfnisse deiner Kund:innen.
- Du entwickelst Empathie für dein Publikum: Du gibst deinen Kund:innen das Gefühl, dass du sie wirklich verstehst.
- Du bist mit deiner Story fokussiert.
- Du weißt mit WEM du kommunizierst, also weißt du WAS du kommunizieren musst.
- Du machst deine Marke und ihre Story umso interessanter.
- Du differenzierst dich.
- Du zeigst Haltung und vermittelst: Unsere Marke ist nicht für jeden.

Fragen zur STORY WORLD:

Nicht vergessen: Deine Story-Welt dreht sich in erster Linie nicht um deine Marke, nicht um dein Produkt, nicht um dein Unternehmen – sie dreht sich um dein Publikum – deine Kund:innen. Sie sind der Mittelpunkt deiner Story-Welt. Alles andere dreht sich NUR um sie.

Was ist deine Story-Welt?

Wie sieht die Welt aus, die du um deine Marke herum erschaffen willst?

Wo ist unser Platz in der Welt? Im Leben unserer Kund:innen? Welche Welt können wir für unsere Marke erschaffen? Was wollen wir verändern? Welchen Kontext geben wir damit unserer Marke?

Um eine erstrebenswerte Story-Welt zu erschaffen, müssen wir den Status quo der Welt verstehen. Wir müssen die Zeit verstehen, in der wir leben und wir müssen die Welt unseres Publikums verstehen, um zu erkennen, welche Rolle unsere Marke darin spielen kann.

Wie sehen die Story-Welten unserer Mitbewerber:innen aus? Sind sie eher trist, uninspiriert und produktgetrieben? Wie könnten wir mit unserer Story-Welt einen Kontrast dazu schaffen? Was verändert sich gerade in der Welt und wie beeinflusst diese Veränderung unsere Kund:innen? (zum Guten oder zum Schlechten) Was stimmt nicht mit dem Status quo in der Welt? Was tun wir dagegen?

Ein guter Trigger, der hilft, eine interessante Story-Welt zu erschaffen, ist zu fragen: ***Was wäre, wenn ...?***

Was wäre, wenn wir eine Art Gegenbewegung zum langweiligen Alltagsleben erschaffen könnten? (Harley-Davidson)

Was wäre, wenn wir eine Welt erschaffen könnten, in der jeder ein:e Athlet:in ist? (Nike)

Was wäre, wenn wir eine Welt erschaffen könnten, in der wir andere Unternehmen und Menschen dazu inspirieren, nachhaltiger und verantwortungsvoller mit den Ressourcen unseres Planeten umzugehen? (Patagonia)

Welches Problem lösen wir mit unserer Marke und warum ist das gerade jetzt so wichtig? Wie möchten unsere Kund:innen sein? Wer wollen sie werden? Wie wollen sich deine Kund:innen sehen? Wenn wir einen Film oder eine Serie für unsere Marke entwickeln würden, wie sähe die Welt aus? Was sagt unsere Story-Welt über das Leben, die Welt und die Zeit aus, in der wir leben?

Mach deine Story-Welt so interessant und erstrebenswert wie möglich. Lade dein Publikum ein, in diese aufregende Welt. Eine Welt, die so anders ist als die Welt der anderen Marken.

Erschaffe eine Story-Welt, die dein Publikum immer wieder gerne betritt.

Frage #04

Unser Thema:

Welche Story erzählen wir mit unserer Marke?

> **„Deine Story muss die Essenz dessen, wer du bist, auf die einfachste Ebene herunter destillieren. Es hilft, an die emotionale Reaktion zu denken, die deine Story bei deinem Publikum auslösen wird."**
>
> *Bryan Lynd*

There's no finish line: die Marke Nike und ihr Thema

Wir blicken auf eine scheinbar endlos lange Landstraße. Links und rechts von der Straße erstrecken sich weite Felder. Wo befinden wir uns? Irgendwo in Amerika. Aus der Ferne kommt eine Gestalt auf uns zu. Immer näher und näher. Hinter ihr geht die Sonne unter. Die Person scheint zu joggen und während diese Person immer größer wird und immer näher auf uns zukommt, hören wir die Worte von Tom Hardy, der sagt:

„Größe ist nur etwas, das wir uns ausgedacht haben. Irgendwie glauben wir, dass Größe eine Gabe ist, die für ein paar Auserwählte reserviert ist, für Wunderkinder, für Superstars, und der Rest von uns kann nur zusehen. Das kannst du vergessen."

Die Person kommt immer näher. Wir erkennen jetzt, dass es sich um einen jungen Mann, fast noch einen Jungen handelt. Er scheint kein geübter Läufer zu sein. Er ist übergewichtig und läuft in kleinen, Trippelschritten weiter auf uns zu. Wir bewegen uns langsam zurück, während er weiter auf uns zukommt. Seine Schritte vermischen sich mit der Stimme von Tom Hardy, der das Voice Over spricht. Die Schritte des Jungen und die Stimme des Erzählers werden zu einer Art Beat für das Voice Over:

„Größe ist nicht irgendein seltener DNA-Strang. Es ist nicht irgendeine kostbare Eigenschaft. Größe ist für uns genauso wenig einzigartig wie das Atmen."

Der Mund des Jungen ist geöffnet. Seine Lunge pumpt. Er atmet schwer. Sein großes T-Shirt ist schweißnass und klebt an seiner Haut. Er scheint uns direkt entgegenzublicken. Kommt weiter und weiter auf uns zu.

Black.

„Wir sind alle dazu fähig, jeder von uns.

FIND YOUR GREATNESS."

- Nike

Der Nike-Film mit seinem Helden, dem übergewichtigen Jungen, ist der Auftakt und weiteres Kapitel in der großen und großartigen Nike-Story. Der Film wurde wie die meisten Nike-Arbeiten ein absoluter Hit. Der Grund dafür? Ihr universelles und zeitloses Thema, das Nike auch hier großartig und inspirierend erzählt.

Im Film geht es darum, die „eigene Größe", die in jedem von uns steckt, zu entdecken. Es ist eine kleine, große Story, die Nikes Thema in einem weiteren Kapitel ihrer Brand Story erzählt und Menschen auf der ganzen Welt inspiriert und motiviert, ihre eigene „Größe" zu entdecken. Der Film war der Kick-off der Nike *Find your Greatness*-Kampagne. Was darauf folgt, sind nicht weniger großartige, kurze, starke Filme, die alle die gleiche Message transportieren. Ihre Helden:

Kleine und größere Athlet:innen aus aller Welt, die innere und äußere Hindernisse überwinden müssen, um zu ihrer eigenen Größe zu finden. Aus den vielen, einzelnen Kapiteln hat Nike eine Version gemacht, in der alle Protagonisten kurz zusammen vorkommen und auch diesen Film mit einem Voice Over unterlegt.

Das Ergebnis rundet die Kampagne und die einzelnen Filme perfekt ab und ich glaube, genau hier kommt Nikes großes Thema am besten zur Geltung. Dieses eine Thema kommuniziert Nike schon seit 30 Jahren in ihren Stories.

Die Botschaft: In jedem von uns steckt ein:e Athlet:in. In jedem, überall, egal woher du kommst, welche Hautfarbe du hast, ob du schlank oder vollschlank bist, eine Behinderung hast. In dir steckt ein:e Athlet:in. Diese Story erzählt Nike mit Erfolg bereits seit Jahrzehnten. In diesem Satz steckt ihr großes Thema:

At NIKE we strive „to bring inspiration and innovation to every athlete in the world" and we believe that if you have a body, you are an athlete.*

Diese Botschaft ruft Nike in die Welt hinaus und motiviert sein Publikum dann entsprechend mit ihrem Call to Action: Just do it.

Nike empowert sein Publikum. Nike ist dein Coach, der nichts mehr will, als dich gewinnen sehen:

Er trainiert dich
motiviert dich
feuert dich an
wenn du am Boden liegst
befähigt dich
wieder aufzustehen
weiterzumachen
immer weiter
weil er an dich glaubt
und weil er weiß:
In dir steckt eine Athletin
oder ein Athlet
glaube an dich
überwinde deine Barrieren
deine Zweifel
die innere Stimme
du kannst es schaffen

Just do it.

SOMEHOW WE'VE COME TO BELIEVE THAT GREATNESS IS ONLY FOR THE CHOSEN FEW, FOR THE SUPERSTARS. THE TRUTH IS, GREATNESS IS FOR US ALL. THIS IS NOT ABOUT LOWERING EXPECTATIONS; IT'S ABOUT RAISING THEM FOR EVERY LAST ONE OF US. GREATNESS IS NOT IN ONE SPECIAL PLACE, AND IT'S NOT IN ONE SPECIAL PERSON. GREATNESS IS WHEREVER SOMEBODY IS TRYING TO FIND IT.

FIND YOUR GREATNESS.

Es geht darum, deine eigenen Grenzen zu erweitern, Hürden zu überwinden, um zu deiner persönlichen Größe zu finden.

"Somehow we've come to believe that greatness is reserved for the chosen few. For the superstars. The truth is: **Greatness is for all of us.** This is not about lowering expectations. It's about raising them for every last one of us. Because greatness is not in one special place. And it's not in one special person.

Greatness is wherever somebody is trying to find it."

Just do it. **(Nike)**

Nikes Thema als moralisches Argument formuliert:

Wir glauben, dass man ein:e Athlet:in ist, wenn man einen Körper hat.

Das ist Nikes Thema. Und es liegt unter jeder Nike Story. Es ist das Thema ihrer groß angelegten Brand Story, die sie schon seit Jahrzehnten erzählen. Die Handlung, die Protagonisten, die Umstände ändern sich vielleicht von Story zu Story – aber das Thema ändert sich nie.

Nike will uns befähigen, unsere sportlichen Grenzen zu überwinden. Die Marke motiviert uns dazu mit ihrem Call to Action:

Just do it.

Das Thema ist das wichtigste in einer Story – ob in einem Film, in einer Serie, in einem Buch oder in einer Brand Story. Es gibt viele unterschiedliche Meinungen dazu, was das Thema eigentlich genau ist. Jeder sagt etwas anderes, und kaum jemand schafft es, in wenigen klaren Worten zu sagen, was das THEMA ist. Ich habe eine Definition im *Literaturjournal* gefunden, die finde ich sehr passend. Hier ist sie:

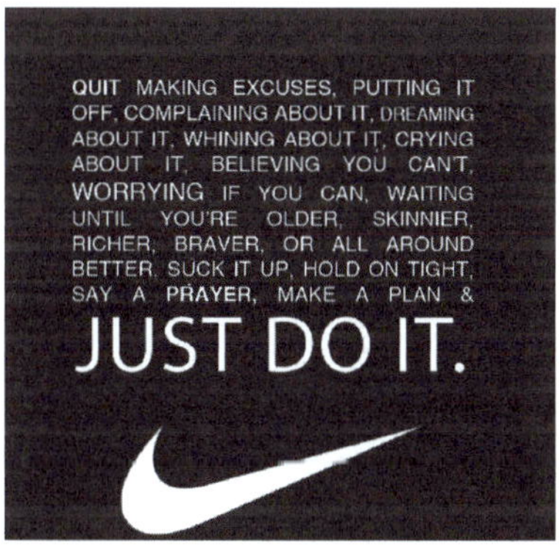

„Jeder guten Geschichte liegt ein Thema zugrunde. Es ist der Kern der Geschichte, der sich daraus ergibt, wenn man alle Puzzleteile – Figuren und ihre Charakterisierung, Plot, Subplots, Wendungen etc. – auf einen einzigen Begriff reduziert.

– Kerstin Brömer

Danke Kerstin. Das trifft es wirklich gut und hilft. Ja, das Thema ist nicht die Handlung, nicht der Plot, nicht das, was passiert. Es ist die Story unter der Story. Es ist der Unsichtbare Teil der Story, das nicht Offensichtliche – der innere Kern der Story. Unsichtbar, aber unglaublich wichtig.

Das Thema ist es, das uns noch lange nach einer Lektüre, nach einem Film oder eine Serie weiter über die Story nachdenken lässt. Es begleitet uns. Das Thema bringt etwas in uns zum Schwingen. Es berührt und bewegt uns, oft noch lange nachdem wir den Film beendet, das Buch zugeklappt oder die Serie zu Ende gesehen haben. Und genau das sollte das Ziel jeden guten Storytellers sein.

Würdest du jetzt all ihre Filme, Anzeigen und Manifeste anschauen und prüfen, ob all die Stories auf ihr großes Thema einzahlen, dann verspreche ich dir: Das tun sie. Und so was von. Nikes Thema dreht sich immer darum: In dir steckt ein Athlet oder eine Athletin. Du musst nur an dich glauben. Deine Grenzen überwinden. Widerstände überwinden – ob innere oder äußere.

Wir alle haben die Fähigkeit, auf unsere eigene Weise Großes zu leisten und zu bewirken. Du musst es einfach nur wollen und tun. Steven Pressfield hat in seinem großartigen Buch ***The War of Art*** geschrieben:

„Are you a born writer? Were you put on earth to be a painter, a scientist, an apostle of peace? In the end the question can only be answered by action.

Do it or don't do it."

Das fasst das Nike-Thema und ihr *Just do it* gut zusammen: Es kommt nur darauf an, was du daraus machst. Tu es oder lass es. Es liegt bei dir. Nikes Thema macht ihre Botschaft so stark. Nikes Thema ist universell. Das Thema spricht Menschen auf der ganzen Welt an. Ihr Thema macht ihre Story relevanter und stärker.

Darum haben ihre Filme, ihre Anzeigen oder ihre Postings eine solche Kraft. Ihre Botschaft weckt echte Emotionen. Sie erschaffen damit eine Verbindung mit uns. Wir haben das Gefühl, dass Nike uns kennt, uns versteht, in uns etwas sieht, was niemand sonst sieht – an uns glaubt. Darum hat die Marke keine Kund:innen, sondern Superfans.

Müsste ich mich für ein Kapitel in diesem Buch entscheidet und sagen, welche Strategie der Storyseller die Wichtigste ist, würde ich sagen: Dieses hier. **Das Thema.**

Das Thema.

Es ist das Erfolgsrezept der Storyseller. Es ist das, was Nike zu Nike macht. Was Harley-Davidson zu Harley-Davidson macht und Apple zu Apple. Es ist das, was einen Film, ein Buch oder eine Serie zeitlos macht. Zu einem Bestseller, der in 150 Jahren immer noch sein Publikum findet.

Das Thema: die Story unter der Story

Es ist nicht das, WAS in einer Story passiert, was eine Story besonders macht, es ist das WORUM: Worum geht es in der Story wirklich? Es geht um das, was darunter liegt. Die Story unter der Story. Das ist das Thema des Films, des Romans oder der Serie.

DAS THEMA IST ALLES. UND ALLES DREHT SICH UM DAS THEMA.

Worum geht es in der Story *wirklich*? Das Wort „wirklich“ ist ausschlaggebend. Hier steckt die Story unter der Story drin – das, worum es eigentlich geht. Unter der Oberfläche, zwischen all den Szenen, der Handlung, der Action, den Special Effects, den Morden und Kämpfen. In einem guten Film geht es um viel mehr als das, was wir sehen. Das, worum es in dem Film wirklich geht, liegt unter all den Dingen, die passieren und gesagt werden. Zwischen den Zeilen und unter der Story.

Es ist das Thema, das der Story mehr Bedeutung und Tiefe verleiht. Das Thema ist das Fundament für eine gute Story, ob in einem Film, einem Roman oder einer Serie. Das Thema einer Story ist das Saatkorn, aus dem all das wächst und gedeiht, was wir später sehen, hören oder lesen.

In seinem großartigen Buch *„Nobody wants to read your shit“* sagt Steven Pressfield zum Thema „Thema“ folgendes:

„Wenn wir alle Elemente des Plots, der Charaktere und der Dialoge abstreifen, das was übrigbleibt, ist das Thema.“

Das Thema für deine Marke steckt oft in dem Bedürfnis deines Publikums. Nehmen wir Harley-Davidson zum Beispiel: Warum steigen passionierte Harley-Fahrer:innen auf eine Harley? Nur, um damit von A nach B zu kommen?

Sicher nicht ...

Aus der Normalität ausbrechen und raus in die Freiheit brettern

Die meisten Harley-Davidson Kund:innen sind Wochenend-Rebell:innen, die sich an freien Tagen auf ihr Bike schwingen und den Zwängen der Gesellschaft oder ihrem 9-to-5-Job entfliehen, in dem sie ihren Körper in einen Anzug stecken und Regeln befolgen müssen. Aber sobald sie auf ihrer Harley sitzen und über die Landstraße brettern, sind sie frei. Ihre Fahrt ist ein Erlebnis, das ihnen HD verkauft. Sie brechen aus der Normalität aus, sehen neue Orte und Dinge. Sie erleben das pure Gefühl von Befreiung: Weg vom Schmerz, hin zur Freiheit.

Damit fügt die Marke ihrem Produkt eine größere Bedeutung hinzu. Was sie ihren Kund:innen verkaufen ist kein bloßes Motorrad, sie verkaufen **Freiheit** – ein Erlebnis. Das ist das Thema der Marke und das ist es, was ihr Publikum kauft, wenn sie ihre Scheine für ein Harley-Bike hinlegen. Danach gehören sie einer Community von Millionen Menschen auf der ganzen Welt an, die die gleichen Überzeugungen und eine ähnliche Identität teilen.

Hat eine Marke ein zeitloses und universelles Thema gefunden und besetzt, löst diese Marke nicht nur das offensichtliche Problem ihres Publikums, sie verleiht dem Leben ihrer Kund:innen mit dem Produkt eine größere, eine tiefere Bedeutung. Das funktioniert mit einem Motorrad im Fall von Harley-Davidson. Das funktioniert mit Technologie (Apple), mit Tampons und Binden (Bodyform/Libresse) und das funktioniert auch mit einfachen Rasierklingen (Dollar Shave Club).

Das Thema macht die Story. Nicht das Produkt oder der Service, den du anbietest. Es geht darum, was du deinem Publikum damit ermöglichst, was du es fühlen und erleben lässt. Das Thema hilft Marken dabei, mehr als nur ein Problem für ihr Publikum zu lösen. Ein Thema löst ein externes Problem UND gleichzeitig auch ein internes Problem – ein Bedürfnis.

Selbstverwirklichung im Spiel des Lebens

Die Maslowsche Bedürfnispyramide ist ziemlich verbreitet. Entstanden um das Jahr 1943. Und immer noch sehr brauchbar, um für unsere Marke einen Platz in der Welt unseres Publikums zu finden. Dieses Modell ist sehr hilfreich, um unser Publikum zu verstehen. Was treibt es an? Was motiviert es? Erfinder oder sagen wir besser Entdecker dieses Konzepts ist der Verhaltensforscher und Vater der humanistischen Schule, Abraham Maslow.

Maslowsche Bedürfnispyramide

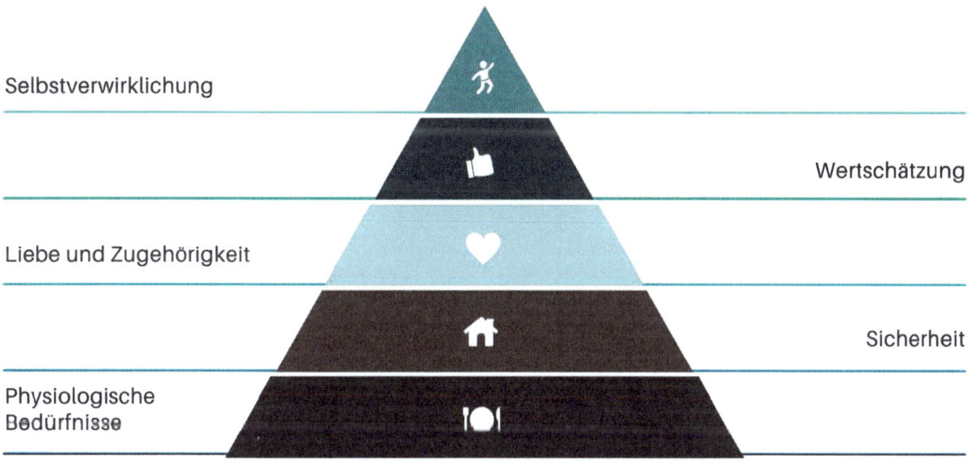

Seine Bedürfnispyramide stellt auf einfache und klare Weise, die Bedürfnisse von uns Menschen dar. Ihr Fundament beginnt mit unseren Grundbedürfnissen, wie: Essen, schlafen, gesund sein.

Wenn wir die Bedürfnisse aus dem unteren Teil der Pyramide erfüllt haben, streben wir danach, die nächsten Bedürfnisse in der Hierarchie zu erfüllen. Wir spielen uns im Spiel des Lebens von Level zu Level – immer weiter nach oben. Die Spitze der Pyramide: Unsere Selbstverwirklichung.

Level 1

Physiologische Bedürfnisse: Wir Menschen haben alle Hunger und Durst. Wir brauchen Kleidung, Sex, körperliche Nähe, Wärme und wir wollen Schmerz vermeiden. Um diese Dinge kümmern wir uns zuerst. Das sind mehr oder weniger die Dinge, die uns helfen zu überleben. Sind diese Bedürfnisse gestillt, wollen wir mehr. Oder sagen wir es so: Wir werden anspruchsvoller. Es geht um mehr, als nur unsere Instinkte zu befriedigen.

Level 2

Sicherheits-Bedürfnisse: Wir wollen ein Dach über dem Kopf. Ein Zuhause, in dem wir uns sicher und geborgen fühlen. Vier Wände und eine Tür zum Abschließen, um unserer Familie Schutz zu bieten. Wir wollen ein möglichst Angstbefreites und behutetes Leben führen. Wir brauchen Stabilität. Finanzielle Sicherheit. Recht und Ordnung.

Level 3

Liebes- und Zugehörigkeits-Bedürfnisse: Wir Menschen sind soziale Wesen. Wir wollen uns geliebt und gebraucht fühlen. Die einen mehr oder weniger, aber niemand kann wirklich allein oder einsam leben. Eine starke Community macht uns selbst stark und selbstsicher. Die Beziehung zu anderen Menschen hält uns gesund und macht uns glücklich. Das ist bewiesen. Wir alle sehnen uns nach Gemeinschaft, nach der Sicherheit des „Stammes“ (steckt ins unserer DNA) und nach Anerkennung der Gesellschaft.

Level 4

Wertschätzung-Bedürfnisse: Wer möchte nicht wertgeschätzt werden? Die Zustimmung anderer bedeutet uns etwas. Sie kann uns motivieren, anfeuern und bestärken. Kritik kann uns entmutigen oder sogar zerbrechen. Wir streben nach der Anerkennung anderer. Warum sind soziale Netzwerke sonst so erfolgreich? Sie basieren auf unserem Bedürfnis der Anerkennung anderer. Prestige, sozialer Status, unsere Errungenschaften und Erfolge – das alles ist uns wichtig. Das wollen wir mit anderen teilen. Wir wollen unsere Erfolge zeigen, der Welt präsentieren. Wir sehnen uns nach Anerkennung. Wir hungern nach dem Applaus anderer. Er erregt unser Ego. Und streichelt unsere Seele.

Level 5

Selbstverwirklichungsbedürfnisse:

Erst wenn wir unsere Grundbedürfnisse befriedigt haben, können wir dazu übergehen, uns selbst zu verwirklichen. Unser Streben nach Selbstverwirklichung und unseren Platz in der Welt zu finden, wird immer stärker und größer. Was wollen wir im Leben? Was treibt uns an? Wer sind wir? Welches Potenzial steckt in uns? Was oder wer wollen und können wir sein? Was sind unsere Leidenschaften? Was ist unsere Bestimmung in diesem Leben?

Diese und ähnliche Fragen beschäftigen heute immer mehr Menschen. Es geht nicht mehr nur darum, viel Zeug zu haben, viel Geld zu verdienen oder um jeden Preis erfolgreich zu sein. Uns geht es immer mehr um die Frage: Was macht uns wirklich glücklich im Leben? Die Suche nach der Antwort treibt uns bereits seit Tausenden von Jahren um. Heute feiert diese Suche eine Art Renaissance. Selbstverwirklichung ist die Spitze der Pyramide und das ultimative Ziel für viele der Storyseller: Apple, Harley-Davidson, Nike, Patagonia.

Im besten Fall schaffen es Marken, zwei menschliche Bedürfnisse abzudecken. Nehmen wir Airbnb zum Beispiel. Die Marke spricht ganz klar unserer Zugehörigkeitsbedürfnis an. Aber hier endet ihre Brand Story nicht. Airbnb erzählt davon die Welt zu erkunden und damit auch uns selbst zu entdecken. Uns selbst zu verwirklichen und unserem Leben mehr Sinn zu verleihen.

Warum sonst erlebt die Van-Life-Szene und das Remote arbeiten von überall in der Welt eine so große Beliebtheit? Viele Menschen wollen sich von ihrem Job nicht mehr an *einen* Ort binden lassen. Sie wollen frei und selbstbestimmt leben.

Warum wir kaufen, was wir kaufen

Ob in der Beziehung mit Freund:innen, in der Liebe, bei unserem Job oder bei Marken – wir entscheiden nicht mehr nur mit dem Kopf. Unser Wertesystem schaltet sich ein. Unsere Weltanschauung dient uns als Kompass für unsere Entscheidungen. Geld? Sicherer Arbeitsplatz. Sichere Rente? Was früher wertvoll war, ist heute in vielen Fällen wertlos für uns – oder nicht mehr ganz so wichtig wie früher noch.

Wir Menschen entscheiden uns für Produkte meistens nicht deshalb, um unsere niedrigsten Bedürfnisse zu stillen. Wenn wir uns Nike-Sneaker, eine Harley-Davidson oder einen Tesla kaufen, stillen wir damit unsere Bedürfnisse, die sehr weit oben oder ganz oben an der Spitze der Bedürfnispyramide stehen. Bei einer Dove Bodylotion geht es nicht um weiche Haut, es geht um **Selbstverwirklichung.**

Bei einem Tesla geht es nicht um den Transport.

Bei Nike Sneakers geht es nicht ums Laufen.

Bei Hornbach geht es nicht um Werkzeug.

Bei Warby Parker Brillen geht es nicht darum, besser zu sehen, sondern darum, besser auszusehen und sich besser zu fühlen (buy one, give one). Bei Essen geht es nicht um Hunger. Bei Getränken geht es nicht um Durst. Es geht um viel mehr. Nicht nur um das Offensichtliche. Wie kannst du mit deiner Marke die Bedürfnispyramide so weit wie möglich nach oben klettern? Indem du deinem Publikum nicht nur die einfachste und offensichtlichste Lösung ihres Problems anbietest, sondern ihnen mehr gibst, als sie von anderen Marken bekommen. Leg ihnen noch eine größere „Bedeutung" mit oben drauf. Dann entscheiden sie sich für deine Marke. Das macht den Unterschied. Nicht die Produkteigenschaften.

Tu das, was jeder große Storyteller fragt, wenn es um die Charaktere in der Story geht: **Was steht auf dem Spiel für sie?**

Welches tief liegende Bedürfnis kann ich mit meiner Marke stillen, das vielleicht nicht gleich offensichtlich ist? Innocent verkauft nicht nur „leckere und natürliche" Smoothies. Mit ihrer Bestimmung,

natürliche köstliche Speisen und Getränke herstellen,

die Menschen helfen, gut zu leben und alt zu sterben,

bewegen sie sich im Health-Bereich und klären uns auf, über gesunde und natürliche Ernährung. Sie verkaufen uns kein Getränk, das unseren Durst stillt oder uns erfrischt. Sie verkaufen uns ein gesundes und längeres Leben. Bei unserem Kunden, dem **Schweizer Käse** geht es zum Beispiel nicht um Essen, es geht darum, Menschen in einer schnellen und hektischen Zeit zu verbinden – miteinander und mit der Natur. Essen und Selbstverwirklichung. Weg vom Schmerz und hin zum Vergnügen.

> **„Indem du die Bedürfnisse, Hoffnungen, Wünsche und Sehnsüchte deines Publikums mit deiner Brand Story in Einklang bringst, kannst du Kunden dazu bringen, eine echte emotionale Verbindung zu deiner Marke zu entwickeln."**
>
> *Megan Wenzl*

Wir kaufen heute kaum Produkte, die unsere niedrigsten Bedürfnisse stillen. Wir kaufen die Produkte, die uns mehr geben als nur das Nötigste. Darum kaufen wir, was und wie wir kaufen. Darum entscheiden wir uns für die Marken, für die wir uns entscheiden. Wir wählen unsere:n Partner:in ja auch nicht wegen unserer niedrigsten Bedürfnisse, oder?

Wenn wir uns auf die Suche nach dem Thema für unsere Marke machen, kann die Bedürfnispyramide ein absolut wertvolles und hilfreiches Tool sein, um die Bedürfnisse unseres Publikums

zu verstehen

richtig anzusprechen

und erfolgreich zu stillen.

Es geht nie nur um die Story. Es geht immer um das Thema.

Schauen wir die Netflix-Serie weiter? Bringt sie etwas in uns zum Schwingen? Hat die Doku der Pop-Sängerin etwas mit uns und unserem eigenen Leben zu tun? Kann die Biografie über den römischen Kaiser etwas über unser eigenes Verhalten erzählen? Was kann uns eine 2000 Jahre alte Botschaft der Stoiker über unsere modernen Zeiten aussagen? Warum inspiriert uns der Film über den alleinerziehenden Vater, obwohl wir kein Kind haben? Was kann uns der Film lehren, in dem Thelma und Louise in einem Cabrio absichtlich eine Schlucht hinabstürzen? Was kann uns der TED-Talk des Dirigenten über unsere eigene Kreativität verraten?

Gute Stories beinhalten eine universelle Wahrheit, eine Moral oder eine Lektion, die wir auf unser eigenes Leben übertragen können. Es geht immer um das

Thema. Thema. Thema.

Nicht der Plot, das Thema macht eine Story für viele verschiedene Menschen auf der ganzen Welt erst relevant.

DAS THEMA IST DAS, WORUM ES IN DER STORY WIRKLICH GEHT.

DIE STORY UNTER DER STORY.

Eine Story mit einem universellen Thema gibt uns die Möglichkeit, uns selbst eine Meinung zu bilden. Der Storyteller sagt uns nicht, was oder wie wir denken sollen. Stattdessen sagt er: Ich denke so darüber. Darum erzähle ich die Story genau so. Das ist meine Sicht auf die Dinge. Das ist meine Wahrheit.

Das Thema bringt uns erst dazu, uns emotional mit der Story und ihren Protagonisten zu verbinden. Das Thema macht die Story für uns zu einer bedeutungsvollen Story. Wir fragen uns oft bewusst oder unbewusst:

Was würde ich in dieser Situation tun? Wie kann ich das auf mein eigenes Leben übertragen? Was kann ich daraus für mich lernen? Wir nehmen die Perspektive des Storytellers ein. Das kann uns zum Umdenken oder Nachdenken bringen. Es lässt uns Dinge in einem neuen Licht sehen, lehrt uns eine Lektion oder bestätigt uns in dem, was wir bereits glauben.

Diese Stories geben uns mehr als nur einen kurzen Unterhaltungseffekt. Sie inspirieren und motivieren uns. Sie fordern und empowern uns. Sie lehren uns etwas Wichtiges oder Wertvolles. Sie haben eine Botschaft für uns.

Warum entscheiden sich Menschen auf der ganzen Welt für Nike-Sneaker? Für Tesla-Autos? Für eine Harley-Davidson? Für Ben & Jerry's Eis? Für Toms Schuhe oder Patagonia-Ausrüstung? Wegen der tollen Produkte? Vielleicht. Aber ganz sicher, wegen des Themas, die diese Marken mit ihren Stories transportieren.

Es ist ganz einfach: Die besten Stories sind nicht einfach nur da, um uns zu unterhalten. Stories tun auch heute noch das, was sie bereits vor tausenden Jahren getan haben, als wir um das Feuer saßen und uns Geschichten erzählt haben: Sie lehren uns Lektionen über die Jagd, über die Gefahren, die auf uns lauern oder die Wurzeln und Kräuter, die wir essen können. Sie lehren uns über das Leben. Damals und auch heute noch.

Aber ist das auch bei unseren Storysellern so? Ja, absolut. Auch Marken können ein relevantes Thema haben – sollten sie unbedingt, wenn sie auch in Zukunft relevant und langfristig erfolgreich sein wollen. Aber oft sind die Themen, die Marken kommunizieren zu plakativ, zu generisch, zu produktgetrieben. Vielleicht relevant für das Unternehmen, ja, aber nicht relevant für das Publikum. Und schon gar nicht inspirierend. Das Thema und die Story muss wichtig sein – für dein Publikum, nicht für dich.

Viele Marken glauben leider, sie müssten uns ihre irrelevante Botschaft ins Gesicht brüllen und um die Ohren hauen, so lange und so laut, bis wir sie auch ja verstanden haben und bloß nicht mehr vergessen. Sie sagen uns ganz plakativ, was wir denken sollen und stellen danach nochmal sicher, dass wir auch alles verstanden haben, was sie uns vermitteln wollen.

Gute Storyteller und Storyseller-Brands machen das auf subtile Art. Sie verpacken ihre Message in eine für UNS interessante Story. In dieser Story lassen sie ihre Überzeugungen lebendig werden. Sie müssen ihr Thema noch nicht mal aussprechen, es kommt trotzdem bei uns an. Es ist keine Moralpredigt. Es liegt unter ihrer Kernbotschaft. Es schwingt in allem mit was sie kommunizieren: In jedem Spot, in jeder Anzeige, in jedem Posting – überall und in allem. Die Plots variieren, das Thema bleibt gleich.

Ein universelles Thema macht eine Marke relevanter. Wir kaufen keine Produkte oder Dienstleistungen. Wir kaufen Emotionen, die uns das Produkt oder die Dienstleistung in einer Story vermittelt.

Wir kaufen nicht die besseren Produkte oder die besseren Dienstleistungen. Wir entscheiden uns für die Marken, die besser für *uns* sind. Die besser zu unserer Weltanschauung, unseren Überzeugungen passen. Marken, die uns das Gefühl geben, uns zu verstehen, die ähnlich ticken, wie wir, und die es draufhaben, unsere Bedürfnisse so anzusprechen, dass wir sagen: Okay, ich bin dabei!

Warum bezahlen Menschen für einen Montblanc Kugelschreiber das 500 fache eines Bic Kugelschreibers? Warum bezahlen Menschen für ein MacBook das Fünffache, statt sich ein netten und günstigen Acer Laptop zu kaufen? Warum Patagonia statt Primark? Haben wir erstmal die Kraft eines starken Themas für eine Marke verstanden, finden wir genau hier die Antwort auf diese Frage.

Hat eine Marke ein universelles Thema, das in ihren Stories steckt, macht sie damit ihre Produkte relevanter und ihre Marke wertvoller. Diese Marke gibt ihren Kunden etwas, womit sie sich identifizieren können. Das Thema macht dem Publikum eine erstrebenswerte Welt auf, von der sie ein Teil sein wollen.

Das Thema entspringt meistens aus dem Problem oder dem Bedürfnis der Protagonisten.

Nike: Der Hero kämpft mit sich selbst und der inneren Stimme, die versucht ihn davon abzuhalten, mehr zu geben, seine Grenzen zu überwinden und über sich hinaus zu wachsen. Nike hilft dem Hero, gibt ihm die Tools dafür. Just do it.

Storyseller identifizieren ein für sich und ihr Publikum großes und relevantes Thema. Dieses Thema machen sie sich zu eigen. Sie besetzen es. Sie sagen damit: Unsere Marke steht dafür. Darum geht es uns. Dieses Thema beleuchten sie auf jede erdenkliche Art und Weise. Aus jedem Blickwinkel. Ihre Brand Story und jedes weitere Kapitel – jeder Content, den sie produzieren – entspringt dieser unerschöpflichen Quelle, die ihnen ihr Thema bietet.

Das Thema ist die treibende Kraft für deine Marke

Wenn wir mit unserer Marke ein Thema besetzen, das uns wichtig ist, das uns bewegt, uns begeistert und antreibt, haben wir gute Chancen, dass es unserem Publikum damit ähnlich gehen wird. Ein universelles Thema entwickelt eine treibende Kraft für unsere Marke und später auch für unsere Brand Story und alles, was wir kommunizieren. Das Thema macht unsere Brand Story lebendig, dringlich und relevant.

Wenn wir uns fragen, wofür wir mit unserer Marke stehen und was uns wirklich am Herzen liegt, werden wir direkt zum Kern eines wirklich kraftvollen Themas geführt. Und genau hier liegt das Saatkorn für alles, was wir später kommunizieren. So werden unsere Botschaften relevant, inspirierend und bleiben auch noch in 20, 50 oder 100 Jahren aktuell.

Airbnb und wie sie uns mit der Welt verbinden wollen

Nehmen wir Airbnb zum Beispiel: Oberflächlich betrachtet ist Airbnb nichts weiter als eine Vermittlungsplattform, die uns hilft Zimmer oder Ferienwohnungen auf der ganzen Welt zu finden. Aber ist es wirklich das Gefühl, das wir haben, wenn wir an Airbnb denken? Wenn wir mit der Marke und ihrer Kommunikation in Kontakt kommen? Eine freundliche, stylishe Website und ein bedienerfreundliches Tool, das eine ganze Industrie disruptiert hat. Beeindruckend, ja. Aber das ist nicht das, was uns Airbnb erzählt und schon gar nicht das, was Airbnb ausmacht.

Die Marke könnte so viel anders sein, als wir sie heute kennen. So viel unpersönlicher und praktischer und Nutzen-orientierter. Aber sie ist absolut menschlich, kommuniziert emotional und stellt so eine tiefe Verbindung zu Menschen auf der ganzen Welt her. Airbnb ist ein Vermittlungsplattform. Aber dafür wollen sie nicht stehen. Sie wollen für etwas stehen, was viel größer ist.

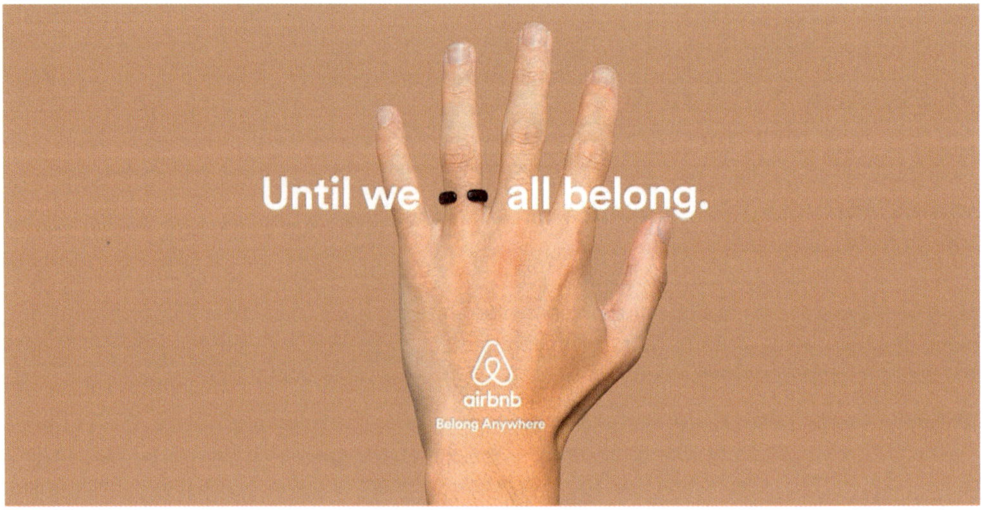

Sie haben ein Thema: Belonging (Zugehörigkeit). Dafür steht die Marke. Dieses Gefühl will Airbnb vermitteln. Das macht die Marke Airbnb so menschlich, ihre Botschaft so relevant. Airbnb spricht damit ein zutiefst menschliches Bedürfnis an.

Wie werden Marken zu zeitlosen Bestsellern? Genau so. Indem sie ein zeitloses Thema behandeln und es auf packende, interessante und bewegende Weise für ihr Publikum erlebbar machen.

Was liegt unter der Oberfläche? Was ist die Story unter der Story? Was macht Airbnb als Marke aus? Nicht ihr Produkt. Ihr Thema rahmt alles, was die Marke tut und kommuniziert. Ihr Thema, emotional verpackt in einer Story, die die Bedürfnisse von Menschen auf der ganzen Welt anspricht.

Airbnb's Bestimmung ist es, Ihren Kund:innen einen Platz überall auf der Welt zu bieten, an dem sie sich zu Hause fühlen. Wohin sie auch reisen, sie alle sollen dort ein Gefühl von Verbundenheit erleben.

Erinnerst du dich noch an das Kapitel von Dollar Shave Club? Oder Oatly? Oder das Intro des Buchs, das die Nike-Kaepernick-Story erzählt? In allem, was diese Marken kommunizieren, schwingen auch ihre Werte, Überzeugungen und ihre Bestimmung mit – das alles steckt in ihrem Thema. Ihr Thema hält alles zusammen. Das, wofür sie als Marke stehen – ihr großes Thema. Airbnb steht für Verbundenheit.

Salesforce und die sinnvolle (Kunden-)Beziehung

Ein B2B-Unternehmen, das ein großes und relevantes Thema sehr gut besetzt hat und sich davon leiten lässt, ist Salesforce. Wenn wir uns ihre Statements auf ihrer Website anschauen, kommt ihr Thema ziemlich schnell und klar zum Vorschein:

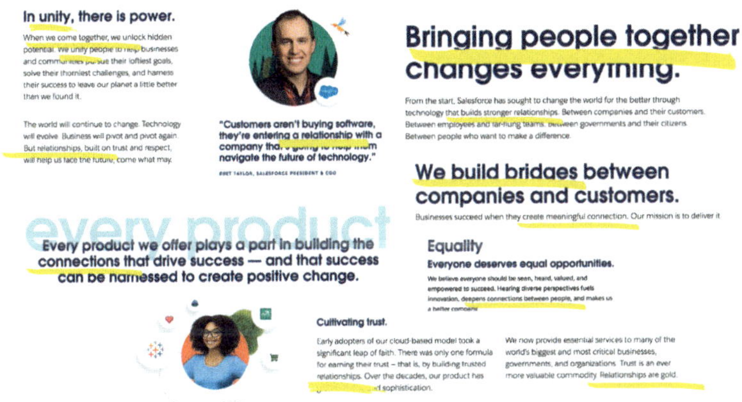

Salesforce Thema ist eindeutig, oder? Es dreht sich alles darum, **sinnvolle Beziehungen** zu schaffen. Beziehungen zwischen ihnen und ihren Kund:innen und zwischen ihren Kund:innen und deren Kund:innen. Ihr Thema formuliert als moralisches Argument steckt im ersten Satz ganz oben und sagt übersetzt so viel wie:

Wenn wir zusammenkommen,

erschließen wir verborgene Potenziale.

Alles was Salesforce tut und kommuniziert, entspringt diesem Thema. Ob neue Produkte, neue Kampagnen, Newsletter, Aktion oder eine Keynote von Marc Benioff – *alles* zahlt auf dieses große und relevante und zeitlose Thema ein. Sie sind ein Technologie-Unternehmen, wissen aber, dass wenn sie über lange Zeit bestehen wollen, sollten sie nicht ständig über Daten, Algorithmen und Software sprechen, sondern über ein in Zukunft so relevantes Thema wie sinnvolle Beziehungen in der schnelllebigen Business-Welt.

Jede Storyseller-Brand hat immer ein universelles und zeitloses Thema, das unter ihrer Story liegt. Es ist der Kern, dem alles entspringt, was die Marke kommuniziert und tut. Oft ist dieses Thema, das sie besetzen auf einen einzigen Begriff reduziert – so wie es auch Storyteller machen.

Das Thema ist der Antrieb für jeden Storyteller. Das Thema ist der Motor für Storyseller. Das Thema deiner Marke hält alles zusammen. Aber wie findest du das Thema – den Motor für deine Marke? Du musst dir klarmachen, für was deine Marke steht.

In einem einzigen Wort …

Alles in einem Wort. Ein Wort für alles.

Wenn dich jemand fragt: „Wofür steht deine Marke?" Könntest Du die Frage in einem Wort beantworten? Welches *eine* Wort sollen die Menschen im Kopf haben, wenn sie an deine Marke denken? Kannst Du das Thema deiner Marke auf EIN WORT runterbrechen?

Wir haben uns mit der Besessenheit von Volvo beschäftigt. Was ist das *eine* Wort, das die Marke VOLVO beschreibt? Wofür steht VOLVO? *Ein* Wort: SICHERHEIT.

Volvo

Ob es um die Menschen in ihren Fahrzeugen geht, oder um die Menschen, die einem Volvo auf der Straße begegnen. VOLVO beleuchtet sein Thema „Sicherheit" von allen Seiten. Es leitet die Marke. Und genau das macht ihre Brand Story so stark und ihre Marke so erfolgreich.

Ob Marke, Start-Up oder Personal Brand: Wer langfristig eine einheitliche Brand Story erzählen will, braucht ein relevantes und klares Thema. Das Konzentrat der Marke in einem *einzigen* Wort. Das eine Wort ist das, was deine Marke im Kern definiert. Wofür deine Marke steht. Aus diesem Kern entspringt alles, was deine Marke ausmacht:

Deine Überzeugungen. Die Bestimmung deiner Marke, die Persönlichkeit, die Veränderung, die du bewirken willst – die Story, die deine Marke der Welt erzählt. Alles.

Du solltest mit deiner Marke dieses *eine* Wort besetzen. Damit besetzt du das Thema mit deiner Marke. Nicht deine Konkurrenz. Deine Marke steht für dieses Thema, dieses *eine* Wort. Alles in nur *einem* Wort, das bei deinem Publikum hängen bleiben und Emotionen auslösen soll – immer dann, wenn es mit deiner Marke in Berührung kommt.

Oben haben wir bereits gesehen: Im Fall von VOLVO ist das *eine* Wort, für das sie stehen „Sicherheit". Wie sieht es mit anderen Storysellern aus? Wofür stehen sie?

Airbnb

Für Airbnb ist ihr Thema in einem Wort: Belonging (Zugehörigkeit). Dafür stehen sie. Das wollen sie ihren Kund:innen ermöglichen. Dieses Gefühl und dieses Erlebnis wollen sie ihrem Publikum vermitteln – buchstäblich überall auf der Welt.

Es ist ihr großes Thema, das unter ihrer Brand Story liegt, es steht im Mittelpunkt ihrer Vision …

Es ist ihr Antrieb – ihre Bestimmung: *Creating a world where anyone can ‚belong, anywhere'* und sie haben ihr Thema sogar in ihren Call to Action verpackt: *Belong anywhere.*

Harley-Davidson

Für Harley-Davidson dreht sich alles um Freedom (Freiheit):

Die Leute bei Harley-Davidson sagen selbst, dass sie keine Motorräder verkaufen, sondern eine „Experience" – ein Erlebnis. Sie vermitteln ihren Kund:innen das Gefühl von Freiheit. Wenn du auf eine Harley steigst und mit röhrendem Motor eine weite Straße entlang bretterst, während links und rechts die Natur an dir vorbeifliegt. Wie fühlt sich das wohl an:

Wie eine Befreiung von all den Zwängen, denen wir jeden Tag ausgesetzt sind im Job, im Alltag oder Zuhause. Dem kannst du ab und an entfliehen. Steig einfach auf deine Harley, befreie dich aus der Normalität und genieße das Gefühl von ... Freiheit.

Steht Harley-Davidson schon immer für Freiheit? Nach eigenen Aussagen, ja:

The North Face

Wie sieht es aus mit The North Face? Was würdest du sagen, für welches *eine* Wort steht die Marke?

Exploring – die Marke steht für das Erkunden, das Entdecken, das Erleben. Darum dreht sich alles bei The North Face. Immer. Das ist überall, in allem was die Marke kommuniziert spürbar und es mündet in ihrem Call to Action: NEVER STOP EXPLORING.

Starbucks hat das Wort *Experience* für sich besetzt.

Disney steht für *Magic*.

Google für *Informationen*.

Nikes Thema in einem Wort: Empowering – Befähigung.

Mit diesem *einem* Wort sind wir nicht nur in der Lage, unser großes Thema zu besetzen, wir positionieren auch gleichzeitig unsere Marke – mit nur *einem einzigen* Wort. Das ist unser Versprechen an unser Publikum. Das sollten wir nicht nur versprechen – wir sollten es auch erfüllen. Immer, überall – von unserer Website, über unseren Kundenservice, bis zu unserem Social Media Posting.

Dieses *eine* Wort ist der Kern, aus dem deine Kommunikation entsteht und dein Kompass, für alles was deine Marke tut. Es ist das, was du deinem Publikum ermöglichst. Das, was deine Kunden fühlen oder erleben sollen, wenn sie mit deiner Marke interagieren.

Das Thema ist die Geheimwaffe großer Storyteller.

Und es ist das Erfolgsrezept von Nike. Es ist das was Nike zu Nike macht und Harley-Davidson zu Harley-Davidson und Apple zu Apple. Es ist das, was einen Film, ein Buch oder eine Serie zeitlos macht. Zu einem Bestseller, der auch in 150 Jahren noch sein Publikum findet.

Wofür willst du mit deiner Marke stehen? Was soll dein großes Thema sein, das deine Marke antreiben soll? Welche Story soll deine Marke erzählen?

Finde und besetzte für deine Marke ein relevantes und zeitloses Thema, konzentriert in EINEM Wort. Dieses EINE Wort sollte IMMER ALLES beeinflussen, was du kommunizierst. Das heißt nicht, dass das EINE Wort immer in deiner Kommunikation vorkommen muss, aber es muss deine Kommunikation immer leiten.

Nikes Thema formuliert in einem Satz, als moralisches Argument (du erinnerst dich vielleicht noch?):

Wir glauben, dass man ein:e Athlet:in ist, wenn man einen Körper hat.

Von diesem Satz ausgehend, können wir Nikes Thema auf ein Wort konzentrieren. Dabei müssen wir uns fragen: Worum geht es Nike mit ihrem Thema? Welches Gefühl will Nike bei seinem Publikum auslösen? Was wollen sie mit ihrem Thema bewirken? Das beste Marketing ist immer Transformation. Genau wie jede gute Story immer Transformation ist. Die Heldin oder der Held ist am Ende immer jemand anders. Sie wurden transformiert. Was ist die Transformation, die Nike beim Publikum bewirken will? Von unsicher zu sicher. Von Selbstzweifel zu selbstbewusst. Nike will sein Publikum inspirieren, motivieren – befähigen.

Also ist Nikes Thema, das, wofür Nike steht. in *einem* Wort: *Empowering (Befähigung)*

Unser Thema erstmal in einem Satz zu formulieren, hilft uns dabei zu erkennen, welche Story wir für unsere Marke erzählen wollen. Steht dieser Satz erstmal fest, fühlt er sich richtig an, inspiriert er uns, macht er eine interessante Story auf, dann können wir uns daran machen, diesen Satz runterzukochen, solange, bis nur noch EIN. EINZIGES. WORT. ÜBRIG. BLEIBT.

Und schon wissen wir, wofür unsere Marke steht. Dann sind wir bereit, es auch unserem Publikum und der ganzen Welt zu erzählen. Klingt einfach. Ist es natürlich nicht.

Dein Wort, deine Bestimmung: Betrachte deine Marke als fortlaufende Story. Was ist ihr Kern? Worum geht es wirklich? Was willst du aussagen? Das ist dein Thema. Wenn du dein Thema identifiziert hast, besetze es. Bleibe dabei. Beleuchte es von allen Seiten. Arbeite dich daran ab. Mach es als Marke zu deiner Mission. Es gehört dir.

Werde zum Experten auf dem Gebiet, genau wie Volvo, Mailchimp und Nike. Es ist dein großes Thema, dem alles entspringt. Bevor du auch nur ein Wort aufs Papier bringst, bevor du einen Imagefilm schreibst, einen Blog-Artikel, eine Anzeige, einen Flyer, eine Präsentation erstellt, einen Pitch entwickelst oder ein Posting absetzt – frag dich immer:

Warum halte ich diese Keynote?

Warum schreibe ich diesen Artikel?

Warum produziere ich dieses Video?

Warum setze ich diesen Post ab?

Warum erzähle ich diese Story?

Was ist die Story unter der Story?

Worum geht es wirklich?

Was ist der Kern der Story?

Die Antwort auf all diese Fragen sollte immer sein: Das EINE WORT. Dein Thema, für das deine Marke steht. Der Motor für deine Marke und dein Antrieb für alles, was du tust und kommunizierst. Also, wofür steht deine Marke? Was ist das EINE WORT, das deine Marke definiert?

EIN WORT.

Go for it

STORYSELLER-WORKSHOP

So identifizierst du das Thema deiner Marke:

1. Welches Gefühl willst du bei deinem Publikum auslösen?
2. Was soll dein Publikum erleben? Was möchtest du deinem Publikum ermöglichen, abgesehen von den Eigenschaften, die dein Produkt oder dein Service versprechen?
3. Wie schaffst du es, mit deiner Marke die Bedürfnispyramide ganz nach oben zu klettern?
4. Welche offensichtlichen Probleme hat dein Publikum? Aber frag dich vor allem: Welche tiefer liegenden Bedürfnisse haben sie? Wonach sehnen sie sich?
5. Welche Themen sind dir besonders wichtig?
6. Welches Bedürfnis kannst du stimmig mit deiner Marke für dein Publikum stillen?
7. Warum sollen sich Menschen für dein Produkt entscheiden, wenn es noch viele andere gibt, die ähnliche Produkteigenschaften versprechen?

8. Welche Story willst du mit deiner Marke erzählen und worum geht es wirklich in der Story? Was ist die Story unter der Story?
9. Wie sieht die Welt deines Publikums aus, wenn sie sich für deine Marke entscheiden? Male dir ein Vorher-Nachher-Bild in deinem Kopf aus. Wie fühlen sich deine Kund:innen bevor sie dein Produkt hatten und wie nachher?
10. Wie kannst du ihnen dabei helfen, sich selbst zu verwirklichen? Welche Art von Mensch wollen die Menschen sein, die dein Produkt kaufen? Hilf ihnen dabei, diese Version ihrer selbst zu werden (denk die freiheitsliebenden Rebell:innen auf ihrer Harley).
11. Schreib dein Thema zuerst in einem Satz auf. Formuliere es als moralisches Argument – wie zum Beispiel: Verbotene Liebe führt zu Unglück (Romeo und Julia). Das Thema in einem Wort: Liebe.

Die Vorteile, wenn du ein Thema für deine Marke besetzt hast:

- Du stillst mit deiner Marke nicht nur ein offensichtliches Problem, du stillst ein Bedürfnis deines Publikum.
- Du erzeugst Resonanz bei deinem Publikum.
- Du lässt dein Publikum etwas fühlen und bleibst so in ihren Köpfen.
- Du verleihst deinem Produkt mehr Wert.
- Du verleihst der Story deiner Marke mehr Wert, mehr Komplexität, mehr Tiefe und mehr Relevanz.
- Du machst die Story deiner Marke zeitlos.
- Du gibst allem, was deine Marke tut und kommuniziert, einen einheitlichen Rahmen.
- Das Thema steuert deine Story und alles was du kommunizierst (alles muss von deinem Thema durchdrungen sein).
- Deine Marke steht ganz klar für ein Wort.
- Du weißt immer, worum es in deiner Story und in deiner Kommunikation geht. Auch wenn der Plot sich verändert, das Thema bleibt immer gleich.
- Deine Marke hat eine relevante Botschaft.
- Du überlässt es nicht dem Zufall, was dein Publikum empfindet, wenn es mit deiner Marke interagiert – du steuerst es.

Frage #05

Die Backstory:

Was haben wir bis jetzt für andere erreicht?

> **„Die Backstory, die dir vielleicht langweilig und ereignislos erscheint, ist ein mächtiges Tool, das dazu beitragen kann, deine Marke zu festigen und genau das richtige Publikum anzuziehen."**
>
> *Carol Parker Walsh*

Warby Parker und die brillante Backstory

Warby Parker wurde mit einem rebellischen Geist und einem hochgesteckten Ziel gegründet: Designerbrillen zu einem revolutionären Preis anzubieten und dabei den Weg für sozial bewusste Unternehmen zu ebnen.

Okay, das ist mal ein Anfang. Hier möchte ich weiterlesen. Du auch? Das ist der Anfang der Backstory von Warby Parker. Mit wenigen Worten schafft es Warby Parker in ihrer Backstory den Fehler zu vermeiden, den die meisten Unternehmen machen, wenn sie ihre Unternehmensgeschichte erzählen: Ihre Backstory ist ein einziger epischer Unternehmens-Selfie. Darin reihen sie all die Gründungs-Meilensteine aneinander, ihrer Skyrocket-Umsätze, ihre unglaublichen, aber wahren Produktionssteigerungen, ihre Orden, Pokale, Auszeichnungen und alle ihre Markteroberungsanekdoten, die sie in den Vordergrund stellen und damit nur eins sagen: Schaut alle her und seht: So toll sind wir. Wir sind besser, traditioneller, innovativer, erfolgreicher als die anderen.

Großartige Storyseller sagen mit ihrer Story: Schau her, wie toll du sein kannst. Wir helfen dir dabei. Wir teilen deine Ansichten. Wir sehen dein Problem, wir verstehen deine Bedürfnisse, kennen deine Träume. Wir sind hier, um dir zu helfen, deine Probleme zu lösen, deine Bedürfnisse zu stillen und deine Ziele zu erreichen. Storyseller motivieren, inspirieren, helfen und befähigen.

Wie gut das Warby Parker macht, werden wir gleich sehen. Selbst der Anfang ihrer Backstory ist geboren aus dem Gedanken, Menschen zu helfen. Menschen, die das gleiche Problem haben, wie einer der Gründer es hatte.

Viele Unternehmen glauben, ihre Vergangenheit interessiert ihre Kunden genauso wie sie selbst. Darum erzählen sie gerne episch und in aller Ausführlichkeit, wann und wie das Unternehmen gegründet wurde, wann sie was entwickelt haben und am besten detailliert, wie sie ihr Produkt herstellen. Wann das Unternehmen ausgebaut wurde und wie blah blah blah – du merkst:

DAS IST KEINE STORY.

Das ist ein nüchternes Narrativ. Eine Aneinanderreihung von Ereignissen, die niemanden bewegen oder berühren. Nur dich selbst. Weil es dein Unternehmen ist. Deine Marke. Aber noch hat sie nichts mit deinem Publikum zu tun. Du musst deine Backstory zu ihrer Story machen.

Niemand will eine reine Unternehmensgeschichte hören, die nichts mit uns zu tun hat. Niemand will die Story hören, wie dein Großvater mit Schweiß, Tränen und Blut das Unternehmen aus dem Boden gestampft und eine Filiale nach der anderen eröffnet hat. Und wie unglaublich erfolgreich er dabei war. Es interessiert die Leute nicht, dass du aus dem kleinen Familienunternehmen einen weltweit agierenden Multimillionen-Konzern gemacht hast.

Die gute Nachricht. In jeder langweiligen Unternehmensgeschichte steckt auch immer eine packende Backstory. Damit sich deine potenziellen Kund:innen für deine Backstory interessieren, braucht es eine kleine, aber wichtige Komponente.

Du musst deine Backstory zur Story deiner Kund:innen machen. Ja, richtig gehört: Auch in deiner Backstory ist der:die Kund:in der HERO. Alles, was deine potenziellen Kund:innen wissen wollen ist, wie du und dein Unternehmen ihnen helfen kannst. Oder wie sie dir dabei helfen können, den Planeten zu retten oder das Leid der Tiere zu verringern, indem sie sich für deine Produkte entscheiden.

Dafür bist du da.

Wie soll das gehen? Ganz einfach: Du hast dein Start-up, dein Unternehmen, deine Personal Brand gegründet, um ein Problem zu lösen, um den Status quo zu verbessern, um etwas, das nicht funktioniert, zu korrigieren.

Und egal was du dafür getan hast, ob B2C oder B2B – es hat immer mit Menschen zu tun. Mit deinem:r Kund:in. Du hast das Unternehmen deines Großvaters nicht übernommen, um wie Charlie in deiner Schokoladenfabrik herum zu stolzieren und dich Tag ein, Tag aus an deiner eigenen Schokolade zu erfreuen. Du willst mit deinem Produkt oder deinem Service deinen Kund:innen das Leben schöner machen. Du willst sie inspirieren, motivieren, befähigen. Du willst ihre Probleme lösen. Ihre Bedürfnisse erfüllen. Ihnen zum Erfolg zu verhelfen. Nur darum geht es.

Warum ist die Warby Parker Story so brillant, und warum ist sie auch deine Story – falls du eine Brille trägst? Lass uns dazu nochmal die Warby Parker Backstory anschauen und gemeinsam auseinandernehmen, analysieren und daraus für deine Marke lernen: So geht die Warby Parker Backstory weiter:

Am Anfang jeder Idee steht ein Problem. Unseres war einfach: Brillen sind zu teuer. Wir waren Studenten, als einer von uns seine Brille auf einer Rucksacktour verlor. Die Kosten für den Ersatz waren so hoch, dass er das erste Semester seines Studiums ohne sie verbrachte, schielte und sich beschwerte. (Das empfehlen wir niemandem). Der Rest von uns hat ähnliche Erfahrungen gemacht, und wir waren erstaunt, wie schwer es war, ein tolles Brillengestell zu finden, das unsere Brieftaschen nicht völlig plündert.

Wo waren die Möglichkeiten?

Es stellte sich heraus, dass es dafür eine einfache Erklärung gab. Die Brillenindustrie wird von einem einzigen Unternehmen dominiert, das es geschafft hat, die Preise künstlich hochzuhalten und gleichzeitig riesige Gewinne von den Verbraucher:innen einzufahren, die keine anderen Möglichkeiten haben.

Wir haben Warby Parker gegründet, um eine Alternative zu schaffen.

Indem wir traditionelle Vertriebswege umgehen, Brillen im eigenen Haus entwerfen und direkt mit den Kund:innen in Kontakt treten, können wir qualitativ hochwertigere und besser aussehende Korrektionsbrillen zu einem Bruchteil des üblichen Preises anbieten.

Wir glauben, dass der Kauf einer Brille einfach sein und Spaß machen sollte. Es sollte dich glücklich machen und gut aussehen lassen, mit immer noch etwas Geld in deiner Tasche.

Wir glauben auch, dass jeder das Recht hat, zu sehen.

Fast eine Milliarde Menschen weltweit haben keinen Zugang zu einer Brille, was bedeutet, dass 15 % der Weltbevölkerung nicht effektiv lernen oder arbeiten können. Um dieses Problem zu lösen, arbeitet Warby Parker mit gemeinnützigen Organisationen wie VisionSpring zusammen, um sicherzustellen, dass für jede verkaufte Brille eine Brille an einen Bedürftigen verteilt wird.

Daran ist nichts kompliziert. Gute Brillen, gutes Ergebnis.

Voller Fokus auch hier auf ihre Kund:innen und ihre Probleme und Bedürfnisse. Auf ihre Überzeugungen und ganz klar auf ihre Bestimmung:

Wir glauben auch, dass jeder das Recht hat, zu sehen.

Es ist zum Teil die persönliche Backstory eines ihrer Gründer. Sie erzählen, was sie tun, aber trotzdem machen ihre Unternehmensstory zur Story ihrer Kund:innen. Weil sie:

- Probleme ansprechen, die auch ihr Publikum kennt
- Brillen sind viel zu teuer
- ihre Story in den Kontext unserer Zeit stellen und die Frage aufmachen: Sollte das heute wirklich noch so sein?
- ihrem Publikum eine Identifikationsfläche bietet
- ihr Publikum über eine Ungerechtigkeit aufklärt
- damit ein universelles und relevantes Thema besetzen, das bei ihrem Publikum ankommt
- ihr Publikum damit sagen: Darum sind wir hier – das ist unsere Bestimmung
- ihr Publikum in ihre Mission mit einbeziehen

So wie jeder gute Film, jedes gute Buch oder jede Serie dem Publikum eine Identifikationsfläche bietet, sollte auch deine Backstory deinem Publikum die Möglichkeit geben, zu denken: Das bin ja ich. Hier geht es um mich und meine Bedürfnisse. Mir geht es ähnlich. Ich teile die Ansichten und Überzeugungen der Marke. Die Marke versteht mich.

> **„Die einzige Backstory, die das Publikum über den Mentor kennt, sind die Teile, die sich auf die Probleme des Helden beziehen."**
>
> *J.J. Peterson*

Dein Publikum muss sich in deiner Backstory wiederfinden – ob große Marke, Start-up oder Personal Brand. Hier die Warby Parker Backstory nochmal im Original:

WARBY PARKER

Home Try-On Eyeglasses Sunglasses Contacts Eye exams

HISTORY

Warby Parker was founded with a rebellious spirit and a lofty objective: to offer designer eyewear at a revolutionary price, while leading the way for socially conscious businesses.

Every idea starts with a problem. Ours was simple: glasses are too expensive. We were students when one of us lost his glasses on a backpacking trip. The cost of replacing them was so high that he spent the first semester of grad school without them, squinting and complaining. (We don't recommend this.) The rest of us had similar experiences, and we were amazed at how hard it was to find a pair of great frames that didn't leave our wallets bare. Where were the options?

It turns out there was a simple explanation. The eyewear industry is dominated by a single company that has been able to keep prices artificially high while reaping huge profits from consumers who have no other options.

We started Warby Parker to create an alternative.

By circumventing traditional channels, designing glasses in-house, and engaging with customers directly, we're able to provide higher-quality, better-looking prescription eyewear at a fraction of the going price.

We believe that buying glasses should be easy and fun. It should leave you happy and good-looking, with money in your pocket.

We also believe that everyone has the right to see.

Almost one billion people worldwide lack access to glasses, which means that 15% of the world's population cannot effectively learn or work. To help address this problem, Warby Parker partners with non-profits like VisionSpring to ensure that for every pair of glasses sold, a pair is distributed to someone in need.

There's nothing complicated about it. Good eyewear, good outcome.

Ein anderes Beispiel für eine gute Backstory? Ziemlich bekannt, was Marke und Backstory betrifft. Here we go: INNOCENT.

Hallo. Wir sind innocent.

Uns gibt es, damit sich Jeder ganz leicht etwas Gutes tun kann (das auch noch super schmeckt).

Unsere Geschichte begann 1998, als unsere Gründer Richard, Jon und Adam auf die Idee kamen, Smoothies zu machen. Sie kauften für 500 britische Pfund Obst, mixten daraus Smoothies und boten sie auf einem Jazz-Festival in London an. Vor ihrem Stand hing ein Schild mit der Frage: „Sollen wir unsere Jobs aufgeben, um weiter Smoothies zu machen?" Darunter hatten sie zwei Mülleimer aufgestellt, auf einem stand „Ja", auf dem anderen „Nein". Sonntagabend war der „Ja"-Eimer voll mit leeren Flaschen. Montag gingen sie zur Arbeit und kündigten ihre Jobs, um innocent zu gründen.

Seitdem machen wir Smoothies und Säfte. Unser Anspruch ist dabei immer der gleiche geblieben: Wir wollen Dich mit natürlichen, köstlichen Getränken versorgen, die Dir helfen, gesünder zu leben, und dabei nett zur Umwelt sind.

Charmant und relevant. Auch hier schafft es die Marke aus ihrer Backstory eine Story für uns zu machen. Ja, wer will sich nicht gesund ernähren und dabei nett zur Umwelt sein? Und das Ganze auch noch so unkompliziert? Natürlich bin ich da dabei.

Das sehen auch Millionen anderer Menschen auf der ganzen Welt so und machen Innocent zu einem der bekanntesten und beliebtesten Smoothies auf unserem Planeten. Was auch dazu beiträgt, ist ihre unwiderstehliche Markenpersönlichkeit und die Stimme der Marke. Aber dazu kommen wir noch in einem anderen Kapitel.

Wie sieht es mit einer starken Backstory aus, für ein B2B-Unternehmen? Kann auch die für ein Publikum interessant sein, ohne dass sie gleich zum selbstverherrlichten Unternehmens-Selfie verkommt? Ja, wenn man es wie Salesforce macht:

HISTORY

A jump to the cloud.
A leap of trust.

The cloud was born.

In 1999, four Salesforce founders, working shoulder to shoulder in a small San Francisco apartment, launched a customer relationship management (CRM) system with a groundbreaking twist. All the software and critical customer data would be hosted on the internet and made available as a subscription service. This pioneering "software as a service," or SaaS, model quickly spread across the technology industry.

Cultivating trust.

Early adopters of our cloud-based model took a significant leap of faith. There was only one formula for earning their trust – that is, by building trusted relationships. Over the decades, our product has grown in scale and sophistication.

We now provide essential services to many of the world's biggest and most critical businesses, governments, and organizations. Trust is an ever more valuable commodity. Relationships are gold.

WATCH THE FILM

LET'S CHAT

Was macht die Salesforce-Backstory gut?

1. Sie ist klar und verständlich geschrieben. So, dass sie echte Menschen verstehen und nicht nur Tech-Nerds. Sie ist gut geschrieben. Unterhaltsam und aufgebaut, wie man eine gute Story aufbauen sollte: Eine Veränderung in der Welt benennen (jede gute Story startet mit einer Veränderung), Herausforderungen (Vertrauen der Kund:innen gewinnen) und schließlich die Auflösung (Salesforce unterstützt erfolgreich die größten Unternehmen weltweit mit ihren Lösungen)
2. Ihre Backstory dreht sich um ihre Kund:innen und warum es heute so wichtig ist das Vertrauen seiner Kund:innen zu gewinnen und Beziehungen zu ihnen aufzubauen. Das ist der Kern ihrer Backstory.
3. Sie ist in der charmanten, lockeren Salesforce-Stimme geschrieben, nicht in dem trockenen Ton und der verschachtelten Art, wie sie viele B2B-Unternehmen perfektioniert haben. Das macht ihre Backstory angenehm zu lesen und interessant. Das ist jemand, der mit uns spricht.

> „Eine Backstory ist mit anderen Worten eine Entdeckungsgeschichte, die Teile auf eine Weise zusammenbringt, die einen Sinn ergibt. Backstories funktionieren, weil sie uns die Geschichten zwischen den Geschichten erzählen. Es ist ein besonders mächtiges narratives Werkzeug für Traditionsmarken, weil es ihnen ermöglicht, ihre Backstory direkt mit ihrer Zukunft zu verbinden."
>
> *Mark Di Somma*

Zwei, die loszogen, um dem Schmutz den Kampf anzusagen

Wie sympathisch, humorvoll und locker man eine Backstory für so etwas vermeintlich langweiliges wie Reinigungsmittel erzählen kann, zeigt uns das Beispiel von method®. Zwei Jungs, eine WG und zwei Fragen, mit denen alles anfing:

1. Warum müssen Reinigungsmittel eigentlich immer so hässlich designt sein?
2. Muss der Traum von umweltfreundlichen Reinigungsmitteln, die tatsächlich funktionieren und dabei nicht chemisch riechen, eigentlich ein Traum bleiben oder lässt er sich realisieren?

Triff Adam und Eric

Dürfen wir vorstellen: Adam Lowry und Eric Ryan. Die stolzen Gründer von method® und allerersten people against dirty®! Auch wenn sie eines der am schnellsten wachsenden Privatunternehmen in Amerika gegründet und die Konsumgüterbranche dabei auf den Kopf gestellt haben, würden sich die beiden früheren WG-bewohner nie als Helden bezeichnen. Und das stimmt auch. Sie sind Superhelden! Und wie alle großen Superhelden erhielten sie ihre magischen Kräfte durch den Kontakt mit giftigen Substanzen, genauer gesagt: mit konventionellen Reinigungsmitteln. Aber anstatt grüner Haut oder der Fähigkeit, plötzlich fliegen zu können, bekamen Eric und Adam etwas noch viel Besseres: eine Idee.

Eric fand heraus, dass sich Menschen Reinigungsprodukte wünschen, die man nicht im Putzschrank verstecken muss, und Adam wusste, wie man diese ohne schmutzige Substanzen herstellt. Mit vereinten Kräften machten sie sich daran, Reinigungsprodukte sauber zu machen und entwickelten ein ganzes Sortiment davon. Sie sind so kraftvoll wie Chemiekeulen und dabei sanfter als ein Babypopo. Und machen es dabei möglich, dein Zuhause mit Wonne zu putzen und in ein einzigartiges Duftparadies zu verwandeln.

Mit der Backstory auf die Reise in die Vergangenheit und wieder zurück in die Zukunft

Wenn wir wissen wollen, was wir in Zukunft noch erreichen wollen, sollten wir auf das schauen, was wir bereits (für unsere Kund:innen) erreicht haben.

Wir Menschen lernen aus der Vergangenheit für die Zukunft. Wenn wir also für die Zukunft etwas lernen wollen, wenn wir wissen wollen, wo wir mit unserer Marke in Zukunft hinwollen, was wir noch erreichen wollen, hilft ein Blick zurück in die Vergangenheit – konkret: Zurück in unsere Backstory als Unternehmer:in oder Personal Brand. Hier finden wir oft die Bestimmung. Den wahren Grund, warum wir das Unternehmen gegründet oder unsere Personal Brand aufgebaut haben. Wenn du also für die Zukunft lernen willst, schau zurück in deine Vergangenheit. Das hilft dir bei dem, was vor dir liegt.

Viele Unternehmen versuchen, mit ihrer Backstory Aktionär:innen, Geldgeber:innen und Partner:innen zu beeindrucken. Die Leute, die vermeintlich das Unternehmen supporten. Und diese Leute interessiert nur eins: Dass dein Unternehmen Gewinn macht. Aber es sind die alltäglichen Leute, die sich wirklich für dich und deine Marke interessieren, wenn sie sich für dich entscheiden. Das sind die Menschen, die dich und deine Marke in Zukunft unterstützen – deine Kund:innen. Mach sie zu deinen Fans. Am besten schon mit deiner Backstory.

Warby Parker weiß das und weiß das zu schätzen. Das Unternehmen fokussiert sich voll auf seine Fans und Follower:innen. Bei allem was sie tun. Ihre Kund:innen bedeuten ihnen alles, weil sie alles sind. Ohne sie sind Warby Parker nichts. Sie sind ihre Heros, ob in ihrer Backstory, in ihrer Brand Story oder in ihrem Geschäftsalltag. Wenn du mit deiner Marke in eine erfolgreiche Zukunft blicken willst, schau zurück auf deine Backstory. Und schreib sie für deine zukünftigen Kund:innen. Mach sie zu Heros in deiner Backstory.

Für die Bestimmung zurück in die Vergangenheit

Was glaubst du, wie fühlt es sich für die Warby Parker Gründer und Mitarbeiter:innen an, jeden Tag zur Arbeit zu gehen und zu wissen, das Geschäft läuft großartig, ihre Kund:innen kaufen gern und das bedeutet gleichzeitig: Ihre Bestimmung geht gut: Jeden Tag helfen sie gleichzeitig bedürftigen Menschen. BTW: Deine Kund:innen interessieren sich mehr für deine Marke, wenn sie sich mit ihrem Kauf an etwas Gutem und Wertvollem beteiligen können. Das fühlt sich auch für sie gut an.

Gib ihnen ein gutes Gefühl, wenn sie sich für deine Marke entscheiden. Lass sie teilhaben an einer wirklich relevanten Mission. Später wirst du zurückblicken, auf das was du mit deiner Marke geleistet hast und sagen: Ja, das hat alles Sinn gemacht. Wir haben Menschen ein tolles Produkt gegeben, das ihnen Freude bereitet hat und wir konnten damit auch noch etwas Gutes für andere Menschen tun. Dafür hat sich all das gelohnt.

STORYSELLER-WORKSHOP

So entwickelst du eine relevante Backstory, in der bereits dein Publikum die Held:innen sind:

1. Interviewe dich selbst oder euch: Warum hast du dein Unternehmen gegründet? Was war der Auslöser? Wie kam es dazu? Wie hat sich das angefühlt?

2. Was hat euch dazu inspiriert? Hat es Mut gekostet, diesen Schritt zu gehen? Wenn ja, warum? Was waren die Bedenken, Ängste und Hindernisse dabei?
3. Wie ist der Name entstanden?
4. Was hast du oder was habt ihr vorher gemacht? Warum? Was hat euch dazu gebracht, das Unternehmen zu gründen?
5. Musstest du etwas aufgeben, um das hier zu gründen? Oder hat dich der Schritt aus einem Job gerettet, der nicht zu dir gepasst hat?
6. Was funktioniert(e) nicht in der Welt? Was wolltest Du oder ihr besser machen?
7. Für wen wolltest du etwas verbessern und warum?
8. Was hast du bis jetzt alles für deine Kund:innen erreicht? (Fokus immer auf die Kunden.)
9. Wie war der Weg bis hierhin? Was ist alles passiert? Was war aufregend, seltsam, lustig, herausfordernd oder außergewöhnlich?
10. Was waren die Herausforderungen am Anfang? Wann sah es aussichtslos aus – was hätte das Unternehmen fast umgebracht und wie konnte die Marke gerettet werden?
11. Was waren die ersten Projekte? Was habt ihr daraus für eure späteren Kund:innen gelernt?
12. Wie hat dich und deine Marke diese Journey geprägt? Was hast du daraus gelernt?
13. Wie hat euch die Journey verändert und reifen lassen? Und was haben eure Kund:innen davon?
14. Was habt ihr aus eurer Journey für eure Kund:innen ziehen können, was ihnen keine andere Marke bieten kann?
15. Für was ist eure Marke heute berühmt? (Fokus auf Kund:innen und/oder Mission)
16. Wenn ihr schon länger am Markt seid: Was ist von eurem Spirit der ersten Tage noch übrig? Warum? Und warum ist das wichtig und relevant für euer Publikum?
17. Welche Überzeugungen waren euch von Anfang an wichtig und welche sind bis heute geblieben und warum?

Die Vorteile einer guten Backstory:

- Auch eine Backstory kann dir helfen, die Bestimmung deiner Marke zu finden (oft liegt hier der Antrieb der Gründer:innen verborgen).
- Dein Publikum bekommt ein Gefühl davon, woher deine Marke kommt, warum sie existiert, für wen und wer die Gründer:innen sind.
- Es ist eine gute Möglichkeit, der Welt zu zeigen, warum es dein Unternehmen gibt und welche Rolle es im Markt spielt.
- Eine gute Backstory differenziert dich von anderen Marken.
- Du verpackst die Bestimmung deiner Marke in eine interessante Story und machst das Thema deiner Marke für das Publikum erlebbar.
- Eine gute Backstory kann deine Markenpersönlichkeit beeinflussen: Hier kann bereits die eigene Stimme Form annehmen.
- Ist sie gut, erzählt sie dein Publikum weiter – Freund:innen, der Familie oder Kolleg:innen.
- Sie macht das richtige Publikum auf deine Marke aufmerksam.
- Sie macht die Presse, Podcaster:innen und Onlinemagazine neugierig.

Frage #06

Die Veränderung:

Was wollen wir langfristig verändern?

> **„Die Stories, die wir erzählen, gestalten buchstäblich die Welt. Wenn du die Welt verändern willst, musst du deine Story ändern. Diese Wahrheit gilt sowohl für Einzelpersonen als auch für Institutionen."**
>
> *Michael Margolis*

Storyseller und die langfristig positive Veränderung, die sie bewirken wollen

Visionen zu haben ist gut. Eine klare Vorstellung von der langfristigen Veränderung zu haben, die du mit deinem Unternehmen, deiner Marke bewirken willst, ist konkreter. Für dich, dein Team und dein Publikum. Ein konkretes Ziel zu haben, motiviert. Man arbeitet gemeinsam daran, dieses Ziel zu erreichen. Diese Energie kann etwas Großes bewirken. Schauen wir uns an, was Storyseller langfristig verändern wollen.

Salesforce: Die Veränderung.

Wir glauben, dass jeder ein Trailblazer werden kann. Wir helfen Ihnen dabei mit unserer Technologie.

Die vierte industrielle Revolution bewirkt grundlegende Veränderungen der Arbeitsweise – etwa durch Robotik, KI und das Internet der Dinge. Wir machen diese Innovationen für alle nutzbar und tragen damit zur Chancengleichheit bei.

In unity, there is power.

When we come together, we unlock hidden potential. We unify people to help businesses and communities pursue their loftiest goals, solve their thorniest challenges, and harness their success to leave our planet a little better than we found it.

The world will continue to change. Technology will evolve. Business will pivot and pivot again. But relationships, built on trust and respect, will help us face the future, come what may.

"Customers aren't buying software, they're entering a relationship with a company that's going to help them navigate the future of technology."

BRET TAYLOR, SALESFORCE PRESIDENT & COO

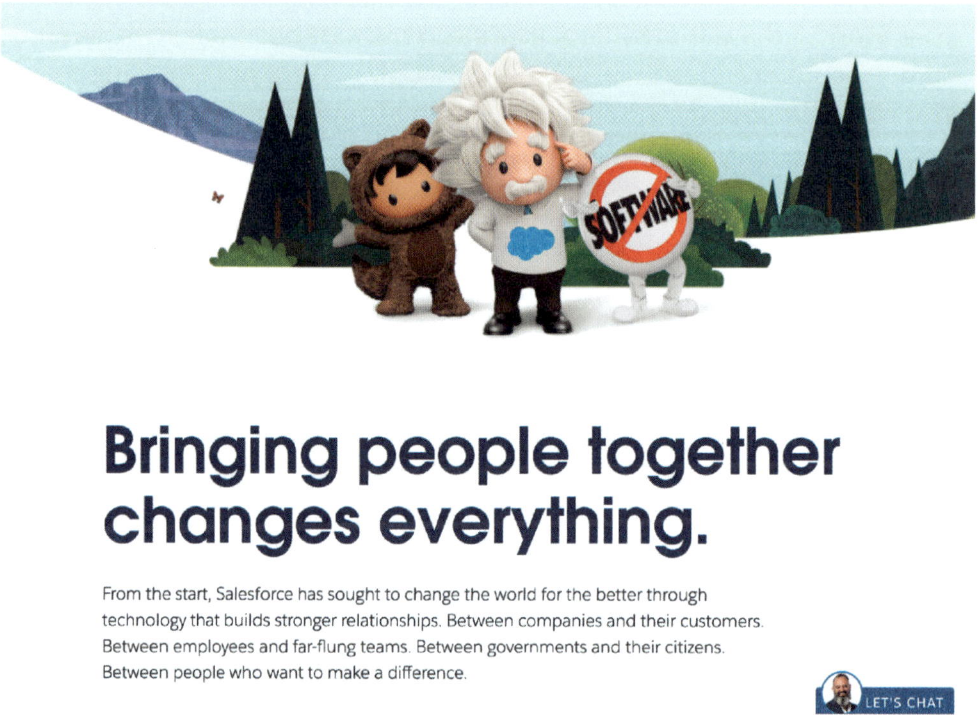

Eine erstrebenswerte Welt, die uns Salesforce hier eröffnet. Respekt, Vertrauen, sinnvolle Beziehungen – Menschlichkeit in der Businesswelt. Hier steckt viel drin in ihrem Text.

Auszug (übersetzt):

Menschen zusammen zu bringen, verändert alles.
Von Anfang an war Salesforce bestrebt, die Welt durch Technologie, die stärkere Beziehungen aufbaut, zum Besseren zu verändern. Zwischen Unternehmen und ihren Kund:innen. Zwischen Mitarbeiter:innen und weit verstreuten Teams. Zwischen Regierungen und ihren Bürgern. Zwischen Menschen, die etwas bewirken wollen.

In der Einigkeit liegt die Kraft.
Wenn wir zusammenkommen, setzen wir verborgene Potenziale frei. Wir bringen Menschen zusammen, um Unternehmen und Gemeinden dabei zu helfen, ihre hochgesteckten Ziele zu verfolgen, ihre schwierigsten Herausforderungen zu lösen und ihren Erfolg zu nutzen, um unseren Planeten ein wenig besser zu hinterlassen, als wir ihn vorgefunden haben.

Salesforce bringt mit dem Text die positive, langfristige Veränderung, die sie bewirken wollen, wunderbar klar und menschlich rüber. Alles in ihrer vertrauenserweckenden, lockeren, aber professionellen und sympathischen Salesforce-Stimme geschrieben. Auch ihr Thema steckt hier mit drin. Formuliert als Argument finden wir ihr Thema in der ersten Zeile:

Wenn wir zusammenkommen, setzen wir verborgene Potenziale frei.

B2B-Unternehmen, die ihr immer noch glaubt, man kann nicht Buzzword-frei, klar und menschlich kommunizieren – schaut auf dieses Unternehmen. Lasst euch inspirieren.

Wenn du ein Start-up aufbaust, ein B2B-Unternehmen führst oder das Marketing dafür machst, studiere Salesforce. Schau dir an, wie sie was wo kommunizieren. Schau dir an, wie alles auf ihr Thema „sinnvolle Verbindungen schaffen" einzahlt. Wie alles von ihrer Bestimmung „bestimmt" wird und wie sie andere motivieren und daran arbeiten, die langfristige positive Veränderung zu bewirken.

Viele Vision Statements sind unkonkret, allgemein oder selbstverliebt: „... in Zukunft die Leader im Bla-blah-Business sein." So what? Wen interessierts? Wen inspirierst? Niemanden. Niemals. Nirgendwo.

Das nebulöse und nicht greifbare Vision-Statement, ersetzt du durch ein klares Statement, das **die langfristige, positive Veränderung** beschreibt. Die Veränderung, die du mit deinem Unternehmen, deinem Produkt oder deinem Service nach außen bewirken möchtest. Also für Menschen, die Gesellschaft oder unseren Planeten. Vision Statements sind oft nach innen gerichtet und unterstreichen das übergroße Ego vieler Unternehmen – das wollen wir hier nicht machen. Aus einem einfachen Grund: Es interessiert niemanden dort draußen, ob ihr das führende Unternehmen seid, das meistverkaufte Auto der Welt anbietet oder erfolgreich auf allen wichtigen Märkten arbeitet.

Dein Statement sollte beschreiben, wie du die Welt in Zukunft siehst, die du oder ihr mit dem Unternehmen, dem Produkt oder Service mitgestalten möchtest. Das Langzeit-Ziel. Die Veränderung, die du dir in Zukunft wünscht. Hier kannst du träumen, herum spinnen und dich fragen:

Welche Zukunft will ich mitgestalten? Wie sähe eine erstrebenswerte Zukunft aus, die ich anderen mit meinem Produkt oder Service ermöglichen könnte?

Eine Welt, in der alle Menschen – überall – Zugriff auf bessere Bildung für weniger Geld haben. Mit deiner Online University machst du das in Zukunft möglich und ersetzt das nicht funktionierende Bildungssystem? Great – go for it!

Eine Welt ohne Pop-up-Banner, die epileptische Anfälle auslösen? Wunderbar!

Und selbst, wenn du diese langfristig angelegte, erstrebenswerte Welt so niemals umsetzen wirst, ist sie ein guter Nordstern für dich, dein Team und deine Marke. Dein Ziel motiviert dich und dein Team. Es reißt andere Menschen mit, um gemeinsam daran zu arbeiten, dieses Ziel zu erreichen. Erinnern wir uns an das was Bruce Lee über Ziele gesagt hat: *„Ein Ziel ist nicht immer zum Erreichen da, oft dient es nur zum richtigen Zielen."*

Schauen wir uns an, wie Storyseller eine erstrebenswerte Veränderung herbeiführen wollen:

A world without poverty.

(OXFAM)

A computer on every desk and in every home.

(MICROSOFT, altes Statement)

To make the best, most amazing liquid oats that you will find anywhere. Hope you are okay with that.

(OATLY)

Protecting the future of sport for all athletes*.

If there is no planet, there is no sport. This understanding drives our North Star for sustainability – a future where all athletes* have access to safe places to play and train, enjoy sport and realize their full potential.

(NIKE)

STORYSELLER-WORKSHOP

So identifizierst du die langfristige Veränderung, die du mit deiner Marke bewirken willst:

Storyseller wollen etwas verändern. Und ihre Kund:innen wollen Teil dieser Veränderung sein. Sie zeigen uns eine Welt, wie sie sein könnte – wie sie sein sollte. Was willst du langfristig verändern – für die Menschen, die Gesellschaft oder den Planeten? Fragen, die dir dabei helfen:

1. Was können wir langfristig für andere Menschen mit unserer Marke verändern?
2. Woran arbeiten wir bereits im Kleinen und was könnten wir ausbauen? Dove bastelt an einer Welt in der Schönheit eine Quelle des Selbstvertrauens ist – nicht des Selbstzweifels. Nike arbeitet an einer Welt, in der alle Sportler:innen Zugang zu sicheren Orten haben, um den Sport zu genießen und ihr volles Potenzial auszuschöpfen. So sieht für die Marke die perfekte Welt aus, an der sie jeden Tag arbeiten.
3. Welche Welt würde sich dein Publikum basteln, bezogen auf dein Produkt, ihr Problem, ihre Bedürfnisse? Wie kannst du ihnen dabei helfen, diese Welt zu erschaffen?
4. Wie sieht die Zukunft aus, die du mitgestalten willst mit deiner Marke?
5. Wie sähe eine erstrebenswerte Zukunft aus, die ich anderen mit meinem Produkt oder Service ermöglichen könnte?

Die Vorteile, wenn du als Marke weißt, welche langfristige Veränderung du bewirken willst:

- Du hast einen weiteren, uneigennützigen Daseinsgrund, der weit über Profitmachen oder dein Produkt hinausgeht.
- Du motivierst dein Team, deine Partner:innen und dein Publikum, Teil dieser Veränderung sein zu wollen.
- Es entsteht ein Wir-Gefühl: Wir verändern etwas gemeinsam.
- Du hast als Marke eine wirklich relevante Botschaft.
- Deine Brand Story ist relevanter und stärker.
- Ein langfristiges Ziel zu haben motiviert an guten und an schlechten Tagen und sagt dir immer wieder: Genau darum tust du, was du tust.
- Die langfristige Veränderung, die du bewirken willst, dient dir als Nordstern.
- Sie beeinflusst deine Entscheidungen: Wenn ich dazu ja sage oder das tue, kommen wir damit einen Schritt weiter, um die langfristige Veränderung zu bewirken? Wenn nicht, lass es sein. Wenn doch, go for it.
- Es macht deine Marke beständig und bietet ihr das Fundament auf lange Zeit relevant und erfolgreich zu sein.
- Du kannst wirklich etwas Sinnvolles beitragen und helfen.
- Du machst keine Werbung, du veränderst etwas zum Guten.
- Du hinterlässt ein Vermächtnis, das vielleicht noch viele weitere Generationen prägen wird.

Frage #07

Die Überzeugungen:

Woran glauben wir?

„Überzeugungen sind Wahlmöglichkeiten. Zuerst wählst du deine Überzeugungen. Dann beeinflussen deine Überzeugungen deine Entscheidungen."

Roy T. Bennett

Marken mit Überzeugungen überzeugen

Wofür steht deine Marke? Welche festen und unerschütterlichen Überzeugungen lenken euer Denken und Handeln? Wie packt ihr die Sache an? Wovon seid ihr oder bist du absolut überzeugt? Wofür trittst du ein? Woran glaubst du? Was ist deine ganze eigene Methode? Was macht deine Herangehensweise besonders? Das kann inspiriert sein von der Unternehmenskultur, deiner besonderen Strategie oder von Werten, nach denen du dein Handeln ausrichtest.

Es geht hier nicht darum, einfach nur leere Wertehülsen aufzuschreiben und eine Checkliste abzuhaken. Diese „Werte" kann jedes Unternehmen für sich in Anspruch nehmen (Authentizität, Ehrlichkeit, Integrität). Oft sind das sogar Werte-Klischees, die man von jedem Unternehmen erwartet: Ehrlichkeit? Echt jetzt? Ja, wir erwarten, dass das Unternehmen ehrlich ist und uns nicht über den Tisch zieht. Davon gehen wir aus. Ehrlichkeit ist Minimum. Kein Wert, den man sich stolz auf die Fahne schreibt.

Die Werte und Überzeugungen auf unserer Website bedeuten erst etwas, wenn wir sie in unserer täglichen Arbeit anwenden.

Wir erwarten einen guten Kundenservice und wir erwarten Zuverlässigkeit. Genauso wie wir von einem Auto erwarten, dass es fährt, von einem Toaster, dass er toastet und von einer Waschmaschine, dass sie wäscht. Also picke keine Werte heraus, die heute selbstverständlich sein sollten. Was Werte besonders macht, ist dein besonderer Umgang damit und wie du sie ausfüllst und erfüllst.

Werte wie „guter Kundenservice" werden dann erst interessant, wenn ein Unternehmen von ihren Kund:innen und ihrem Kundenservice besessen sind. So wie es Zappos perfektioniert hat. Sie beherrschen diese Kunst so gut, dass sie Beschwerden in Liebeshymnen verwandeln: Unzufriedene Kund:innen (kommt nicht oft vor) rufen schlecht gelaunt an und legen super gelaunt wieder auf.

Deine Überzeugungen – formuliert als ein oder mehrere Statements – sollen diese leere Worthülsen ersetzen. Es sind deine Überzeugungen und deine Glaubenssätze, destilliert in prägnanten und starken Statements, die deine Entscheidungen, deine Strategien und deine Arbeit lenken und leiten. Deine Überzeugungen überzeugen Menschen, die die gleichen Überzeugungen haben wie du.

Was machen starke Überzeugungen aus? Dass man sie beweisen kann. Das man klar kommuniziert, wie man diese Überzeugungen auch lebt und in die Tat umsetzt. Wie formulierst du glaubwürdige Glaubenssätze am besten? Und was brauchen Überzeugungen, um andere Menschen zu überzeugen?

Schauen wir uns an, wie Storyseller sich von ihren Überzeugungen lenken und leiten lassen:

Unser Unternehmen wurde mit der Überzeugung gegründet, dass man ein:e Athlet:in ist, wenn man einen Körper hat. (Nike)

Starke Überzeugungen hat auch Bodyform (Libresse), die sie gut in einen zusammenhängenden Text formuliert haben:

WHAT WE BELIEVE

Through pleasure and pain, from light flows to heavy, first period to last ... and everything between & beyond – vaginas and vulvas are a powerful, wonderful part of the human body, and deserve to be celebrated and cared for. We are committed to breaking taboos around periods, vaginas and vulvas, so women all over the globe can feel empowered, supported and can live the life they want without fear or shame.

(Übersetzung: Ob Lust oder Schmerz, ob leichte oder starke Regelblutung, ob erste oder letzte Periode ... und alles dazwischen und darüber hinaus – Vaginas und Vulvas sind ein kraftvoller, wunderbarer Teil des menschlichen Körpers, der es verdient, gefeiert und gepflegt zu werden. Wir setzen uns dafür ein, Tabus rund um Periode, Vagina und Vulva zu brechen, damit sich Frauen auf der ganzen Welt gestärkt und unterstützt fühlen und das Leben leben können, das sie wollen, ohne Angst oder Scham.)

Wie viele Überzeugungen oder Glaubenssätze brauchst du? So viele wie du hast. Ob es zwei sind, oder fünf oder sieben. Sei aber kritisch. Wähle die stärksten aus. Ich finde, alles zwischen drei und fünf ist gut. Sind es mehr, auch gut. Hauptsache, sie lassen sich gut lesen, geben deinen potenziellen Kund:innen ein Bild davon, mit wem sie es zu tun haben und sie docken bei den Leuten an, die mit ihnen in Kontakt kommen. Ob auf deiner Website, in deinem Pitch oder deiner Präsentation, in deiner Sales Mail oder in deinem Image-Film.

Du kannst deine Überzeugungen auch alle zusammen in einem kleinen Text unterbringen und ihn aufbauen wie eine Story. So macht es Everlane. Hier nochmal der Text auf der Everlane Website, der gut auf den Punkt bringt, wofür die Marke steht und welche Überzeugungen sie vertreten:

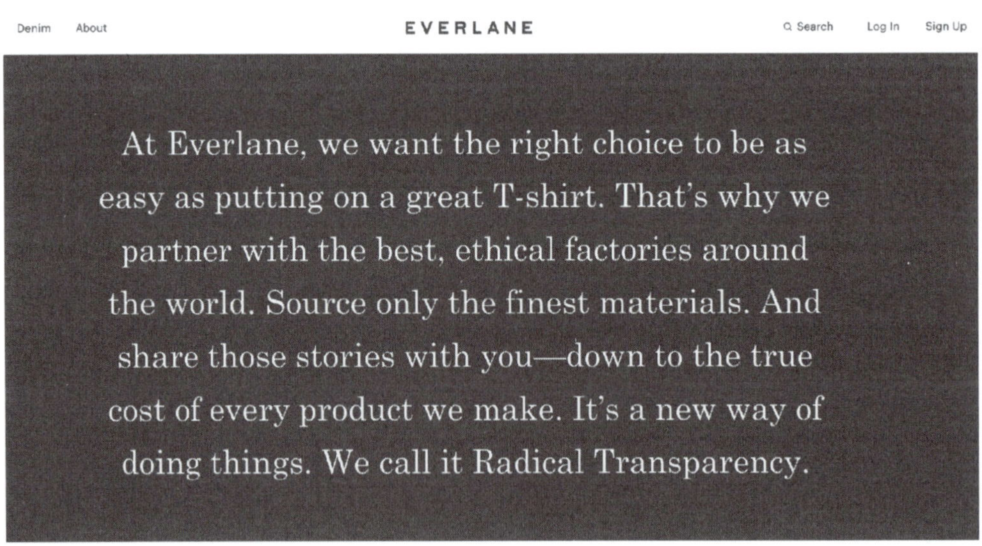

Scrollt man auf der Everlane Website nach unten, gehen sie nochmal auf die drei wichtigsten Säulen ihrer Überzeugungen ein:

OUR FACTORIES

Our ethical approach.

We spend months finding the best factories around the world—the same ones that produce your favorite designer labels. We visit them often and build strong personal relationships with the owners. Each factory is given a compliance audit to evaluate factors like fair wages, reasonable hours, and environment. Our goal? A score of 90 or above for every factory.

Learn more

OUR QUALITY

Designed to last.

At Everlane, we're not big on trends. We want you to wear our pieces for years, even decades, to come. That's why we source the finest materials and factories for our timeless products— like our Grade-A cashmere sweaters, Italian shoes, and Peruvian Pima tees.

OUR PRICES

Radically transparent.

We believe our customers have a right to know how much their clothes cost to make. We reveal the true costs behind all of our products—from materials to labor to transportation—then offer them to you, minus the traditional retail markup.

Fritz Kola ist eine großartige Challenger Brand, die ihre Überzeugungen sehr kreativ und klar auf ihrer Website präsentiert – und oft auch kommuniziert. Immer wieder überraschen sie auch mit großartigen Aktionen, PR-Stunts und Guerilla-Marketing.

Eine der wenigen mutigen Marken im deutschsprachigen Raum. Fritz Kola hat kein Problem damit, der Welt zu sagen, wofür sie steht. Ganz im Gegenteil: Sie hat auch noch viel Spaß dabei.

Hier eine Auswahl ihrer Überzeugungen:

04 eine kola zeigt gesicht.

In politisch bewegten Zeiten, geprägt von polarisierenden Persönlichkeiten und extremen Strömungen, zeigen wir mit fritz-kola lautstark Haltung für eine vielfältige Gesellschaft. Das schmeckt nicht jedem – muss es aber auch nicht. Denn als Hamburger:innen sind wir quasi im Gegenwind geboren.

Unser Köpfe-Logo steht seit jeher für diese Positionierung. Und so schwarz unsere Kommunikation auch ist, unsere Palette an Getränken ist genauso bunt und vielfältig wie die Menschen, die sie produzieren und die Welt, die wir uns wünschen.

Zur Europawahl 2019 haben wir Europa auf jeder zweiten Flasche in unser Logo geschlossen und so Menschen zum Gang an die Urne aufgefordert, damit sie ihr Kreuz ohne Haken für ein offenes Europa abgeben.

Links: Haken sind kreuzgefährlich – unser Motiv in Berlin-Neukölln. © blowupmedia Rechts: Du hast die Wahl – unsere Europa-kola. © Sascha Müller

06 fritz tut kultur gut.

Geld für Kunst und Kultur ist knapp – soweit es die öffentliche Hand betrifft. Die Liebe zu Kunst und Kultur ist groß – soweit es uns betrifft. fritz-kola fördert deshalb bewusst aufgeweckte Künstler:innen, Kulturschaffende und Organisationen, die sich ihren Projekten mit genau so viel Leidenschaft widmen, wie wir das tun.

fritz-töne auf Schwarzfahrt in Bayern. © André Rudolph

Mit unserem Musikprogramm fritz-töne haben wir 2019 insgesamt 25 ausgewählte Musiker- & Partner:innen unterstützt, damit diese sich frei entfalten können, ohne auf Verkaufszahlen und Massengeschmack Rücksicht nehmen zu müssen.

mehr dazu

Schau dich am besten mal auf ihrer Website um. Lies ihre Überzeugungen. Wie ihre Fritz Kola viel, viel Koffein hat, hat ihre Website *viel, viel* Text – aber auch mit viel, viel Inhalt, Tiefe und in ihrer sympathisch, lockeren, leicht frechen Markenstimme: www.fritz-kola.de/nachhaltigkeit.

Ein großartiges Beispiel, wie ein B2B-Unternehmen Überzeugungen nicht nur glaubwürdig, sondern auch beeindruckend kommunizieren kann, ist: Mailchimp. Wenn ich ihre Überzeugungen auf ihrer Website lese, bekomme ich sofort ein Gefühl für das Unternehmen, die Kultur, ihre Bestimmung und die Passion der Leute, die für Mailchimp arbeiten. Wenn man nach dem Lesen der Glaubenssätze und Überzeugungen eines Unternehmens Lust bekommt, für sie zu arbeiten, ist das ein verdammt gutes Zeichen, dass sie damit ganz richtig liegen. Aber überzeug dich selbst und lass dich inspirieren – von Mailchimp:

Kultur

Mailchimp arbeitet daran, eine Unternehmenskultur zu etablieren, die eine kreative, bescheidene und unabhängige Belegschaft unterstützt und eine gesunde Work-Life-Balance fördert. Unsere Mitarbeiter:innen können kleinen Unternehmen beim Wachsen helfen, an Events teilnehmen, ihre Arbeit teilen, ehrenamtlich aktiv werden oder etwas Neues lernen. Und wir stellen Mitarbeiter:innen ein.

Wir glauben, dass es unsere Unterschiede sind, die uns stark machen. Eine vielfältige Organisation, die Inklusion und Gleichberechtigung fördert, ist gut für unsere Teams, unsere Kund:innen und unsere Gesellschaft. Wir bestärken einander, einzigartige Perspektiven einzunehmen, neue Erfahrungen zu machen und neue Wege zu beschreiten.

Wir helfen unseren Teammitgliedern, sich in ihrer Position weiterzuentwickeln und geben ihnen durch Programme wie die Mailchimp University, ein MBA-Programm, das mit der Emory University entwickelt wurde, durch Leadership-Kurse für Manager:innen und durch unser Ausbildungsprogramm für technische Berufe die Möglichkeit, ihre Karriere zu fördern und sich auszuprobieren.

Mailchimp lädt außerdem regelmäßig Autor:innen, Designer:innen, Programmierer:innen, Künstler:innen und andere besondere Personen zu unserer „Coffee Hour" für Mitarbeiter:innen.

Bürgerschaftliches Engagement

Wir glauben an große Veränderungen, die klein beginnen – egal, ob es darum geht, ein Unternehmen zu gründen oder positive Veränderungen in der Gesellschaft herbeizuführen. Wir haben gelernt, dass es in einer Welt voller großer Probleme jemanden braucht, der Weltverbesserer in einem kleinen Maßstab unterstützt. Deshalb hat Mailchimp mehr als 12 Millionen US-Dollar investiert, um kleinen und mittleren Organisationen den Start und das Wachstum zu erleichtern.

Wir kämpfen gegen generationsübergreifende Armut und pflegen dazu Partnerschaften mit gemeinnützigen Organisationen wie „Literacy Action", die Erwachsene beim Lernen unterstützen. Wir unterstützen Kunstorganisationen wie Living Walls, die die besten Straßenkünstler:innen aus aller Welt zusammenbringen. Wir setzen uns zusammen mit der Atlanta Bicycle Coalition und MARTA, der regionalen Verkehrsbehorde, für einen menschengerechten Städtebau ein.

Wir fördern unsere Mitarbeiter:innen durch Programme wie Launchpad, unsere Partnerschaft mit der Clayton State University und das Mailchimp Community College, um unseren Mitarbeiter:innen die Werkzeuge an die Hand zu geben, um Gleichberechtigung zu fördern und positive Änderungen in Atlanta anzustoßen.

Salesforce: die Überzeugungen

Salesforce liefert hier doppelt: Ihre Werte haben sie sehr sympathisch auf ihrer Website platziert. Aber sie belassen es nicht dabei, einfach ein paar Worte auf ihrer Website zu platzieren. Ein tolles Beispiel, wie man Worte mit Leben füllt. Bei anderen Unternehmen könnten sie schnell als leere Wertehülsen auf der Website stehen. Salesforce schafft es aber sehr gut, diese Worte auszufüllen und sich zu eigen zu machen:

OUR CORE VALUES

What brings us together guides us forward.

Our core values guide everything we do as a company and as people. We strive to bring out the best in one another, deliver success to our customers, and inspire the entire industry through our actions.

EXPLORE OUR VALUES

Trust

We act as trusted advisors.

We earn the trust of our customers, employees, and extended family through transparency, security, compliance, privacy, and performance. And we deliver the industry's most trusted infrastructure.

GET REAL-TIME SYSTEM UPDATES ›

Customer Success

When our customers succeed, we succeed.

So we champion them to achieve extraordinary things. We innovate and expand our business offerings to provide all our stakeholders with new avenues to achieve ever greater success.

LEARN HOW WE EMPOWER CUSTOMERS ›

Innovation

We innovate together.

Our customers' input helps us develop products that best serve their business needs. Providing continual technology releases and new initiatives gives our customers a competitive advantage.

SEE OUR LATEST PRODUCT FEATURES AND UPDATES ›

Salesforce beschreibt in klaren Worten, was die einzelnen Werte für sie bedeuten und warum sie den Unterschied für ihre Kund:innen und deren Kund:innen machen.

Auszug (übersetzt): *Was uns zusammenbringt, bringt uns voran. Unsere Grundwerte leiten alles, was wir als Unternehmen und als Menschen tun. Wir streben danach, das Beste in uns herauszuholen, unseren Kund:innen Erfolg zu liefern und die gesamte Branche durch unser Handeln zu inspirieren.*

Kundenerfolg

Wenn unsere Kund:innen erfolgreich sind, sind wir es auch. Deshalb setzen wir uns dafür ein, dass sie außergewöhnliche Dinge erreichen. Wir innovieren und erweitern unsere Geschäftsangebote, um allen unseren Stakeholdern neue Möglichkeiten zu bieten, noch erfolgreicher zu werden.

Wenn du wie Salesforce klare Werte hast, kommuniziere sie und fülle sie mit Leben. Und dann mach es wie Salesforce und unterstreiche die Grund-/Kernwerte mit starken Überzeugungen und Glaubenssätzen – wie hier:

Auszug (übersetzt):

Wir glauben, dass Unternehmen die größte Plattform für Veränderungen sind.

Wir sind leidenschaftliche Befürworter des Stakeholder-Kapitalismus und verpflichten uns, allen unseren Stakeholdern gerecht zu werden – unseren Kund:innen, Mitarbeiter:innen, Partner:innen, Gemeinden, dem Planeten und der Gesellschaft als Ganzes.

Und wir gehen mit gutem Beispiel voran, indem wir Initiativen in den Bereichen Philanthropie, Rassengleichheit und -gerechtigkeit, Klimaschutz und ethische und humane Nutzung von Technologie vorantreiben.

Wir sind eine Familie.

Wir sind kein typisches Unternehmen. Und das ist gewollt. Wir nennen unsere Gemeinschaft von Salesforce-Mitarbeite:innen, Kund:innen und Partner:innen „Trailblazers". Wir sind eine einmalige Familie. Trailblazers auf der ganzen Welt arbeiten über Rollen, Unternehmen und Branchen hinweg zusammen, um sich gegenseitig zu helfen, zu lernen, zu wachsen und erfolgreich zu sein.

Wir meinen es ernst, wenn es darum geht, den Erfolg unserer Kund:innen voranzutreiben und die Welt positiv zu verändern, aber wir haben auch eine Menge Spaß zusammen, wenn wir das tun.

VALUES IN ACTION

We believe business is the greatest platform for change.

We are passionate proponents of stakeholder capitalism, committed to doing well by all our stakeholders – our customers, employees, partners, communities, the planet, and society as a whole.

And we lead by example, spearheading initiatives in philanthropy, racial equality and justice, climate action and advocacy, and the ethical and humane use of technology.

A win-win-win approach.

Our founders launched the 1-1-1 model, which commits 1% of our equity, our technology, and our peoples' time to improving education, equality, and the environment for everyone. Today, more than 12,000 companies worldwide have joined us in our Pledge 1% movement.

CULTURE

We are family.

We're not a typical company. And that's by design. We call our community of Salesforce employees, customers, and partners "Trailblazers." We're a one-of-a-kind family. Trailblazers around the world reach across roles, companies, and industries to help one another learn, grow, and succeed.

We're serious when it comes to driving customer success and creating positive change in the world, but we have an awful lot of fun together as we do it.

Diese Glaubenssätze und Überzeugungen verleihen den Werten von Salesforce und ihrer Bestimmung zusätzliche Kraft und Glaubwürdigkeit. Wer hat nach dem Lesen dieser Überzeugungen noch Zweifel, dass dieses Unternehmen nicht absolut von seinen Kund:innen und deren Kund:innen besessen ist? Salesforce will nichts mehr als ihren Kund:innen und deren Kund:innen zum Erfolg verhelfen. Nur wenige Unternehmen schaffen es, das so glaubwürdig und sympathisch zu kommunizieren. Was Marc Benioff, der Gründer von Salesforce, hier geschafft und erschaffen hat, ist absolut bemerkenswert.

Wie sieht es mit der langfristigen Veränderung aus? Will Salesforce denn langfristig positiven Einfluss ausüben? Und wenn ja, wie sieht das aus? Schauen wir uns ihr Statement dazu an:

Überzeugungen müssen überzeugen

Und dein Gegenüber zum Nicken bringen. Gute Überzeugungen lassen Gedanken im Kopf der Menschen aufploppen. Gedanken wie: Oh, das finde ich gut! Das will ich unterstützen! Oder: Das sehe ich auch so. Wo soll ich unterschreiben? Oder auch: Die denken wie ich? Wir teilen die gleichen Überzeugungen. Das ist meine Marke!

Damit deine Überzeugungen überzeugen müssen sie echt und ehrlich klingen. Schreib deine Glaubenssätze in der Stimme deiner Markenpersönlichkeit. Lasse sie nicht nach einem 08/15 Marketing-Handbuch klingen und auch nicht wie all die anderen Unternehmenstexte, die niemanden zum Tanzen, Lachen oder Klatschen bringen.

Lass die Persönlichkeit deiner Marke durchscheinen. Entertaine, überrasche, rege zum Nachdenken oder zum Nicken an. Dann bist du einen guten Schritt weiter, in deiner Beziehung zu deinem Publikum.

STORYSELLER-WORKSHOP

So identifizierst du deine Überzeugungen:

1. Woran glaubt ihr in Bezug auf eure Marke, euer Produkt oder den Service, den ihr anbietet? (Was vernachlässigen andere Mitbewerber:innen oft?)
1. Was ist euch wichtig, was euer Publikum unbedingt über eure Marke, euren Prozess wissen sollte?
2. Welche Regeln habt ihr, um besser oder anders zu sein als andere?
3. Welchen ungeschriebenen Gesetzen folgt ihr?
4. Wofür soll eure Marke stehen? Und wofür nicht? (Eine Gegenüberstellung: das Gute/das Negative oder Böse)
5. Was ist euer Geheimrezept? Macht es öffentlich. Hamstern bringt nichts, mit der Welt teilen schon.
6. Schreib klare und punchy Statements, die eure Überzeugungen gut verständlich und ehrlich rüberbringen.
7. Wie würdest du die Charaktereigenschaften beschreiben, wenn deine Marke eine Person wäre?
8. Was ist dir oder euch persönlich sehr wichtig im Leben und im Business?
9. Was zeichnet uns und die Leute aus, die bei uns arbeiten?
10. Schreib in zehn klaren Statements auf, woran du glaubst. Fang an mit: „Wir glauben …" oder „Wir sind überzeugt …"

11. Die Statements können eine Headline haben und darunter eine kurze Copy, die die Headline konkret erklärt (siehe Storyseller-Beispiele im Kapitel).
12. Schreib die Statements in der Stimme deiner Marke.

Die Vorteile, wenn du als Marke weißt, wofür du stehst:

1. Der große David Ogilvy und andere haben es bereits gepredigt: Steht deine Marke für alles, steht sie für nichts.
2. Deine Marke hat eine Ideologie, an die sie glaubt und nach der sie sich richtet.
3. Dein Publikum kann sich mit deinen Überzeugungen identifizieren.
4. Du ziehst das richtige Publikum, das zu deiner Marke passt, an und schreckt das falsche Publikum ab.
5. Deine Marke ist fokussiert und selbstbewusst – sie hat Attitude.
6. Deine Überzeugungen leiten deine zukünftigen Entscheidungen.
7. Überzeugungen machen deine Marke wertvoller.
8. Überzeugungen wecken Vertrauen beim Publikum.
9. Wenn du weißt, wofür deine Marke steht, weißt du auch, wofür sie nicht steht – und das ist genauso wichtig, wenn es um Entscheidungen geht.
10. Wenn du kommunizierst, wofür deine Marke nicht steht, schreckst du die Menschen ab, die nicht zu deiner Marke passen – und das ist gut so (siehe Nike, OATLY, Bodyform, Harley-Davidson).
11. Du ziehst die Menschen an, die deine Marke dafür umso mehr feiern.
12. Du hast keine Kund:innen, du hast leidenschaftliche Fans, die stolz auf ihre Marke sind.
13. Deine Marke steht für etwas und das überträgt sich auf dein Publikum. Auch das steht für etwas, wofür deine Marke steht. Darum entscheiden sie sich für deine Marke.
14. Du konkurrierst nicht mit deinen Mitbewerber:innen um das Produkt oder den Preis. Es geht dir um Überzeugungen und darum, das Richtige zu tun.
15. Du erschaffst dir eine treue und loyale Community, die für deine Marke kämpft.

Frage #08

Persönlichkeit & Stimme:

Was macht unseren Markencharakter und unsere Stimme menschlich, interessant und unverwechselbar?

Die menschliche MARKE

Dein Markencharakter

„Ich nutze Teile der Persönlichkeiten anderer, um meine eigene zu formen.“

Kurt Cobain

„Ich bin lieber ein bisschen schräg als total langweilig.“

Rebecca McKinsey

Storyseller haben eine Persönlichkeit

Was hat es mit Marken wie Nike, Apple, Mailchimp, Harley-Davidson, Innocent oder Brewdog auf sich? Wieso klingen diese Marken so, als würden sie mit uns sprechen? So, als wären sie gute Freunde? Wieso fühlen wir uns zu diesen Marken hingezogen, während uns andere Marken kalt lassen?

Wenn wir an Nike denken, haben wir keine Schuhe vor Augen. Wir sehen Athlet:innen auf dem Basketballfeld, dem Fußballfeld, dem Tennisplatz, beim Leistungssport, beim Laufen auf einer Landstraße oder in der Stadt. Wir haben Nikes energetische, punchy Stimme im Ohr. Nike hat Attitude. Nike hat ein Image, Charakter, eine eigene Stimme. Nike hat Persönlichkeit. Nike ist eine Persönlichkeit.

Genau wie ein Mensch haben Storyseller eine Persönlichkeit. Eine eigene Stimme. Diese Marken wirken und klingen menschlich. Da ist dieses Gefühl von... Verbundenheit, Vertrauen, Freundschaft, Loyalität – ja, zu manchen Marken haben wir fast eine ähnliche Beziehung wie zu unseren Freund:innen. Weil die Interaktion mit diesen Marken sich für uns sehr menschlich anfühlt. Der Unterschied zwischen Marken, die sich für uns menschlich anfühlen, und denen, die uns kalt lassen?

Markenpersönlichkeit.

Aber was ist eine Markenpersönlichkeit konkret? Was macht sie aus?

Eine Markenpersönlichkeit ist die Summe der Eigenschaften, mit denen sich deine Marke der Welt präsentiert.

Charaktereigenschaften, Stimme, Image, Überzeugungen – das alles ist Teil der Markenpersönlichkeit. Wie du dich der Welt präsentierst und was Menschen empfinden, wenn sie mit deiner Marke interagieren. Wir Menschen haben eine Persönlichkeit, Storyseller auch.

Bist du neugierig? Abenteuerfreudig? Smart, intro- oder extrovertiert, nachdenklich, wild, crazy, mutig, altklug, witzig, positiv – hast du einen trockenen Humor? Genau diese Eigenschaften kann auch deine Marke haben. Eine klar definierte Markenpersönlichkeit ist ein großartiges Tool, um deine Marke von anderen Marken abzuheben. Und sie schafft eine Identifikationsfläche für dein Publikum.

Wäre Nike eine echte Person, würdest du nicht gern mit ihr eine Runde laufen? Wäre Harley-Davidson eine Person, würdest du mit ihr auf einer Harley über die Landstraße brettern wollen? Mit OATLY auf einen Kaffee gehen und dich zum Lachen bringen lassen oder Apple als coolen, kreativen und smarten Arbeitskollegen haben wollen?

Diese Storyseller schaffen einen Charakter, mit dem sich das Publikum identifizieren kann.

Menschen kaufen von Menschen, nicht von Marken

Je menschlicher sich eine Marke für uns anfühlt, je menschlicher eine Marke kommuniziert, desto sympathischer finden wir sie. Schau dir OATLY an. Check nur drei Minuten ihren Insta-Feed. Hast du das Gefühl, mit einer Marke zu agieren oder mit einem Menschen?

Der Creative Director von OATLY hat alles dafür getan, damit die Marke nicht wie eine Marke klingt, sondern wie ein Mensch. Er hat einen großartigen Job gemacht. Seit Innocent die Bühne betreten und die Marketingwelt mit ihrer lockeren, charmant-witzig-frechen Stimme unterhält, hat kaum eine andere Marke eine so eigene Stimme entwickelt wie OATLY. Ähnlich wie die Stimme von Innocent erkennst du die OATLY-Stimme sofort. Egal wo. Ob auf ihrer Website.

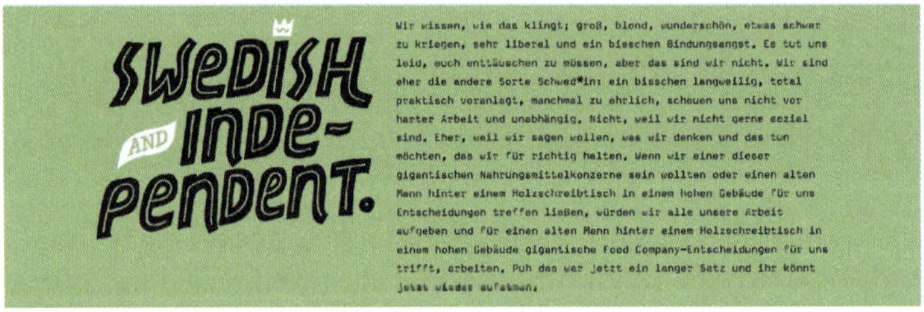

Auf ihrer Verpackung:

Auf ihrem Instagram-Profil:

John Schoolcrafts Einstellung zur Persönlichkeit und Stimme von OATLY:

„Die Menschen sind leicht gelangweilt, wenn also jemand etwas Unerwartetes schreibt, fühlen sich die Leute tendenziell gut. Ich war in meiner Vergangenheit Copywriter und habe Spaß am Schreiben. Bei Oatly schreibe ich, was ich gerade möchte, damit es interessant ist, wenn ich es lese. Hier gibt es eine Menge Freiheit."

Wir suchen Gemeinsamkeiten in Menschen und Marken

Menschen geht es um Gemeinsamkeiten, das verbindet uns Menschen. Ähnliche Interessen, Überzeugungen, Charaktereigenschaften, Wertvorstellungen, Ansichten, Einstellungen, der gleiche Musikgeschmack, die Liebe für die Kunst, die ähnliche Passion fürs Motorradfahren – diese Dinge verbinden uns.

Von irgendwoher ruft mir gerade Kanye West zu und bringt hier noch mal mit seinem unsterblichen Zitat das Ganze gut auf den Punkt:

I wish I had a friend like me.

Ja, genau so sieht's aus. Wir wollen Menschen zu Freund:innen haben, die ähnlich ticken wie wir. Das ist bei Marken nicht anders.

Wir müssen nicht mit allem übereinstimmen.

Wir akzeptieren auch Unterschiede.

Aber zuerst suchen wir nach Gemeinsamkeiten.

Ob bei einem Charakter in einem Film, bei unseren Freund:innen, unseren Partner:innen und bei den Marken, die wir in unser Leben lassen.

Die Persönlichkeit eines anderen Menschen zieht uns an oder schreckt uns ab. Bei Marken ist es genauso. So entstehen Communities um eine Marke herum, ähnlich wie wir Menschen Gruppen bilden. Wir wollen bestimmten Gruppen angehören, Teil davon sein. So sehen wir uns selbst oder wollen uns so sehen.

Wir müssen mit unserer Marke in einer Stimme sprechen, die unserem Publikum sympathisch ist, vertraut vorkommt, es anspricht. In einer Stimme, die unser Publikum dazu veranlasst zu sagen: Ich ticke auch so. Da gehöre ich dazu. Da will ich dabei sein! In dieser Community gibt es noch mehr Menschen, die denken wie ich. Leute, mit denen ich auf der gleichen Welle surfe.

Eine erste emotionale Verbindung entsteht durch die Stimme, die wir nutzen, und die Persönlichkeit, die wir zum Leben erwecken.

Das was wir erzählen, wird angetrieben durch unsere Bestimmung, wie wir kommunizieren wird beeinflusst durch unsere Überzeugungen, unsere Charaktereigenschaften und wofür wir stehen.

Wie spricht uns jemand an? Wie unterstreichen die Charaktereigenschaften die Stimme, die Art wie die Person spricht? Wenn uns die Persönlichkeit gefällt, ihre Stimme und das, was und wie sie es sagt, in uns etwas zum Schwingen bringt, dann ... BINGO. Lass uns Freunde sein.

Wenn wir uns mit anderen Menschen verbinden – mit Freund:innen, Partner:innen oder Kolleg:innen, dann passiert das immer über unsere Persönlichkeit. Was macht unsere Persönlichkeit aus? Sind wir ...

selbstbewusst
rebellisch
loyal
freundlich
pessimistisch
optimistisch
neugierig
ehrlich
mutig
unterhaltsam
gesellig
dominant
zupackend
spontan
herzlich
fürsorglich
schlagfertig
temperamentvoll
ungeduldig
zurückhaltend
charmant
kreativ
natürlich
witzig
zynisch
unkompliziert
stoisch

sarkastisch
verwegen
rational
fair

Und das sind nur einige wenige aus dem unendlichen Meer der Charaktereigenschaften, die uns Menschen ausmachen. Und natürlich definiert uns nicht nur eine Eigenschaft. Wir sind komplexe Wesen. Marken sollten das auch sein. Ein Charakterzug ist bei uns vielleicht mehr ausgeprägt als ein anderer, aber wir sind nicht nur mutig.

Wir sind nicht nur neugierig, verständnisvoll oder ehrgeizig. Der Held ist nicht nur gut. Der Weise ist nicht nur klug. Die Rebellin ist nicht nur rebellisch. Sie kann auch Humor haben und ihre rebellische Ader mit viel Humor ausleben.

Die Persönlichkeit eines Menschen zieht uns an. Mit Marken ist es nicht anders

Wie wir sprechen. Worüber wir sprechen, unsere Stimme und der Klang unserer Stimme, unsere Vorlieben, Eigenschaften, Sehnsüchte und unser Antrieb. All das sind die Summe aller Teile, die das große Ganze ergeben: Unsere einzigartige Persönlichkeit. Und genau das gilt auch für Marken.

Wenn sich eine Marke für uns vertraut anfühlt, wir sie sympathisch oder attraktiv finden, wird sie interessanter für uns. Wir fühlen uns buchstäblich zu ihr hingezogen.

Unser Unterbewusstsein fungiert wie eine Art Scanner: Treffen wir auf andere Menschen, analysieren wir unbewusst Verhaltensweisen und Handlungen dieser Menschen. Unser innerer Computer gleicht das mit unseren Erfahrungen ab und entscheidet dann: Mögen oder nicht mögen. Vertrauen oder nicht vertrauen. Wir spüren „instinktiv“, ob die Persönlichkeit des anderen mit der unseren übereinstimmt, Überschneidungen hat oder nicht.

Unser Gehirn ist unser Supercomputer, absolut – aber wir steuern ihn nicht komplett bewusst mit unserem Kopf – unser Unterbewusstsein erledigt das für uns und gleicht blitzschnell alle Daten ab, die ihm zur Verfügung stehen. Unser Unterbewusstsein hat Daten schon ausgewertet bevor wir Menschen dazu imstande waren mit Big Data und künstlicher Intelligenz zu arbeiten. The real Big Data Scientist ist unser Unterbewusstsein.

It's all about Personality. Die Persönlichkeit eines Menschen zieht uns an – die Gemeinsamkeiten verbinden uns Menschen miteinander. So entstehen Communities. Wie z.B: die Harley-Davidson Community von Gleichgesinnten auf der ganzen Welt.

Authentizität ist hier wichtig. Und damit meine ich nicht, was viele Marken oft unter „authentisch sein“ verstehen. Wir müssen als Marke das leben, was wir predigen. Die Überzeugungen auf unserer Website bedeuten erst was, wenn wir sie in unserer täglichen Arbeit anwenden.

Früher war das egal. Da konnten Marken fast alles behaupten. Wir Menschen waren diesen Werbebotschaften, die aus dem Fernseher zu uns in Wohnzimmer krochen, hilflos ausgeliefert. Heute sieht das komplett anders aus. Heute haben wir Konsument:innen Plattformen und eine Stimme, die wir einsetzen können – jederzeit. Heute verlangen wir von Marken, dass sie UNS zuhören.

Wenn Marken authentisch kommunizieren, dann haben wir nicht das Gefühl, dass sie etwas vor uns verbergen, dass es hinter dem Marken-Vorhang ganz anders aussieht als das, was sie uns erzählen. Bei gesichtslosen Unternehmen, die unpersönlich rüberkommen, haben wir eher das Gefühl, dass sie „nur" verkaufen wollen. Dass es ihnen dabei nicht wirklich um uns als Kund:innen, als Menschen geht. Uns unser Verhalten ist das, wie wir uns der Welt präsentieren – ob als Mensch oder als Marke.

Also mach deine Marke sympathisch, mach sie liebenswert. Gib deinem Publikum gute Gründe deine Marke zu mögen, sich mit ihr identifizieren zu wollen. Mach aus deiner Marke eine attraktive, eine interessante Persönlichkeit und erwecke sie zum Leben. Mit all ihren Ecken und Kanten, ihren Ticks und Besonderheiten. Mach sie echt. So hebst du deine Marke ab, aus der Masse – aus dem gigantischen Meer der gleichförmigen Marken, die alle ähnlich aussehen und alle ähnlich klingen. Mach deine Marke menschlich.

Die Persönlichkeit deiner Marke hilft dir später eine persönliche Verbindung zu deinem Publikum herzustellen. Keine Persönlichkeit, keine persönliche Verbindung. Punkt. End of Story.

Stimme, Attitude & Style

Marken wie Nike, Patagonia, Mailchimp – eigentlich alle Marken, die ich hier im Buch nenne, verbindet ein Merkmal: Sie besitzen Eigenschaften, die mit den Eigenschaften übereinstimmen, die uns anziehen, was wir glauben oder was uns ausmacht. Diese Marken stellen eine tiefere Verbindung zu ihrem Publikum her, indem sie ihrer Marke einen menschlichen Charakter verleihen und ihre Persönlichkeit zum Leben erwecken. Sie haben klare Charaktereigenschaften und eine Stimme, die sich aus dem Meer der Marken abhebt.

Es ist ihre ganz eigene Persönlichkeit.

Ihre eigene Stimme.

Wenn wir anders denken, umdenken sollen, müssen wir etwas fühlen. Wir brauchen einen Anstoß. Wenn wir anders handeln sollen, müssen wir anders denken, nachdenken, umdenken. Storyseller wollen uns zum Nachdenken, zum Umdenken bringen. Sie wollen, dass wir uns oder unsere Welt verändern – zum Besseren.

Storyseller erzählen uns ihre Story nicht einfach nur, um uns gut zu unterhalten. Storyseller wollen etwas bewirken. Sie wollen das wir handeln, aktiv werden. Storyseller wollen etwas verändern.

Und wir wollen Teil dieser Veränderung sein.

Bring dein Publikum dazu, umzudenken. Lass sie Teil einer Veränderung sein.

Finde die STIMME deiner Marke.

> **„Nike didn't discover the power of advertising, they discovered the power of their own voice."**
>
> *Dan Wieden*

You talkin' to me? You …?

(Robert De Niro als Travis Bickle in Martin Scorseses „Taxi Driver" und sein meisterhafter Spiegel-Monolog – eine seiner besten und legendärsten Rollen.)

Sprichst du mit mir? Genau das fragt sich dein Publikum, wenn sie eine Botschaft von dir lesen oder hören. Besser du kannst mit einem klaren: „Ja, genau dich meine ich!" antworten. Und wenn sie nicht das Gefühl haben, dass du wirklich zu ihnen, mit ihnen sprichst, hast du schon verloren.

Es geht darum, WAS deine MARKE sagt und WIE sie es sagt.

Die Stimme deiner Marke zieht das richtige Publikum an

Wer ist MEIN Publikum? Das ist die vielleicht wichtigste Frage, die du dir stellen musst, wenn du die richtigen Menschen mit deiner Marke zusammenführen willst.

Wer ist sie oder er?
Wie tickt sie?
Was treibt sie an?
Was ist ihre Story?
Was ist sein Traum?
Was will sie erreichen?
Was sind seine Sorgen oder Bedürfnisse?
Was sind ihre Ziele?

Frag dich:

Was interessiert diese Menschen wirklich?
Welche Interessen haben sie?
Was bewegt sie?

Tipp: Wir Menschen interessieren uns vor allem erstmal für *eine* Sache: für uns selbst.

Sorry, aber deine potenziellen Kund:innen interessieren sich nicht für dein Produkt, deine Dienstleistung – deine Marke. Noch nicht. Deine Marke ist ihnen erstmal völlig egal. Du bist nicht Netflix, du bist nicht Harry Potter, nicht Star Wars und nicht Picasso. Deine Marke ist ihnen erstmal völlig egal. Also mach deine Marke so interessant wie möglich.

Vergiss alle Marketingregeln, Frameworks, Zauber- und Erfolgsformeln. Alles was zählt ist: Wie machst du deine Marke für DEIN Publikum so verdammt interessant wie nur möglich? Das Social Web ist das römische Kolosseum. Dein Publikum entscheidet mit Daumen hoch oder runter über das Schicksal deiner Marke. Sie sind der Imperator. Deine Marke ist der Gladiator. Biete ihnen eine verdammt gute Show und du gewinnst Fans. Enttäusche sie und du kannst einpacken.

Wie machst du deine Marke für dein Publikum interessant?

1. Du interessierst dich wirklich für dein Publikum und seine Bedürfnisse und ...
2. Du erschaffst eine interessante Persönlichkeit mit einer Stimme, die bei ihrem Publikum etwas auslöst

Die Stimme ist (fast) alles. Warum? Weil sie das erste ist, was dein Publikum zu sehen und hören bekommt, wenn sie mit deiner Marke in Kontakt kommt.

Ob auf deiner Website, im Social Web, auf YouTube oder im Supermarkt.

Dein Publikum ist keine Zielgruppe

Der erste Schritt in die richtige Richtung wäre zum Beispiel, dein Publikum nicht als Zielgruppe zu betrachten. Ich habe diese Bezeichnung nie verstanden. Du befindest dich nicht im Krieg – es geht um Kommunikation, um Verbindungen, die du erschaffen willst. Von Mensch zu Mensch. Also mach es wie andere Storyteller und betrachte diese Menschen als das, was sie sind: Dein potenzielles Publikum. Zeig Respekt, liefere eine gute Show, tritt dein Ego in die Tonne und verbeuge dich, wenn du Applaus von deinem Publikum erwartest.

NICHT VERGESSEN:

Versuche nicht, alle und jeden zu erreichen. Tust du das, erreichst du niemanden. Sprichst du aber als Person zu einer anderen Person, erreichst du auch andere Menschen, die sich von deiner Botschaft angezogen fühlen.

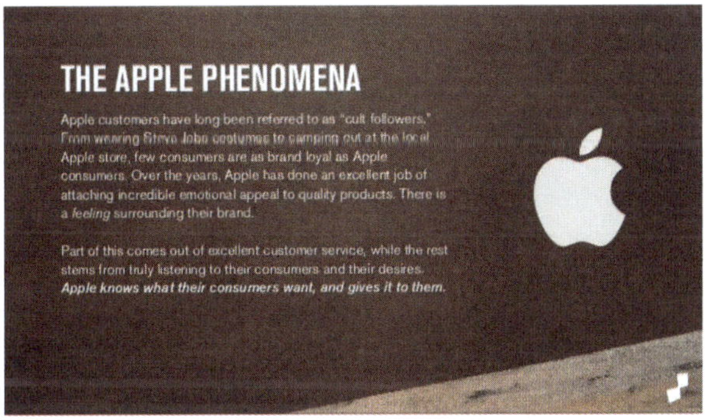

Storyseller hören ihrem Publikum zu. Sie wissen, was es will und welche Bedürfnisse es hat. Storyseller geben ihrem Publikum das Gefühl, dass die Marke sie versteht, dass sie sich für ihr Publikum wirklich interessieren und dass sie ein Teil der Marke und ihrer Story sind. Sie sprechen eine gemeinsame Sprache. Storyseller kennen ihr Publikum. Sie wissen, mit wem sie sprechen.

Stephen King hat *eine* bestimmte Person, an die er denkt, wenn er seine Romane schreibt. Und wir sind uns einig, dass dieser Typ sein Publikum kennt und seine Bücher so interessant macht, dass sie zwei, drei Leute kaufen, oder?

Wie macht er das? Er hat beim Schreiben *seine* ideale Leserin im Kopf. Für sie und nur für sie schreibt er seine Geschichten. Es ist seine Frau.

Sie steht stellvertretend für das Hardcore-Millionenpublikum von Stephen King. Nur für sie und an sie schreibt er. Wenn er schreibt, denkt er an sie. Er fragt sich: Würde *ihr* das gefallen? Ist es für *sie* interessant? Bringt es *sie* dazu, weiterzublättern? Erzähle ich die Story so, dass *sie* eintaucht und wissen will, wie es weiter geht? Nur ihr muss es gefallen. Nicht jedem.

Das Ergebnis: Millionen Leser:innen auf der ganzen Welt lieben seine Romane. Die Romane, die er nur für seine Frau geschrieben hat.

Also hab beim Markenaufbau bereits *dein* ideales Publikum im Kopf: deinen Mann, deine Frau, deine Schwester, deinen besten Freund, deinen Hund oder deine Katze – wer auch immer für dein ideales Publikum steht.

Das WAS ist wichtig. Das WIE ist wichtiger

Was wir als Marke kommunizieren ist wichtig, aber genauso wichtig ist, wie wir es kommunizieren. Unsere Stimme, die Art wie unsere Marke spricht, ist das, was uns am Ende von anderen unterscheidet. Jeder kann das kommunizieren, was wir kommunizieren. Werbebotschaften sind inhaltlich alle ähnlich oder sogar gleich. Wir können und sollen nichts erfinden. Aber was wir anders machen können, ist WIE wir kommunizieren. Das wissen auch die großen Storyteller wie J.K. Rowling oder Quentin Tarantino.

Das, was bei unserem Publikum wirklich hängen bleibt, ist das Gefühl, das wir unserem Publikum geben, mit unserer Stimme und der Persönlichkeit. Das bleibt hängen. Nicht unser Name, nicht unser Logo, nicht unsere Farben oder unser Claim.

Es ist die Stimme deiner Marke, die dein Publikum im Kopf behält, wenn du es richtig machst. Um es mit den leicht abgewandelten Worten von Jack Nicholson aus *Eine Frage der Ehre* zu sagen: Marken, ihr wollt die Wahrheit? Ihr könnt die Wahrheit doch gar nicht ertragen! Die Wahrheit ist: Nicht das Logo, nicht die Farben, nicht der Claim bringt Menschen dazu, den nächsten Schritt zu machen. Es kommt darauf an, dass Menschen den nächsten Schritt machen, sich mit deiner Marke auseinandersetzen, interagieren.

Es ist die Persönlichkeit deiner Marke, die sie anzieht oder abstößt. Und ein sehr großer Teil davon bildet die Stimme, mit der deine Marke mit dem Publikum kommuniziert. Und sie sollte nicht variieren. Der Ton kann sich dem Umfeld oder einem Ereignis anpassen, aber die Stimme deiner Marke sollte immer gleich sein. Oder würde Tony Soprano plötzlich wie Jack Sparrow sprechen?

Der Ton ist Teil unseres Markencharakters, ähnlich wie in einem Buch oder in einem Film. Die Autoren und Filmemacher, die sich von anderen absetzen, haben ihren ganz eigenen Stil, ihre eigene Stimme.

Marken, die eine ganz eigene Stimme haben, sind ihrer Konkurrenz meilenweit voraus. Während ihre Mitbewerber klingen wie die meisten anderen Marken, führen sie schon eine gemütliche Unterhaltung mit ihrem Publikum. Storyseller sind mit Persönlichkeit und ihrer Brand Story absolut konsistent: Egal wo, auf welcher Plattform, in welchem Kanal oder Medium sie mit ihrem Publikum kommunizieren, sie haben immer eine einheitliche Persönlichkeit und eine einheitliche Story. So werden sie erkannt und wiedererkannt. Wenn unsere Marke auf der Website mit einer ganz eigenen Stimme spricht, sollte diese Stimme auch im Newsletter zu hören sein, im Sales-Pitch, in der Brand Story, in der Kampagne, in unseren Social Media Postings – kurz: ÜBERALL.

Wir haben es alle schon mal erlebt: Wir klicken uns durch eine Website und verstehen nichts – nada, niente. Der Text klingt, als hätte ihn eine Maschine geschrieben, der Ton klingt alles andere als menschlich. Es klingt unpersönlich, nach einem Unternehmen – aber nicht nach einem Menschen. Nimm Versicherungen – warum muss eine Versicherung klingen, als würden dort nur Zombies arbeiten, die nichts von den Sorgen, Wünschen, Ängsten und Gewohnheiten der Menschen verstehen, die sie doch eigentlich „versichern" wollen. Es geht schließlich darum, Menschen zu schützen. Hoch emotional. Warum aber klingen sie so verdammt unemotional? Nicht nur das, die meisten klingen auch absolut unverständlich.

Oder B2B-Unternehmen: Warum sprechen sie, als würden ihre Maschinen, Computer oder ihre innovativen Technologien ihr Unternehmen leiten und nicht echte Menschen? Wenn wir uns als krassen Kontrast Marken wie Salesforce oder Mailchimp anschauen, sehen wir gut, dass es auch anders geht – menschlich.

Die besten Autor:innen haben eine unverkennbare Stimme: Hemingway, Virginia Woolf, Tom Wolfe, Joan Didion oder Hunter S. Thompson. Wenn du Gedichte liest und ich meine nicht diese blumigen Reimverse, ich meine Gedichte von Rimbaud, Sylvia Plath, Charles Bukowski, Whitman, Jack Kerouac, Allen Ginsberg, Robert Frost oder Emily Dickinson, dann hörst du die ganz eigene Stimme dieser Dichter:innen. Ihren Stil.

Billy Collins, der amerikanische Dichter, räuspert sich, schaut mir beim Schreiben über die Schulter und will etwas ergänzen. Bitte Billy, nur zu:

„Wenn du einen Dichter oder eine Dichterin hörst oder liest, mit einer frischen, originellen Stimme, dann sind das, was du hörst, all die Stimmen anderer Dichter vereint in dieser Stimme. So kombiniert, dass du sie nicht zur ursprünglichen Quelle zurückverfolgen kannst."

Danke Billy. Absolut. Einer der besten Tipps und Insights zum Thema Inspiration und Einfluss, der mir je begegnet ist. Der Stil und die Stimme der Autor:innen, die wir mögen, ist die Kombination aus allen Stimmen, die diese Person in ihrer Arbeit beeinflusst hat. Lass dich auch beeinflussen. Lies Gedichte, lies gute Literatur, lies Autor:innen mit einem ganz eigenen Stil. Kombiniere Stile. Probiere aus. Und finde deine Stimme.

Die Kreativagentur Wieden & Kennedy hat für ihren Kunden Levi's ein Gedicht genutzt. War ein großer Erfolg und hat viele Menschen begeistert und inspiriert. Warum? Wegen der ganz eigenen Stimme, die Levi's hier entwickelt hat. Schau dir den Spot dazu an: Levi's – O Pioneers! (Go Forth)

Hier das Brand Manifest von Levi's. Achte auf die Stimme.

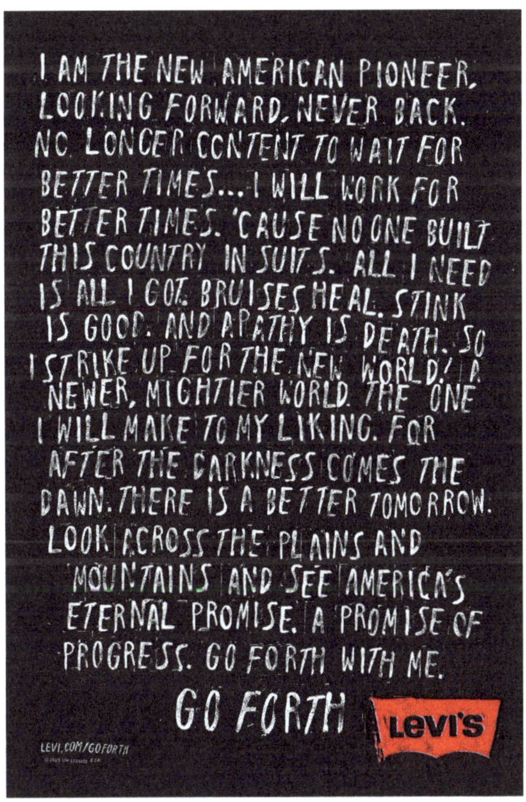

Klingt kraftvoll, lyrisch, rhythmisch, wie ein gutes Gedicht, oder? Ja, ist ja auch ein Gedicht von Walt Whitman.

Lass dich für die Stimme deiner Marke von Gedichten, von Lyrik und den Lyrics aus Songs inspirieren. Schau dir Filme von Kultregisseur:innen an und achte auf die Stimme und die Sprache der Figuren. Sammle Stimmen, sammle Worte, Slangs, Ausdrücke, Redewendungen – alles, was eine Stimme eigen, besonders und interessant macht.

Wenn Hemingway Copywriter für Apple wäre

Apples Stimme ist minimalistisch wie alles bei Apple. Die Stimme der Marke ist professionell, aber nicht Business-trocken oder langweilig. Ganz im Gegenteil. Sie ist

cool

klar

einfach

stilvoll

lässig

und

dabei auch noch smart.

Sie vermittelt Selbstvertrauen und Qualität. Sie weckt Vertrautheit. Sie spricht zu uns, wie ein guter Freund oder eine Freundin. Apples Stimme ist einladend. Sympathisch und smart. Wenn man Texte von Apple liest, hat man das Gefühl, die Marke spricht direkt zu einem. Eine Konversation von Mensch zu Mensch.

Apple spricht mit klarer Stimme. Einfache und kurze Sätze. Trotzdem smart und gehaltvoll. So als hätte Hemingway die Copy geschrieben. Oder sagen wir so: Würde Hemingway heute leben und würde er die Texte für Apple schreiben, so würden sie vermutlich klingen. Wenn ich mir vorstelle, Hemingway würde ein Brand Manifest für Apple schreiben …

Viele Marken klingen ähnlich. Wenige haben eine eigene Stimme, die man sofort erkennt.

Dann gibt es die anderen Marken, die Storyseller. Sie haben eine menschliche Marke, die klingt, als wäre sie ein guter Freund, ein sympathischer Kollege, dein Vater, deine Mutter, dein Mentor oder die rebellische Freundin, die dich dazu anstiftet, doch endlich mal aus dem Hamsterrad auszusteigen. Ihre Worte sind punchy, frech und treffen dich jedes Mal voll in die Magengrube. Weil du weißt: Sie hat sowas von recht. Sie spricht Dinge an, die andere vielleicht denken, aber niemals aussprechen und schon gar nicht tun würden. Sie zeigt dir, was es heißt Spaß zu haben, das Leben zu genießen, Risiken einzugehen, Abenteuer zu erleben.

Storyseller führen eine Konversation mit ihrem Publikum, sie plaudern, tauschen sich aus, in einer Stimme, die dem Publikum vertraut und sympathisch ist. Ihre Stimme klingt echt, authentisch, menschlich. Was passiert mit uns Menschen, wenn wir mit einem anderen Menschen ein vertrautes Gespräch führen? Wir fühlen uns wohl, wir öffnen uns, tauschen uns aus und entwickeln positive Gefühle für diese Person.

Um eine eigene Stimme für deine Marke zu finden, mach es wie große Storyteller, die ihre Charaktere entwickeln. Stell dir deine Marke als echte Person vor. Oder frag dich: Wenn meine Marke eine berühmte Person wäre, wer wäre sie dann? Lass dich von echten Persönlichkeiten inspirieren, von Figuren aus Romanen oder von Charakteren aus Serien oder Filmen.

Ein großartiges Beispiel was Persönlichkeit und Stimme betrifft ist mal wieder Mailchimp. Dieses Unternehmen hat eine menschliche Persönlichkeit und eine unverwechselbare Stimme. Aber lassen wir Mailchimp am besten selbst zu Wort kommen und schauen was diese B2B-Marke zu ihrer Persönlichkeit und Stimme zu sagen hat: (Texte von der Mailchimp-Website übersetzt)

MAILCHIMP: STIMME & TON

Eine Möglichkeit, wie wir aussagekräftige Inhalte schreiben, besteht darin, uns unserer Stimme und unseres Tons bewusst zu sein. In diesem Abschnitt wird der Unterschied zwischen Stimme und Tonfall erklärt und die jeweiligen Elemente, wie sie für Mailchimp gelten, dargelegt.

Was ist der Unterschied zwischen Stimme und Tonfall? Stellen Sie es sich so vor: Sie haben immer die gleiche Stimme, aber Ihr Tonfall ändert sich. Sie verwenden vielleicht einen Ton, wenn Sie mit Ihren engsten Freunden zu Abend essen, und einen anderen Ton, wenn Sie in einem Meeting mit Ihrem Chef sind.

Ihr Tonfall ändert sich auch je nach dem emotionalen Zustand der Person, die Sie ansprechen. Sie würden nicht den gleichen Tonfall mit jemandem verwenden wollen, der verängstigt oder aufgebracht ist, wie mit jemandem, der lacht.

Das Gleiche gilt für Mailchimp. Unsere Stimme ändert sich nicht viel von Tag zu Tag, aber unser Tonfall ändert sich ständig.

STIMME

Wir bei Mailchimp sind in den Schuhen unserer Kund:innen gelaufen und wissen, dass Marketingtechnologie ein Minenfeld mit verwirrender Terminologie ist. Deshalb sprechen wir wie ein erfahrener und einfühlsamer Geschäftspartner, den wir gerne gehabt hätten, als wir noch klein waren.

Wir behandeln jede hoffnungsvolle Marke ernst. Wir wollen die Menschen aufklären, ohne sie zu bevormunden oder zu verwirren.

Mit schrägem Humor und einer unterhaltsamen Stimme spielen wir mit der Sprache, um Freude an ihrer Arbeit zu vermitteln. Wir bevorzugen das Subtile gegenüber dem Lauten, das Schräge gegenüber dem Possenhaften. Wir nehmen uns selbst nicht zu ernst.

Egal, ob die Leute wissen, was sie von uns brauchen, oder ob sie keine Ahnung von Marketing haben, jedes Wort, das wir sagen, informiert und ermutigt. Wir vermitteln unser Fachwissen mit Klarheit, Einfühlungsvermögen und Witz.

All das bedeutet, wenn wir Texte schreiben:

Wir sprechen Klartext.

Wir verstehen die Welt, in der unsere Kund:innen leben: eine Welt, die von übertriebener Sprache, Upsellings und überhöhten Versprechungen geprägt ist. Wir entfernen all das und schätzen Klarheit über alles. Weil Unternehmen zu Mailchimp kommen, um sich an die Arbeit zu machen, vermeiden wir Ablenkungen wie flauschige Metaphern und billige Spiele mit Emotionen.

Wir sind echt.

Wir verstehen kleine Unternehmen, weil wir vor nicht allzu langer Zeit selbst eines waren. Das bedeutet, dass wir uns in die Herausforderungen und Leidenschaften unserer Kund:innen hineinversetzen und sie auf eine vertraute, warme und zugängliche Weise ansprechen.

Wir sind Übersetzer.

Nur Experten können das, was schwierig ist, einfach aussehen lassen, und es ist unsere Aufgabe, B2B-Fachsprache zu entmystifizieren und tatsächlich zu lehren.

Unser Humor ist trocken.

Unser Sinn für Humor ist direkt, subtil und ein wenig exzentrisch. Wir sind schräg, aber nicht unpassend, intelligent, aber nicht versnobt. Wir ziehen es vor zu zwinkern, statt zu schreien. Wir sind nie herablassend oder ausgrenzend – wir beziehen unsere Kund:innen immer in den Witz mit ein.

TON

Der Ton von Mailchimp ist normalerweise informell, aber es ist immer wichtiger, klar zu sein als unterhaltsam. Wenn du schreibst, bedenke den Gemütszustand des*der Leser:in. Sind sie erleichtert, mit einer Kampagne fertig zu sein? Sind sie verwirrt und suchen unsere Hilfe auf Twitter? Sobald du eine Vorstellung von ihrem emotionalen Zustand hast, kannst du deinen Ton entsprechend anpassen.

Mailchimp hat einen Sinn für Humor, also fühl dich frei, witzig zu sein, wenn es angemessen ist und wenn es dir natürlich vorkommt. Aber übertreibe es nicht, wenn du einen Witz machen willst – erzwungener Humor kann schlimmer sein als gar keiner. Wenn du dir unsicher bist, behalte einen klaren Kopf.

Stil-Tipps

Hier sind ein paar Schlüsselelemente, um die Stimme von Mailchimp zu beschreiben.

- **Aktive Stimme:** Verwende die aktive Stimme. Vermeide den Passiv.
- **Vermeide Slang und Jargon:** Schreibe in einfachem Englisch.
- **Positiv schreiben:** Verwende positive statt negativer Sprache.

Mailchimps Content Style Guide

Mailchimps Auszug aus ihrem Styleguide soll Mitarbeiter:innen helfen, in der Stimme von Mailchimp zu schreiben. So bleibt die Stimme einheitlich – egal wer und wo auf der Welt für die Marke schreibt. Wir können viel daraus lernen. Lass dich davon für deine eigene Marke inspirieren. Nutze es als Template und mach daraus deine eigenen Tone & Voice Guidelines.

Ein Blick auf die Website von Mailchimp lohnt sich auch, wenn du nach weiterer Inspiration suchst. Hier findest du ihren Content Style Guide, mit ihren Regeln zum Schreiben für Social Media, Newsletter, Wortlisten etc: https://styleguide.mailchimp.com/voice-and-tone/

Eine sehr hilfreiche und inspirierende Ressource – also, unbedingt checken. Der Blog *Brand New Copy* bietet weitere gute Beispiele zu Stimme & Ton für Marken und viele Ressourcen auf ihrer Seite von verschiedenen Marken präsentieren. Also, auch unbedingt checken, studieren und davon lernen: https://brandnewcopy.com/tone-of-voice/

Warum es so wichtig ist, als Marke eine eigene Stimme zu haben?

Die Stimme verleiht deiner Marke Charakter, Persönlichkeit & Attitude.
Die Stimme macht deine Marke vertraut und einzigartig.
Die Stimme verleiht deiner Marke Glaubwürdigkeit und schafft Vertrauen bei deinem Publikum.

Fünf Fragen, um die Stimme deiner Marke zu finden

1. **Deine Marke auf einer Party: Wie spricht sie mit anderen Gästen?**
   Stell dir vor, deine Marke auf einer Dinner- oder Cocktail-Party. Wie spricht sie mit den anderen Gästen? Ist sie entspannt und locker? Smart oder energetisch? Ist sie laut und steht sie gern im Mittelpunkt? Spricht sie respektvoll? Plaudert sie gern? Ist sie unterhaltsam? Oder eher der zurückhaltende Typ, der ab und an ein paar legendäre Sätze raushaut a la Don Draper oder James Bond? Oder beeindruckt sie und eckt bei den Gästen an, wie Tyler Durden aus Fight Club oder Katniss Everdeen aus Tribute von Panem?
   Ist sie so frech wie Pipi Langstrumpf oder Alf? Ist sie so schräg wie Kramer aus Seinfeld oder so schlagfertig wie Barney aus *How I met your mother?* Was wären ihre Themen? Ihre Interessen? Worüber würde sie sich mit den Gästen unterhalten? Welche Geschichten würde sie erzählen? Welche Musik würde sie hören? Wie würde sie tanzen? Würde sie eher Umgangssprache sprechen? Oder würde sie klingen wie eine Professorin? Wie eine coole New Yorker Künstlerin? Wie ein Yogi? Oder so begeistert wie Robin Williams Figur in Club der toten Dichter? So cool wie Robert De Niro in Good Fellas?

2. **Wer wäre deine Marke, wenn sie eine berühmte Persönlichkeit wäre?**
   Johnny Depp's Inspiration für seine Rolle in Fluch der Karibik war eine Kombination aus dem Rolling Stones Gitarrist Keith Richards und der Cartoon-Figur *Pepe Le Pew* (Pepe – das Stinktier). Johnny Depp hat dafür einige Zeit mit Keith Richards verbracht. Sie haben zusammen rumgehangen, Gitarre gespielt und getrunken. Dabei hat Depp versucht alles aufzusaugen, was er von Richards abschauen konnte: Wie er sich bewegt, Manierismen und wie er spricht. Fun Fact: Keith Richards wusste nicht, dass Depp ihn „studiert".
   So ähnlich kannst du es auch mit deiner Marke machen. Schau dir interessante Charaktere an, aus Filmen, Romanen, Serien oder aus dem echten Leben. Aus deinem Bekanntenkreis. Such dir die interessanten Merkmale raus, wie sie sprechen, welche besonderen Worte sie benutzen, den Ton, und kombiniere das, mit anderen Charakteren. Wie würde eine Figur

sprechen, die man mit der Stimme von Samuel Jackson aus Pulp Fiction und dem Charakter von Albert Einstein kombiniert? Pipi Langstrumpf und James Bond? Große Storyteller lassen sich von anderen Stimmen und Charakteren beeinflussen, um selbst einzigartige Charaktere zu schaffen. Mach es genauso.

3. **Wenn deine Marke mit deinem Publikum interagiert, wie soll es sich fühlen? Welche Emotionen willst du bei ihm wecken?**
   Harley-Davidson weckt den*die Rebell:in in uns. Die Stimme der Marke ist provozierend, aber auch inspirierend. Wir bekommen Lust auf eine Harley zu steigen und loszubrettern – raus in die Freiheit. Innocent bringt uns zum Schmunzeln und weckt Vertrauen. Apple lässt uns kreativer und innovativer fühlen. Volvo weckt ins uns das Gefühl von Sicherheit. Schau dir das Thema deiner Marke an und verknüpfe es mit der Stimme deiner Marke. Wie kannst du das Thema auf die Stimme deiner Marke übertragen?

4. **Welche Adjektive beschreiben deine Marke und ihre Persönlichkeit am besten?**
   Mailchimp ist trotz B2B-Marke verspielt und trotzdem professionell. Lego ist phantasievoll und verspielt. Brewdog ist progressiv, rebellisch. The North Face ist abenteuerlustig, neugierig. Schreibe alle Adjektive auf, die dir zu deiner Marke einfallen und fokussiere dich auf die, die am besten ihre Persönlichkeit passen – oder die du für deine Marke besetzen und bei deinem Publikum wecken willst.

5. **Wenn deine Marke eine Person wäre, wie wäre die Beziehung zwischen ihr und ihrem Publikum?**
   Wäre die Person ein Mentor für die Menschen? Ein Coach wie Nike? Ein Anstifter zum Rebellentum wie Harley Davidson? Der smarte und coole Kollege oder Kollegin wie Apple? Ein Schutzengel wie Volvo? Der chillige Buddy wie Dollar Shave Club? Die toughe, mutige Freundin wie Bodyform? Der verantwortungsvolle Outdoor-Freak Patagonia? Was wäre deine Funktion als Marke und wie würdest du als diese Person mit deinem Publikum sprechen?
   Die Fragen sollen dir helfen für deine Marke eine ganz eigene Stimme zu finden, die deine Marke klar von anderen Marken absetzt, eine Stimme, die Resonanz bei deinem Publikum findet, eine Stimme, die klingt wie ein

   Mensch
   und nicht wie ein
   Unternehmen.

Mehr Mensch.

Weniger Marke.

„Don't write what you think people want to read. Find your voice and write about what's in your heart."

Quentin Tarantino

„Ich bin Mr. Wolf. Ich löse Probleme."

„Wenn du in Ordnung bist, dann sag etwas." „Etwas."

„Hamburger, der Grundstein eines jeden nahrhaften Frühstücks!"

„Das ist ein Bingo! ... Sagt man das so: Das ist ein Bingo?" „Es heißt einfach Bingo." „Bingo!"

*„Say ‚what' again. Say 'what' again, I dare you, I double dare you m*****f****, say what one more Goddamn time!"*

„Ihr dürft gehen, aber die abgetrennten Gliedmaßen bleiben hier!"

„Oh mein Gott, das ist ein verdammt guter Milchshake. Ich weiß nicht, ob er fünf Dollar wert ist, aber er ist verdammt gut."

„Ich liebe dich, Pumpkin." „Ich liebe dich, Honeybunny."

Wenn du Tarantino magst, dann hast du sicher schnell erraten, dass es kultige Dialogzeilen aus Tarantino-Filmen sind.

Einen Tarantino erkennst du sofort. Zwei kurze Blicke oder ein Dialog genügen. Nur wenige Regisseure sind so „on Brand" wie Tarantino. Tarantino hat seinen ganz eigenen Stil, seine eigene Stimme und eine unverkennbare visuelle Sprache. Seine Filme sind immer anders, erzählen unterschiedliche Stories, sind selten linear erzählt – aber trotzdem ist seine Arbeit einheitlich.

Ich gehe kaum mehr ins Kino, weil ich, wie du sicher auch, Netflix-Abonnent bin und Amazon-Kunde. Aber wenn Tarantino einen neuen Film herausbringt, gehe ich ins Kino. Einen Tarantino auf einem iPad oder oder Fernseher schauen? No way! Tarantino ist für die Kinoleinwand.

Die Tarantino Brand hat keine Kund:innen, sie hat treue Fans überall auf der Welt – auch wenn ein Film mal nicht so stark ist. Ziemlich beeindruckend für einen Typen, der keine Filmschule besucht hat. Dafür hat er was viel Besseres studiert: Das echte Leben und sämtliche Filme, in der Videothek, in der er gearbeitet hat.

Tarantino ist und war schon immer besessen von Filmen, Figuren und Stories. Vom Kino und seiner Magie. Genau das will er uns in seinem ganz eigenem Style präsentieren. All seine Inspiration, gefiltert durch seinen Tarantino-Filter.

Tarantino – die ikonische und einheitliche Marke

Tarantino hat eine absolut einzigartige und ikonische Brand geschaffen. Darum geht's beim Branding. Immer. Warum ein Branding, um am Ende zu sein, wie all die anderen Marken? Aber genau das passiert fast jeden Tag. Kein Unternehmen würde sagen: Wir wollen eine Marke erschaffen, die ähnlich aussieht, ähnlich kommuniziert, wie all die anderen Marken. Aber genau das ist oft der Fall.

Du willst keine Marke, die unklar ist. Die leicht verwechselbar ist. Die keine Persönlichkeit und keine eigene Stimme hat. Niemand will das. Trotzdem trifft genau das auf die meisten Marken zu. Würdest du Tarantino als austauschbar bezeichnen? Macht er ähnliche Filme wie die meisten anderen? Nein. Absolut nicht.

Tarantino ist die Marke Tarantino weil er *anders* ist. Weil er eigen ist. Seine Filme, seine Figuren und seine Dialoge haben eine eigene Stimme. Die Tarantino-Welt ist eine Welt für sich. Und sie hat einen ganz eigenen Style. Darum wollen so viele Menschen seine Filme sehen. Darum wollen die besten Schauspieler mit ihm arbeiten.

Tarantino gibt uns mit jeder Szene, mit jedem Blick seiner Figuren, mit jedem Satz, jedem Dialog, jeder Einstellung, jedem Sound oder Gegenstand ein Erlebnis.

STORYSELLER-WORKSHOP

Storyseller-Lektion #1: Entwickle deinen eigenen Stil

Wenn du willst, dass deine Kund:innen zu Fans werden, die deine Story teilen – dann entwickle deine eigene Stimme für deine Marke. Deinen ganz eigenen Stil. Kopiere nicht das, was alle anderen Marken machen. Lass dich von Tarantino, von Filmen, Schauspielern, Musik, Kunst und Literatur inspirieren. Mach aus deiner Marke eine Marke, die andere Marken inspiriert.

NICHT VERGESSEN:

**Nicht besser ist besser.
Anders ist oft besser als besser.**

Tarantino's Filme sind anders. Tarantino macht nicht für jeden Filme. Er macht es wie es großartige Storyseller-Marken auch machen. Er erzählt seine Stories aus Überzeugung heraus. Nicht, weil er glaubt, dass sie so viele Leute wie möglich ins Kino locken wird. Seine Filme sind unkonventionell. Dafür lieben ihn seine Fans.

Die Story, die Figuren, die Dialoge – sie werden anders sein als die meisten anderen Filme. Sie werden uns verblüffen, überraschen, zum Lachen bringen. Sie werden hängen bleiben. Wir werden Dialog-Szenen nachspielen. Irgendwo auf der Welt wird es leidenschaftliche Fans geben, die die ihre Lieblingsdialoge aus dem Film auswendig lernen. Sie werden sie nachspielen, sich filmen und auf YouTube hochladen. Die Fans werden von anderen Tarantino-Fans gefeiert werden.

Wenn wir uns einen Tarantino anschauen, wissen wir, was uns erwartet und wir wissen es nicht. Wir wissen: Es wird ein Erlebnis. Jeder seiner Filme trägt seine ganz persönliche Handschrift. Das kannst du auch mit deiner Marke tun. Viele Marken vernachlässigen es in ihren Postings, in ihren Blogartikeln oder Stories.

Bei allem was du kommunizierst, solltest du deine Überzeugungen mit kommunizieren. Wofür stehst du als Marke? Wovon bist du überzeugt? Was ist dein ganz eigener Blick auf unsere Welt? Unsere Zeit? Unsere Gesellschaft? Was ist deine Message? Mit welcher Stimme hebst du dich ab aus dem gigantischen Meer der lauten und schrillen Marken?

Bei jedem Posting, in jedem Blogartikel und in jeder Story hast du die Möglichkeit, deine ganze eigene Stimme für dein Publikum erlebbar zu machen. Lass dein Publikum IMMER wissen, wer du bist und wofür du stehst. Deine Marke ist eine fortlaufende Story – genau wie ein Film, ein Roman, eine Serie – nutze jede Chance, um deinem Publikum

deine ganz eigene Story zu erzählen

mit deiner ganz eigenen Stimme

in deinem ganz eigenen Style.

Storyseller-Lektion #2: Wichtig ist, WAS du sagst. Wichtiger ist, WIE du es sagst.

Tarantino-Dialoge machen Spaß. Sie sind ein echter Genuss. Jede Figur hat ihre ganz eigene Stimme. Viele der Tarantino-Dialoge sind mittlerweile Kult. Wer sagt, dass deine Marke nicht auch so reden kann? Ich sag nicht, dass deine Marke ständig fluchen und mit dem F-Wort um sich werfen soll. Ich sage: Gib deiner Marke eine ganz eigene Stimme. Eine Stimme, die anders klingt als alle anderen Marken. Eine Stimme, die echt, authentisch und vor allem interessant klingt. Eine Stimme mit Persönlichkeit. Du bist der*die Autor:in deiner Marke, also frag dich:

Was sind unsere Überzeugungen? Wofür stehen wir? Und wie machen wir es der Welt klar, damit sie es versteht?

Und wie können wir unsere Überzeugungen überzeugend kommunizieren?

Wenn meine Marke eine Film- oder Serienfigur wäre – wie würde sie sprechen?

Wie ist die Stimme? Wie spricht sie mit dem Publikum?

frech
mutig
zurückhaltend
lässig
cool
ernst
poetisch
Nutzt du starke Bilder oder Metaphern in deiner Sprache?
Sind deine Sätze wie Zitate?
smart
motivierend
vorlaut
weise
selbstbewusst
Sprichst du in klaren, kurzen Sätzen oder bunt und blumig in langen Sätzen?

Hat deine Marke Lieblingsworte oder Redewendungen? Einen Akzent, einen Slang, einen Sing-Sang – einen merkwürdigen, makabren, trockenen, schwarzen Humor? Ist sie oft schlecht gelaunt? Herausfordernd oder haut sie mit jedem Satz eine Punchline raus und landet Volltreffer bei ihrem Publikum?

Gib deiner Marke eine klare Persönlichkeit und sie bekommt eine ganz eigene Stimme. Nutze die Stimme auf jeder Plattform, in jedem Kanal und in jedem Medium. Immer. Überall. Nutze. Jede. Chance.

Gib deiner Marke eine ganz eigene Stimme und dein Publikum wird deine Marke lieben – nicht alle. Aber die richtigen. Und sie wird allen auffallen. Und das ist zehnmal besser für eine Marke, als irrelevant oder langweilig zu sein.

Das macht deine Marke interessanter als 95 % der Marken, die sich von anderen Marken inspirieren lassen. Ihre Marken sind nichts weiter als eine Kopie. Sei keine Kopie. Sei originell. Mach deine Marke zu einem Original.

Dazu braucht deine Marke eine ganz eigene Stimme. Eine Stimme, die dich von all den anderen Marken absetzt, eine Stimme, die deine Kunden wiedererkennen, eine Stimme, die deine Marke zu einer interessanten Persönlichkeit macht, die seinem Publikum wirklich etwas zu sagen hat. Darum ist es nicht nur wichtig, WAS du sagst, sondern WIE du es sagst.

ES KOMMT NICHT NUR DARAUF AN, WAS DU SAGST,
SONDERN AUCH WIE DU ES SAGST.

Gibt es ein Tool, das uns dabei hilft, eine einzigartige Markenpersönlichkeit mit einer ganz eigenen Stimme zu erschaffen? Ja, gibt es.

Brand-Archetypen und Challenger Brand-Archetypen.

Auch die großen Storyseller wie Nike, The North Face und Mailchimp nutzen sie. Wie wir sie für unsere Marke nutzen können, schauen wir uns jetzt an.

Die Rebellin und der Jedermann

Brand-Archetypen & Challenger Brands

> **„Archetypen sind der Herzschlag einer Marke, weil sie eine Bedeutung vermitteln, die den Kunden dazu bringt, eine Beziehung zu einem Produkt aufzubauen, als ob es tatsächlich in irgendeiner Weise lebendig wäre.“**
>
> *Margaret Mark und Carol S. Pearson*
> *in ihrem Buch* The Hero and the Outlaw

Archetypen: das Powertool der Storyteller

Storyseller haben eine echte Persönlichkeit und klingen sehr menschlich. Aber wie können wir unserer Marke eine interessante Persönlichkeit verleihen? Wie erschaffen wir eine Storyseller-Brand mit einer ganz eigenen Persönlichkeit? Indem wir das gleiche Tool nutzen, um lebendige, komplexe und interessante Charaktere zu erschaffen, dass auch Romanautor:innen, Showrunner*innen und Drehbuchautor:innen nutzen:

Archetypen.

Archetypen werden erfolgreich in Filmen, Büchern und im Branding eingesetzt. Storyseller wie Nike, The North Face, Apple oder Mailchimp haben dieses Storyteller-Tool bereits für sich erkannt und nutzen es für ihre Marke. Sie haben einen Brand-Archetypen für ihre Marke identifiziert und verkörpern ihn, um mit ihrem Publikum eine Verbindung herzustellen – und vor allem: Um eine langfristige Beziehung mit ihrer Community aufzubauen.

Was sind Brand-Archetypen?

Archetypen haben ihre Wurzeln in der Psychologie und im Storytelling. Darum sind sie für Storyteller in allen Bereichen ein großartiges Tool, um komplexe und interessante Persönlichkeiten zu erschaffen. Ob für Film, eine Serie, einen Roman oder eben auch für unser Marketing.

Bevor Archetypen zu Brand-Archetypen wurden, existierten sie bereits vor tausenden Jahren in der griechischen Mythologie. Später haben sie die Literatur und die Filmbranche erobert, bis sie auch fürs Marketing adaptiert wurden. Überall wo wir mit Geschichten, Legenden, Märchen oder Sagen in Kontakt kommen, begegnen uns Archetypen.

Wir Menschen mögen auf diesem Planeten die intelligentesten Wesen sein. Trotzdem haben wir alle noch Bedürfnisse, die so triebgesteuert und primitiv sind, wie noch vor mehreren hunderttausend Jahren. Kurz: Äußerlich haben wir Menschen uns vielleicht ein großes Stück weiterentwickelt, bauen Flugzeuge, fliegen zum Mond und entwickeln künstliche Intelligenzen, aber innerlich läuft immer noch ein ähnliches Betriebssystem, wie wir es bereits als Steinzeitmensch hatten.

Es gibt 12 menschliche Kernbedürfnisse, die wir in anderen Personen wiedererkennen. In einigen mehr, in anderen weniger. Diese 12 Kernbedürfnisse – so sagt C.G. Jung – schlummern in uns allen. Einige davon sind in uns mehr ausgeprägt die anderen weniger.

Diese Kernbedürfnisse bilden die Eigenschaften, die uns ausmachen. Unsere Eigenschaften, die andere an uns erkennen, wenn sie mit uns interagieren. Und genau diese 12 Eigenschaften sind es, die die 12 Brand-Archetypen ausmachen.

Ich arbeite selbst gern mit den Brand-Archetypen und kann dir dafür nur empfehlen, dich mit dem Blog des Brand-Strategen Stephen Houraghan auseinanderzusetzen. Er führt eine eigene Agentur mit dem Namen Iconic Fox. Sein Blog nennt sich Brand Master Academy. Er bietet viele hilfreiche Ressourcen zum Download rund um Branding und Brand-Archetypen (https://iconicfox.com.au/brand-archetypes/). Arbeite mit seinen Brand-Archetypen Templates! Ich habe bisher keine besseren Vorlagen gefunden, und kaum jemand kann dir das Thema klarer und einfacher naherbringen als Brand Dude Stephen. Er steigt sehr tief, aber absolut klar und verständlich in die Materie der Brand-Archetypen ein. Lies seinen Artikel *Brand Archetypes: The Definitive Guide* auf seinem Blog, und du weißt alles, was du über Brand-Archetypen wissen musst und kannst mit ihnen für deine Marke arbeiten.

Ein vergleichbares Tool, mit dem ich gerne arbeite, ist der Challenger Brands Framework. Sehr zeitgemäß, weil meiner Meinung nach jede moderne Marke eine Challenger Brand ist, die etwas herausfordert:

Für Marken, die etwas verändern wollen:

DAS CHALLENGER BRAND TOOL

PHD und Eatbigfish haben diese Herausforder-Marken die letzten Jahre analysiert. Adam Morgan, einer ihrer Mitarbeiter, hat darüber ein Buch geschrieben, *Eating the big fish.* Es hat große Anerkennung in der Branche gefunden. Die Gründer von Innocent haben es als ihre Bibel benutzt, als sie ihre Marke aufgebaut und etabliert haben.

Was ist eine Challenger Brand?

Eine Challenger Brand oder auch Herausforderer-Marke ist oft eine neue, mutige Marke, die etwas verändern – verbessern will. Aber eine Challenger Brand kann auch eine bestehende Marke sein, die schon lange auf dem Markt ist. In Nikes Brust schlägt zum Beispiel das Herz einer Challenger Brand. Nike ist mutig und will etwas verändern. Haben wir in den letzten Kapiteln schon mehrmals sehen können. Challenger Brands gehen die Dinge neu an, denken anders und krempeln die (Werbe-)Branche oft völlig um: OATLY oder Dollar Shave Club. Sie setzen sich für etwas Gutes ein (Bodyform, TOMS etc) – das kann auch besserer Kundenservice sein: Warby Parker oder Zappos.

Sie sprengen oft Regeln oder brechen gängige Codes der Branche auf. Sie haben oft eine klare Bestimmung und machen sich für ihr Publikum oder die gute Sache stark, die sie verbessern wollen. Tony Chocolonely fordert die Schokolade-Branche heraus, indem sie die Sklaverei bekämpft, die hier immer noch existiert.

Ich empfehle dir dringend den Blog von *eatbigfish.* Hier erfährst du alles über Challenger Brands, welche jungen Herausforder-Marken gerade am Kommen sind und welche Strategien sie nutzen: https://thechallengerproject.com/

Es gibt insgesamt zehn Herausforder-Typen, beispielsweise den respektlosen Außenseiter, den Demokratisierer, den Game Changer, den Aufklärer oder den Volkshelden.

Welcher Typ zu deiner Marke passt, kannst du hier herausfinden. Das Unternehmen hat eigens ein Quiz entwickelt, bei dem man schon mal ein erstes, ganz gutes Gefühl dafür bekommt, welche Challenger Brand man wäre: https://www.overthrow2.com/challengertype/

Hier die Seite zum aktuellen Buch über Challenger Brand mit vielen interessanten Infos und Interviews zu Challenger Brands wie OATLY, BrewDog und Dollar Shave Club: https://www.overthrow2.com/

Ich bin sicher, Challenger Brands werden in Zukunft immer mehr an Bedeutung bekommen. Junge, wilde und mutige Marken, die für das Gute einstehen und wirklich etwas verändern wollen.

Wenn deine Marke in ihrem Kern eine Challenger-DNA hat, fokussiere dich darauf, arbeite sie aus und mach der Welt klar, was du mit deiner Marke verändern willst. Das ist vielleicht nicht immer ganz so entspannt, wie einfach nur Werbung zu machen, aber es macht verdammt viel Spaß und so viel mehr Sinn. Für etwas zu kämpfen, um etwas zu verändern, lohnt sich immer. Also fordere die Welt heraus und dein Publikum wird dir den Rücken stärken.

Frage #09

Das Produkt oder der Service:

Was machen wir und wie machen wir, was wir machen?

(Das ist vermutlich die Frage, die am einfachsten zu beantworten ist.)

Was machen wir und wie machen wir, was wir machen?

Aber es zu wissen ist eine Sache, es so zu formulieren, dass es dein Publikum interessiert, neugierig macht oder sogar begeistert, ist eine völlig andere.

Wie schaffen es also Storyseller, ihrem Publikum zu sagen, was sie tun, wie sie tun, was sie tun, und zwar so, dass ihr Publikum sagt: Allright, kauf ich? Schauen wir uns mal einige Beispiele an ...

Die Marke method® schafft es, sympathisch und klar zu sagen, was und wie sie das machen – mit der Ergänzung, wer sie sind und gegen was sie kämpfen. Es braucht keine Minute und wir wissen das Wichtigste über die Marke und entscheiden: Lesen wir weiter oder springen wir ab. In meinen Augen schafft es method® großartig, sich mit ihrer Story näher zu beschäftigen, obwohl es *nur* um Reinigungsmittel geht. Und im Kapitel Backstory haben wir ja gesehen, dass es sich in ihrem Fall lohnt. Auch hier ist zu erkennen, dass es kein Unternehmens- Selfie ist. Sie feiern sich nicht selbst, sondern stellen ihr Publikum in den Vordergrund. Der Grund für ihre Existenz. Für das Publikum tut diese Marke was sie tut.

Das geht auch im B2B-Bereich, ohne Buzzwords, mit viel Menschlichkeit und Empathie für den Kunden. Mailchimp spricht mit ihrem Angebot zwei unterschiedliche Angebote an: Einmal für das Publikum, die einen Online-Auftritt für ihr Unternehmen brauchen und dann für die Unternehmen, die Hilfe bei ihrer Marketing-Kampagne brauchen:

Bei Mailchimp steht der*die Kund:in im Mittelpunkt und das erfahren wir nicht erst, wenn wir auf ihrer Website nach unten scrollen, das springt uns ins Gesicht – in dem Moment, in dem wir auf ihrer Website landen. Klare Headline + Copy, die klarmacht, wie und was Mailchimp für ihr Publikum möglich macht. Nehmen wir noch ein weiteres B2B-Beispiel. Drift ist ein gutes Beispiel, wenn es darum geht, klar und kundenorientiert zu kommunizieren:

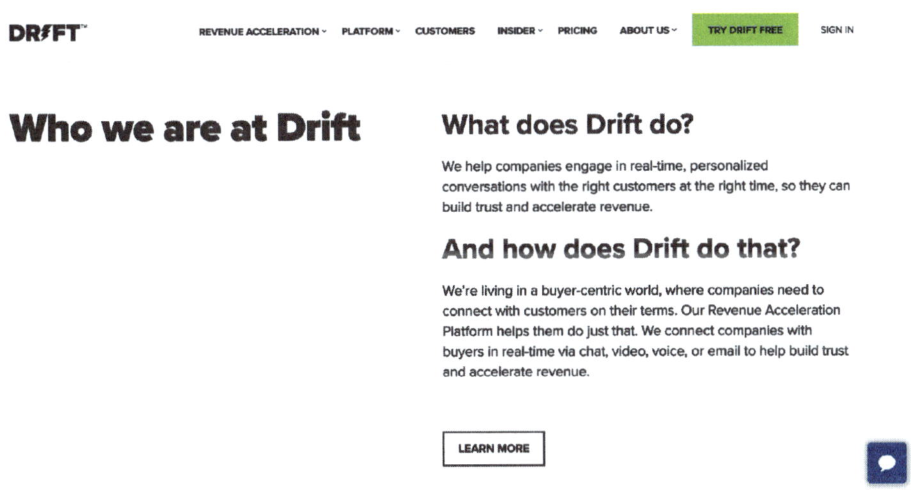

Sehr schnell, sehr klar und in einfacher Sprache bringt Drift auf den Punkt, was sie machen und wie sie machen, was sie machen. Das überzeugt, weckt Vertrauen und wirkt so unkompliziert. Das fehlt vielen B2B-Unternehmen oft. Und auch wenn sie von sich sprechen, geht es darum zu sagen: „Wir helfen Unternehmen …"

Im Vergleich zu Mailchimp ist es vielleicht nicht ganz so aktiv, spricht sein Publikum aber trotzdem an und bringt schnell auf den Punkt, was das Unternehmen für dich tun kann.

Und mit dem Satz „We're living in a buyer-centric world …" geben sie ihrer Story auch schon einen relevanten Kontext. Sie zeigen klar, was und wie sie sich die Welt gerade verändert und warum du oder dein Unternehmen sich mit verändern sollte. Das ist stark und macht ihre Message relevant.

Tipp: Ich würde mich aber meistens dafür entscheiden, die Mailchimp-Strategie anzuwenden: Sprich dein Publikum direkt an. Hätte ich für Drift die Copy geschrieben, hätte ich eine direkte und aktive Ansprache gewählt: Statt „We help companies …" würde ich starten mit: „We help you to …"

Mach es wie die großen Storyteller. Du hast nicht viel Zeit und du hast wahrscheinlich auch keine zweite Chance. Also pack dein Publikum am Nacken. Zieh es rein, in deine Story. Lass ihnen keine Wahl. Sag den Menschen sofort, was sie davon haben, was sie können oder wer sie sein können, wenn sie sich für deine Marke entscheiden.

Das ist eine der Türen zu deiner Story World. Wenn jemand klopft, mach auf und lass dein Publikum sofort „erleben". *„Show don't tell!"* Gib ihnen einen ersten, guten Vorgeschmack. Vergraule es nicht mit einem langweiligen und komplizierten Monolog. Wenn du Bilder nutzt, stell auch visuell dein Publikum in den Mittelpunkt. Niemand hat etwas davon, wenn du ihm die Fassade deines Gebäudes präsentierst. Du oder deine Mitarbeiter:innen sind an dieser Stelle eher auch irrelevant – zeig deinem Publikum die Welt, wie sie für ihn aussehen könnte. Gib ihm oder ihr eine Person mit der sie oder er sich identifizieren kann: „Ah, das könnte auch ich sein, wenn ich das Produkt kaufe oder den Service nutze …"

Nächstes Beispiel: **Innocent.**

Innocent schafft fantastisch, in diesem kurzen Text zu sagen was sie machen und wie sie machen, was sie machen und dabei noch ganz nebenbei zu droppen, für was sie kämpfen. Das kann sehr schnell aufgesetzt oder unglaubwürdig wirken. Bei Innocent ist das nicht der Fall. Geschrieben in ihrer sympathischen, ironischen Innocent-Stimme, die uns augenzwinkernd erzählt, dass sie ja „nur kleine Drinks“ machen, aber trotzdem eine große Mission haben. Die Marke muss man dafür lieben.

Um der Welt zu erzählen, was deine Marke macht und wie sie macht was sie macht, braucht es nicht immer viele Worte. Ein knackiger, sympathischer Pitch, der nur das WICHTIGSTE beinhaltet, erzählt in einer klaren und interessanten Stimme, ist besser, als ein langer und langweiliger Text, der nichts mit deinem potenziellen Publikum zu tun hat.

STORYSELLER-WORKSHOP

So erzählst du deinem Publikum was deine Marke macht und wie sie macht, was sie macht:

Es sind die drei, vier Zeilen, die dein Publikum sofort abholen müssen. Die Mini-Story, die ihnen erzählt, was und wie es deine Marke macht – aber vor allem: Was sie für dein Publikum möglich macht.

Betrachte diese Zeilen als Elevator-Pitch. Du stehst mit deinem:r potenziellen Kund:in im Fahrstuhl und sie oder er fragt dich, was dein Unternehmen macht. Bring sie oder ihn dazu, zu sagen: „Oh, das ist interessant, erzähl mir mehr.“ Mach dich und deine Marke interessant, indem du deinem Publikum eine Welt aufmachst, die für sie interessant ist.

Erzähl darin, was für dein Publikum dabei rausspringt, wenn es sich für dein Produkt oder deinen Service entscheidet: Mit Innocent entscheidest du dich dafür, dir etwas Gutes zu tun und du unterstützt damit auch noch eine gute Mission. Als Mailchimp-Kunde hast du als Kleinunternehmer:in einen Partner, der dir den Rücken stärkt und dich mit allen Tools versorgt, die du brauchst, um gesund zu wachsen.

Es ist eine Art Trailer für die große Story, in die du dein Publikum einladen willst. Also mach den Trailer so interessant wie möglich. Stelle auch hier schon dein Publikum in den Mittelpunkt – schließlich geht es in der Story um sie. Nicht um dich, dein Produkt oder deine Marke.

Wichtig: Bitte schreib nicht in der dritten Person. Das wirkt schizophren, unmenschlich und unsympathisch. Ich weiß, das machen viele, darum: Mach du es nicht. Sag nicht: „Firma XYZ hilft Unternehmen bei …" Sag: „Wir helfen Ihnen/dir …"

Und wenn es passt, mach es wie Mailchimp: Sprich dein Publikum direkt und klar an: *„Kostenloser Online-Auftritt für dein Unternehmen."* Boom.

Die Vorteile, wenn du klar und einfach auf den Punkt bringst, was du machst und wie du machst, was du machst:

1. Dein Publikum weiß sofort, was es bei dir bekommt.
2. Sie verstehen deine Kernaussage sofort und müssen sie nicht erst entschlüsseln.
3. Sie müssen nicht lange auf deiner Website herumsuchen, nur um dann frustriert abzuspringen und zu deiner Konkurrenz zu surfen.
4. Du machst deine Marke interessant und lädst dein Publikum ein, sich weiter mit deiner Marke und ihrer Story zu beschäftigen.
5. Sie können deinen Trailer problemlos weitererzählen, an Freund:innen, Familie oder Kolleg:innen.
6. Du lieferst deinem potenziellen Publikum gute Argumente, um sich für deine Marke zu entscheiden.
7. Websites werden nur gescannt, so catcht du dein Publikum in wenigen Sekunden.
8. Du zeigst deinen potenziellen Kund:innen, wie ihre Welt aussehen könnte, wenn sie sich für deine Marke entscheiden.
9. Jede Story ist ein Pitch – das ist dein Trailer dazu, mit dem du überzeugen musst.
10. Du hast einen Story-Trailer für deine Website und deine Social Media-Kanäle.

Frage #10

Der Call to Action:

Was wollen wir, dass unser Publikum tut?

Apple und wie das Unternehmen sein Publikum inspiriert, die Welt anders zu denken

Apple hat von Anfang an den Status quo infrage gestellt. In einer Welt, in der sich die meisten Unternehmen und Menschen anpassen und kaum unterscheiden, geht es Storysellern nicht darum, sich anzupassen. Es geht darum, sich von der Masse abzusetzen, zu differenzieren. Ihren ganz eigenen Platz in der Welt zu finden und einzunehmen.

Das anders Denken hat Apple nicht nur perfekt für sich besetzt, das hat Apple auch genial auf sein Publikum übertragen: Apple's Story World ist die Welt der Andersdenkenden, der Umdenker:innen und Vordenker:innen. Kreative und Künstler:innen. Neugierige und offene Menschen, die sich nicht anpassen wollen. Persönlichkeiten, die Dinge hinterfragen und die Welt aus einer anderen Perspektive betrachten. Sie folgen keinen Regeln, weil sie wissen: Wer neue, frische Ideen in die Welt bringen will, muss Dinge anders denken und angehen.

Aus ihrer Story World heraus hat Apple sein Thema identifiziert und besetzt:

Die, die verrückt genug sind zu denken, sie könnten die Welt verändern, sind die, die es tun.

Davon war Steve Jobs fest überzeugt und davon ist die Marke Apple auch heute noch überzeugt. Diese Überzeugung ist tief verankert in der Marken-DNA. In diesem Satz steckt das Thema von Apple, und dieses Thema haben sie manifestiert und in nur zwei Worte zu einem Call to Action konzentriert:

Think different.

In einem Interview mit *Creative Review* sagte der Vice President of Global Brand Marketing bei Nike, Davide Grasso, dazu:

„‚Just do it' ist für uns als Marke heute noch genauso relevant wie vor 23 Jahren."

Und er ergänzt:

„Wir glauben eigentlich nicht an Slogans. Stattdessen haben wir festgestellt, dass es am effektivsten ist, die Leute einzuladen, sich uns anzuschließen, woran wir glauben und wofür wir stehen. Und wofür wir stehen, ist, Sportlern zu dienen und sie zu ehren.

Ich denke, das ist der Grund, warum ‚Just do it' in den letzten 20 Jahren einen solchen Einfluss hatte und weiterhin hat. Es ist echt und spricht unsere Kern-Mission an."

Und genau darum sollte es gehen, bei der Story, die unsere Marke erzählt: Menschen einladen, sich unserer Mission anzuschließen, woran wir glauben und wofür unsere Marke steht.

Dafür brauchen wir das, was jeder gute Storyteller seiner Story verleiht: einen Call to Action, der das Publikum in unsere Story einlädt. Wenn wir wollen, dass unser Publikum ein Teil unserer Story wird und sie weitererzählt, müssen wir es einladen – zum Handeln auffordern.

Wo andere Marken irrelevante Claims haben – die ins Leere laufen und sich nur auf ihre Marke oder ihr Produkt fokussieren –, inspiriert Nike sein Publikum mit einem motivierenden **Call to Action.**

Sie machen ihre Story zur Story des Publikums. Sie laden ein, statt sich einen selbstverliebten Claim zu verpassen, der nur ein Spiegel ist, in dem sie sich selbst betrachten. Nike kommuniziert keine Werbebotschaften. Nike erzählt eine Story, die eine tiefe Wahrheit und ein zeitloses Thema in ihrem Kern hat.

Damit inspiriert Nike sein Publikum. Nike hat keinen Claim. Nike hat einen Call to Action. *Just do it.* Damit motiviert Nike sein Publikum und fordert es zum Handeln auf.

Genau wie gute Filme, Romane oder Serien einen Call to Action nutzen, um ihren Helden zum Handeln auffordern, nutzt Nike einen Call to Action in seiner Brand Story.

Ein motivierender Call to Action lädt dein Publikum ein, Teil der Story zu werden.

Und genau darum sollte es gehen, bei der Story, die unsere Marke erzählt: Menschen einladen, sich unserer Mission anzuschließen, woran wir glauben und wofür unsere Marke steht.

Dafür brauchen wir das, was jeder gute Storyteller seiner Story verleiht: Einen Call to Action, der das Publikum in unsere Story einlädt. Wenn wir wollen, dass unser Publikum ein Teil unserer Story wird und sie weitererzählt, müssen wir es einladen – zum Handeln auffordern.

Schauen wir uns an, was viele Marken stattdessen machen und danach schauen wir uns an, wie Storyseller mit einem motivierenden Call to Action ihr Publikum in ihre Brand Story einladen.

CALL TO ACTION vs. CLAIM

Motivation statt Markenselfie

Lass uns mal schauen, was uns Marken so mit ihrem Claim erzählen. In den Jahren, in denen ich in verschiedenen Agenturen fest und frei gearbeitet habe, und auch heute noch, in meiner Arbeit mit verschiedenen Unternehmen, begegnen mir immer wieder Marken, deren Claims nicht viel mehr sind als ein Spiegel, in dem sie sich selbst betrachten – statt ihn auf ihr Publikum zu richten und zu sagen: Hey, wir wissen, was euch bewegt, welche Ziele und Bedürfnisse ihr habt, dafür sind wir da. Stattdessen sagen sie mit ihren Claims oft nicht viel mehr als: Wir sind die Besten.

Ja, Markenclaims sind oft egozentrisch …

Sie bevormunden …
Ich liebe es. (McDonalds)

Sie prahlen …
Immobilien verkauft man mit McMakler (McMakler)

Sie sind sowas von 90er …
Alles Müller, oder was? (Müller Milch)

Sie sind selbstverliebt …
Quadratisch. Praktisch. Gut. (Ritter Sport)

Sie sind so voller Phrasen …
Präzision in Perfektion. (BWS)

Sie sind so austauschbar …
Gut. Besser. Paulaner. (Paulaner)

Gut. Besser. Gösser. (Gösser)

Es sind Marken-Selfies, statt motivierender Call to Actions, die das Publikum in eine Story einlädt. Früher hatten es große Marken leicht. Die behaupteten einfach: Wir sind die Besten, die Ersten, die Schnellsten. Wir sind neuer, schöner, besser als die Konkurrenz.

Aber diese Behauptungen und Prahlereien funktionieren heute nicht mehr. Wen interessierts? Das hat nichts mit den Menschen da draußen zu tun. Die wischen solche Botschaften in Zukunft zur Seite, wie eine lästige Fliege und sagen: „So what? Was hat das mit mir zu tun?"

Sie wollen keine Versprechen, keine Worthülsen, keinen griffigen Claim, der behauptet: *Einmal Wagner, immer Wagner* oder *Das einzig Wahre. Warsteiner* und auch nicht *Wir sind ein Berlin.* Gut gemeint. Aber niemand will bevormundet werden. Wer ist wir und wer sagt das? Warum?

Das sind Markenclaims, gemacht von Werber:innen für Werber:innen und Firmen-Mitarbeiter:innen. Aber nicht für echte Menschen da draußen. Schauen wir uns an, wie es Storyseller machen ...

Sie inspirieren ...

Sie motivieren ...

Sie aktivieren ihr Publikum ...

Sie laden das Publikum ein ...

... Teil ihrer Brand Story zu werden ...

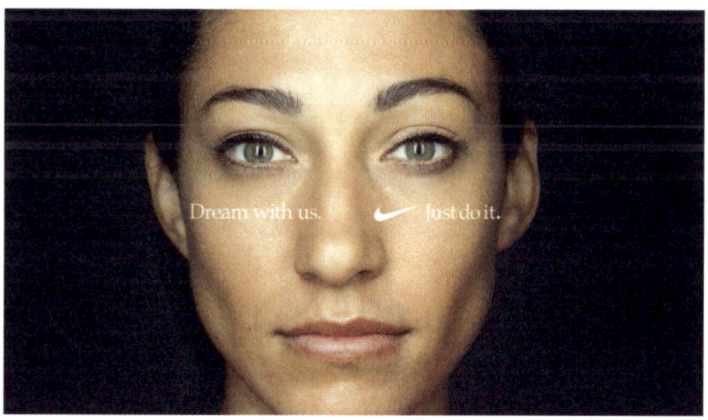

... sie weiterzuerzählen ...

und mit anderen zu teilen.

(Johnnie Walker's Claim aka Call to Action: Keep Walking)

Ein starker, zeitgemäßer Claim ist kein Markenselfie. Er richtet sich an dein Publikum – und er ist aktivierend, motivierend, inspirierend. Er lädt das Publikum ein, Teil der Story zu werden:

Microsoft = Be what's next.

Heineken = Open your world.

Adidas = Impossible is Nothing.

Yes we can = Obama-Kampagne

Dollar Shave Club = Shave Time. Shave Money.

IKEA = Wohnst du noch oder lebst du schon?

Netflix = See what's next.

Bodyform = Live Fearless.

Wo andere Marken irrelevante Claims haben – die ins Leere laufen und sich nur auf ihre Marke oder ihr Produkt fokussieren – inspirieren Storyseller ihr Publikum mit einem motivierenden Call to Action.

Sie machen ihre Story zur Story des Publikums. Sie laden ein, statt sich einen selbstverliebten Claim zu verpassen, der nur ein Spiegel ist, in dem sie sich selbst betrachten.

Belong Anywhere von Airbnb macht in nur ZWEI WORTEN eine große Story auf. Genau wie **Never Stop Exploring** oder **Live Fearless** oder ***Es gibt immer was zu tun.***

Diese Marken haben alle ein großes Thema – genau wie gute Filme, Romane oder Serien einen Call to Action nutzen, um ihren Helden zum Handeln auffordern, nutzen Storyseller einen Call to Action in ihren Brand Stories.

Jede Marke ist eine Story. Und jede gute Story braucht einen Call to Action, um den Hero zum Handeln zu bewegen.

Auch eine gute Brand Story braucht einen **Call to Action.** Unser Publikum will keine Werbebotschaft sehen. Es ist erstmal nicht an uns interessiert. Nicht an unserer Marke. Nicht an unserem Produkt oder an unserer Dienstleistung. Wir müssen es ihm leichter machen, sich für unsere Story und unsere Marke zu interessieren.

Wir müssen unsere Message durch all diesen Lärm navigieren und im Herz, Bauch und Kopf unseres Publikums landen. Wir müssen im Meer der austauschbaren und irrelevanten Marken herausstechen. Darum ist mein Call to Action an **dich:**

Kill deinen Claim, ersetze ihn durch einen aktivierenden Call to Action und inspiriere dein Publikum. Lade es ein, Teil der Story zu werden, die deine Marke erzählt. Mach die Story deiner Marke zur Story deines Publikums. Und genau das macht deine Marke zu einem Storyseller.

STORYSELLER WORKSHOP

So entwickelst du einen motivierenden Call to Action, …

der dein Publikum in deine Story einlädt, es motiviert und inspiriert.

1. Nimm dein Thema aus Ausgangspunkt. Meistens steckt im Thema auch der Call to Action: Harley-Davidsons Thema ist Freiheit. Ihr Call to Action lautet: All for freedom. Freedom for all. Das Thema von The North Face ist Exploring. Ihr Call to Action lautet Never stop exploring.
2. Frag dich, wie sich dein Publikum fühlen soll, wenn es mit deiner Marke interagiert?
3. Was möchtest du für dein Publikum ermöglichen? Was soll es erleben?
4. Was möchtest du, dass dein Publikum tut? Ein Call to Action ist eine Handlungsaufforderung: Was soll es tun?
5. Welche Botschaft möchtest du deinem Publikum mitgeben?
6. Ein Call to Action ist aktivierend, auffordernd – wie eine Art Schlachtruf.
7. Ist er motivierend? Klar? Einfach?
8. Beinhaltet er das Thema deiner Marke?
9. Richtet er sich nach außen und nicht nach innen?
10. Spricht er das Publikum direkt an?
11. Lässt er sich gut in die Welt hinausrufen?

Vorteile eines motivierenden Call to Actions im Vergleich zu selbstbezogenen Markenclaims:

- Du motivierst dein Publikum.
- Du lädst dein Publikum in deine Story ein.
- Du vermittelst der Welt dein Thema in wenigen Worten.
- Du hast eine starke Botschaft, die deine Story begleitet.
- Du hast einen Satz, aus dem sich ganz viele Ideen für weitere Stories spinnen lassen. (Was lässt sich mit „Just do it“ noch alles erzählen? Oder mit „Never stop exploring“, „Think different“, „Keep walking“? Das sind alles Sätze, die viele weitere großartige Ideen und Stories beinhalten.)

5

STORYBRANDING: NIKE

Was wäre, wenn …?

Stell dir folgendes vor: Du bist ein leidenschaftlicher Läufer oder Läuferin. Es vergeht kaum ein Tag, an dem du es nicht kaum erwarten kannst, dir ein paar Sneaker zu schnappen und loszulaufen. Musik an, ab geht's durch die Straßen, durch den Wald oder querfeldein. Laufen kannst du überall. Sorgen, Stress und Termine lässt du hinter dir. Du sitzt den ganzen Tag. Aber sobald du läufst, bewegt sich die Welt. Dein Herz pumpt, dein Atem ist gleichmäßig und tief, der Bass in deinen Ohren treibt dich an. Du fühlst dich lebendig.

Aber es gibt ein Problem. Es sind deine Laufschuhe. Sie sind ok, aber du glaubst: Schuhe zum Laufen gehen noch besser. Du willst deine eigenen Schuhe für Läufer auf den Markt bringen. Ob Profi oder Amateur:in – Hauptsache leidenschaftliche Läufer:innen. Du willst die Schuhe produzieren, die du selbst gerne hättest. Also tust du dich mit einem Partner zusammen, der sich mit dem Laufen richtig gut auskennt und weiß, welche Anforderungen man an die Schuhe stellen muss. Und du tust dich mit einer japanischen Firma zusammen, die Schuhe produziert.

Diese japanische Firma findet deine Ansichten und Ideen gar nicht so schlecht und schon bald nimmt sie dein Model in ihr Programm. Aber es sind nicht deine Schuhe. Du bekommst nur einen Teil von dem, was du verkaufst. Du musst die Firma dafür bezahlen, damit du deine Tiger-Schuhe verkaufen darfst.

Natürlich gehen die Vorstellungen schon bald auseinander. Natürlich willst du deine ganz und gar eigenen Laufschuhe herstellen, ohne Kompromisse und ohne einer anderen Firma dafür Rechenschaft ablegen zu müssen. Und natürlich willst du deine eigene Marke aufbauen, von Grund auf. Dein eigenes Ding machen. Dein Baby. Deine Marke.

Also beginnst du deine eigenen Schuhe zu produzieren und weil du noch keine Unternehmensräume hast, verkaufst du deine ersten Laufschuhe aus dem Kofferraum deines Autos heraus. An Student:innen, die gerne ihren Kopf frei kriegen wollen beim Laufen.

Deine Laufschuhe sind noch nicht perfekt, aber du sammelst wichtiges Feedback deiner Kund:innen. Von Hobby- und Profiläufer:innen. Dein Partner und du sind ständig dabei die Sohle, das Profil – einfach alles an dem Schuh zu verbessern. Es zahlt sich aus. Ihr verkauft immer mehr Schuhe. Werdet bekannter.

Aber ihr seid noch keine Marke. Und du weißt, wenn du wachsen und eine große Community aufbauen willst, brauchst du eine Marke. Du hasst Marketing, aber du weißt, dein Unternehmen oder dein Schuh braucht eine Marke. Und du weißt: Um von deinem Publikum gefunden zu werden, musst du kommunizieren.

Okay, vielleicht hast du erkannt, dass das im Großen und Ganzen der Anfang von Nike und seinem Gründer Phil Knight ist. Aber lass uns das weiter gedanklich durchspielen, denn genau so hat Nike angefangen: Ganz klein, ohne Marke, kein Budget, keine Ahnung von Branding oder Marketing.

Also stell dir vor du sitzt mit deinem Partner zusammen an einem Tisch, vor euch euer erstes Baby: Der erste Laufschuh eurer Marke, die ihr gerade vor kurzem erst nach der griechischen Krieger-Göttin Nike benannt habt. Eine Designerin hat euch auch schon das Logo designt: Der Nike-Schriftzug, sehr bold und dazu eine Art Swoosh-Streifen.

Okay, ehrlich gesagt warst du vor ein paar Tagen noch ganz und gar nicht zufrieden damit. Was soll dieser Streifen bedeuten? Hast du dich immer und immer wieder gefragt? Soll der das Laufen symbolisieren? Hm … ja, okay, warum eigentlich nicht … und von Tag zu Tag freundest du dich mehr mit dem Logo an.

Und heute, hier und jetzt, zusammen in dieser lockeren, kreativen Atmosphäre eures Konferenzraumes, mit dem Whiteboard, der Pinnwand und den vielen Stiften, Blöcken und Visitenkarten vor euch, da macht es plötzlich klick und du sagst dir: Dieses Logo ist gar nicht mal so übel. Nein, es ist sogar sehr gut, es ist großartig – es ist genial. Brauchen wir also nur noch den Rest davon: Die Marke Nike. Eine lebendige Marke, mit einer echten Persönlichkeit.

Dafür habt ihr euch die zehn Fragen auf großen Visitenkarten geschrieben und auf die Pinnwand geheftet. Ihr geht gemeinsam Frage für Frage durch, tauscht euch aus, lacht, flucht, denkt, kritzelt, nickt, verwerft, brüllt, zerknüllt, kritzelt mehr, jubelt und – bestellt Pizza und am Abend endlich Bier. Ihr habt schließlich was zu feiern. Ihr habt alle zehn Fragen beantwortet. Ihr wart euch bei manchen Antworten uneinig, habt aber dann doch zusammengefunden.

Jetzt seid ihr mit jeder Antwort zufrieden. Einige der Antworten sind sogar schon richtige Statements. Klar, ist noch nicht alles final. Hier und da muss vielleicht noch mal ein:e Copywriter:in ran, um die Sätze zum Tanzen und die Worte zum Funkeln zu bringen, aber im Großen und Ganzen seid ihr sehr, sehr zufrieden. Ihr habt eine echte Marke erschaffen. Mit Werten und Überzeugungen, einer Persönlichkeit, wie ihr sie bei noch keiner anderen Marken erlebt habt und einer langfristigen, inspirierenden Veränderung und einer großen Bestimmung – keine leeren Marketing-Phrasen – Worte, die euch begeistern und motivieren. Ihr fragt euch: Wird das auch unseren Kund:innen so gehen? Oh ja, ...

Schauen wir uns an, wie ihr die Fragen beantwortet habt, die aus Nike eine echte Storyseller-Brand gemacht hat, die wir heute (fast) alle kennen und lieben:

STORYBRANDING: NIKE

Anmerkung: Alle Antworten sind Statements von Nike, die ich auf ihrer Website gefunden und übersetzt habe. Also jagen wir Nike durch den Storybranding-Prozess und schauen, wie gut das funktioniert:

1. Gegen was kämpfen wir?
   Barrieren abbauen für alle Athlet:innen
   Wir wollen die Barrieren einreißen, damit alle Athlet:innen am Sport teilnehmen und ihr Potenzial voll ausschöpfen können. (Nike)
   Ergebnis: Story World und Statement zur Positionierung/das Monster
2. Wofür kämpfen wir?
   Ein Spielfeld für alle
   Unser Bestreben ist es, die Welt durch Sport zu vereinen, um einen gesunden Planeten, aktive Gemeinschaften und ein gleiches Spielfeld für alle zu schaffen.
   Ergebnis: Die Bestimmung
3. Für wen kämpfen wir?
   Wir nutzen die Macht des Sports, um die Welt zu bewegen
   Wir bei NIKE sehen eine Welt, in der jeder ein:e Athlet:in ist – vereint in der Begeisterung für Bewegung.
   Ergebnis: Dein Publikum (Hero) + Bedürfnis und Motivation
4. Welche Story erzählen wir mit unserer Marke?
   Unser Unternehmen wurde mit der Überzeugung gegründet, dass jeder, der einen Körper hat, ein Athlet:innen ist. Wir beseitigen die Barrieren, mit denen Sportler:innen konfrontiert sind, um am Sport teilzunehmen und ihr Potenzial zu erreichen.
   Ergebnis: Das Thema, das du mit deiner Marke besetzt

5. Was haben wir bis jetzt für andere erreicht?
   Die Antwort auf diese Frage ist die Backstory, die ich bereits oben erzählt habe.
   Ergebnis: Die Backstory deines Unternehmens

6. Was wollen wir langfristig verändern?
   Die Zukunft des Sports für alle Athlet:innen sichern.
   Wenn es keinen Planeten gibt, gibt es auch keinen Sport. Dieses Verständnis treibt unseren Nordstern für Nachhaltigkeit an – eine Zukunft, in der alle Sportler:innen Zugang zu geschützten Orten haben, um zu spielen und zu trainieren, Sport zu genießen und ihr volles Potenzial auszuschöpfen.
   Ergebnis: Die langfristig positive Veränderung, die du bewirken willst

7. Woran glauben wir?
   Bei Nike engagieren wir uns für die Förderung einer inklusiven Kultur und den Abbau von Barrieren für Sportler:innen auf der ganzen Welt.
   Wir investieren in die Fähigkeit von Menschen, die Welt voranzubringen. Sport definiert das menschliche Potenzial neu, und wenn Menschen an das glauben, was möglich ist, können sie Barrieren in Bereichen durchbrechen, in denen wir am meisten Veränderung brauchen. Unsere Arbeit konzentriert sich auf Vielfalt, Gleichberechtigung und Inklusion, verantwortungsvolle Beschaffung und den Aufbau von Gemeinschaften.
   Wir feiern Vielfalt und streben danach, gleiche Spielfelder für alle zu schaffen. Unsere Arbeit zur Förderung der Gleichberechtigung beginnt bei unseren Mitarbeiter:innen und den Menschen, die unsere Produkte herstellen, und erstreckt sich auf die Menschen in den Gemeinschaften, in denen wir leben und arbeiten. Wir wissen, dass wir uns erst durchsetzen, wenn wir alle gewinnen.
   Ergebnis: Die Überzeugungen und Glaubenssätze deiner Marke

8. Was macht unsere Persönlichkeit & Stimme unverwechselbar?
   In der griechischen Mythologie ist Nike die geflügelte Göttin des Sieges. Das Logo ist vom Flügel der Göttin abgeleitet, dem „Swoosh", der den Klang von Geschwindigkeit, Bewegung, Kraft und Motivation symbolisiert.
   Das zeichnet unsere Persönlichkeit und unsere Stimme aus. Wir motivieren und empowern unser Publikum.
   Ergebnis: Die Charaktereigenschaften und Stimme deiner Marke

9. Was machen wir und wie machen wir, was wir machen?
   Unsere Mission treibt uns an, alles zu tun, um das menschliche Potenzial zu erweitern. Das tun wir, indem wir bahnbrechende Sportinnovationen schaffen, unsere Produkte nachhaltiger herstellen, ein kreatives und vielfältiges globales Team aufbauen und einen positiven Einfluss auf die Gemeinschaften haben, in denen wir leben und arbeiten.
   Ergebnis: Dein Produkt oder deine Dienstleistung und das, was es oder sie besonders und einzigartig macht

10. Was wollen wir, dass unser Publikum tut?
    Just do it.
    Ergebnis: Dein Call to Action, der dein Publikum motiviert

Glückwunsch! Du hast soeben Nike erschaffen!

Hier liegt die Essenz von dem, was Nike ausmacht und das Erfolgsrezept, das Nike so erfolgreich macht.

Nike stellt bei allem, was sie tun, ihr Publikum in den Mittelpunkt. Nicht der Nike-Sneaker ist der Hero, nicht die Mitarbeiter:innen und auch nicht Nike selbst ist der Hero – wir sind der Held in der großen Nike-Brand Story und in jedem einzelnen Kapitel, das sie erzählen. Vom Nike-Spot, über Nike-Events bis zum Nike-Posting im Social Web.

Buchempfehlung: Wenn dich das jetzt neugierig auf die Nike Story gemacht hat und du sie noch nicht kennst, lies das Buch des Nike Gründers Phil Knight *Shoe Dog*. Es ist eines der besten Business-Autobiographien, und Phil Knight ist ein großartiger Storyteller – genau wie seine Marke.

Du siehst: Die Fragen bilden ein gutes Fundament, um eine starke Storyseller-Brand aufzubauen und dieses Fundament liefert dir alles, was du brauchst, um später eine relevante, inspirierende und vor allem authentische Brand Story zu kommunizieren. Eine Story, die aus deinem Markenkern heraus entsteht.

Du fragst jetzt vielleicht: Okay, Nike – Sneaker, das sind coole Lifestyleprodukte, und Sport ist ja sowieso inspirierend und voller Energie und Leidenschaft. Aber was ist mit B2B-Unternehmen, die ihren Kunden eher trockene Produkte oder Services bieten? Funktioniert der Storybranding-Prozess dann auch? Ja, absolut.

Denke an B2B-Unternehmen wie GE, Maersk, Mailchimp oder nimm Salesforce, die uns hier im Buch schon begegnet sind. Klingt trocken und genauso trocken und uninspiriert stellen sich auch viele Tech-Unternehmen auf, aber nicht Salesforce. Salesforce hat Fans. Superfans. Ihre regelmäßig stattfindenden Keynote-Veranstaltungen „Dreamforce“ gleichen Rockkonzerten. Das, was Salesforce von vielen Unternehmen unterscheidet, ist seine Persönlichkeit, seine Bestimmung und die Story, die es erzählt. Schau dir einmal eine Veranstaltung auf YouTube an. Die Leute lieben diese Marke und das liegt nicht am Produkt. Ihr Branding und Marketing macht Salesforce so anders und so begehrt.

Salesforce ist ein Storyseller-Brand, die es schafft, ihre Kund:innen Teil einer packenden und aufregenden Story werden zu lassen. Und auch ein anderes B2B-Unternehmen hat eine sehr menschliche Ausstrahlung: Mailchimp wirkt als Marke so lebendig, glaubwürdig und interessant – mit ihrer Reihe *Mailchimp presents* produzieren sie Serien, Filme und Podcasts, mit dem sie den Unternehmensgeist ihrer Kund:innen feiern. Absolut sehenswert: https://mailchimp.com/presents/

Lass uns einmal schauen, wie **Mailchimp** diese Fragen beantwortet …

6

STORYBRANDING: MAILCHIMP

STORYBRANDING: MAILCHIMP

Wer wir sind: Mailchimp ist eine All-in-One-Marketing-Plattform, mit der du deine Kund:innen und sonstige Interessent:innen verwalten und mit ihnen reden kannst. Unser Marketingansatz konzentriert sich auf gesunde Kontaktverwaltungspraktiken, gut designte Kampagnen und leistungsstarke Datenanalyse. Wir wollen dir helfen, ein:e Marketing-Expert:in zu werden.

1. Gegen was kämpfen wir?
   Mailchimp wurde als Alternative zu den übergroßen, teuren E-Mail-Lösungen der frühen 2000er-Jahre entworfen. Es gab viele kleine Geschäftsinhaber, die nicht den Zugang zu den High-End-Tools und Ressourcen der großen Mitbewerber:innen hatten, um effektiv wachsen zu können.
   Ein zusätzlicher Kampf, den sie ausfechten, weil er dem Unternehmen am Herzen liegt:
   Wir kämpfen gegen generationsübergreifende Armut und pflegen dazu Partnerschaften mit gemeinnützigen Organisationen wie „Literacy Action", die Erwachsene beim Lernen unterstützen. Wir unterstützen Kunstorganisationen wie Living Walls, die die besten Straßenkünstler aus aller Welt zusammenbringen. Wir setzen uns zusammen mit der Atlanta Bicycle Coalition und MARTA, der regionalen Verkehrsbehörde, für einen menschengerechten Städtebau ein.

2. Wofür kämpfen wir?
   Wir befähigen Millionen von Kund:innen auf der ganzen Welt, ihre Unternehmen zu gründen und zu erweitern.

3. Für wen kämpfen wir?
   Wir machen uns stark für kleine Unternehmen. Wir empowern den Underdog. Mailchimp hilft kleinen Unternehmen, Großes zu erreichen – mit den richtigen Tools und Unterstützung auf jedem Schritt des Weges.

4. Welche Story erzählen wir mit unserer Marke?
   Wir glauben an die Kraft der Kreativität, um Menschen dabei zu helfen, ihre Talente zu schärfen und die entscheidenden Lebenskompetenzen aufzubauen, die ihnen helfen, erfolgreich zu sein.

5. Was haben wir bis jetzt für andere erreicht?
   Vor etwa 20 Jahren gründeten Ben Chestnut und Dan Kurzius eine Webdesign-Agentur namens „Rocket Science Group". Ihr Fokus lag auf großen Firmenkunden, aber nebenbei entwickelten sie einen wunderbaren E-Mail-Marketing-Service für kleine Unternehmen.
   Mailchimp wurde als Alternative zu der überdimensionierten, teuren E-Mail-Software der frühen 2000er Jahre entwickelt. Es gab Kleinunternehmer:innen, denen die High-End-Tools und Ressourcen ihrer größeren Konkurrent:innen fehlten, Zugang zu einer Technologie, die sie befähigte und ihnen geholfen hat zu wachsen.

   Ben und Dan liebten es, diese Benutzer zu bedienen, da das Verständnis für kleine Unternehmen in ihrer DNA liegt: Ben wuchs damit auf, seiner Mutter in ihrem Friseursalon zu helfen, den sie von der Küche der Familie aus leitete, und Dans Eltern betrieben eine Bäckerei. Bei Mailchimp stellten sie fest, dass die Arbeit für kleine Unternehmen ihnen die Freiheit gab, kreativer zu sein und sich schnell an ihre Bedürfnisse anzupassen. Also beschlossen Ben und Dan 2007, die Webdesign-Agentur zu schließen und sich ausschließlich auf Mailchimp zu konzentrieren.
   Obwohl das neue Unternehmen als E-Mail-Marketing-Tool begann, baten uns unsere Kund:innen immer wieder, den Zauber von Mailchimp auf andere Kanäle zu übertragen. Sie lehrten uns, dass das Markenversprechen von Mailchimp darin besteht, kleinen Unternehmen dabei zu helfen, „professionell auszusehen und zu wachsen", egal über welchen Kanal.

6. Was wollen wir langfristig verändern?
   Wir glauben, dass es unsere Unterschiede sind, die uns stark machen. Eine vielfältige Organisation, die Inklusion und Gleichberechtigung fördert, ist gut für unsere Teams, unsere Kund:innen und unsere Gesellschaft. Wir bestärken einander, einzigartige Perspektiven einzunehmen, neue Erfahrungen zu machen und neue Wege zu beschreiten.

7. Woran glauben wir?
   Mailchimp war schon immer ein bisschen anders. Unsere Mitbegründer, Ben und Dan, starteten Mailchimp als Nebenprojekt neben ihrer Webdesign-Agentur, um ihren kleineren Kund:innen mit E-Mail-Marketing zu helfen. Seitdem hat sich Mailchimp über E-Mail hinaus entwickelt und ist zu einer führenden Marketingplattform für kleine Unternehmen geworden.
   Heute helfen wir Millionen von Kund:innen auf der ganzen Welt, ihren eigenen Weg zu gehen. Wir wollen unseren Kund:innen zeigen, dass der Aufbau eines erfolgreichen Unternehmens bedeutet, sich selbst treu zu bleiben. Mit dieser Markenidentität und diesem Designsystem hoffen wir, sie zu inspirieren, mutig und kreativ mit ihren eigenen Marken umzugehen.

8. Was macht unsere Persönlichkeit & Stimme unverwechselbar?
   Wir bei Mailchimp sind in den Schuhen unserer Kund:innen gelaufen und wissen, dass Marketing-Technologie ein Minenfeld mit verwirrender Terminologie ist. Deshalb sprechen wir wie ein erfahrener und einfühlsamer Geschäftspartner, den wir gerne gehabt hätten, als wir noch klein waren.

   Wir behandeln jede hoffnungsvolle Marke ernst. Wir wollen die Menschen aufklären, ohne sie zu bevormunden oder zu verwirren. Mit schrägem Humor und einer unterhaltsamen Stimme spielen wir mit der Sprache, um Freude an ihrer Arbeit zu vermitteln. Wir bevorzugen das Subtile gegenüber dem Lauten, das Schräge gegenüber dem Possenspiel. Wir nehmen uns selbst nicht zu ernst. Egal, ob Menschen wissen, was sie von uns brauchen, oder ob sie keine Ahnung von Marketing haben, jedes unserer Worte informiert und ermutigt. Wir vermitteln unser Wissen mit Klarheit, Einfühlungsvermögen und Witz.

9. Was machen wir und wie machen wir, was wir machen?
   Cleveres Marketing für große Ideen
   Mailchimp hilft kleinen Unternehmen, Großes zu erreichen – mit den richtigen Tools und Unterstützung auf jedem Schritt des Weges.
   Wir waren auch einmal ein kleines Unternehmen.
   Und wir haben die Dinge immer ein wenig anders gemacht. Aus diesem Grund haben wir Mailchimp entwickelt, um dir die Tools zur Verfügung zu stellen, mit denen du deine Idee auf deine ganz eigene Art und Weise zum Erfolg führen kannst.
   Wir unterstützen dich auf deinem Weg mit all den Dingen, die wir auch damals gerne gehabt hätten.
   Dir beim Aufbau deines Unternehmens zu helfen, ist genau unser Ding.
   Wenn du eine Idee hast – einen Traum, eine Marke, ein Unternehmen – sind wir hier, um dir den Rücken zu stärken und dir dabei zu helfen, deine Idee mit der Welt zu teilen.
   Wir helfen dir beim Wachsen.
   Ganz egal, ob du ein Restaurant eröffnest, Mützen online verkaufst oder eine Wellness-App für Haustiere baust – mit unseren Marketing-Tools und unserer Anleitung helfen wir dir, am Ball zu bleiben.

10. Was wollen wir, dass unser Publikum tut?
    Build your brand. Sell more stuff.

7

DU BIST NICHT DEIN LOGO

(Das Storyseller-Manifest)

#1

Deine Marke ist nicht dein Logo. Deine Marke ist nicht dein Name. Deine Marke ist nicht dein Design, deine Farben oder dein Packaging. Nicht deine Website. Nicht dein Produkt und nicht deine Dienstleistung.

#2

Deine Marke ist nicht dein Marketing. Deine Marke ist nicht das, was DU glaubst. Und nicht das, was DU willst.

#3

Deine Marke ist nicht DEINE Marke. Deine Marke gehört deinem Publikum. Deinen Mitarbeiter:innen und allen Menschen, die mit deiner Marke in Kontakt kommen.

#4

Deine Marke ist das Bild, der Eindruck, das Gefühl, das Menschen haben, wenn sie an deine Marke denken, mit deiner Marke interagieren, dein Produkt kaufen oder deinen Service nutzen. Das ist deine Marke.

#5

**Das Versprechen, das du deinem Publikum gibst. Und hältst.
Das ist deine Marke.**

#6

Deine Bestimmung und der Einfluss, den deine Marke hat, auf dein Publikum, auf die Gesellschaft, auf die Kultur und unseren Planeten. Das ist deine Marke.

#7

Deine Werte und Überzeugungen, die du lebst. Nach innen und außen. Immer und überall. Das ist deine Marke.

#8

Deine Haltung, deine Attitude – das, wofür du stehst. Das ist deine Marke.

#9

Deine Stimme, deine Charaktereigenschaften, deine Stärken und deine Schwächen. Deine Persönlichkeit. Das ist deine Marke.

#10

Die Interaktion mit deinem Publikum. Die Antwort auf eine Frage, ein Kommentar. Das ist deine Marke.

#11

Dein Kundenservice, die Reaktion auf eine Anfrage, die Wertschätzung, die du deinem Publikum entgegenbringst. Das ist deine Marke.

#12

Deine Marke ist die Story, die dein Publikum Freund:innen, Familie und Kolleg:innen weitererzählt.
Gib deinem Publikum einen verdammt guten Grund, Teil deiner Story zu werden. Mach deine Marke zu einer Story, die es wert ist, weitererzählt zu werden.

#13

Deine Marke ist mehr als deine Marke. Deine Marke ist mehr als du denkst. Deine Marke ist alles.

#14

Deine Marke bist du und alles, was du sagst, denkst und tust.
Sei mehr Mensch, weniger Marke.

#15

Jede Marke ist eine Story.
Mach deine zu einem Bestseller.

OUTRO

Storyseller-Inspiration

Was solltest du als Nächstes lesen, hören, schauen?

Lesen

Blake Mycoskie, *Start Something that matters*

Steven Pressfield, alles von ihm, wirklich alles. Und am besten anfangen mit: *Nobody wants to read your sh*t*

James Watt, *Business für Punks: Brich alle Regeln!*

Mark Person, *The Hero and the Outlaw*

Yves Chouinard, *Lass die Mitarbeiter surfen gehen!*

Nancy Duarte, *Resonate*

Ryan Holiday, *Dein Ego ist dein Feind* und *Growth Hacker Marketing*

Phil Knight, *Shoe Dog: Die offizielle Biografie des NIKE-Gründer*

Adam Morgan, *Eating the big fish* und *Overthrow: 10 ways to tell a challenger story*

Robert Greene, *Power*

Jim Signorelli, *StoryBranding 2.0: Creating Stand-Out Brands Through The Power of Story*

Michael Johnson, *Branding In Five and a Half Steps*

Seth Godin, alles und besonders: *Purple Cow* und *This is Marketing*

Simon Sinek, *Das unendliche Spiel*

Walter Isaacson, *Steve Jobs*

April Dunford, *Obviously Awesome: How to Nail Product Positioning so Customers Get It, Buy It, Love It*

Innocent, *A Book ABOUT Innocent: Our Story and Some Things We've Learned*

Bruce Lee, *Know yourself!: Die Geheimnisse meines Erfolgs*

Hören und sehen

Podcasts:

The Bigger Narrative

Everyone Hates Marketers

Marketing Made Simple

Copyblogger FM

Brand on Purpose

Business Made Simple

Business of Story

Content Inc with Joe Pulizzi

The Empowered Challenger

The Futur with Chris Do

Getting Goosbumps: The Power of Storytelling

The James Altucher Show

Just Branding

Lee Clow Will Only Say This Once

Let's Talk Branding

On Brand with Nick Westergaard

Overthrow II: Challenger Strategies for a new era

The Psychology of Copywriting

Tagline

TED Talks Daily

The Tim Ferriss Show

Tribe of Mentors

Akimbo

YouTube:

Art & Copy (Dokumentation): https://www.youtube.com/watch?v=yM7fLJ18b3Y

Brand Master Academy Podcast/YouTube Channel: https://www.youtube.com/channel/UCBFWrMRo37OVLM2l1pWnH7w

Forschen

The Challenger Project | The Home of Challenger Brands: https://thechallengerproject.com/blog/what-is-a-challenger-brand

https://brandmasteracademy.com/blog/

https://seths.blog/

https://businessmadesimple.com/

https://bbmg.com/

https://www.wk.com/

https://droga5.com/

Großartige Websites zum Thema Brand Archetypes:

https://www.kayeputnam.com/

https://iconicfox.com.au/brand-archetypes/

Jede gute Story braucht einen starken Soundtrack

Der Soundtrack, bei dem dieser Band entstanden ist:

Danke an Tom Waits, PJ Harvey, Neil Young, Nina Simone und den Rest der Bande:

Make it Rain, Tom Waits/*Bullets*, Archive/*This Mess We're In*, PJ Harvey mit Tom Yorke/*Cortez the Killer*, Neil Young/*Nantes*, Beirut/*So soll es sein*, Faber/*Sweet Jane,* Velvet Underground/ *Gone Daddy Gone,* Violent Femmes/*Bobby Brown Goes Down*, Frank Zappa/*Roads*, Portishead/ *Kids*, MGMT/*For Real*, Okkervil River/*Parting of the Sensory*, Modest Mouse/*Banquet*, Bloc Party/ *Lazy Eye*, Silversun Pickups/*Rain Dogs*, Tom Waits/*Porch* (unplugged), Pearl Jam/*Berlin*, Solander/ *Roxanne*, The Police/*Vitamin C*, CAN/*Black* (unplugged), Pearl Jam/*Written in Scars*, Jack Savoretti/*Scratches*, John Frusciante/*Hometown*, Killers/*Let's go surfing*, The Drums/*On My Way*, My Balloon/*Kidz*, Plan B/*Murderers*, John Frusciante/*Lounge Act*, Nirvana/*Mother*, Danzig/*Sugar Man*, Rodriguez/*Deeper Underground*, Jamiroquai/*Rock Superstar*, Cypress Hill/*Joan of Arc,* Jamie T./ *Amsterdam*, Jacques Brel/*Pistol Grip Pump*, Rage against the Machine/*Fire in Cairo*, The Cure/ *Lampshades on Fire*, Modest Mouse/*Can't Stop*, Red Hot Chili Peppers/*I could have lied*, Red Hot Chili Peppers/*Hey Joe,* Jimi Hendrix/*Five to one*, The Doors/*Shooting the Moon*, Mona/*The Way I Am*, Eminem/*Hurricane*, Bob Dylan/*Venice Queen*, Red Hot Chili Peppers/*Are you in?*, Incubus/ *Sing, Sing, Sing*, Benny Goodman/*Salvador*, Jamie T./*Pure Morning*, Placebo/*Hey*, Pixies/*Across 110th Street*, Bobby Womack/*Sinnerman*, Nina Simone/*Don't you find*, Jamie T. Auch diese Songs erzählen für mich eine Geschichte, die mich beim Schreiben begleitet und thematisch unterstützt haben, wie zum Beispiel PJ Harvey's *The Mess We're In* – wenn ich mich mal völlig lost gefühlt habe und durch einen Wust an Input und Informationen graben musste. Oder das unvergleichliche Gefühl morgens aufzuwachen, sich mit dem ersten frisch gemachten Kaffee an den Schreibtisch zu setzen und loszulegen, begleitet von Placebo's *Pure Morning*, gefolgt von *Can't Stop* von den Red Hot Chili Peppers – wenn es so richtig gut lief und die Worte über den Bildschirm flogen. Und manchmal war es auch ein verzweifeltes *Bobby Brown Goes Down* von Frank Zappa, wenn ich mich verzettelt hatte. Aber alles in allem war das Schreiben von *Storyseller* für mich ein *Let's go surfing* von den Drums oder Bob Dylan's *Hurricane* – in Momenten, in denen ich alles andere ausschalten und Seite für Seite füllen konnte. Darum an dieser Stelle noch einmal: Thank you for the music, because: Never ever write alone!

Ralph Stieber

Quellen

Intro
S. 11: https://www.pinterest.de/pin/452752568769034608/
S. 14: https://time.com/magazine/us/4503993/october-3rd-2016-vol-188-no-13-u-s/
S. 17: https://missouri-creative.com/blog/why-believe-in-something-is-the-right-thing-for-nike
S. 18: @iamRobbinYoung
S. 19: @realdonaldtrump
S. 20: https://purpose.nike.com/
S. 23: https://purpose.nike.com/

TEIL 1

Kapitel 1:
S. 33: Pixabay, https://pixabay.com/de/photos/person-mann-rasur-hut-m%c3 %a4nnlich-602971/
S. 34: https://www.youtube.com/watch?v=ZUG9qYTJMsI&ab_channel=DollarShaveClub
S. 36: https://www.dollarshaveclub.com/
S. 41: https://www.dollarshaveclub.com/get-started/quiz
S. 42: https://www.dollarshaveclub.com/get-started/how-it-works
S. 43: https://www.feedough.com/dollar-shave-club-business-model-case-study/
S. 43: http://greatcopy.blogspot.com/2016/07/a-billion-dollar-shave.html
S. 44: https://www.pinterest.de/pin/135178426302063679/

Kapitel 2:
S. 47: https://www.dove.com/us/en/stories/about-dove/breaking-down-narrow-beauty-stereotypes.html
S. 48: https://www.dove.com/us/en/stories/campaigns/real-beauty-sketches.html
S. 49: https://www.dove.com/us/en/stories/campaigns/showus.html
S. 50: https://www.dove.com/us/en/dove-self-esteem-project.html
S. 51: https://folio.helinkotan.com/wp-content/uploads/2019/03/48SheetPoster.jpg
S. 52: https://www.reddit.com/r/vintageads/comments/e1r1mj/dove_creams_your_skin_while_you_wash_1958/
S. 53: Ogilvy Classic Advert, https://www.pinterest.de/pin/319614904774822590/

Kapitel 3:
S. 56: Levi's Advert, https://www.dantesink.com/post/when-the-world-zigs-zag

Kapitel 4:
S. 60: https://unsplash.com/photos/ECxwQjLRwLA
S. 62: https://thedieline.com/blog/2009/3/24/before-after-oatly.html?
S. 62: https://thechallengerproject.com/blog/2016/oatly
S. 64: dev.marketingsociety.com
S. 64: https://www.foodnavigator.com/Article/2020/11/02/Between-good-and-f-king-fearless-Behind-Oatly-s-launch-of-a-20-year-old-rocket-ship und https://www.brit.co/what-is-oatly-oat-milk/
S. 65: Design und Übersetzung: Ralph Stieber nach dem Original-Strategiepapier von OATLY
S. 68: https://us.oatly.com/products/pmg-t-shirt und https://www.theguardian.com/news/2019/jan/29/white-gold-the-unstoppable-rise-of-alternative-milks-oat-soy-rice coconut plant
S. 69: https://www.dailyscandinavian.com/oat-milk-from-sweden/

Kapitel 5:
S. 73: https://unsplash.com/photos/iYPIEGTp2tE
S. 82: https://www.fastcompany.com/1680524/how-director-casey-neistat-went rogue with-nikes-new-ad
S. 82: https://www.pinterest.ch/pin/36521446957325720/
S. 83: https://medium.com/@erikdohnberg/how-casey-neistats-vlog-can-help-your-career-2c351d365c29

Kapitel 6:
S. 87: https://www.meininger.de/en/node/943691
S. 88: https://www.brewdog.com/community
S. 89: https://bc.thegrowler.ca/features/michael-jackson-the-beer-writer-who-changed-the-world/ und https://blog.brewdog.com/blog/why-we-do-what-we-do
S. 90: https://www.brewdog.com/uk/community/culture/our-history
S. 91: https://www.pinterest.co.uk/pin/543528248774524178/
S. 93: Slide aus dem Manifest von Brewdog's Website: https://www.brewdog.com/uk/community/culture/our-manifesto
S. 96: https://www.vice.com/de/article/ypeb97/fuer-nur-20-000-dollar-gibt-es-dieses-tote-grauhoernchen-gefuellt-mit-55igem-bier
S. 97: https://www.vice.com/de/article/ypeb97/fuer-nur-20-000-dollar-gibt-es-dieses-tote-grauhoernchen-gefuellt-mit-55igem-bier
S. 97: http://jimbosbeerblog.blogspot.com/2013/01/interlude-my-first-ever-beer-order-from.html
S. 98: https://presshub.brewdog.com/presshub/image-of-naked-brewdog-founders
S. 101: https://www.bierbasis.de/news/Brewdog-braut-homophobes-Protestbier-fuer-Putin/189
S. 101: https://presshub.brewdog.com/presshub/hello-my-name-is-vladimir
S. 102: https://www.indiehackers.com/post/bootstrapping-the-brewdog-way-how-did-two-men-and-a-dog-go-from-sleeping-in-a-warehouse-to-forming-a-cult-brand-worth-a-staggering-1-8b-9a1e0a2c0c
S. 103: https://www.brewdog.com/uk/community/diy-dog
S. 104: https://www.morningadvertiser.co.uk/Article/2017/09/11/BrewDog-release-new-T-shirts-for-bar-staff-based-on-online-reviews
S. 105: https://www.cateringtoday.co.uk/news/pubs-and-bars/brewdog-announces-new-sustainable-initiatives/

Kapitel 7:
S. 107: https://unsplash.com/photos/m6RCv8K0rTM
S. 110: https://www.luerzersarchive.com/en/magazine/print-detail/hypo-vereinsbank-1986.html
S. 110: https://www.luerzersarchive.com/en/magazine/print-detail/hypo-vereinsbank-1982.html

Kapitel 8:
S. 113: https://unsplash.com/photos/WtPd5uKKpjA
S. 116: https://unsplash.com/photos/iDwGYbnCvss
S. 118: https://www.entrepreneur.com/article/232135
S. 119: https://homestead-studio.com/projects/toms-roasting-co
S. 120: https://homestead-studio.com/projects/toms-roasting-co und https://homestead-studio.com/projects/toms-roasting-co

Kapitel 9:
S. 123: https://unsplash.com/photos/aED9rphM2iA
S. 124: https://www.bodyform.co.uk/our-world/bloodnormal/
S. 124: http://pleasedonotbend.co.uk/client/libresse/
S. 125: https://www.campaignlive.com/article/taboo-breaking-bodyform-libresse-ad-shows-real-period-blood-first-time/1447596
S. 126: Screenshot des YouTube-Videos/Spot: https://www.youtube.com/watch?v=xr57Tl1Yw2s
S. 127: https://www.campaignlive.com/article/taboo-breaking-bodyform-libresse-ad-shows-real-period-blood-first-time/1447596 und https://issuu.com/carolinenoelle/docs/menstruation_by_caroline_noelle/s/6940 und https://www.bodyform.co.uk/
S. 128: https://www.bodyform.co.uk/myths-and-facts/puberty/
S. 129: https://www.instagram.com/bodyformuk/
S. 130: http://www.diego-caio.com/Libresse-Viva-La-Vulva
S. 130: https://advertisingvietnam.com/category/creative-campaign/15
S. 131: https://www.bodyform.co.uk/our-world/our-purpose/

Kapitel 10:
S. 133: https://unsplash.com/photos/xQMlS-wru7Y
S. 138: https://unsplash.com/photos/kKLEgX-Z_O4

Kapitel 11:
S. 143: https://unsplash.com/photos/MQ1sku6t6eo
S. 146: https://www.drmartens.com/de/de/history
S. 147: https://www.drmartens.com/de/de/history
S. 148: https://www.drmartens.com/de/de/history
S. 149: https://www.drmartens.com/de/de/tough-as-you/about
S. 150: https://www.drmartens.com/de/de/history
S. 151: https://growonlinemarketing.co.uk/category/case-study/
S. 151: http://www.gorillauk.com/wp-content/uploads/2013/09/Dr-Martens-photobooth-3.jpeg
S. 152: https://kbcm.wordpress.com/2013/08/18/stand-for-something/
S. 152: https://co.pinterest.com/pin/296885800422363261/
S. 153: https://www.drmartens.com/us/en/history
S. 154: https://www.drmartens.com/de/de/your-1461-story
S. 155: https://www.drmartens.com/de/de/tough-as-you/
S. 156: https://www.drmartens.com/de/de/tough-as-you/stories/avie-acosta und https://www.drmartens.com/de/de/tough-as-you/stories/avie-acosta

Kapitel 12:
S. 159: HORNBACH Baumarkt AG, https://www.presseportal.de/pm/33863/1514254
S. 160: https://www.horizont.net/agenturen/nachrichten/heimat-das-ist-der-langsamste-hornbach-spot-ever-174196
S. 161: https://www.horizont.net/agenturen/nachrichten/Hornbach-Fruehjahrskampagne-Heimat-bringt-den-Wahnsinn-zurueck-in-die-Werbebloecke-139370
S. 162: https://www.unicconsult.com/maik-richter-geschaeftsfuehrer-der-agentur-heimat-berlin-im-gespraech-mit-herrn-professor-riekhof/
S. 162: https://twitter.com/hornbach_tweets/status/977092660946198528

Kapitel 13:
S. 164: https://unsplash.com/photos/xS-lvhpiJNM
S. 166: https://unsplash.com/photos/X0rRYtJy0R8
S. 167: https://unsplash.com/photos/N4QTBfNQ8Nk
S. 167: https://unsplash.com/photos/lfNXdh8t-S4
S. 174: https://unsplash.com/photos/FFCgotROOTY
S. 175: https://eu.patagonia.com/de/de/business-unusual/
S. 177: https://goodimpacts.com/3-important-lessons-from-patagonias-book-on-socially-responsible-business/
S. 178: https://topicinsights.com/marketing/patagonia-ad-impact/
S. 179: https://www.thedrum.com/news/2019/12/27/the-drum-editorial-teams-brand-the-decade-patagonia und https://www.patagonia.com.au/pages/activism

Kapitel 14:
S. 183: https://unsplash.com/photos/S4KVecxgCDo
S. 189: https://pixabay.com/de/illustrations/steve-jobs-unter-berufung-auf-654485/
S. 191: https://www.businessinsider.com/designed-by-apple-in-california-2013-6?r=DE&IR=T
S. 192: https://www.apple.com/de/watch/
S. 193: https://www.apple.com/de/education/

Kapitel 15:
S. 195: https://unsplash.com/photos/iap-waJkqRQ
S. 196: https://www.everlane.com/about
S. 197: https://www.everlane.com/about
S. 198: https://www.instagram.com/everlane/
S. 198/199: https://www.everlane.com/about und https://www.instagram.com/everlane/
S. 199: https://www.pinterest.de/pin/Ae4o_HYdzHmrTCWw5GsdEwTowRFDAzCrZWH1c8Dz2tezX56fPMU99tJlS-Lb7ChvK_YOltLyAlWZWMn5r-xVAGo/
S. 200: https://www.kasiabedkowski.com/work/renew
S. 201: https://milled.com/everlane/in-2-days-renew-_Pqvdz2XPxq6Pmrf

Kapitel 16:
S. 203: https://unsplash.com/photos/jTljnAkpX3s
S. 207: https://www.warbyparker.com/wearing-warby
S. 208: https://www.warbyparker.com/
S. 209: https://www.warbyparker.com/impact-report
S. 210: https://leticiaram6.wordpress.com/tag/jack-kerouac/
S. 210: https://www.warbyparker.com/buy-a-pair-give-a-pair

Kapitel 17:
S. 213: https://unsplash.com/photos/UErWoQEoMrc
S. 216: https://www.pinterest.de/pin/33777065925979143/
S. 217: https://www.brandingmag.com/2012/04/02/newcastle-beer-picks-on-stella-artois/
S. 218: https://www.hype5.ch/blog/2012/04/04/newcastle-brown-ale-no-bollocks
S. 219: https://www.business2community.com/branding/brutally-honest-branding-newcastle-brown-ale-brand-case-study-0550624
S. 219: https://picclick.com/NEW-NEWCASTLE-BROWN-ALE-Metal-Ashtray-6 %E2 %80 %9D-284351539307.html?refresh=1

Kapitel 18:
S. 223: https://www.pinterest.de/pin/427138345881554846/
S. 224: https://www.volvocars.com/de/v/care-by-volvo/information/leasing-kauf-auto-abo
S. 225: https://www.pinterest.de/pin/844917580070957114/
S. 225/226: https://www.adsoftheworld.com/media/integrated/volvo_be_safe_be_late und https://www.volvocars.com/mm/why-volvo/human-innovation/future-of-driving/safety/cars-safe-for-all/selfie-for-safety

Kapitel 19:
S. 228: http://www.sezayaltinok.com/find-your-greatness
S. 230: https://www.creativereview.co.uk/just-do-it-slogan/
S. 231: https://quotefancy.com/quote/1276229/Naomi-Klein-When-Nike-says-just-do-it-that-s-a-message-of-empowerment-Why-aren-t-the-rest

Kapitel 20:
S. 233: https://unsplash.com/photos/h8nxGssjQXs
S. 235: https://thetrainingthinking.com/en/the-golden-circle-by-simon-sinek/
S. 235: https://vialogue.wordpress.com/2015/03/29/start-with-why-notes-review/start-with-why-infographic/

TEIL 2

Kapitel 1:
S. 248: Designt vom Autor mit Canva

Kapitel 2:
S. 252: https://unsplash.com/photos/Tno1Zd3T6yY
S. 256: Designt vom Autor mit Canva
S. 257: Designt vom Autor mit Canva

Kapitel 3:
S. 260: https://unsplash.com/photos/PiLF4d6HlaU (Schrift/Design vom Autor)
S. 265/266: Die Rechte für die Logos liegen bei den Marken
S. 267: www.aquafior.com
S. 268: www.gradivari.com
S. 268: https://www.brewdog.com/eu_de/

Kapitel 4:
S. 275–277: Alle Grafiken designt vom Autor mit Canva
S. 279: https://unsplash.com/photos/HedBdEbtUn4
S. 280: https://purpose.nike.com/fy20-nike-impact-report
S. 281: https://m.facebook.com/hornbach.ch/photos/a.521472881199564/4332902050056609/?type=3&source=54
S. 282: https://www.sweetsupply.nl/tonys-chocolonely

S. 282: https://tonyschocolonely.com/de/de
S. 283: https://unsplash.com/photos/yR-4dH53jAQ
S. 284: https://www.zdnet.com/article/salesforce-com-company-profile-its-technology-strategy-and-challenges/
S. 286: Grafik vom Autor designt mit Canva
S. 288: https://unsplash.com/photos/odxB5oIG_iA
S. 291: https://www.bodyform.co.uk/our-world/our-purpose/
S. 291: https://www.businessinsider.com/sc/toms-founder-talks-success
S. 292: https://www.toms.com/us/about-toms.html
S. 293: https://mslk.com/reactions/warby-parker-an-winning-e-commerce-strategy-online-and-off/ und https://www.warbyparker.com/history
S. 294: https://www.facebook.com/warbyparker/photos/a.10150717491248838/10152414846123838/?type=3&theater
S. 297: https://unsplash.com/photos/RDKFsb4beHI
S. 299: https://www.salesforce.com/company/our-story/
S. 304: https://bit.ly/2ZYJlCy

Jede gute Marke hat eine starke Story zu erzählen

Im **Storyseller-Band 1** drehte sich alles darum, eine menschliche Marke aufzubauen. Eine Storyseller-Brand, die alles mitbringt, um eine starke und zeitlose Story zu kommunizieren. Der Fokus bei diesem Band liegt auf Storybranding: Markenaufbau mit interessanter Story-Welt.

Im zweiten Band geht es dann um die Kommunikation nach außen – hier dreht sich alles um das Storytelling.

Große Storyseller wissen: Eine Story ist alles. Und alles ist eine Story. Aber welche Stories machen eine Marke zu einem langfristigen Bestseller? Was braucht unsere Brand Story, damit sie beim Publikum ankommt?

Die Zukunft gehört den Storysellern

Modernes Storytelling wird die Art und Weise, wie wir unser Produkt oder unseren Service vermarkten, für immer verändern. Wir brauchen heute keine Werbekampagnen mehr und keine 30-Sekunden-Heile-Welt-Werbespots. Was Menschen wollen, sind echte Stories, die für *sie* relevant sind. Nicht die Marken, mit dem größten Budget gewinnen in Zukunft die Herzen des Publikums, sondern die Marken, mit der interessanten Story.

Aber wie vermeiden wir Werbebotschaften und kommunizieren stattdessen motivierende Werte-Botschaften? Wie laden wir unser Publikum ein, in eine für sie relevante und packende Story? Wie gewinnen wir Fans für unsere Story? Wie machen wir aus Kunden Markenbotschafter, die die Story unserer Marke leidenschaftlich weitererzählen? Was können wir über modernes Storytelling von erfolgreichen Storysellern lernen?

Storyseller 2: Storytelling

Auch im zweiten Band werden wir wieder mit großartigen Storysellern unterwegs sein. Wir werden in ihre Welt eintauchen. Wir werden mit Banksy für den vielleicht größten Stunt in der Kunstgeschichte sorgen. Wir werden mit Don Draper den besten Pitch erleben, den es niemals gab. Wir werden von einem Mann lernen, dass eine starke Story einschlagen kann, wie eine Bombe. Und der Mann muss wissen, wie man eine gute Story erzählt, denn er hat Bob Dylan in die Knie gezwungen, Andy Warhol zum Weinen gebracht und Muhammad Ali mit Pfeilen durchbohrt – und nebenbei Tommy Hilfiger und MTV über Nacht berühmt gemacht.

Wir werden mit Nike die ganze Welt zu einem gigantischen Spielfeld machen. Wir erfahren, warum die Marke davon besessen ist, seine Kund:innen zum Hero zu machen. Wir werden mit Schweinen im Meer schwimmen und mit Harley-Davidson lautlos über die Landstraße gleiten. Aber vor allem werden wir erfahren, warum in Zukunft gerade die kleineren Marken und Challenger Brands die stärkeren Stories erzählen und größere Fangemeinden aufbauen werden.

Wir werden auch im zweiten Band wieder erfolgreiche Storyseller besuchen, um von ihnen zu lernen, wie wir ihre Strategien und Tools auf unsere Marke übertragen können. Wir schauen uns verschiedenen Story-Formeln an, um eine packende sowie zeitlose und relevante Brand Story zu entwickeln und eine loyale Community aufzubauen. Wir werden in unserer ganz eigenen Stimme ein Brand Manifesto entwickeln, einen Story Pitch, der überzeugt und einiges mehr. Wir lernen, wie wir eine Story erzählen, die unser Publikum zum Hero macht. Wie wir aus Werbebotschaften für unser Publikum wirklich relevante Botschaften machen. Wie wir mit einer starken Story unserer Marke eine Strahlkraft verleihen, die auch in vielen Jahren noch neue Fans gewinnt. Kurz: Wie wir unsere Marke zu einem zeitlosen Bestseller machen – ob Unternehmen oder Personal Brand.

Ich würde mich freuen, wenn du auch bei dieser Reise wieder dabei bist.

Ralph Stieber

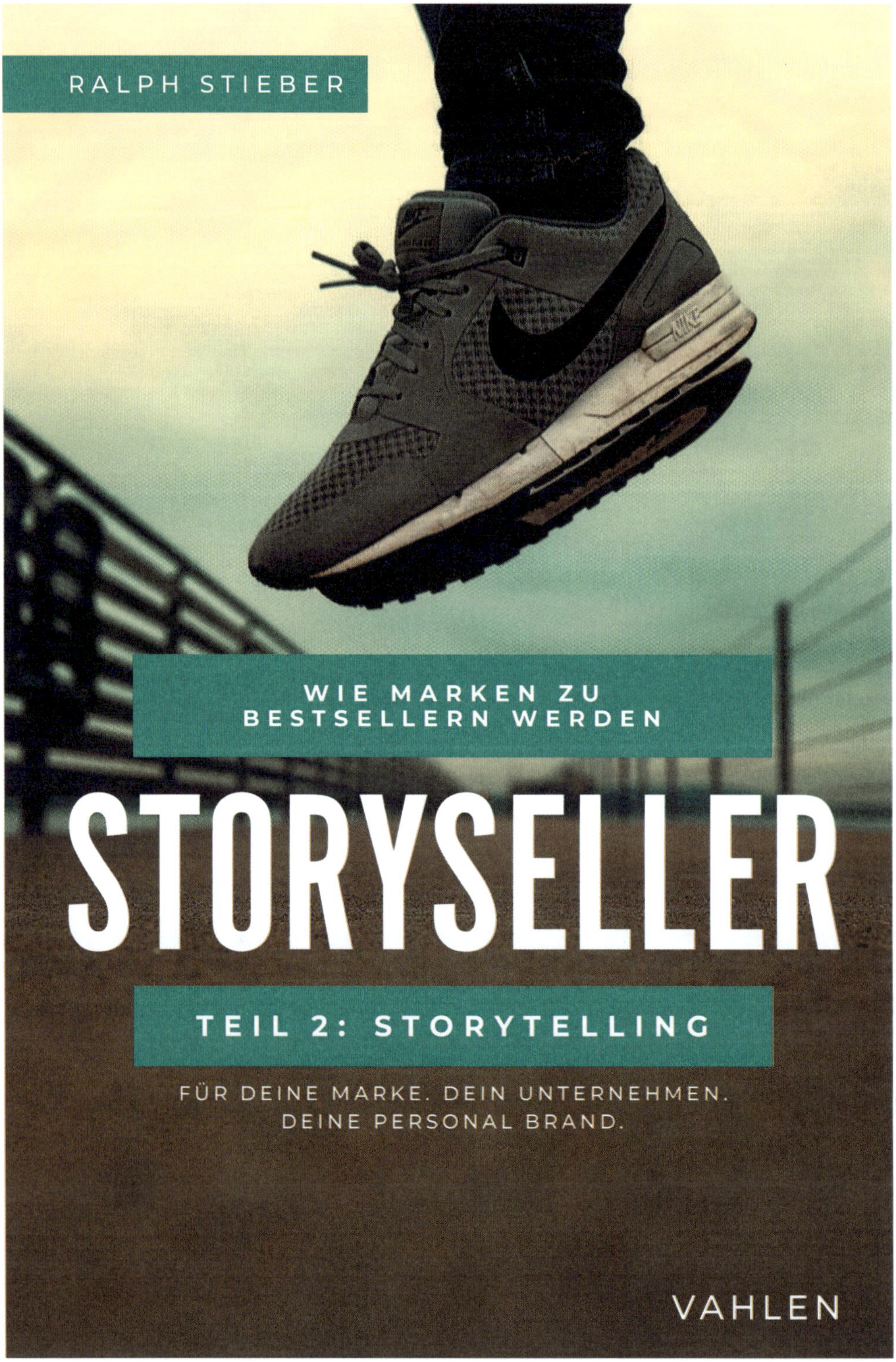
RALPH STIEBER
WIE MARKEN ZU BESTSELLERN WERDEN
STORYSELLER
TEIL 2: STORYTELLING
FÜR DEINE MARKE. DEIN UNTERNEHMEN. DEINE PERSONAL BRAND.
VAHLEN